住房和城乡建设部"十四五"规划教材

高等学校建筑环境与能源应用工程专业新工科系列教材

建筑能源物联网技术

李　慧　王桂荣　魏建平　徐　风　编著

中国建筑工业出版社

图书在版编目（CIP）数据

建筑能源物联网技术 / 李慧等编著. — 北京：中国建筑工业出版社，2022.7
住房和城乡建设部"十四五"规划教材　高等学校建筑环境与能源应用工程专业新工科系列教材
ISBN 978-7-112-27397-3

Ⅰ．①建… Ⅱ．①李… Ⅲ．①建筑-能源管理-高等学校-教材　Ⅳ．①TU111.4

中国版本图书馆 CIP 数据核字（2022）第 085761 号

责任编辑：张文胜
责任校对：党　蕾

住房和城乡建设部"十四五"规划教材
高等学校建筑环境与能源应用工程专业新工科系列教材
建筑能源物联网技术
李　慧　王桂荣　魏建平　徐　风　编著
*
中国建筑工业出版社出版、发行（北京海淀三里河路 9 号）
各地新华书店、建筑书店经销
北京鸿文瀚海文化传媒有限公司制版
河北鹏润印刷有限公司印刷
*
开本：787 毫米×1092 毫米　1/16　印张：21¼　字数：516 千字
2022 年 7 月第一版　　2022 年 7 月第一次印刷
定价：**65.00** 元
ISBN 978-7-112-27397-3
（39092）

前　言

当前，物联网技术在建筑环境、能源工程、区域供能等领域得到了广泛应用，培养既具有专业知识，又具有物联网技术的复合型人才是新工科建设的需要。从2017年开始，笔者着手开展与建筑能源物联网技术相关的教学和科研工作，建设了建筑能源物联网实验平台和实训平台。2020年，建筑能源物联网技术顺利开课。2021年，建设了建筑能源物联网技术在线课程，并在鲁课联盟共享课平台上线。在此过程中，经过不断积累、改进、总结和完善，最终完成建筑能源物联网教材的编写。

本书突出原理、方法和应用的有机结合，使其既具有建筑能源物联网知识的基础性、传承性，又具有当前技术的前沿性和创新性。全书共分12章，从总体框架上可划分为建筑能源物联网基础知识、建筑能源物联网软件编程和建筑能源物联网典型应用案例3部分。第1部分包含第1～4章，主要包括物联网感知层技术、物联网网络层硬件技术和物联网通信技术，该部分可使学生掌握建筑能源物联网的整体硬件架构、感知层和网络层的基础知识，为后续的软件编程、网络通信及应用奠定基础。第2部分包含第5～11章，主要包括物联网软件平台、建筑能源自动控制编程、历史数据与报警编程、图形用户界面编程、物联网网络集成、数据标签编程和数据分析编程。该部分内容可使学生掌握建筑能源物联网编程的基本方法，实现一个简单工程案例的全流程软件编程。第3部分为第12章，建筑能源物联网典型应用案例以笔者完成的几个案例展开，包括太阳能-空气源热泵空调系统物联网、分布式能源系统物联网和基于数据的建筑负荷动态预测系统。该部分内容可使学生将所学知识融合，并与工程实践紧密连接，提高学生的创新意识和实践能力。

本书第1～2章、第5～8章、第10～12章由李慧教授编写，第3章和第4章由王桂荣副教授编写，第9章由魏建平副教授编写。其中，研究生谢林鸿参与了第12章的编写和部分图的制作工作。

本书所用的物联网软件开发平台为Tridium公司的Niagara软件。本书的成书过程得到了Tridium公司陈杰、徐风和王波的大力帮助，在此一并表示感谢。

本书可作为建筑环境与能源应用工程专业、新能源科学与工程专业及相关专业的物联网教材，也可供建筑能源物联网工程技术人员参考。

由于建筑能源物联网是新兴技术，发展迅速，书中难免有错误或不足之处，敬请读者提出宝贵意见，以便进一步修订！

李慧

2022年2月

目 录

第1章 概述

1.1 物联网的起源与定义

1.1.1 物联网的起源与发展

1995年，比尔·盖茨在他的《未来之路》一书中的第十章"足不出户，知天下"提出了"人-机-物"的设想。他讲到"我的房子是用木材、玻璃、水泥和石头建成的，同时我的房子也是用芯片和软件建成的"，给大家勾画出了智能家居的场景，这应该是物联网的雏形。但由于受当时网络、硬件及传感设备等技术条件的限制，并未引起世人重视。

1999年，在美国召开的移动计算和网络国际会议上，美国麻省理工学院（MIT）凯文·阿什顿（Kevin Ashton）教授首次提出了"物联网"的概念，他因此也被称作"物联网之父"。同年，麻省理工学院建立了Auto-ID实验室，提出了"万物皆可通过网络互连"，阐明了物联网的基本含义。当时主要依托RFID（Radio Frequency Identification）射频标签技术与互联网技术。Auto-ID实验室最有代表性的研究是：提出了EPC产品电子代码标准的基本概念，也就是每个企业为其生产的每个产品分配一个EPC电子标签，相当于产品的身份证，这个标签嵌入到RFID芯片内，通过网络可以实现产品整个生命周期的跟踪与管理。

2005年11月，国际电信联盟ITU（International Telecommunication Union）在突尼斯的"信息社会峰会"上发布了第七个互联网研究报告《Internet of Things》，术语"Internet of Things"从此开始广为流传。该报告指出：世界上的万事万物，小到钥匙、手表、手机，大到汽车、楼房，都可以通过互联网交换信息，形成一个无处不在（Ubiquitous）的"物联网"。RFID、传感器技术、嵌入式技术、智能技术以及纳米技术将得到广泛应用。该报告对物联网依然缺乏一个清晰的定义，但拓展了物联网的定义和范围，使物联网不仅仅是基于RFID技术的物联网。从这个报告也可以清晰地看到，物联网是互联网的自然延伸和扩展，物联网的目标是实现物理世界和信息世界的深度融合。

2009年1月，IBM首次提出了"智慧地球＝互联网＋物联网"的概念，描述了将大量传感器嵌入或装备到电网、铁路、桥梁、隧道、公路、建筑、供水、大坝、油气管道等各种系统中，并通过超级计算机和云计算组成物联网，实现"人-机-物"的深度融合。共涉及六大领域，包括智慧电力、智慧交通、智慧医疗、智慧供应链、智慧城市和智慧银行。当年，美国将新能源和物联网列为振兴经济的两大重点。

2009年8月，时任国务院总理温家宝在视察无锡时提出了"感知中国"构想，指出要抓住机遇，大力发展物联网技术与产业。无锡市率先在我国建立了"感知中国"研究中心，同年11月，无锡市成立了物联网产业研究院，正式拉开了中国物联网发展的序幕，无锡也成为我国物联网第一城市。

2010年10月，国务院出台了《国务院关于加快培育和发展战略性新兴产业的决定》。

在这一决定中，物联网作为新一代信息技术的重要一项列在其中，成为国家首批加快培育的七个战略性新兴产业。这标志着物联网被列入国家发展战略，对我国物联网的发展具有里程碑的重要意义，受到全社会极大关注。

2012年4月，工业和信息化部发布了《物联网"十二五"发展规划》。规划提出，到2015年，我国要在物联网核心技术研发与产业化、关键标准研究与制定、产业链条建立与完善、重大应用示范与推广等方面取得显著成效，初步形成创新驱动、应用牵引、协同发展、安全可控的物联网发展格局。根据规划要求，我国物联网产业将在智能工业、智能农业、智能物流、智能交通、智能电网、智能环保、智能安防、智能家居等重点领域开展应用示范。"十二五"时期，我国物联网发展取得了显著成效，与发达国家保持同步，成为全球物联网发展最为活跃的地区之一。

2017年1月，工业和信息化部发布了《信息通信行业发展规划物联网分册（2016—2020年）》，明确了物联网产业"十三五"时期的发展目标：完善技术创新体系，构建完善标准体系，推动物联网规模应用，完善公共服务体系，提升安全保障能力等。到2020年，具有国际竞争力的物联网产业体系基本形成，包含感知制造、网络传输、智能信息服务在内的总体产业规模突破1.5万亿元，智能信息服务的比重大幅提升。推进物联网感知设施规划布局，公众网络M2M连接数突破17亿。物联网技术研发水平和创新能力显著提高，适应产业发展的标准体系初步形成，物联网规模应用不断拓展，泛在安全的物联网体系基本成型。"十三五"时期是我国物联网加速进入"跨界融合、集成创新和规模化发展"的新阶段。

2017年6月，工业和信息化部办公厅发布了《关于全面推进移动物联网（NB-IoT）建设发展的通知》，通知中指出，建设广覆盖、大连接、低功耗移动物联网（NB-IoT）基础设施、发展基于NB-IoT技术的应用，有助于推进网络强国和制造强国建设、促进"大众创业、万众创新"和"互联网＋"发展。

2021年9月，工业和信息化部发布了《物联网新型基础设施建设三年行动计划（2021—2023年）》，提出打造支持固移融合、宽窄结合的物联网接入能力，加速推进全面感知、泛在连接、安全可信的物联网新型基础设施建设，加快技术创新，壮大产业生态，深化重点领域应用，推动物联网全面发展。

1.1.2　物联网的概念

图1-1为一个典型的智慧家庭安防物联网系统。

假如，你是图1-1中这栋别墅的主人，早晨驱车上班，离家前通过手机APP将智慧家庭系统设置为离家模式，住宅内安装有高清摄像头、人体红外探测器、红外光栅、门窗磁探测器等设备，这些设备会监测是否有非法人员入侵。一旦有非法人员入侵，将启动报警，并将报警信息推送到你的手机，或将报警信息推送到物业管理中心。在厨房里安装有燃气泄漏探测器和烟雾探测器，燃气泄漏探测器用以检测燃气是否有泄漏，烟雾探测器用于检测室内是否有火灾发生。例如，一旦烟雾探测器检测到有烟雾产生，将触发火灾报警，该报警信息将及时推送给用户和物业管理中心，有些情况下也可以和119联动。可以看出，智慧家庭安防物联网将智慧家庭里各种传感器触发的报警信息通过网络传输给用户、物业中心或119平台，实现了家庭的全方位守护。

物联网的概念最早得益于2005年ITU发布的第七个互联网研究报告"物联网"，但是并没

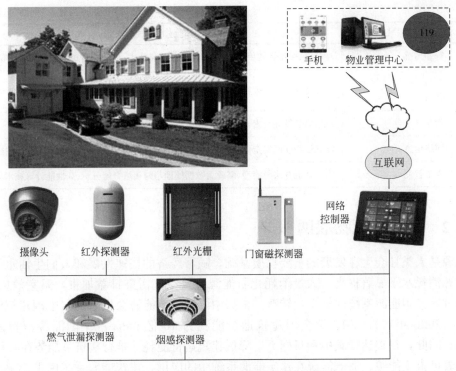

图 1-1　典型智慧家庭安防物联网系统

有给出一个清晰的定义。物联网的英文名称为 "Internet of Things（IoT）"，从英文字面意思可看出，物联网是一个将很多物体通过物-物连接起来的网络。一个被大家普遍可接受的定义为：物联网是通过各种传感技术（RFID、传感器、GPS、摄像机、激光扫描器……）、各种通信手段（有线、无线、长距、短距……），将任何物体与互联网连接，以实现远程监视、自动报警、控制、诊断和维护，进而实现"管理、控制、运营"一体化的网络。

"物联网就是物物相连的互联网"有两层含义：第一，物联网的核心和基础仍然是互联网，是在互联网基础上延伸和扩展的网络；第二，其用户端延伸和扩展到了任何物品与物品之间，进行信息交换和通信。从狭义上讲，物联网即"联物"，是物与物之间的通信，实现"万物互联"。从广义上讲，物联网即"融物"，是物理世界与信息世界的完整融合，实现"网络泛在化"。

物联网和传统互联网相比具有"全面感知、可靠传递、智能处理"等特征。物联网将传感技术与智能技术相结合，利用云计算、数据挖掘、模式识别、智能推理等智能技术以适应不同用户的需求。

当前物联网发展的关键技术如表 1-1 所示，涉及的领域包括智能芯片、智能传感与智能终端、通信网络、物联网管理平台、网络信息安全、人工智能等。

当前物联网发展的关键技术　　　　　　　　　　　　　　　　　　　表 1-1

序号	领域	关键技术与核心产品
1	智能芯片	低功耗嵌入式 CPU 内核，嵌入式 AI 多级互联异构多核片上系统（SoC）架构，无线本地通信芯片等

续表

序号	领域	关键技术与核心产品
2	智能传感与智能终端	高精度、微型智能传感器技术,终端智能化技术,多模多制式现场通信技术等
3	"空天地"一体化通信网络	一体化通信网络架构,广覆盖、大连接通信接入技术,网络资源动态调配技术等
4	物联网平台	海量物联管理技术,开放共享及数据处理技术,高性能智能分析技术等
5	网络信息安全	端到端物联网安全体系,物联终端安全技术、移动互联安全技术、数据安全技术等
6	人工智能	人工智能算法与模型,多源大数据处理与跨领域智能分析、高性能计算技术等

1.2 建筑能源物联网

能源是人类社会生存发展的重要物质基础,随着经济的快速发展和人们生活水平的提高,能源消耗水平显著提高。大量消耗化石能源导致空气污染日益加重,温室效应凸显,这促使世界各国能源系统向低碳化转型。根据中国建筑节能协会发布的《中国建筑能耗研究报告(2020 年)》,2018 年全国建筑运行能耗为 10 亿 tce,占全国能源消费总量的 21.7%。因此,在碳达峰碳中和目标下,降低建筑运行能耗、推行建筑节能势在必行。

随着可再生能源、清洁能源在建筑能源系统中的应用,建筑能源系统由单能源系统向多能源系统转变。建筑能源物联网是将建筑能源系统的"源-网-荷"各个环节的设备通过物联网技术连接,通过信息技术融合在一起,实现数据共享,利用大数据分析技术、人工智能技术等实现建筑能源系统的负荷预测、智能控制和优化调度等,使可再生能源利用率最大化,实现建筑低碳运行。

典型的建筑能源物联网技术架构包括感知层、网络层、应用层 3 个层次,如图 1-2 所

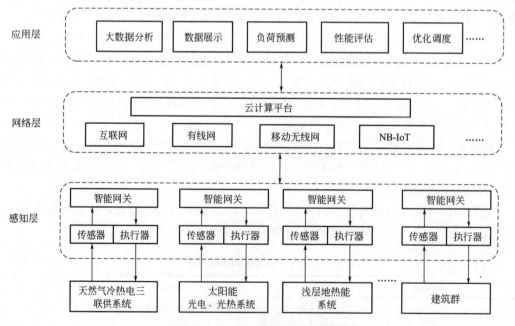

图 1-2 典型的建筑能源物联网三层网络架构

示。图中的能源系统包括天然气冷热电三联供系统、太阳能光电光热系统、浅层地热能系统，为建筑群提供冷、热、电能。每个系统都会根据监控需要布置相应的传感器和执行器，感知系统的运行参数和运行状态，并根据实际需要或系统调度实施相应的控制。

感知层包括各种传感器、执行器和设备，负责不同能源系统及建筑的信息采集和设备控制。采集的参数主要包括系统的运行参数（温度、压力、流量、热量、电量等）、设备的运行状态（启停、开关、频率、开度等）、故障报警信息等。设备控制主要包括设备启停控制、两通阀开关、设备变频、调节阀开度调节等。为了实现网络层传输，感知层通常需要将传感器和执行器的信息通过智能网关转换成网络层需要的通信协议。网络层相当于人体的神经，负责将感知层感知的信息传输到应用层，再将应用层的控制指令传输到感知层，是感知层与应用层的桥梁。网络层可以使用所有可能的网络通信技术，将大量的感知设备与物联网系统中的计算机、服务器、云计算平台等互联起来。网络层使用的网络技术主要包括近距离网络技术和远距离网络技术，近距离有线网络技术包括 Modbus 总线、Profibus 总线、CAN 总线、Lonworks 总线等；近距离无线网络技术包括 Wi-Fi、蓝牙、ZigBee 等。远距离网络包括互联网、移动互联网、NB-IoT、LoRa、Sigfox 等。应用层针对不同的应用需求，开发不同的应用软件，实现上传数据的数据清洗、数据挖掘、数据展示、负荷预测、性能评估、系统优化调度等，提高可再生能源利用率、降低系统运行费用、减少碳排放。

不同物联网平台的功能是多种多样的，但建筑能源物联网平台通常需要具备以下基本功能：

（1）设备及系统管理　实现不同能源子系统的运行管理、设备管理，实现不同子系统的运行优化控制、设备故障诊断等。

（2）连接管理　实现物联网系统的网络通信管理，保证信息流的顺畅、安全及准确。

（3）数据管理　对物联网平台的数据进行处理和数据挖掘分析，提高系统的智能化水平。

（4）可视化　直观、清晰的可视化展示，友好的人机交互界面。

1.3　建筑能源物联网与新技术的融合

1.3.1　建筑能源物联网与 BIM 融合

BIM（Building Information Modeling）技术是一种应用于工程设计、建造、管理的数据化工具，通过对建筑的数据化、信息化模型整合，在项目策划、运行和维护的全生命周期过程中进行共享和传递，使工程技术人员对各种建筑信息作出正确理解和高效应对，为设计团队以及包括建筑、运营单位在内的各方建设主体提供协同工作的基础，在提高生产效率、节约成本和缩短工期方面发挥重要作用。BIM 的核心是通过建立虚拟的建筑工程三维模型，利用数字化技术，为模型提供完整的、与实际情况一致的建筑工程信息库。该信息库不仅包含描述建筑物构件的几何信息、专业属性及状态信息，还包含了非构件对象（如空间、运动行为）的状态信息。通过 BIM 技术，提高了建筑工程的信息集成化程度，为建筑工程项目的相关利益方提供了一个工程信息交换和共享平台。BIM 具有以下 4 个特点：

（1）可视化　BIM 技术的三维可视化，可直观地展现建筑空间的状态。BlM 的可视化是一种能够同构件之间形成互动性和反馈性的可视化，可视化的结果不仅可以用效果图展示及报表生成，更重要的是，项目设计、建造、运营过程中的沟通、讨论、决策都在可视化下进行。

（2）协调性　BIM 技术的协调性主要用以解决各专业间的协调问题。建筑项目具有大周期、参与者多的特点，BIM 建筑信息模型可在建筑物建造前期协调各专业的碰撞问题，生成协调数据，预先调整后续要面对的问题。

（3）模拟性　BIM 技术的模拟性可用以指导设计、施工及运维。在设计阶段，BIM 模拟主要包括能耗模拟、日照模拟、热能传导模拟等；在招标投标和施工阶段主要进行施工四维模拟（在原有三维基础上加上时间维度），用以确定合理的施工方案来指导施工。此外，若加上造价控制维度，则形成五维施工模拟，用以实现成本控制；运维阶段可以模拟紧急情况的处理方式，例如火灾发生时人员疏散模拟等。

（4）优化性　BIM 与其配套的各种优化工具提供了对复杂项目进行优化的可能。建筑项目面对的环境复杂多变，在设计、施工和运维的过程中利用 BIM 对项目即时状态进行模拟，利用各种优化工具可以高效地对项目方案进行优化或修正，提高建筑项目在进度和成本中的把控能力。

随着 BIM 技术的深入推广与应用，单纯应用 BIM 的项目越来越少，更多的是将 BIM 技术与其他先进技术集成，以期发挥更大价值。基于 BIM 的物联网技术，为建筑物的所有组件、设备和环境赋予了感知能力，感知信息通过网络集成到一起，实现建筑物三维可视化的动态信息模型管理，将建筑物的运维水平提高到了一个新的高度。在运维阶段，将建筑能源物联网平台的感知层信息与 BIM 模型中的设备或建筑空间绑定，从而可以在 BIM 平台中进行动态可视化查询与管理。BIM 与物联网的关系中，BIM 是基础数据模型，BIM 的三维模型涵盖了整个建筑物的所有信息，与物联网平台集成关联。

在 BIM 的三维动态可视化展示中，打破了空间障碍，由于传感器和设备的安装位置和实际一致，建筑环境信息、设备运维信息以及人员信息等可以立体、直观地呈现在用户面前，提高了信息展示的可视化水平。基于 BIM 的仿真模型，可建立多种应用场景，例如火灾发生场景，模拟现场动态，优化疏散方案。同时，当物联网感知到火灾发生时，可根据动态模拟得到的疏散方案迅速响应，提高物联网系统面对突发事件的处理能力。建筑运维管理涉及暖通、给水排水、建筑电气等多专业，基于 BIM 与物联网的建筑运维系统将各个专业整合到统一平台，减去中间沟通环节，提高了效率。在设备故障识别与维护中，通过 BIM 模型可视化可识别隐蔽设施，实现精准维护。在设备管理中可建立完备的设备信息档案，制定合理的维护方案，以提高设备的使用寿命。

基于 BIM 的物联网技术，提高了 BIM 信息资源获取的能力和效率，实现了 BIM 与物联网应用的有效延伸。BIM 与物联网的深度融合与应用，是未来建设行业信息化发展的重要方向之一。

1.3.2　建筑能源物联网与大数据融合

信息爆炸导致大数据时代的降临。大数据是在可接受的时间内，对相关信息或数据进行获取、存储、搜索、共享、传输、分析和可视化的大型数据集。其具有数据规模海量（Volume）、数据流转快速（Velocity）、数据类型多样（Variety）和价值密度低（Value）

4 大特征。传统的关系型数据库对数据进行存储、查询和处理已经出现了性能上的瓶颈，无法高效处理如此海量的数据，大数据时代对人们如何从大数据中获取更大价值提出了新的挑战和机遇。

大数据处理过程主要包括数据采集、数据存储和数据分析 3 个环节。数据采集环节可由物联网或互联网平台完成。数据存储是指用存储器以数据库的形式存储采集到的数据。根据数据结构划分，大数据一般分为结构化数据、半结构化数据和非结构化数据。针对不同的数据结构，目前的数据存储技术手段主要包括 3 类：第 1 类针对大规模结构化数据，采用基于 MPP（Massive Parallel Processing）架构的新型数据库集群；第 2 类针对半结构化和非结构化数据，采用基于 Hadoop 开源体系平台的技术扩展和封装；第 3 类针对结构化和非结构化混合大数据，采用 MPP 并行数据库集群与 Hadoop 集群的混合，这类混合模式将是未来大数据存储的发展方向。大数据分析是指从海量数据中提取出隐含其中的、具有潜在价值的信息，是统计学、人工智能、数据库技术的综合运用。大数据分析框架主要包括批处理框架、流处理框架、交互式计算框架、混合处理框架、图数据处理框架等，主要技术包括数据建模、可视化分析、数据挖掘算法、预测性分析等，大数据的分析结果，是大数据应用的最终目标。

建筑能源物联网技术实现了建筑底层设备数据的全面感知、网络的泛在连接和数据的存储共享。在建筑能源物联网中，海量传感设备不断地采集数据并发送到数据中心，随着感知技术与网络技术的不断发展，数据呈现出海量特性，形成了建筑能源物联网大数据。建筑能源物联网大数据具有多源异构特性，包括室内环境数据、气象数据、能耗数据、设备运行数据、图像数据等，这些数据既包括结构化数据，又包括非结构化数据和半结构化数据，给数据清洗、填补、融合增加了复杂性。此外，建筑能源物联网大数据具有时效性，感知层源源不断地提供数据，这些数据会以流数据的形式流通，通过对大数据的迅速存储、分析，提高了人们对数据的感知能力。

建筑能源物联网的核心是数据，通过大数据分析技术，可实现物联网大数据的可视化展示、负荷预测、优化调度、人员识别定位、故障诊断等功能。

1.3.3　建筑能源物联网与人工智能融合

人工智能（Artificial Intelligence，AI）亦称机器智能，是指机器具有感知、学习、推理和自动解决复杂问题的能力。人工智能从 1956 年诞生，60 多年来，取得了长足的发展，成为一门广泛的交叉和前沿科学，大数据时代的到来促进了人工智能蓬勃发展。人工智能学科研究内容主要包括：知识表示、自动推理和搜索方法、机器学习和知识获取、知识处理系统、自然语言理解、计算机视觉、智能机器人、自动程序设计等方面。

将物联网与人工智能（AI）融合形成了智能物联网（AIOT）。AIOT 是 2018 年兴起的概念，是指通过物联网采集来自不同维度、不同数据源的海量数据，在终端设备、边缘设备或云中心通过机器学习对数据进行智能化分析，实现万物数据化、万物智联化。建筑能源物联网技术与人工智能相融合，最终追求的是形成一个智能化的建筑能源物联网，在该网络内，实现不同智能终端设备之间、不同系统平台之间、不同应用场景之间的互融互通，提升建筑能源智能化整体管理水平，给用户带来一个高效、舒适、便利的人性化建筑环境。

下面给出目前比较常用的 AI 算法：

（1）线性回归（Linear Regression） 线性回归分析是利用线性回归方程的最小二乘函数对一个或多个自变量和因变量之间的关系进行建模的一种回归分析。

（2）逻辑回归（Logistic Regression） 逻辑回归与线性回归类似，但逻辑回归的结果只能有 2 个值，逻辑函数通常呈 S 型，曲线把图表分成 2 个区域，因此适合于分类任务。

（3）朴素贝叶斯（Naive Bayes） 朴素贝叶斯是基于贝叶斯定理与特征条件独立假设的分类方法。

（4）支持向量机（Support Vector Machine，SVM） 支持向量机是一种用于分类问题的监督算法，其目的是找到一个最优超平面，将数据最优地分为 2 类。

（5）K-最近邻算法（K-Nearest Neighbor，KNN） 该方法的思想是在特征空间中，如果一个样本附近的 k 个最近（即特征空间中最邻近）样本的大多数属于某一个类别，则该样本也属于这个类别。k 值的选择、距离度量和分类决策规则是 KNN 算法的 3 个基本要素。

（6）K-均值（K-means） 属于一种迭代求解的聚类分析算法，给定一个数据集和需要的聚类数目 k，根据某个距离函数通过迭代把数据分入 k 个聚类中，是目前最著名的划分聚类算法。

（7）决策树（Decision Tree） 是一种通过图示罗列解题的有关步骤以及各步骤发生的条件与结果的一种方法。

（8）随机森林（Random Forest） 是一个包含多个决策树的分类器，并且其输出的类别由个别树输出的类别的众数而定，解决了决策树泛化能力弱的问题。

（9）降维（Dimensionality reduction） 试图在不丢失最重要信息的情况下，通过将特定的特征组合成更高层次的特征来解决问题。主成分分析（Principal Component Analysis，PCA）法是目前最流行的降维技术。

（10）人工神经网络（Artificial Neural Networks，ANN） ANN 是一种模仿生物神经网络行为特征，进行分布式并行信息处理的算法数学模型。这种网络依靠系统的复杂程度，通过调整内部大量节点（神经元）之间相互连接的权重，从而达到处理信息的目的。其中以 MLP、CNN、RNN 和 GAN 为代表的深度学习方法得到了广泛的应用。

本章习题

1. 你的身边有哪些物联网应用？它是如何改变你的生活的？
2. 物联网的概念是什么？
3. 物联网和互联网的区别是什么？
4. 当前物联网发展的关键技术有哪些？
5. 典型的建筑能源物联网技术架构包括哪三层？每一层的功能是什么？
6. 物联网和 BIM 融合将给建筑能源领域带来哪些突破？
7. 谈谈你对建筑能源物联网大数据的认识。
8. 什么是智能物联网？常用的 AI 算法有哪些？

第 2 章 物联网感知层技术

物联网由感知层、网络层和应用层组成，是互联网的外延，有了感知层才实现了物理世界和信息世界的深度融合。建筑能源物联网系统的感知层设备主要包括传感器和执行器。传感器用于感知建筑能源系统的实时信息，执行器用于对建筑能源系统进行调控。

2.1 建筑能源系统常用传感器

2.1.1 传感器概述

在建筑能源系统中，需要测量的参数主要包括温度、湿度、压力、流量、流速、液位、冷热量、成分分析等。传感器就是用来把上述非电量信号转换成可用输出信号的器件和装置。例如，热电偶可以将温度信号转换为毫伏电压信号，热电阻可以将温度信号转换为电阻信号。因为电信号有放大、转换、传输方便的优点，目前绝大多数传感器的输出信号为电信号。

传感器的输出信号需要和显示仪表或数据采集模块连接，若显示仪表或数据采集模块要求输入的信号是标准电压或电流信号，为了实现传输信号的匹配，通常需要将传感器的输出信号转换为标准的电压或电流信号，实现这一功能的装置称为变送器。输出的标准电流信号通常为 4～20mA、0～10mA 等，输出的标准电压信号通常为 1～5V、0～10V 等。由于电流信号传输抗干扰性好，远距离传输时通常选择电流信号。目前传感器通常和变送器作为一体，也称为广义传感器，下面所提到的传感器若不加说明均指广义传感器。

1. 传感器的性能指标

传感器的性能指标主要从以下几个方面衡量：

（1）量程

传感器能够测量的被测量的范围称作传感器的量程，其在数值上等于传感器量程范围的上限减去下限。

（2）精度（精度等级）

精度表示传感器测量值与被测量真值的接近程度。传感器精度一般用基本误差表示，基本误差是传感器最大示值绝对误差的绝对值与量程的比值。

$$\gamma_j = \frac{|\Delta_m|}{L_m} \times 100\% \tag{2-1}$$

式中 γ_j——基本误差；

Δ_m——最大示值绝对误差；

L_m——量程。

允许误差是传感器出厂之前厂家规定的传感器基本误差不能超过某一个值。允许误差去掉百分号的值定义为传感器的精度等级。精度等级的国家系列一般为 0.01、0.02、

0.04、0.05、0.1、0.2、0.5、1.0、1.5、2.5、4.0、5.0 等。

（3）重复性

重复性是指在不变的工作条件、相同的输入条件下，传感器输出的一致性。

（4）灵敏度

灵敏度是传感器的输出变化量与输入变化量的比值。通常用输入输出工作直线的斜率表示。

$$S = \frac{L_2 - L_1}{X_2 - X_1} \times 100\% \tag{2-2}$$

式中　S——灵敏度；

$L_2 - L_1$——输出变化量；

$X_2 - X_1$——输入变化量。

灵敏度的另一种表示方法为分辨率。例如某一数字温度表的分辨率为 0.1℃，即该温度表能区分的最小温度变化为 0.1℃，跳变一个字温度变化 0.1℃。通常分辨率为允许绝对误差的 1/3 即可。

（5）线性度

理想传感器的输入输出特性是线性的，实际传感器的输入输出特性通常会存在一定的非线性。传感器的线性度是指实际示值与理论示值差值的最大值与传感器量程的比值。

上述各项指标均为传感器的静态特性指标。

（6）动态特性

动态特性是指传感器的输出响应随输入变化的能力。例如，热惯性小的温度传感器动态特性好，热惯性大的温度传感器动态特性差。具体选取时要根据被测对象的特点，例如若要测量一个温度场的动态分布，必须要考虑传感器的动态特性，选取热惯性小的温度传感器；若要测量空调房间的室内温度，由于室内温度变化较慢，可降低温度传感器的动态特性要求。

2. 传感器的外部接线

目前传感器和显示仪表或智能模块的连接主要有二线制、三线制和四线制 3 种接法。图 2-1 为传感器二线制、三线制、四线制具体接线图。

（1）二线制

传感器仅用 2 根导线，这 2 根导线既是信号线，又是电源线。传输信号一般为 4～20mA 电流，抗干扰能力比电压型输出高，供电电压通常为 DC 24V。例如常用的温度传感器、压力传感器通常为二线制接线。

（2）三线制

传感器采用 3 根导线，1 根为正电源线、1 根为信号线、1 根为信号线与负电源线 GND 共用。输出信号既可以为电压型也可以为电流型，但多为电压型。供电电压通常为 DC 24V。

（3）四线制

传感器采用 4 根导线，2 根为电源线，另 2 根为信号线，信号地和电源地隔离。其供电电压大多数为 AC 220V，少数供电电压为 DC 24V。例如电磁流量计，需要供电电源对流量计的电磁线圈形成励磁电流，通常外接 AC 220V 供电。

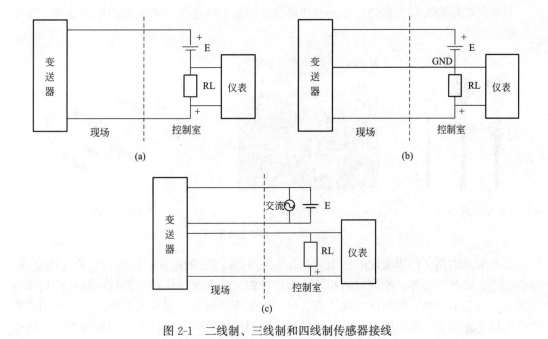

图 2-1 二线制、三线制和四线制传感器接线

(a) 二线制；(b) 三线制；(c) 四线制

2.1.2 建筑能源系统常用传感器

2.1.2.1 温度传感器

在建筑能源系统中，需要测量温度的地方很多，包括水温度、蒸汽温度、空气温度、锅炉炉膛温度等。不同的测温对象，其测温范围不同。例如，室外温度测温范围一般为 $-50\sim50℃$，管道水温测温范围一般为 $0\sim100℃$，炉膛燃烧温度可达 $1000℃$ 以上。不同的测温对象需要选用不同的温度传感器，采取不同的安装方式。目前温度传感器主要包括热电偶、金属热电阻、热敏电阻、光纤温度传感器等。下面主要介绍热电偶和热电阻。

1. 热电偶

热电偶的工作原理基于热电效应。将两种不同材料的导体或半导体组成一个闭合回路，如果两端点的温度不同，则回路中将产生一定大小的电流，这个电流的大小同材料的性质以及端点温度有关，上述现象称为热电效应。热电偶输出毫伏电势信号，其输出电势包括接触电势和温差电势。国际电工委员会（International Electrotechnical Commission，IEC）对热电偶公认性能比较好的材料制定了统一的标准，IEC 推荐的标准化热电偶 7 种，包括铂铑 10-铂（分度号 S）、铂铑 30-铂铑 6（分度号 B）、铂铑 13-铂（分度号 R）、铜-康铜（分度号 T）、铁-康铜（分度号 J）、镍铬-康铜（分度号 E）、镍铬-镍硅（分度号 K）。其中，铂铑 10-铂、铂铑 30-铂铑 6 和铂铑 13-铂属于贵金属热电偶，铜-康铜、铁-康铜、镍铬-康铜和镍铬-镍硅属于廉金属热电偶。由于热电偶的输出电势不仅与热端温度有关，还与冷端温度有关，因此在实际应用中要注意热电偶的冷端温度补偿问题。补偿方法包括冷端恒温法、计算修正法、补偿导线法、补偿电桥法等。为了提高热电偶的测量精度，一些厂家推出了集成温度传感器冷端补偿法，如美国 AD 公司生产的集成电路芯片 AC1226、带冷端补偿的热电偶放大器 AD594/AD595 芯片等。

热电偶的结构类型主要包括普通型热电偶、铠装型热电偶和薄膜型热电偶 3 种，如图 2-2 所示。

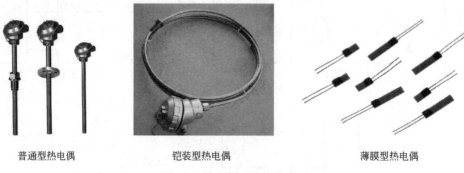

普通型热电偶　　　　　　　　铠装型热电偶　　　　　　　　薄膜型热电偶

图 2-2　热电偶 3 种结构类型

普通型热电偶又称为装配式热电偶，包括热电极、绝缘套管、保护套管和接线盒等。铠装型热电偶是由导体、绝缘材料和不锈钢保护管，经多次一体拉制而成，具有测量端热容量小、动态响应快、机械强度高、挠性好、耐高压、耐振动和寿命长等优点，可用于普通热电偶无法安装、动态响应要求高的场合。薄膜型热电偶是通过真空蒸镀的方法将热电极蒸镀到绝缘基板上，具有动态响应快、时间常数小的优点，目前主要用于表面温度测量，可以和被测表面有着很好的热接触，降低表面温度的测量误差。

2. 热电阻

对于一个给定的电阻，若其电阻值是温度的单值函数，则可以通过测量电阻值来推算温度。热电阻包括金属热电阻和半导体热敏电阻，通常金属热电阻随着温度的升高阻值增大，半导体热敏电阻随着温度的升高阻值降低。在工程中常用的热电阻为铂电阻，其具有准确度高、稳定性好、性能可靠、有较高电阻率等特点，广泛应用于基准、标准化仪器中，是目前测温复现性最好的一种。铂电阻的规格型号主要有 Pt100、Pt1000。Pt100 是指在 0℃下铂电阻的阻值为 100Ω，Pt1000 是指在 0℃下铂电阻的阻值为 1000Ω。Pt100 铂电阻的引线有二线制、三线制和四线制，具体接线如图 2-3 所示。由于热电阻引线通常采

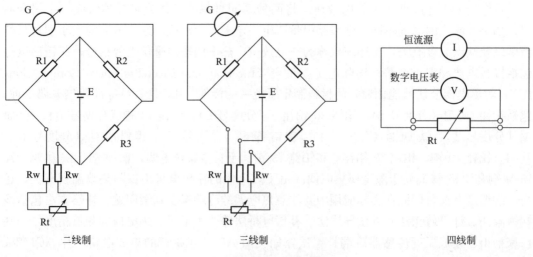

二线制　　　　　　　　　　　三线制　　　　　　　　　　　四线制

图 2-3　不同引线铂电阻接线图

用铜导线，当环境温度变化时必将引起引线电阻变化，导致测量误差。尤其若引线较长，二线制接线引起的测量误差会很大，有些情况下将不能实现温度的正确测量。三线制接法中，由于左下侧和右下侧桥臂均与引线电阻连接，使得整个桥路输出的不平衡电压受连接导线的影响被削弱，因此在实际工程中通常采用三线制接线。四线制接法中，其中 2 根引线接高精度恒流源，另外 2 根引线接高精度数字电压表，由于数字电压表的内阻抗很高，使得连接数字电压表的 2 根引线电流很小，接近于零，因此引线电阻的变化对热电阻的测量几乎没有影响，测量精度最高。Pt1000 热电阻由于电阻值较高，引线电阻占比较小，故一般情况下采用二线制即可。

2.1.2.2　湿度传感器

空气湿度的表示方法在工程上通常采用相对湿度。所谓相对湿度是指空气中水蒸气分压力 P_n 与同温度下饱和水蒸气分压力 P_b 的比值。

$$\varphi = \frac{P_n}{P_b} \times 100\% = \frac{P_{b.s} - A(\theta_w - \theta_s)B}{P_b} \qquad (2-3)$$

式中　P_n——被测空气水蒸气分压力，Pa；

$\quad\quad\quad P_b$——干球温度对应的饱和水蒸气压力，Pa；

$\quad\quad\quad P_{b.s}$——湿球温度对应的饱和水蒸气压力，Pa；

$\quad\quad\quad \theta_w$——干球温度，℃；

$\quad\quad\quad \theta_s$——湿球温度，℃；

$\quad\quad\quad B$——大气压力，Pa；

$\quad\quad\quad A$——与风速有关的系数。

显然相对湿度是干球温度、湿球温度、大气压力和风速的函数，在大气压力和风速一定的情况下，相对湿度是干球温度和湿球温度的函数。所以测得干球温度和湿球温度即可得相对湿度。

气体湿度测量的主要方法包括干湿球法、露点法和吸湿法。干湿球法是通过测得干球温度和湿球温度计算得到相对湿度。湿球温度计安装时，要求温度计的球部离开水杯上沿至少 2～3cm，湿球温度计周围空气流速保持在 2.5m/s 以上，适用于大于 0℃ 的场合。干湿球法的典型仪表包括普通干湿球湿度计、通风干湿球湿度计和电动干湿球湿度计等。露点法是通过测量露点温度和干球温度计算相对湿度。露点温度下对应的饱和水蒸气压力 P_L，即为被测空气的水蒸气分压力 P_n。露点法的典型仪表包括普通露点湿度计和光电式露点湿度计。其中，光电式露点湿度计在所有湿度测量仪表中精度最高，通常用于湿度的精密测量或用作湿度校正装置中的标准化仪表。工程中常用的湿度测量方法是吸湿法，基于湿敏元件的吸湿特性及湿敏元件吸湿后电阻或电容变化特性。吸湿法湿度传感器主要包括氯化锂电阻湿度传感器、高分子电阻湿度传感器、高分子电容湿度传感器、金属氧化物陶瓷电阻湿度传感器和金属氧化物膜电阻湿度传感器等，输出信号一般为标准的电压或电流型号，精度一般在 2%～5% 之间。图 2-4 为干湿球法、露点法和吸湿法三种湿度测量方法的典型仪表。

瑞士 Sensirion 公司是全球领先的数字湿度传感器制造商。15 年前，Sensirion 公司基于创新的 CMOSens® 技术推出数字湿度传感器，它在一个单芯片上提供了一个完整的传感器系统，包括电容式湿度传感器、带隙温度传感器、模拟和数字信号处理、A/D 转换器、校准数据内存，以及支持 I^2C 快速模式的数字通信接口。Sensirion 公司凭借 SHTxx 系列

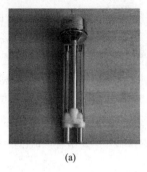
(a)

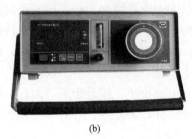
(b)

(c)

图 2-4　三种湿度测量方法的典型仪表

（a）通风干湿球温度计；（b）冷镜式露点仪；（c）高分子湿度传感器

定义了行业标准。作为 SHT2x 系列的继承者，新型数字湿度传感器 SHT3x 系列将传感器技术提升到了一个新水平。SHT3x 湿度传感器系列结合了多种功能和各种接口（I^2C、模拟电压输出），工作电压范围宽（2.15～5.5V），适合各类应用。数字湿度传感器 SHT85 以高精度 SHT3x 传感器为基础，配备针型连接器，确保便捷集成与更换，可长期稳定工作，在 Sensirion 的新型数字湿度传感器中居核心地位。SHT85 配备了 PTFE 膜，可使传感器开口免受液体和灰尘污染，但同时却不影响相对湿度信号的响应时间。SHT85 传感器可在喷水和多尘等恶劣环境下使用，使其成为各种严苛应用条件的理想选择。SHT3x 和 SHT85 温湿度传感器如图 2-5 所示。

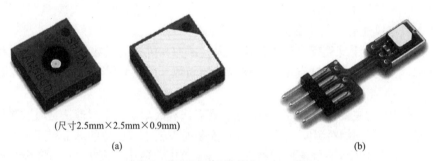

（尺寸2.5mm×2.5mm×0.9mm）

(a)　　　　　　　　　　　　　　　　　　　(b)

图 2-5　数字温湿度传感器 SHT 系列

（a）SHT3x；（b）SHT85

2.1.2.3　压力传感器

在建筑能源系统中，压力和压差传感器的应用非常广泛，一方面一般的建筑能源系统都涉及压力或压差测量；另一方面压力或压差的测量还可以实现其他参数的测量，如毕托管测流速、孔板测流量、压差测液位等。压力传感器包括电容式压力传感器、霍尔压力传感器、压电式压力传感器和固体压阻式压力传感器等。在建筑能源系统中最常用的是电容式和压阻式压力压差传感器。压力传感器的测量原理与压差传感器的测量原理一样，当把传感器的高压端与被测介质相连，低压端与大气相连时（或反之），为压力传感器；当把传感器的高低压端分别与被测介质的高低压端相连时为压差传感器。

1. 常用压力传感器基本原理

（1）电容式压力传感器

电容式压力传感器是一种利用电容敏感元件将被测压力转换成电容的传感器，通常采取差动电容的方式，如图 2-6 所示，测量膜片与固定极板构成差动电容。弹性膜片直径为 7.5～75mm，厚度为 0.05～0.2mm，膜片的最大位移量为 $\Delta d_{max} = 0.1mm$。该传感器的特点是灵敏度高、精度高，精度可达 0.2、0.25，稳定可靠，尤其适用于测量高静压微压差的场合。输出信号一般为标准 4～20mA 电流信号，电气接线一般采用两线制，供电电源为 DC 24V。

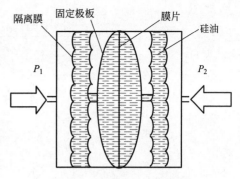

图 2-6 电容式压力传感器

（2）压阻式压力传感器

电阻的尺寸（例如长度、横截面积）发生变化，将引起电阻阻值变化；电阻的电阻率发生变化也将引起电阻阻值变化。按照压阻材料分类，压阻式压力传感器的感压元件可分为金属应变片和半导体扩散硅。应变片感压元件，当受压时，电阻的长度 L 和横截面积 S 发生变化，引起电阻阻值变化；半导体扩散硅感压元件，当受压时，电阻率发生变化，引起电阻阻值变化。通常，半导体扩散硅电阻变化的灵敏度要远远高于应变片电阻变化的灵敏度，前者大约为后者的 100 倍。

半导体扩散硅压力传感器，通常在硅基膜片上等值扩散 4 个硅电阻，周边区两个，中心区两个，如图 2-7 所示。当其膜片受到从下向上的压力时，中心区受拉应力（假设应力为正），周边区受压应力（应力为负），在 $r=0$ 处应力达到正的最大值，而在大约距中心 63.5% 的地方应力为 0。

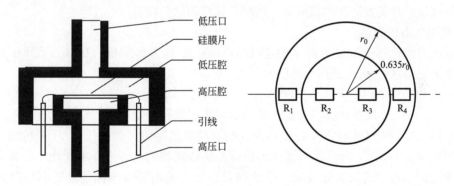

图 2-7 扩散硅压力传感器

图 2-8 为扩散硅压力传感器测量电路图，4 个硅电阻分布于四个桥臂。其中，周边区的 R_1 和 R_4，受压应力，电阻变小，增量为 $-\Delta R$；中心区的 R_2 和 R_3，受拉应力，电阻变大，增量为 $+\Delta R$。给测量电桥通恒流源 I_0，在压差的作用下桥路输出的不平衡电压为：

$$u = \frac{1}{2} I_0 \times (R + \Delta R) - \frac{1}{2} I_0 (R - \Delta R) = I_0 \Delta R$$

该测量电路的优点是：

1）在硅基膜片上等值扩散 4 个硅电阻可起到温度补偿作用。当由于环境温度变化引起硅电阻阻值变化时，4 个桥臂阻值的变化一致，对桥路的电压输出几乎没有影响。

2）一个桥臂电阻增大的同时，另一个桥臂电阻变小，使桥路输出的不平衡电压信号加倍。

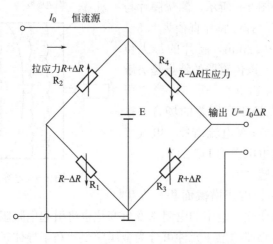

图 2-8 扩散硅压力传感器测量电路图

在设计时要注意，供给桥路的电流要恒定，即为一恒流源。通常桥路的输出电压为 10～100 多毫伏，后续一般要加电压放大电路。

（3）压差开关

压差开关是一种两位式输出的压差测量敏感元件，当压差达到设定值时压差开关动作，主要用于设备的状态检测和报警。压差传感器输出的信号是模拟量信号，压差开关输出的信号是开关量信号。将气体压差开关安装在空气过滤器的两端可检测过滤器是否堵塞；将气体压差开关安装在风机两侧，可检测风机的运行状态。

2. 典型压力传感器

典型压力传感器选取昆仑海岸的 JYB-3151 压力/压差传感器、JYB-1 系列压力传感器，以及霍尼韦尔的 DPS 系列气流压差开关。

（1）JYB-3151 压力/压差传感器

JYB-3151 压力/压差传感器是在先进的电容传感器技术基础上，结合先进的单片计算机技术和传感器数字转换技术精心设计而成的多功能数字化·智能压力/压差传感器。其工作原理如图 2-9 所示，外部引入的压力或压差使传感器的电容值发生变化，经数字信号转换，变为频率信号送到微处理器，微处理器运算后输出一个电流信号送到电流控制电路，转化为 4～20mA 模拟电流输出，也可通过串行通信接口直接输出 RS 485 数字信号。数字表头能够显示压力、温度、电流 3 种物理量及 0～100% 模拟指示。按键操作能方便地在无标准压力源的情况下完成零点迁移、量程设定、阻尼设定等基本的参数设置，极大地

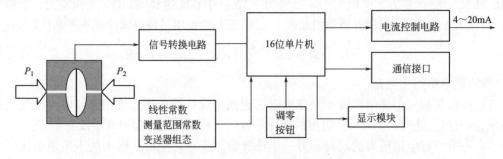

图 2-9 JYB-3151 工作原理图

方便了现场调试。该传感器可选 HART 模块，可实现传感器 HART 串行通信。

JYB-3151 压力/压差传感器电气接线如图 2-10 所示。上面的端子是信号端子，二线制接线，电源通过信号线送到传感器，无需另外接线；下面的端子是测试端子，测试端子用来接任选的指示表头或供测试用。

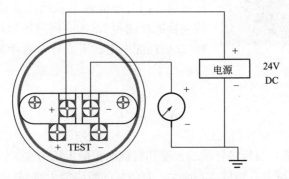

图 2-10　JYB-3151 电气接线图

（2）JYB-1 系列压力传感器

JYB-1 系列压力传感器是一款高集成、多功能数字化智能传感器。该仪表的主要特点是：信号输出方式采用 RS 485 串行通信，Modbus RTU 通信协议；产品内设有可充电锂电池，可在突发断电时维持产品正常运行；带背光的段式液晶显示与按键操作配合使用可为用户提供良好的人机界面；内部集成了详细的产品信息，便于用户查询和管理。

表 2-1 为 JYB-1 系列压力传感器主要技术参数表。从表中可以看出，不同的量程范围，压力传感器的精度等级不同，满量程在 70kPa～5MPa 内时精度最高，为 0.2 级，具体应用可根据现场被测压力的变化范围选择。在数据通信设置时要设置好通信波特率和通信帧格式，若没有特殊情况，一般取其默认格式。

JYB-1 系列压力传感器主要技术参数表　　　　表 2-1

分项	指标
供电电压	DC24V(12～30V)
准确度等级	0.5 级(满量程在 5～70kPa 内)
	0.2 级(满量程在 70kPa～5MPa 内)
	0.5 级(满量程在 5～35MPa 内)
通信方式	RS 485
通信协议	Modbus RTU
通信波特率	2400bps、4800bps、9600bps(默认)、19200bps、38400bps、57600bps、115200bps
通信帧格式	8 个数据位、偶校验、1 个停止位
	8 个数据位、奇校验、1 个停止位
	8 个数据位、无校验、2 个停止位
	8 个数据位、无校验、1 个停止位(默认)
通信周期	100ms(9600bps 时)

JYB-1 系列压力传感器的接线端子如图 2-11 所示。其中，接线端子 1 和 2 为传感器的

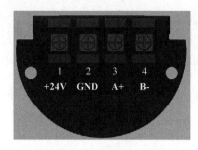

图 2-11 接线端子

24V 供电电源端，接线端子 3 和 4 为传感器的 RS 485 串行通信端。在使用 JYB-1 系列压力传感器时，当多个产品同时接入 RS 485 网络时，应确保每只产品分配的设备地址唯一。当远距离通信时，应采用低波特率进行通信，同时还应选用双绞线连接，并在 RS 485/232 转换器的近端和 RS 485 网络的远端分别并联一个大约 120Ω 的匹配电阻。下面针对远距离通信采用低波特率分析如下：

导线的感抗 X_L：

$$X_L = 2\pi f L$$

式中　f——频率；

　　L——线圈电感，当传输导线的长度和横截面积确定后为常量。

也就是说频率 f 越大，感抗 X_L 越大，对信号的阻碍能力越强，信号消耗越大，传输距离也就越短。

（3）DPS 系列气流压差开关

霍尼韦尔公司的 DPS 系列气流压差开关主要用于监视风道中过滤网、风机和空气流的状态。其工作范围如表 2-2 所示，选用时可根据被测对象的压差变化范围选取。如图 2-12（a）所示，通过压差设定旋钮可修改压差设定值，中间为设定旋钮，上面指针指示压差设定值。图 2-12（b）为电气接线图，端子 1 为常闭触点，端子 2 为常开触点，端子 3 为 COM 端。正常情况下，常闭触点闭合。当被测压差超过压差设定值时，将引起压差开关动作，常闭触点断开，常开触点闭合。图 2-12（c）为正负取压口位置，连接时一定不要接反。

DPS 气流压差开关工作范围　　　　　　　　　　　　　　　　表 2-2

型号	压差范围*
DPS200A	20～200Pa
DPS400A	40～400Pa
DPS1000A	200～1000Pa
DPS2500A	500～2500Pa

* 此压差指垂直安装，若水平安装，压力范围值增加 20%。

2.1.2.4　流量传感器

流量是指单位时间内流过流体的量，亦称瞬时流量。总流量是指在一段时间内流过流体量的总和，也可用在这段时间内对瞬时流量的积分。流量传感器的种类很多，差压式流量传感器主要包括毕托管、孔板、喷嘴、文丘里管等；速度式流量传感器主要包括水表、涡轮流量传感器等；容积式流量传感器主要包括椭圆齿轮流量传感器、腰轮流量传感器等。除此之外还有电磁流量传感器、涡街流量传感器、超声波流量传感器、质量流量传感器等。在建筑能源系统中常用的有涡轮流量传感器、电磁流量传感器和超声波流量传感器等。

1. 常用流量传感器测量原理

（1）涡轮流量传感器

被测流体经导流器导直后沿管道轴线的方向以平均速度 v 冲击叶片，使涡轮产生回转运

18

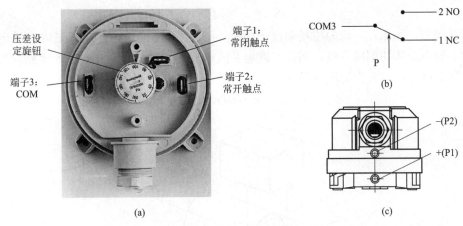

图 2-12 DPS 压差开关

(a) DPS 压差开关实物图；(b) 电气接线；(c) 正负取压口

动，在一定范围内，涡轮的转速与流体的流速呈正比，通过磁电转换装置，将涡轮转速信号转变为频率信号，经放大后输出，或经变送转变为标准的电压电流信号输出。涡轮流量传感器的主要结构如图 2-13 所示，主要由涡轮、导流器、磁电转换器、壳体、轴和轴承等组成。涡轮叶片由导磁材料制成，当叶片旋转通过磁钢下面时，磁路中的磁阻发生改变，导致通过电磁线圈中的磁通量发生变化，相当于发出一个脉冲信号。若涡轮上有 4 个叶片，涡轮旋转一周发出 4 个脉冲信号。如测出单位时间发出的脉冲数则可实现管道内流体流量的测量。

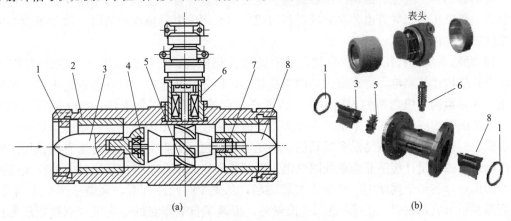

图 2-13 涡轮流量传感器结构图

(a) 结构图；(b) 实物拆开结构

1—紧固环；2—壳体；3—前导流器；4—止推片；5—涡轮叶片；6—磁电转换器；7—轴承；8—后导流器

涡轮流量传感器的特点是精度高、量程比大、惯性小、耐高压、适应温度范围广和要求介质洁净。安装时要保持水平，减少摩擦，防止涡轮卡死。仪表前要有 15D 的直管段，后有 5D 的直管段，且一般涡轮流量传感器前要加过滤器。

（2）电磁流量传感器

电磁流量传感器的测量原理是基于法拉第电磁感应定律，当导体在磁场中切割磁力线时，将产生感应电动势，该电动势的大小与磁感应强度 B、导体长度 L、垂直于磁力线方向的运动速度 v' 成正比。若三者垂直，则有：

$$E = B v' L \tag{2-4}$$

如此类似，如果在一均匀磁场强度 B 中有一直径为 D 的管道，当管道内有导电液体流动时，导电液体切割磁力线，则在与磁场及液体流动方向的垂直方向上产生感应电动势 E，如图 2-14 所示，$\bar{v}$ 为管道内平均流速。

$$E = B D \bar{v} \tag{2-5}$$

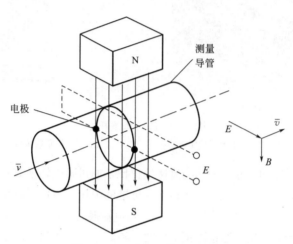

图 2-14　电磁流量传感器原理

传感器结构由外壳、磁轭、励磁线圈、电极、测量导管等组成。为了防止磁力线被测量导管的管壁短路，导管由非导磁的材料组成。当采用导电材料作导管时，测量导管与电极之间需要加内衬。

1）励磁系统　其作用是产生均匀的直流或交流磁场。直流磁路用永久磁铁来实现，其优点是结构比较简单，受直流磁场的干扰较小，但它易使通过测量导管内的电解质液体极化，并导致两电极之间的内阻增大，因而严重影响仪表的正常工作。当管道直径较大时，永久磁铁相应也很大，笨重且不经济。交流励磁技术包括工频正弦波励磁、低频矩形波励磁、三值低频矩形波励磁和最新的双频矩形波励磁。工频交流励磁是指直接采用工频交流电给电磁流量计传感器励磁线圈供电。低频矩形励磁结合了直流励磁技术和交流励磁技术的优点，在半个周期内，磁场为直流磁场，从整个时间过程看，又是一个交流信号。三值低频矩形波励磁以"正-零-负"三值励磁，提高了仪表零点的稳定性。双频矩形波技术的励磁电流的波形是在低频矩形波上叠加高频矩形波信号。

2）测量导管　其作用是让被测导电性液体通过。为了避免磁力线通过测量导管时磁通量被分流或短路，测量导管必须采用非导磁、低导电率、低导热率和具有一定机械强度的材料制成，可选用非导磁的不锈钢、玻璃钢、高强度塑料、铝等。

3）电极　其作用是引出和被测量成正比的感应电势信号。电极一般用非导磁的不锈钢制成，且被要求与衬里齐平，以便流体通过时不受阻碍。它的安装位置宜在管道的水平方向，以防止沉淀物堆积在其上面影响测量精度。

4）外壳　用铁磁材料制成，是励磁线圈的外罩，并隔离外磁场的干扰。

5）衬里　在测量导管的内侧及法兰密封面上，有一层完整的电绝缘衬里。它直接接触被测液体，其作用是增加测量导管的耐腐蚀性，防止感应电势被金属测量导管管壁短路。衬里材料多为耐腐蚀、耐高温、耐磨的聚四氟乙烯塑料、陶瓷等。

6）转换器 液体流动产生的感应电势信号十分微弱，且受各种干扰因素的影响很大。转换器的作用就是将感应电势信号放大并转换成统一的标准信号，并抑制主要的干扰信号。

电磁流量传感器的特点包括：测量精度高，一般为 1.0 级；可以测量含有固体颗粒、纤维和带有腐蚀性的液体；直管段要求低；被测液体需要导电。

（3）超声波流量传感器

超声波流量传感器由超声波换能器、电子线路及流量显示 3 部分组成。超声波流量传感器的电子线路包括发射、接收、信号处理和显示电路。超声波发射换能器将电能转换为超声波能量，并将其发射到被测流体中，超声波接收换能器接收到超声波信号，经电子线路放大并转换为代表流量的电信号供给显示和积算仪表进行显示和积算，这样就实现了流量的检测和显示。超声波流量传感器常采用压电换能器，它利用压电材料的压电效应，通过发射电路把电能加到发射换能器的压电元件上，使其产生超声波振动。超声波以某一角度射入流体中传播，然后由接收换能器接收，并经压电元件变为电能，以便检测。接收换能器利用压电元件的压电效应，而发射换能器利用压电元件的逆压电效应。主要测

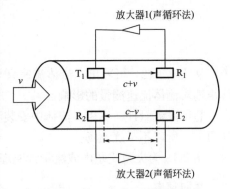

图 2-15 超声波流量传感器原理

量方法包括时差法和频差法，超声波流量传感器原理如图 2-15 所示。

1）时差法

超声波在顺流与逆流中传播速度与介质流速有关，顺流时传播速度为 $c+v$，逆流时传播速度为 $c-v$。

顺流时，超声波从 T_1 到 R_1 的传播时间为：

$$t_1 = \frac{l}{c+v} \qquad (2\text{-}6)$$

逆流时，超声波从 T_2 到 R_2 的传播时间为：

$$t_2 = \frac{l}{c-v} \qquad (2\text{-}7)$$

一般情况下，$c \gg v$，亦即 $c^2 \gg v^2$，则 $\Delta t = t_2 - t_1 = \dfrac{2lv}{c^2}$

流体的流速为：

$$v = \frac{\Delta t c^2}{2l} \qquad (2\text{-}8)$$

从式（2-8）可看出，要得到流体流速 v，必须已知声速 c，由于声速常随着传播介质温度的变化而变化，引起测量误差，因此测量精度要求高的情况下需要进行声速修正。通常采取的声速修正方法是在超声波流量计设计中增加一支温度传感器，通过实测流体温度得到该温度下的流体声速 c。

2）频差法（声循环法）

频差法测量的是超声波顺流传输和逆流传输的频率差值。

顺流频率：

$$f_1 = \frac{1}{t_1} = \frac{c+v}{l} \tag{2-9}$$

逆流频率：

$$f_2 = \frac{1}{t_2} = \frac{c-v}{l} \tag{2-10}$$

频差：

$$\Delta f = f_1 - f_2 = \frac{2v}{l} \tag{2-11}$$

流体的流速为：

$$v = \frac{\Delta f l}{2} \tag{2-12}$$

从式（2-12）可看出，流体流速只与频率差有关，与流体声速无关，频差法消除了流体声速对流体流速测量的影响。

超声波流量计，不用在流体中安装测量元件，故不会改变流体的流动状态，不产生附加阻力，所以不干扰流场。

图 2-16 为夹装式超声波流量计原理图，若采用频差法，则有：

顺向频率：
$$f_1 = \frac{c+v\sin\theta}{l}$$

逆向频率：
$$f_2 = \frac{c-v\sin\theta}{l}$$

频差：
$$\Delta f = f_1 - f_2 = \frac{2v\sin\theta}{l}$$

安装时一定按照厂家规范要求安装，以保证安装的传播距离 l 和角度 θ 与厂家的要求一致，否则将引起较大的测量误差。

2. 典型流量传感器

（1）高智能型一体化涡轮流量传感器

以 DZK-J 系列液体涡轮流量计为例，如图 2-17 所示。该传感器的高科技含量主要体现在以下方面：

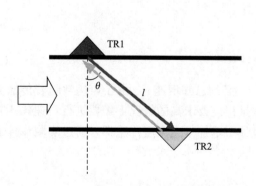

图 2-16　夹装式超声波流量计原理图　　　　图 2-17　高智能型一体化专用流量计

① 美国微芯 CPU；

② 德州仪器低功耗运算放大器、脉宽调制器；

③ 美国微芯脉冲输出控制器；

④ AD 公司工业级 4～20mA 驱动器；

⑤ 安森美半导体高速计数器和光电器件；

⑥ 美信稳压器以及串口通信驱动器；

⑦ 荷兰恩智浦液晶驱动器；

⑧ 东芝光电耦合器。

1）传感器特点

① 智能温度补偿　内嵌温度传感器，可以实时感应流体的温度，根据不同流体的温度膨胀系数，精确计算由于温度引起的体积变化，进一步提高了流量的测量精度。

② 测量精度高　流量的分辨率为 $0.001m^3/h$；累积流量的分辨率为 $0.0001m^3$；温度的分辨率为 $0.1℃$。流量传感器的精度为 0.5%，温度传感器的精度为 0.5%，经计算修正后的精度为 0.2%。

2）传感器输出信号

① 现场显示型（内置锂电池）　电池供电，1 节 3.6V 锂电池，可连续使用 3 年以上。电池电压在 3.2～3.6V 时均可正常工作，当电压低于 3.3V 时出现欠压指示。

② 脉冲输出型　工作电压：+12VDC；输出信号：方波；传输距离：<1000m。

③ 电流 4～20mA 输出型　工作电压：+24VDC（二线制）；输出信号：4～20mA 或 1～5V；传输距离：<250m。

④ 通信型　工作电压：+5V，+12VDC，+24VDC 任选一种；通信标准：RS 232（传输距离≤300m）、RS 485（传输距离≤1000m）；通信格式：8 位数据位，无奇偶效验，1 位停止位；波特率：9600。

3）传感器安装

传感器的安装如图 2-18 所示，传感器前面需要有 10D 直管段，后面要有 5D 直管段。通常在传感器的前面加装过滤器。

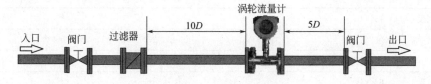

图 2-18　传感器安装图

（2）西门子 SITRANS FM 电磁流量计

西门子电磁流量计由传感器（MAG1100，MAG1100F，MAG3100，MAG3100P 或 MAG5100W）和变送器（MAG5000 或 6000）组成。传感器由不锈钢管、线圈、电极、绝缘内衬、壳体和连接法兰等组成，将流量转换为正比于流体流速的电压信号。变送器由一系列功能模块组成，将传感器电压信号转换为电流信号输出，亦可配现场流量计显示。传感器型号后面的字符表示传感器适用的场合，其中，F 表示适用于食品和医药行业；P 表示适用于过程和化工行业；W 表示适用于水和废水行业。

1）基本性能参数（以 MAG 6000 变送器为例）

① 输出　1 路电流输出，0～20mA 或 4～20mA；1 路数字输出，0～10kHz，50％占空比；1 路继电器输出；

② 流向　单/双向；

③ 通信协议　可加装模块，HART、Profibus PA&DP、Modbus RTU、DeviceNet、FF；

④ 显示　3 行，20 字符（可选盲显）；

⑤ 测量精度　±0.25％；

⑥ 防护等级　IP67，IP20；

⑦ 电源　12～24VAC/DC，115～230VAC。

2）传感器测量流速范围

传感器最小量程：0～0.25m/s，最大量程：0～10m/s。

将管径 D 单位由 mm 转换为 m，流量单位 Q 由 m³/h 转换为 m³/s，对应流速的计算公式为：

$$v = \frac{353.68 \times Q(\text{m}^3/\text{h})}{D^2(\text{mm})}(\text{m/s}) \tag{2-13}$$

其中，$353.68 = \dfrac{10^6 \times 4}{3600 \times \pi}$。

（3）TDS-100 型超声波流量计

TDS-100 型超声波流量计利用了低电压、多脉冲时差原理，采用高精度和超稳定的双平衡信号差分发射、差分接收专利数字检测技术，测量顺流和逆流方向的声波传输时间，根据时差计算出流速。产品具有稳定性好、零点漂移小、测量精度高、量程比宽、抗干扰性强等特点。

1）性能参数

TDS-100 型超声波流量计性能参数如表 2-3 所示。

TDS-100 型超声波流量计性能参数　　　　　　　　　　　　　　表 2-3

分项	指标
测量精度	1％
重复性	0.2％
流体方向	正、反向双向计量
最大流速	64m/s
测量介质	水、污水、海水、酒精、各种油类等能传导超声波的单一均匀稳定的液体
适用管材	碳钢、不锈钢、铸铁、水泥、铜、PVC、铝等均匀、质密的管道，允许有衬里
流体温度	最高 160℃
流体浊度	小于 20000ppm 且气泡含量小
显示	全中文显示瞬时流量、热量、流速、累积量、信号状态等
输出接口	4～20mA、脉冲、OCT、频率、RS232、RS485 输出可选
通信协议	MODBUS 协议、M-BUS 协议、FUJI 扩展协议及其他超声波流量计和水表的兼容协议

2）接线端子

TDS-100 型超声波流量计的接线端子如图 2-19 所示。供电电源包括交流 220V 供电和直流 24V 供电，下面的端子包括上游侧超声波换能器、下游侧超声波换能器、模拟电流输出、直流电源输入信号，上面的端子包括 2 路三线制铂电阻输入、RS 485 通信和晶振。铂电阻主要用于测量管道内供回水温度，和流量信号一起实现热量计量。

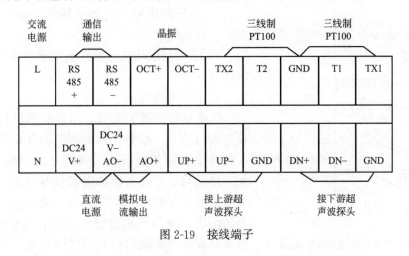

图 2-19　接线端子

2.2　建筑能源系统常用执行器

执行器是自动控制系统中接收控制器发出的控制命令并对被控对象施加调节作用的装置。执行器由执行机构和调节机构两部分组成。调节机构（如：阀门、风门）通过执行元件直接调节被控对象的过程参数，使过程参数满足控制指标的要求。执行机构则是执行器的推动部分，它接收来自控制器的控制信息，按照控制器发出的信号大小或方向产生推力或位移（如直线位移输出或角位移等）。按照执行机构使用的能源种类，执行器可分为气动、电动、液动 3 种类型。在建筑环境与能源自动化系统中通常使用电动执行器，比较有代表性的就是电动调节阀，另外，变频器作为电机的驱动机构，在某种意义上讲也是一种执行器。

2.2.1　电动执行器

电动执行器是一种以电能作为驱动能源的执行器，一般以转动阀板角度或升降阀芯等方式实现管道内流体流量的调节，进而对被控对象施加控制。在建筑能源系统中，电动执行器较气动执行器和液动执行器的应用更为广泛。图 2-20 给出了电动执行器的基本分类。

（1）根据生产工艺控制要求，电动执行器的控制模式一般分为开关型和调节型两大

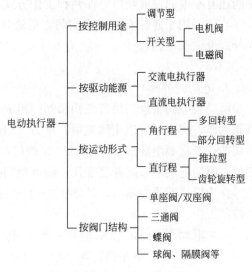

图 2-20　电动执行器的分类

类。开关型执行器根据执行机构的不同，又可分为电机阀（电动阀）和电磁阀。

（2）按照阀门的运动方式不同，可分为角行程电动执行器和直行程电动执行器。角行程电动执行器又可分为多回转型和部分回转型，而直行程电动执行器也可再分为推拉型和齿轮旋转型两种。

1）角行程电动执行器（转角＜360°）　适用于蝶阀、球阀、旋塞阀等。

2）多回转电动执行器（转角＞360°）　适用于闸阀、截止阀等。

3）直行程电动执行器　适用于单座调节阀、双座调节阀等。

1. 开关型电动阀

以电动机为动力元件，将控制器的输出信号转换为阀门的开关信号，实现阀门的开启和关闭，是一种两位式调节执行器。阀门开闭过程中，有开、关、停信号，以及有模拟反馈信号（AI）输出。开关型电动阀一般用于不需要对介质流量进行精确控制的场合，例如风机盘管和加湿器等的流量控制。由于只有在改变阀门位置时才需供电，所以，阀门所需的功率很小。电动阀的开关动作模式不同，其控制电路也有所不同，图 2-21 是输出无源触点信号的电动阀控制电路。使用了 4 个限位开关，分别用于检测和控制阀门的到位，并通过触点输出无源的阀门到位信号，①～⑥是接线端子。

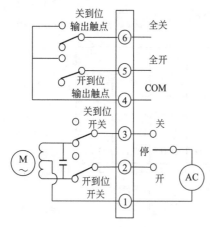

图 2-21　开关型电动阀控制电路

2. 电磁阀

电磁阀是开关型电动执行器中最简单的一种，它利用电磁铁的吸合和释放对小口径阀门作通、断两种状态的控制，由于结构简单、价格低廉，常和两位式简易控制器组成简单的自动控制系统。如供水管道的流量通断控制等。电磁阀有直动式和先导式两种，每种电磁阀还有断电回位或断电自保两种工作方式。

直动式用于通径 $DN20$ 左右的管道流量控制，大流量大通径的管道通常选用先导式。先导式电磁阀功耗较小，一般为 $0.1\sim0.2W$；直动式电磁阀功耗较先导式大，一般为 $5\sim20W$。

3. 电动调节阀

电动调节阀由电动执行机构和阀门组成，电动执行机构根据控制信号的大小，驱动调节阀动作，实现对管道流体流量、压力、温度等参数的连续调节。阀门执行机构是电动调节阀的一个重要组成部分，图 2-22 是阀门执行机构接线图。由控制器输入 $4\sim20mA$ 电流信号，驱动电动调节阀开度变化。随着阀门开度的变化，阀位电位器电阻值同步变化，该信号作为接线端子的输入，最终转换为 $4\sim20mA$ 阀位反馈信号输出。电动机由伺服放大器控制工作。

（1）电动调节阀的控制信号一般有电流信号（$4\sim20mA$、$0\sim10mA$）或电压信号（$0\sim5V$、$1\sim5V$），远距离传输一般采用电流信号。

（2）电动调节阀的工作形式包括电开型和电关型。以 $4\sim20mA$ 控制信号为例，电开

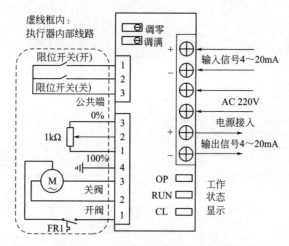

图 2-22 电动调节阀执行机构接线图

型是指 4mA 信号对应阀关，20mA 对应阀开；电关型是指 4mA 信号对应阀开，20mA 对应阀关。

（3）电动调节阀失信号保护。为了工艺流程需要或生产安全，当线路等故障造成控制信号丢失时，电动执行器将控制阀门启闭到设定的保护值，常见的保护值为全开、全关、保持原位 3 种情况。

（4）调节阀的接线

1）调节阀的内部接线包括电动机控制、阀的开闭到位检测和阀位的位置检测。

2）调节阀的外部接线包括控制阀门输入信号、阀门位置反馈信号和阀门驱动电源。

4. 电动蝶阀

蝶阀是用圆形蝶板作启闭元件并随阀杆转动来开启、关闭或调节流体通道的一种阀门。蝶阀的蝶板安装于管道的直径方向，蝶阀阀体位于圆柱形通道内，圆盘形蝶板绕着轴线旋转，旋转角度为 0°～90°之间，旋转到 90°时，阀门呈全开状态，反之，阀门则呈全关状态。

电动蝶阀采用一体化结构，通常由角行程电动执行机构和蝶阀整体通过机械连接共同组成。根据动作模式分为开关型和调节型两种。开关型是直接接通电源（AC 220V 或其他电源等级的电源）通过开关正、反导向完成开关动作。图 2-23（a）是开关型电动蝶阀接线图，图中所示蝶阀采用了单相交流电源直接控制阀门开关；图 2-23（b）是调节型电动蝶阀接线图，调节型是以交流 220V 电源作为动力，接收自动控制系统控制器输出的 4～20mA 电流信号等完成调节动作。调节型有内装阀门定位器、伺服放大器和外接伺服操作器等，图 2-23（c）是电动蝶阀实物图。

5. 电动风阀

电动风阀由电动执行机构和风阀组成，分为调节型电动风阀和开关型电动风阀，是空调送风系统和建筑防排烟系统中常用的设备。调节型电动风阀采用连续调节的电动执行机构，通过调节风阀的开启角度来控制风量的大小；开关型电动风阀采用两位式电动执行机构，实现对风阀开启、关闭及中间任意位置的定位。对开启和关闭时间有特殊要求的场合，可采用快速切断风阀，其全行程时间可在 3s 到 6min 完成。图 2-24 是电动风阀执行

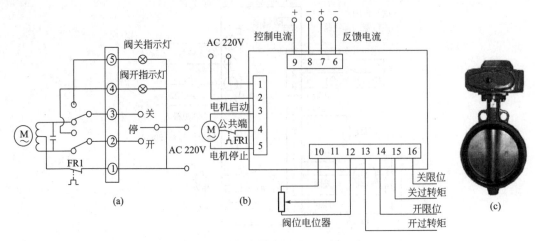

图 2-23　电动蝶阀接线和实物图

机构实物图。

　　风阀由若干叶片组成，当叶片转动时改变风道的等效截面积，即改变了风阀的阻力系数，其流过的风量也就相应的改变，从而达到调节风量的目的。图 2-25 是风阀结构示意图。

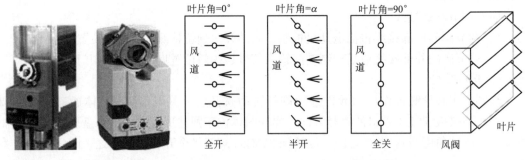

图 2-24　电动风阀执行机构　　　　　　　图 2-25　风阀的结构图

　　电动风阀的控制与蝶阀的控制方法基本相同，也分为调节型电动风阀和开关型电动风阀。如图 2-26 所示，交流 24V 供电，通过控制器控制风阀的开度。调节型风门带有位置

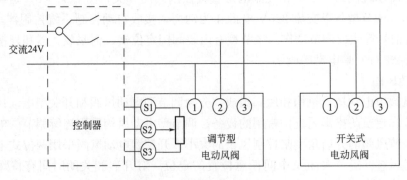

图 2-26　电动风阀控制方式

电位器，能够反馈风阀的位置信息；开关型风阀根据控制器开关控制实现风阀全开、全关或半开。

2.2.2 变频调速技术

变频调速技术是现代电力传动技术的重要发展方向，而作为变频调速系统的核心——变频器是强弱电结合、机电一体的综合性技术，既要处理电能的转换（整流、逆变），又要处理信息的收集、变换、传输和控制，变频器的共性技术分为频率转换和弱电控制两大部分。前者要解决与高压大电流有关的技术问题和新型电力电子器件的应用技术问题，后者要解决基于现代控制理论的控制策略和智能控制策略的硬、软件开发问题。变频器的性能越来越成为调速性能优劣的决定因素，同时，对变频器采用什么样的控制方式也是非常重要的环节。

2.2.2.1 变频器的结构

变频器是把工频电源（50Hz 或 60Hz）变换成各种频率的交流电源，以实现电机变速运行的设备。通用变频器的构造分为主回路和控制回路两部分。图 2-27 是交-直-交变频器的基本组成。

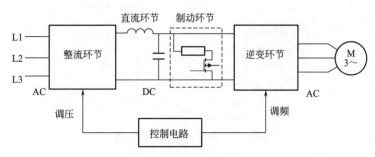

图 2-27 交-直-交变频器基本结构框图

1. 主回路

给异步电动机提供调压调频电源的电力变换部分称为主回路，主回路包括整流环节、中间直流环节（又称平波回路）、逆变环节和制动或回馈环节等。

三相变频器通过三相桥式全波整流电路，将三相交流电源转换为逆变电路和控制电路所需要的直流电源。直流环节的作用是对整流电路的输出进行滤波，以保证逆变电路和控制电路能够获得质量较高的直流电源。当整流电路是电压源时，直流中间电路的主要元器件是大容量的电解电容；当整流电路是电流源时，滤波电路则主要由大容量电感组成。

2. 控制回路

控制回路常由运算电路，检测电路，控制信号的输入、输出电路，驱动电路和制动电路等构成。其主要任务是完成对逆变器的开关控制，对整流器的电压控制以及完成各种保护功能等。

当电动机处于制动工作状态时（如往复式索道和升降式电梯的拖动控制，当轿厢下放运行时），变频器的直流中间电路的直流母线电压会升高，这时需要采用回馈制动或能耗制动方式抑制高于正常值的母线电压。通用变频器中设置的制动电路就是为了满足异步电动机制动的需要，对于大、中容量的通用变频器来说，为了节约能源，一般采用电源再生单元将上述能量回馈给供电电源。而对于小容量通用变频器来说，通常采用制动电阻以及在辅助电路控制下，在制动电路上消耗掉直流母线上的多余电能，以保证逆变单元的可靠工作。

2.2.2.2 变频器控制电路

各生产厂家生产的通用变频器，其主电路结构和控制电路并不完全相同，但基本的构造原理和主电路连接方式以及控制电路的基本功能大同小异。图 2-28 所示为变频器控制电路原理框图。

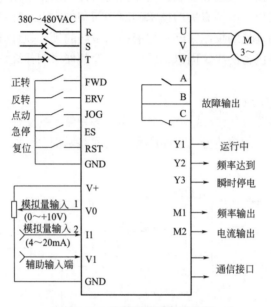

图 2-28 控制回路端子接线图

主要包括 3 个部分，主电路接线端：包括接工频电网的输入端（R、S、T）和接电动机的频率、电压连续可调的输出端（U、V、W）；控制端：包括外部信号控制端、变频器工作状态指示端、变频器与微机或其他变频器的通信接口；操作面板：包括液晶显示屏和键盘。

1. 变频器的接线端子

（1）主电路接线端

1）交流电源输入　其标志为 R/L1、S/L2、T/L3，接工频电源。

2）变频器输出　其标志为 U、V、W，接三相笼型异步电动机。

3）制动电阻和制动单元接线端　需要能耗制动的场合使用，如电梯、往复索道的拖动控制等。

（2）控制电路接线端

1）外接频率给定端　信号输入端子分别为电压信号输入（DC 0～10V 或 0～5V）、电流信号输入（DC 4～20mA）。在 10V 或 5V 和 20mA 时为最大输出频率，输入输出成比例变化。

另外，还有辅助频率设定端，输入 DC 0～10V 时，电压或电流输入端子的频率设定信号与这个信号相加。这个可以理解成偏置信号。

2）启动控制端

FWD——正转控制端；

ERV——反转控制端；

JOG——点动模式选择/脉冲列输入端；

ES——输出停止端；

RES——复位控制端，在变频器保护动作后用于复位。

3）故障信号输出端　由端子 A、B、C 组成，继电器输出，可接至 AC 220V 电路中。指示变频器因保护功能动作时输出停止的转换接点。故障时，B-C 间不导通（A-B 间导通）；正常时，B-C 间导通（A-B 间不导通）。

4）运行状态信号输出端　Y1、Y2、Y3 为开关量输出端，可设置输出与变频器运行参数关联，如：

Y1（RUN）——运行信号，变频器输出频率为启动频率（初始值 0.5Hz 以上时为低电平，正在停止或正在直流制动时为高电平）。

Y2——频率到达，输出频率达到设定频率的±10％（出厂值）时为低电平，正在加/减速或停止时为高电平。

Y3——频率检测信号，当变频器的输出频率为任意设定的检测频率以上时为低电平，未达到时为高电平。

5）测量输出端　可以从多种监视项目中选一种作为输出。输出信号的大小与监视项目的大小成比例。

M1——模拟电压输出，输出 DC 0～10V 信号。

M2——模拟电流输出，输出 DC 0～20mA 信号。

6）通信接口　用户可以使用通信电缆与个人电脑或 PLC 等连接，通过客户端程序对变频器进行运行监视以及参数读写。

2. 变频器的给定方式

（1）模拟量给定方式

当给定信号为模拟量时，称为模拟量给定方式。模拟量给定时的频率精度略低，为最高频率的±0.5％以内。具体给定方式介绍如下：

1）电位器给定　给定信号为电压信号，信号电源由变频器内部的直流电源（10V）提供，频率给定信号从电位器的滑动触头上得到。

2）直接电压（或电流）给定　由外部仪器设备直接向变频器的给定端输入电压或电流信号。

3）辅助给定　辅助给定信号与主给定信号叠加，起调整变频器输出频率的辅助作用，可用于变频器输出的闭环控制。

（2）数字量给定方式

即给定信号为数字量，这种给定方式的频率精度很高，可达给定频率的 0.01％以内。具体给定方式如下：

1）面板给定　即通过面板上的按钮来控制频率的升降。

2）多挡转速控制给定　在变频器的外接输入端中，通过功能预置，最多可以将 4 个输入端（RH，RM，RL，MRS）作为多挡转速控制端。根据若干个输入端的状态（接通或断开门以按二进制方式组成 1～15 挡。每一挡可预置一个对应的工作频率。电动机转速的切换便可以用开关器件通过改变外接输入端子的状态及其组合来实现。

3）通信给定　通过通信电缆将个人计算机与变频器通信接口连接进行通信给定。

2.3 无线传感器

2.3.1 无线传感器结构组成

上文所述的传感器均为有线传感器，若传感器布置在建筑内部，当建筑结构改变时，通常需要重新布线，给施工带来麻烦；若在建筑外部，尤其测点距离较远时（例如10km），有线布线将很难实现。为此，随着传感技术、芯片技术、通信技术等的发展，出现了无线传感器。无线传感器通常称为无线传感器节点，集成有传感器模块、微控制器模块、通信模块和电源模块4部分，通过无线组网的方式构成网络，可以将无线传感器测量的信息通过无线传感器网络发送到监控中心网关，送入计算机，进而进行数据存储、数据分析等。无线传感器节点如图2-29所示。

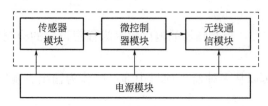

图 2-29　无线传感器节点

（1）传感器模块

传感器种类繁多，使用何种传感器完全取决于应用背景。例如，温度测量，可选用Pt100温度传感器；流量测量，可选用超声波流量传感器。若传感器的输出信号为模拟量信号，该信号需要A/D转换后才能输入到处理器模块；若传感器的输出信号是数字量信号，可将传感器的输出信号和微控制器模块引脚直接连接。图2-30为高精度SHT85温湿度数字传感器与微控制器接线图。SHT85共有4个引脚，其中，引脚2和3为电源引脚，引脚2 VDD为供电电源输入，引脚3 VSS为电源地；引脚1 SCL为串行时钟输入引脚，用于同步微控制器和传感器之间的通信，信号方向为单向；引脚4 SDA为串行数据引脚，用于微处理器和传感器之间输入或输出数据，信号方向为双向。通常SDA和SCL线需要外接10kΩ上拉电阻。数据通信方式采用I^2C（Inter-Integrated Circuit）总线，该方式具有接口线少，控制方式简单，器件封装形式小，通信速率较高等优点。

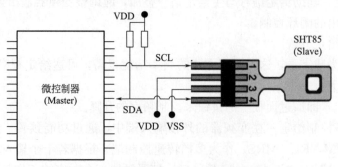

图 2-30　SHT85与微处理器接线图

（2）微控制器模块

微控制器模块是无线传感器节点的核心，负责数据采集、设备控制、通信协议、数据存储、功能协调、能量计算等功能，所以，微控制器的选取至关重要。适宜用作无线传感器节点的微控制器一般需要满足外形尺寸小、功耗低且支持睡眠模式、有足够的 I/O 端口和通信接口、运算速度快、成本低等要求。目前使用较多的有 ATMEL 公司的 AVR 系列单片机，TI 公司的 MSP430 系列超低功耗单片机，以及基于 ARM Cortex-M0、M3 内核的系列处理器等。

（3）无线通信模块

无线通信模块用于实现无线传感器节点的数据通信，可以将无线传感器测量的信息通过无线传感器网络发送到监控中心网关。根据不同的通信模式有不同的通信模块，例如 NB-IoT、LoRa、蓝牙、ZigBee、Wi-Fi 等。

（4）电源模块

无线传感器模块一般布置在工业电源很难供给的场合，通常采用电池供电，因此无线传感器节点对低功耗要求较高。在室外光照充足的地方，也可采用太阳能电池。

2.3.2　无线通信模块主要通信技术

无线通信模块的通信技术很多，根据通信距离长短主要分为两类：一类为短距离无线通信技术，主要包括 ZigBee、Wi-Fi、蓝牙等；另一类为长距离无线通信技术，主要针对低功耗广域网（Low-power Wide-AreaNetwork，LPWAN）通信技术，NB-IoT 与 LoRa 是其中的典型代表，也是最有发展前景的两个 LPWAN 通信技术。

1. ZigBee

ZigBee 是一种低速、低功耗、短距、自组网的无线局域网通信技术，于 2003 年被正式提出。ZigBee 无线通信技术是一种基于 IEEE 802.15.4 标准的低功耗局域网技术，工作频段有 3 个：868～868.6MHz，902～928MHz 和 2.4～2.4835GHz。其中，第 1 个频段应用地区为欧洲，第 2 个频段应用地区为北美，第 3 个频段应用地区为全世界。3 个频段的传输速率分别是 20kbps、40kbps 和 250kbps。实际上，无线设备在通信时只占用其中一段，称为信道。ZigBee 定义了 27 个信道，其中在 868MHz 定义了 1 个信道，在 915MHz 定义了 10 个信道，在 2.4GHz 定义了 16 个信道。

ZigBee 技术是为了满足工业自动化的需要而发展起来的，适用于数据量不大、数据传输速率较低、分布范围较小、对数据的安全可靠有一定要求、成本和功耗非常低的场合。ZigBee 技术具有以下特点：

（1）多频段、多信道，工作灵活　ZigBee 无线通信技术共有 3 个频段，27 个信道。我国使用的 ZigBee 设备工作在 2.4GHz 频段，该频段为免付费、免申请的无线电频段，该频段的设备可以在全世界的任何地方使用。较多的信道提高了应用灵活性，使得在同一个区域内可以有多个不同的 ZigBee 网络共存而互不干涉。

（2）对微控制器资源要求低　相对于其他网络技术，ZigBee 网络协议较简单，可以在计算能力和存储能力都有限的微控制器上运行。

（3）数据传输安全可靠　由于无线通信是共享信道，因此必须很好地解决网络内设备使用信道时的冲突，即媒体访问控制。使用带时隙和不带时隙的载波检测多址访问与冲突避免（CSMA-CA）数据传输方法，并与确认和数据校验等措施结合，保证数据传输可靠。

ZigBee 支持 3 种安全模式，其最低级安全模式无任何安全措施，而最高级的三级安全模式属于高级加密标准的对称密码和公开秘钥。

（4）功耗极低　低功耗是 ZigBee 的最重要特点，由于 ZigBee 的传输速率低，发射功率仅为 1mW，而且采用了休眠模式，因此 ZigBee 设备非常省电。

（5）灵活的网络结构　ZigBee 既支持星型结构网络，也支持对等拓扑的网络结构；既可以单跳，也可以通过路由器实现多跳的数据传输；ZigBee 设备既可以使用 64 位的 IEEE 地址，也可以使用指配的 16 位短地址。在一个独立的 ZigBee 网络内，可容纳最多 2^{16} 个设备。

2. 蓝牙（Bluetooth）

蓝牙是一种设备之间进行无线通信的技术，可以实现固定终端设备、移动终端设备和个人局域网之间的短距离数据交换。蓝牙使用短波特高频（Ultra High Frequency，UHF）无线电波，2.4GHz 的 ISM（Industrial，Scientific，Medical，工业、科学、医药）频段通信，通信距离从几米到几百米不等，传输速率一般为 1Mbps。蓝牙技术具有以下特点：

（1）体积小　蓝牙模块体积很小、便于集成。

（2）低功耗　蓝牙设备在通信连接状态下，有 4 种工作模式：激活模式、呼吸模式、保持模式和休眠模式，激活模式是正常的工作模式，另外 3 种模式为节能低功耗模式。

（3）全球范围适用　蓝牙工作在 2.4GHz 的 ISM 频段，该频段全球范围内通用。

（4）同时可传输语音和数据　蓝牙采用电路交换和分组交换技术，支持异步数据信道、三路语音信道以及异步数据与同步语音同时传输的信道。

（5）具有很好的抗干扰能力　工作在 ISM 频段的无线电设备有很多种，为了很好地抵抗来自不同设备的干扰，蓝牙采用了跳频方式扩展频谱，将 2.402～2.48GHz 频段分成 79 个频点，相邻频点间隔 1MHz。蓝牙设备在某个频点发送数据之后，再跳到另一个频点发送，而频点的排列顺序则是伪随机的，每秒钟频率改变 1600 次，每个频率持续 $625\mu s$。

（6）可以建立临时性的对等连接　根据蓝牙设备在网络中的角色，可以分为主设备（Master）与从设备（Slave）。几个蓝牙设备连接成一个微网时，其中只有一个主设备，其余的均为从设备，主设备与从设备之间采取点对点的通信连接。一个蓝牙设备可以同时与几个不同的微网保持同步，即某一时刻参与某一个微网，下一时刻参与另一个微网。

（7）成本低　随着蓝牙芯片和模块市场需求的扩大，蓝牙产品价格下降。

（8）开放的接口标准　蓝牙技术标准全部公开，全世界范围内任何单位和个人都可以进行蓝牙产品的开发。

3. Wi-Fi

Wi-Fi（Wireless Fidelity，无线保真）是一种无线局域网通信技术，目前已经遍布在人们日常生活中。Wi-Fi 技术与蓝牙技术一样，同属于在办公室和家庭中使用的短距离无线技术。Wi-Fi 无线技术是基于 IEEE 802.11 标准创建的无线局域网技术，该技术将所有有线网络信号转换成无线电波信号，其他终端设备通过无线通信模块连接到 Wi-Fi，实现无线网络通信。Wi-Fi 传输速率可达 54Mbps，工作频段为 2.4GHz，传输功率不足 100mW。Wi-Fi 技术具有以下特点：

（1）无线信号覆盖范围广　Wi-Fi 的覆盖半径可达 100m，适合办公室及单位楼层内部使用，而蓝牙技术一般只能覆盖 l5m。

（2）速度快，可靠性高 802.1lb 无线网络最高带宽为 1Mbps，在信号较弱或有干扰的情况下，带宽可调整为 5.5Mbps、2Mbps 和 1Mbps，带宽的自动调整，有效地保障了网络的稳定性和可靠性。

（3）功耗大 与蓝牙无线通信相比，Wi-Fi 的功耗较大。

（4）安全性较差 与蓝牙无线通信相比，Wi-Fi 的数据安全性能相对较差。

4. NB-IoT

NB-IoT（Narrow Band Internet of Things，窄带物联网）是 3GPP（The 3rd Generation Partnership Project，第三代合作伙伴计划）针对低功耗物联网业务制定的窄带物联网标准。NB-IoT 是专为物联网优化设计的移动通信技术，支持低功耗设备在广域网的蜂窝数据连接，只消耗大约 180kHz 的带宽，非常适合于传输距离远、通信数量少、功耗低的物联网应用。NB-IoT 技术主要具有以下特点：

（1）高覆盖 NB-IoT 室内覆盖能力强，比现有的 LTE（Long Term Evolution，长期演进技术）提升了 100 倍的覆盖能力。不仅可以满足农村这样的广覆盖需求，对于厂区、地下车库、井盖这类对深度覆盖有要求的场合应用同样适用。

（2）海量连接 NB-IoT 在同一基站的情况下可以提供现有无线技术 50～100 倍的接入数，足以轻松满足未来智慧场景中大量设备的联网需求。

（3）超强稳定性 NB-IoT 与现存的移动通信网络可以共享基站，不会相互干扰，由于 NB-IoT 不占用现存移动通信网络的语音和数据带宽，而使用单独的 180kHz 频段，保证传统网络服务和物联网服务同步稳定运行。

（4）低功耗 低功耗是物联网应用的一项重要指标。NB-IoT 主要应用于小数据量、小速率场合，因此 NB-IoT 设备的功耗可以非常小，通常所用的电池寿命可达 5～10 年。

（5）低成本 NB-IoT 无需重新建网，射频和天线基本上都是可以复用的。同时，低速率、低功耗、低带宽同样给 NB-IoT 芯片和模块带来低成本优势。

5. LoRa

LoRa（LongRange）是 LPWAN 通信技术中的一种，是美国 Semtech 公司采用和推广的一种基于扩频技术的超远距离无线传输方案。不同国家（地区）的无线监管机构会在 ISM 频段上给 LoRa 分配一定带宽的无线电频谱，这些被分配给 LoRa 的无线电频谱被划分为多个频率信道，LoRa 终端设备可以选择频率信道进行数据通信。LoRaWAN 作为 LPWAN 的代表技术之一，有以下 3 个主要特点：

（1）非授权频谱 LoRaWAN 运行在 ISM 频段，用户可以按需自行布设，不同于 NB-IoT 等使用授权频谱的 LPWAN 技术，LoRaWAN 不依赖于服务供应商所提供的网络基础设施。

（2）低功耗 LoRaWAN 终端设备的休眠电流仅为 $1\mu A$。对于某些特定的应用，LoRaWAN 终端设备可 10 年不需要更换电池。

（3）抗干扰 LoRaWAN 采用啁啾扩频（CSS，Chirp Spreading Spectrum）技术调制信号，该调制方式有极强的抗干扰能力，一些安装在低信噪比环境（如地下室）的终端设备也可以正常通信。

LoRa 技术是低功耗局域网无线标准，在低功耗的情况下可以覆盖更远的距离，城市可达 2~5km，郊区可达到 15km，较好地做到低功耗和远距离的统一。目前，LoRa 技术可以在智慧城市、智能水电表、智能停车场、行业和企业专用应用中实现快速灵活部署。LoRa 技术以及其灵活、低成本部署的优势，成为国内大量非运营商用户的优先选择。

本章习题

1. 建筑能源系统常用的传感器有哪些？

2. 什么是传感器的精度等级？

3. 目前传感器和显示仪表或智能模块的连接主要有两线制、三线制和四线制 3 种接法，画出传感器二线制、三线制、四线制接线图，并予以说明。

4. 压差开关和压差传感器的区别是什么？各适用于什么场合？

5. 举例说明什么是传感器模拟信号输出型，什么是传感器通信信号输出型？

6. 建筑能源系统常用的执行器有哪些？

7. 图 2-31 为开关型电动阀控制电路，试说明其工作原理。

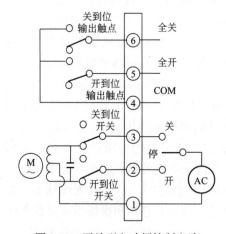

图 2-31　开关型电动阀控制电路

8. 电动调节阀和电磁阀各适用于什么控制场合？试举例说明。

9. 电动风阀分为开关型电动风阀和调节型电动风阀，试举例说明其应用场合。

10. 在建筑能源系统中，变频器的作用是什么？

11. 无线传感器节点通常包括哪 4 个模块？每个模块的功能是什么？

12. 在物联网中，无线传感器的通信技术主要有哪些？各有何特点？

第3章 物联网网络层硬件技术

3.1 概述

物联网是物物相连的互联网。从物联网应用层面看，其特点之一就是异构设备的互联化，因此需要一个开放的、分层的、可扩展的网络体系结构为框架实现异构设备之间的互联、互通与互操作。典型的物联网体系架构可以分为感知层、网络层和应用层3个层次。各层之间既相对独立又紧密相连，同一层次上不同技术互为补充以适应不同环境，不同层次间各种技术经过配置与组合，满足不同应用需求，构成完整的解决方案。

在物联网的体系架构中，感知层处于底层，是物联网识别物体、采集信息的来源。应用层处于顶层，是将物联网技术与专业技术融合，利用分析处理的感知数据为用户提供丰富的特定服务，实现物联网的智能应用，是物联网的目的。网络层处于中间层，是建立在现有通信网络基础之上的融合网络，通过各种接入设备与各种通信网络相连，其主要任务是通过现有的各种通信网络实现信息的传输和处理，用于沟通感知层和应用层。

物联网的网络层作为纽带连接着感知层和应用层，在整个体系架构中起到了非常重要的作用。一方面，以信息采集和数据融合为目的，基于接入及组网技术、物联网节点及网关技术等实现感知层数据信息的接收与传递；另一方面，以应用层用户需求和智能决策为指导，基于数据存储及智能数据处理技术实现对信息的存储、加工与处理，有时还需要实现对物联网终端设备的控制。近年来，物联网技术在计算机过程控制领域的应用逐步深入，网络层除了承担在普通物联网系统中的基本功能外，还应该基于特定的工艺过程及行业特点，实现对工艺现场的信息采集和设备控制。建筑能源物联网就是这样一种物联网应用系统。因此，建筑能源物联网的网络层必然要有一种功能强大的智能化网络控制器作为硬件载体，并搭载开放的物联网软件，构成物联网中间件平台，实现感知层硬件与应用层软件的物理隔离与无缝连接。

图3-1所示是Tridium公司研发的Niagara物联网体系架构，是一个典型的3层物联网架构。最底层通常为物联网终端，中间层为JACE网络控制器，最上层为管理服务器或云平台。物联网终端包括各种智能设备和系统，例如各种传感器、执行器、智能仪表、智能标签、智能机器人等。中间层的每个JACE网络控制器内部安装Niagara N4物联网软件，并通过多个智能I/O模块与各物联网终端设备互联。同时，JACE网络控制器与最上层的管理服务器或云平台相连，实现数据上传与共享。通常一个Niagara云平台负责多个网络控制器的管控。

图3-2是基于Niagara的建筑能源物联网架构，该建筑能源物联网平台共包括3个能源站，分别为分布式能源站、太阳能-空气源热泵能源站和地源热泵能源站。每个能源站配置1台JACE网络控制器，负责整个子系统的能源管理。每个能源站根据需要安装温度传感器、压力传感器、热量表、电量表等现场检测仪表及电动调节阀、电动蝶阀、变频器

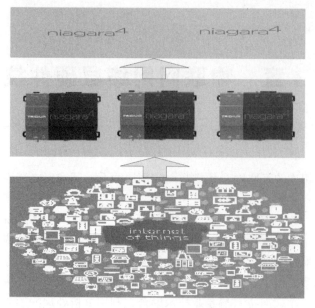

图 3-1　典型的 Niagara 物联网架构

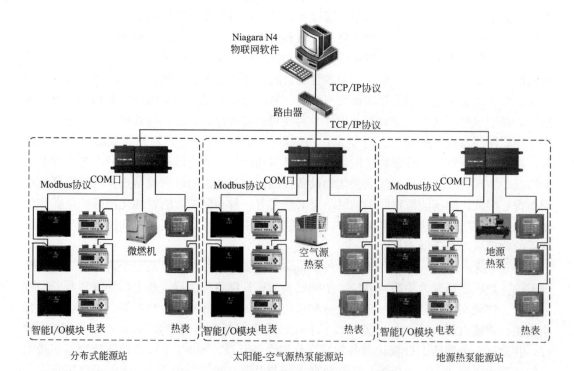

图 3-2　基于 Niagara 的建筑能源物联网架构

等执行器。输入输出为模拟量的现场仪表与智能 I/O 模块连接；带通信接口的智能仪表，通过 RS 485 总线与 JACE 网络控制器直接连接，通信协议为 Modbus 协议。微燃机、地源热泵、空气源热泵根据设备的网络接口可以通过 RS 485 总线或以太网与 JACE 网络控制器连接。三台 JACE 网络控制器通过 TCP/IP 协议与管理服务器连接。由于太阳能-空气源热泵能源站与管理服务器距离较远，太阳能-空气源热泵能源站 JACE 网络控制器与管理服务器之间采用光纤通信。

　　建筑能源物联网是基于建筑能源系统过程参数及设备状态的智能感知、系统运维的智能控制、以高效节能节电为目的的物联网应用系统。建筑能源系统数据的获取、传输与处理以及基于大数据的能耗预测、能源子系统优化调度以及终端设备的智能控制等都是建筑能源物联网系统的重要组成部分。从图 3-2 可以看出，建筑能源物联网也是一个典型的 3 层物联网架构。其中，中间层的网络控制器以及实现网络控制器与底层终端设备互联的智能 I/O 模块起到了至关重要的作用。本章主要针对物联网控制器及智能 I/O 模块等硬件设备相关技术进行介绍。

3.2　物联网控制器

3.2.1　物联网控制系统

　　随着物联网概念的深入，从智能家居、智能安防到智慧农业、智慧能源、智慧医疗、工业物联网等，物联网渗透到了各行各业。物联网的应用不仅是通过传感和识别技术获取各种物品、设备的状态信息并进行分析处理，还包括根据控制策略来对物品、设备或系统进行智能控制。物联网环境下，传统的网络控制系统也逐渐衍生出一种物联网控制系统的形式。

　　1. 物联网控制系统的定义

　　简单来说，物联网控制系统就是以物联网为基础的计算机网络控制系统（Networked Control Systems，NCS）。计算机网络控制系统是在自动控制系统的发展过程中，随着计算机技术以及计算机网络与通信技术的发展并逐步与自动控制技术相结合而形成的，是网络环境下实现的控制系统，是自动控制领域的新技术。计算机网络控制系统是通过计算机网络和总线将现场的传感器、执行器和控制单元作为网络节点连接起来共同完成控制任务的系统。计算机网络控制系统的主要优点是具有通用总线结构，采用分布式的操作运行模式，因此系统连线少、可靠性高、结构灵活、易于系统扩展和维护以及能够实现信息资源共享。

　　物联网控制系统是在物联网环境下计算机网络控制系统发展的一种新形式。目前对物联网控制系统还没有权威的定义。网络上相关专业人士给出的定义是：物联网控制系统（Internet of Things Control System，IoT CS）是指以物联网为通信媒介，将控制系统元件进行互联，使控制相关信息进行安全交互和共享，达到预期控制目标的系统。从本质上来说物联网控制系统也是对物理系统的状态信息进行采集，通过通信网络对信息进行实时可靠的传输，再对数据进行分析后通过网络发送控制指令来对物理系统进行监控管理。但是物联网控制系统更强调网络的多样性和开放性、感知节点的地域分布广泛性、感知信息的异构性和海量性，以及被控对象种类的多样性和控制过程的智能化。

　　2. 物联网控制系统的结构

　　物联网控制系统的结构可以分为单层物联网控制系统和双层物联网控制系统。

　　(1) 单层物联网控制系统

　　当控制系统比较简单时，如果控制器之间不需要协调控制，可采用单层物联网控制系统，如图 3-3 (a) 所示。对照典型的三层物联网体系架构，单层物联网控制系统中被控对象、传感器、执行器以及感知层网络可对应物联网体系架构中的感知层；网络控制器和传

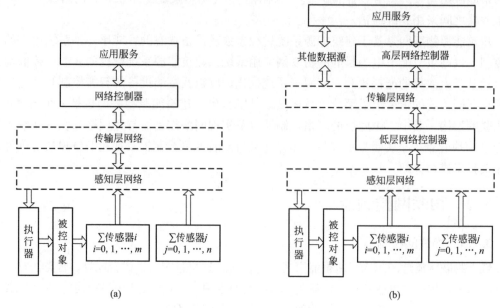

图 3-3　物联网控制系统结构
（a）单层结构；（b）双层结构

输层网络可对应物联网体系架构中的网络层；应用服务可对应物联网体系架构中的应用层。

单层物联网控制系统是一种直接网络控制结构形式，其主要特点是：

1）控制决策的生成不在本地控制回路，而是在网络层由网络控制器根据获得的感知层数据和应用层用户需求和决策生成。网络控制器承担着控制系统的全部任务和功能。

2）控制回路的结构形式可以是开环或闭环。如果被控对象不关联传感器，即被控对象没有参数数据传递给网络层，系统按照开环回路进行处理；如果被控对象关联一个或多个传感器，即被控对象有参数数据传递给网络层，网络控制器基于一定的控制决策输出控制信号并经由感知层网络传输给执行器，从而构成闭环回路。此外，参与控制器决策的传感器参数可以与被控对象直接关联，即被控对象的参数，也可以与被控对象没有直接关系。

3）在感知层网络，传感器采集、传递信息，执行器接收控制指令等可以采用蓝牙、ZigBee、Wi-Fi 等无线通信技术，也可以采用 Ethernet、工业总线等有线通信技术。物联网技术的引入使感知节点地域分布更广，感知信息数量更大，被控对象种类更多，而且控制过程更加智能化。

（2）双层物联网控制系统

当控制系统规模较大、控制策略比较复杂时，可采用双层物联网控制系统，如图 3-3（b）所示。双层物联网控制系统架构中，根据网络控制器所承担的不同任务和功能，分为低层网络控制器和高层网络控制器，从而构成两层结构。相对于单层结构的物联网控制系统，其不同点是：被控对象、传感器、执行器、低层网络控制器以及感知层网络可对应物联网体系架构中的感知层；高层网络控制器和传输层网络可对应物联网体系架构中的网络层；应用服务可对应物联网体系架构中的应用层。其他数据源可根据数据来源的系统形式和功能列入应用层或网络层。

双层物联网控制系统是一种间接（或递阶）网络控制结构形式。低层网络控制器可以是单片机、可编程逻辑控制器（Programmable Logic Controller，PLC）、工业 PC 等，只是与物联网技术融合后，对控制回路的开环或闭环没有特定的要求。高层网络控制器除了可以协调各个低层网络控制器外，更重要的是能够以支撑平台的形式存在，也就是普遍意义上的云端。高层网络控制器内部嵌入物联网软件平台，可以完成系统中大部分信息处理任务和用户服务请求，此时控制决策的生成在高层网络控制器，而低层网络控制器的任务和功能可以大大减弱，可以是以控制网关的形式存在。当然，根据物联网控制系统的应用背景和用户需求，如果大部分信息处理任务和用户服务请求由低层网络控制器来完成，那它仍然可以采用单片机或 PLC 等控制器形式，控制决策的生成在本地回路即低层网络控制器。此时高层网络控制器的软件平台可以作为系统的数据库管理平台。

在控制系统的发展过程中，控制技术与计算机技术、数字技术、通信网络技术等高新技术息息相关，现在又与物联网技术产生了关联。正是各种新兴技术的发展，才推动了控制器及控制系统的快速发展。目前，传统网络控制系统中的控制器与物联网体系架构相结合，已经形成了新一代的物联网控制器。物联网控制器基本上都内置有物联网无线模块和以太网模块，并通过 Internet 实现远程控制。

3.2.2　JACE 8000 网络控制器

JACE 8000 网络控制器是基于 Niagara 物联网体系架构的一种嵌入式网络控制器，可以连接多个设备和子系统。Niagara 是美国 Tridium 公司基于 Java 开发的一种极其开放的软件架构，可以集成各种设备和系统形成统一的平台，通过 Internet 使用标准 Web 浏览器进行实时控制和管理。目前，Niagara 物联网技术已经广泛应用于智能建筑、智能电网、分布式能源、工业控制、商业连锁、智慧城市、数据中心等很多领域。

JACE 8000 网络控制器提供了集成、监控、数据记录、报警、时间表和网络管理等功能，可以通过以太网或无线局域网远程传输数据，在标准 Web 浏览器进行图形显示。JACE 8000 网络控制器具有模块化硬件设计、免工具安装、内置标准开放的驱动程序、支持 Wi-Fi 和直观的用户界面等特点。JACE 8000 内部安装 Niagara 4 软件，充分释放 Niagara 4 全部特征，包括 HTML5 的 Web 界面和 Web 图表、数据可视化、通用的设计语言、更好的报表、更强健的安全，以及更好的设备连接能力等。

JACE 8000 网络控制器实物图如图 3-4 所示。处理器为 TI AM3352：1000MHz ARM Cortex TM-A8，内存为 1GB DDR3 SDRAM（Double-data-rate Synchronous Dynamic Random Access Memory Generation 3，第三代双倍速率同步动态随机存储器），同时具备 4GB 闪存存储/2GB 用户存储的 Micro SD 卡。硬件接口包括两个 RS 485 端口：RS 485 端口 A（COM1）和 RS 485 端口 B（COM2）。两个 10MB/100 MB 以太网端口：PRI 主口和 SEC 副口，PRI 主口一般用于和 Supervisor（管理）服务器连接，SEC 副口一般用于和具有以太网接口的现场 I/O 模块或智能设备连接。USB 口用于备份与恢复出厂设置，Wi-Fi 端口用于无线通信连接。此外，JACE 8000 网络控制器有两个 24VAC/DC 电源输出接口，可用于其他模块供电连接。JACE 8000 网络控制器的操作系统为 QNX/Windows/Linux，运行环境包括 Niagara 运行环境和 JAVA 运行环境。JACE 8000 网络控制器使用最新版本的 Niagara Framework-Niagara 4 进行操作，以获得最佳性能。在大型设施、多建筑应用和大型控制系统集成中,Niagara 4 Supervisor 与 JACE 8000 网络控制器一同用于信息整合,包括实时数据、历史记录和报警等。若 JACE 8000 网络控制器上面的 RS 485 端口不够,可以增加 RS 485 扩展模块。图 3-4 中,JACE 8000 网络控制器与一块 RS 485 扩展模块连接,可扩展 2 个 RS 485 端口。

图 3-4　JACE 8000 网络控制器实物图

JACE 8000 网络控制器选型时主要根据支持的设备数量。目前型号主要有 J-8005、J-8010、J-8025、J-8100、J-8200。J-8005 表示最大连接设备数为 5,最大 250 点;J-8025 表示最大连接设备数为 25,最大 1250 点;J-8200 表示最大连接设备数为 200,最大10000 点。

3.3　智能 I/O 模块

3.3.1　过程输入输出通道

传统的计算机控制系统中,生产过程的各种参数以模拟量或数字量的形式输入到计算机,计算机经过计算和处理之后将结果以模拟量或数字量的形式输出到生产过程,实现对生产过程的监测和控制。过程通道是计算机与生产过程(或被控对象)交换信息的桥梁,分为输出通道和输入通道。输出通道和输入通道通常又分为模拟量和数字量两大类。

1. 模拟量输出通道

模拟量输出通道(Analog Output,AO)是计算机控制系统实现连续控制的关键。它的任务是将计算机输出的数字信号(控制指令)转换成模拟电压或电流信号,以驱动执行机构动作,实现计算机控制的目的。模拟量输出通道通常由接口电路、D/A 转换器(数/模转换器,简称 D/A 或 DAC)、电压/电流变换器(V/I)等组成。D/A 转换器主要实现数字量到模拟量的转换。V/I 变换主要是将模拟电压信号通过电压/电流变换技术转化为电流信号。通常 D/A 转换电路的输出是电压信号。当信号需要远距离传输时,为了减少传输带来的干扰和衰减,需要采用电流方式输出模拟信号,因此需要进行 V/I 变换。

模拟量输出通道的结构有两种形式,即多 D/A 结构和共享 D/A 结构。多 D/A 结构是多个输出通道独立设置 D/A 转换器,如图 3-5(a)所示,其优点是转换速度快、工作可靠,可实现故障隔离,即使某一路 D/A 出现故障也不会影响其他通道工作,实现较为容易,缺点是当输出通道较多时需要使用较多的 D/A 转换器。共享 D/A 结构是通过多路模拟开关共用一个 D/A 转换器，如图 3-5（b）所示。这种结构形式需要在处理器控制下分时工作，依次把数字信号转换为模拟信号，虽然节省了 D/A 转换器的数量，但结构复杂、可靠性差，一般适用于输出通道数量多且速度要求不高的场合。

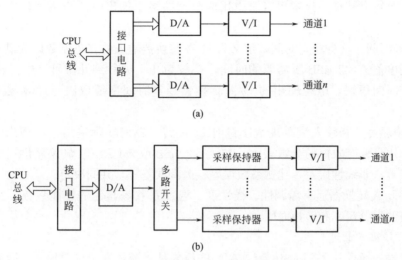

图 3-5　模拟量输出通道结构图
(a) 多 D/A 结构；(b) 共享 D/A 结构

D/A 转换器是模拟量输出通道的核心环节，因此 AO 通道也称为 D/A 通道。这里主要介绍 D/A 转换器的工作原理和主要性能参数。

（1）D/A 转换器的工作原理

D/A 转换器的基本功能是将数字量转换为与其大小成正比的模拟量。转换器输入的数字量是由二进制代码按数位组合起来表示的。任何一个 n 位的二进制数，均可表示为：

$$DATA = D_0 2^0 + D_1 2^1 + D_2 2^2 + \cdots\cdots + D_{n-1} 2^{n-1}$$

其中 $D_i = 0$ 或 1（$i = 0，1，2，\cdots\cdots，n-1$）；$2^0，2^1，\cdots\cdots，2^{n-1}$ 分别为对应数位的权。在 D/A 转换中，要将数字量转换成模拟量，必须先把每一位代码按其"权"的大小转换成相应的模拟量，然后将各分量相加，其总和就是与数字量相应的模拟量，这就是 D/A 转换的基本原理。以 R-2R 电阻网络型 D/A 转换器为例，转换后输出的模拟电压 V_{out} 与输入的二进制数的关系为：

$$V_{out} = -V_{ref}(D_0 2^0 + D_1 2^1 + D_2 2^2 + \cdots\cdots + D_{n-1} 2^{n-1})/2^n$$

其中，$D_i = 0$ 或 1（$i = 0，1，2，\cdots\cdots，n-1$），$n$ 表示 D/A 转换器的位数，V_{ref} 为转换器工作电路的参考电压。

D/A 转换器种类繁多。按输入至 D/A 转换器的数字量位数分，有 8 位、10 位、12 位、16 位等；按数字量的输入形式分，有并行总线 D/A 转换器和串行总线 D/A 转换器两类；按输出信号的形式分，有权电阻型（电流输出型）和 R-2R 电阻网络型（电压输出型）。

（2）D/A 转换器的主要性能参数

1）分辨率　指输入的数字量发生单位数码变化时对应的输出模拟量的变化量，定义为基准电压与 2^n 的比值，n 为 D/A 转换器的位数。例如，若基准电压为 5V，则 8 位 D/A

转换器的分辨率为 $5V/2^8 = 19.5mV$，12 位 D/A 转换器的分辨率为 $5V/2^{12} = 1.22mV$。它是一个与输入二进制数最低有效位 LSB（Least Significant Bit，$LSB = 1/2^n$）相当的输出模拟电压，简称 1 LSB。在实际使用中，通常以 D/A 转换器的位数来表示分辨率的大小，位数越高，分辨率越高。分辨率有时也用能分辨的最小输出电压与最大输出电压之比表示，即 $1/(2^n - 1)$。

2）转换时间 又称稳定时间，定义为 D/A 转换器输入的二进制数码为满刻度值时输出达到满刻度值 $\pm 1/2$ LSB 所需要的时间，一般为几十纳秒到几微秒。电流输出的 D/A 转换器稳定时间很快，电压输出的 D/A 转换器稳定时间主要取决于运算放大器的响应时间。

3）转换精度 指输入满刻度数字量时 D/A 转换器的实际输出值与理论值之间的偏差。该偏差用最低有效位的分数表示，如 $\pm 1/2$ LSB 或 ± 1 LSB。转换精度由分辨率及系统内各种误差（非线性误差、比例系数误差、失调误差等）共同决定。

此外，D/A 转换器还有单调性、线性度、温度系数等其他的性能参数，在选择 D/A 转换器时主要看分辨率和转换时间。

2. 模拟量输入通道

模拟量输入通道（Analog Input，AI）的任务是将测量变送器输出的、反映生产过程物理参数（如温度、压力、流量等）的模拟电压或电流信号转换成二进制数字信号送给计算机。模拟量输入通道通常由信号调理电路、多路模拟开关、前置放大器、采样保持器、A/D 转换器（模/数转换器，简称 A/D 或 ADC）和接口电路组成。

模拟量输入通道的组成与结构图如图 3-6 所示。信号调理电路包括信号变换、信号滤波等。信号变换是将传感器测得的模拟信号调整为计算机输入通道所要求的信号类型和范围。信号滤波用于滤除输入模拟信号中可能混有的高频干扰。前置放大器和采样保持器主要实现对输入模拟信号的放大、采样和保持操作。A/D 转换器主要实现模拟量到数字量的转换。接口与控制电路是计算机与模拟量输入通道之间的连接电路，其功能为启动 A/D 转换并将转换结果送给计算机，控制电路还具有控制多路模拟开关的切换、改变前置放大器的增益、控制采样保持器模拟开关的闭合和弹开等功能。

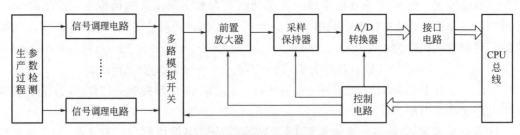

图 3-6 模拟量输入通道结构图

A/D 转换器是模拟量输入通道的核心环节，因此 AI 通道也称为 A/D 通道。这里主要介绍 A/D 转换器的工作原理和主要性能参数。

（1）A/D 转换器的工作原理

A/D 转换器按工作原理可以分为几类：逐次逼近型、双积分型、并行比较型、Σ-Δ 调制型、电压/频率变换型等。下面简要介绍常用的逐次逼近型和双积分型 A/D 转换器的工作原理。

逐次逼近型 A/D 转换器的内部结构主要包括比较器、D/A 转换器及基准电压、控制电路、逐次逼近寄存器等。其工作原理是将输入的模拟信号与不同的比较电压做多次比较，使转换得到的数字量在数值上逐次逼近输入的模拟量，转换过程与用天平称重很相似。逐次逼近型 A/D 转换器优点是速度较高、功耗低，缺点是抗干扰能力较差。

双积分型 A/D 转换器主要由积分器、过零比较器、时钟脉冲控制门和计数器等几部分组成。其工作原理是对输入的模拟电压和参考电压分别进行两次积分，将输入电压平均值变成与之成正比的时间间隔，然后利用时钟脉冲和计数器测出此时间间隔，进而得到相应的数字量输出。双积分型 A/D 转换器的优点是具有高分辨率和强抗工频干扰能力，缺点是转换速度慢，转换精度依赖于积分时间。

（2）A/D 转换器的主要性能参数

1）分辨率 指 A/D 转换器的输出数字量对输入模拟量变化的分辨能力，即输出的数字量发生单位数码变化时对应的输入模拟量的最小变化量，通常定义为满量程与 2^n 的比值。例如，满量程输入电压为 5V 的 8 位 A/D 转换器，其分辨率为 $5V/2^8=19.5mV$，12 位 A/D 转换器的分辨率为 $5V/2^{12}=1.22mV$。在实际使用中，分辨率通常用能转换成数字量的位数来表示，位数越高，分辨率越高。有时也用 $1/(2^n-1)$ 表示 A/D 转换器的分辨率。

2）转换时间 指 A/D 转换器完成一次模拟量到数字量的转换所需要的时间，其倒数称为转换速率。转换速率与 A/D 转换器的位数有关，一般位数越多转换速率就越低。双积分型 A/D 转换器转换时间为毫秒级，属于低速转换器；逐次逼近型 A/D 转换器转换时间为微秒级，属于中速转换器；全并行型 A/D 转换器转换时间可达纳秒级，属于高速转换器。

3）转换精度 指 A/D 转换器实际输出的数字量与理论上输出的数字量之间的偏差，通常以输出误差的最大值形式给出，用最低有效位的倍数表示。

此外，A/D 转换器还有量化误差、偏移误差、线性度等其他的性能参数，在选择 A/D 转换器时主要看分辨率和转换时间。

3. 数字量输出通道

数字量输出通道（Digital Output，DO）是计算机控制系统实现断续控制的关键。某些被控对象的自动控制采用位式执行机构或开关式器件，它们只有"开"和"关"两种工作状态，因此数字量输出通道的任务是将计算机输出的数字控制信号"0"或"1"传送给这种外部设备，控制它们的状态，如指示灯的亮/灭、阀门的开/关、继电器或接触器的闭合/释放、电动机的启/停等。数字量输出通道主要由输出锁存器、输出口地址译码器、输出驱动电路等组成，如图 3-7 所示。

输出驱动电路用于驱动继电器或执

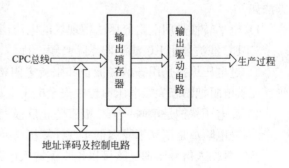

图 3-7 数字量输出通道结构图

行机构的功率放大器。输出驱动电路有晶体管输出驱动电路、继电器输出驱动电路和固态继电器（SSR）输出驱动电路。

（1）晶体管输出驱动电路

晶体管输出驱动电路适合于小功率直流驱动。输出锁存器后加光耦合器，光耦合器之后加一个晶体管，以增大驱动能力。采用光耦合器隔离，输出动作可以频繁通断，晶体管类型输出的响应时间在0.2ms以下。

（2）电磁继电器输出驱动电路

电磁继电器输出驱动电路适用于交流或直流驱动。输出锁存器后用光耦合器隔离，之后加一级放大，然后驱动继电器线圈。隔离方式为机械隔离，由于机械触点的开关速度限制，所以输出变化速度慢，电磁继电器类型输出的响应时间在10ms以上，同时电磁继电器输出型是有寿命的，开关次数有限。

（3）固态继电器（SSR）输出驱动电路

固态继电器（SSR）驱动电路适用于交流或直流驱动。固态继电器（SSR）是一种四端有源器件，输入输出之间采用光耦合器进行隔离。零交叉电路可使交流电压变化到零伏附近时接通电路，从而减少干扰。电路接通以后，由触发器电路给出晶闸管的触发信号。

4. 数字量输入通道

数字量输入通道（Digital Input，DI）的任务是将反映生产过程或设备的具有二进制数字"1"和"0"状态的参数信号送至计算机或微处理器。这种数字信号通常表现为电气开关的闭合/断开、继电器或接触器的吸合/释放、电动机的启动/停止以及指示灯的亮/灭等状态信息，所以又称为开关量。数字量输入通道主要由输入调理电路、输入缓冲器、输入口地址译码及控制电路等组成，如图3-8所示。

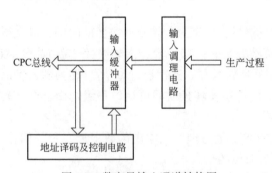

图3-8 数字量输入通道结构图

数字量输入信号送入计算机前虽然不需要进行A/D转换，但在输入通道中可能会引入瞬时高压、过低压、反极性输入等各种干扰，必须采取相应的技术措施，即信号调理技术，将输入信号转换成计算机能够接收的逻辑信号。数字量输入通道中输入调理电路的主要功能就是实现电平转换、RC滤波、过电压保护、反电压保护、光电隔离等，具体方法如下：

1）电平转换是用电阻分压法把现场的电流信号转换为电压信号。

2）RC滤波是用RC滤波器滤除高频干扰。

3）过电压保护是用齐纳二极管和限流电阻构成稳压电路作过电压保护；用齐纳二极管或压敏电阻把瞬态尖峰电压钳位在安全电平上。

4）反电压保护是串联一个二极管防止反极性电压输入。

5）光电隔离是用光耦隔离器实现计算机与外部信号的完全电隔离。

数字量输入信号调理电路可以是直流输入电路，也可以是交流输入电路。交流输入电路比直流输入电路多一个降压电容和整流桥块，可把高压交流变换为低压直流。

在传统计算机控制系统中，控制器通过过程输入/输出通道与生产过程实现信息交换。物联网技术应用到控制系统之后，根据系统规模大小，控制器可以选择常见的单片机、可编程逻辑控制器、工业 PC、嵌入式控制器以及新一代的网络控制器。控制器与现场设备的连接可以通过独立的智能 I/O 模块实现。与输入输出通道类似，智能 I/O 模块包括模拟量输入模块、模拟量输出模块、数字量输入模块和数字量输出模块等。

在建筑能源物联网系统中常见的输入输出信号有：模拟量输入信号，主要为现场温度、压力、流量等传感器信号；数字量输入信号，主要为现场设备的运行状态、设备报警等信号；模拟量输出信号，主要用于控制变频器、电动调节阀、电动风阀等连续调节执行器；数字量输出信号，主要用于控制机组设备启停等。这些输入输出信号通过相应的 Niagara 智能 I/O 模块与 JACE 8000 网络控制器相连。

3.3.2　Niagara 智能 I/O 模块

目前 Niagara 的主要智能 I/O 模块包括 VYKON IO-22D、VYKON IO-22U、VYKON IO-28U、VYKON IO-28P 等。

各模块名称的含义如下："IO"表示输入输出模块。"22（28）"表示 I/O 模块可连接的通道数，IO-22D 表示该模块共有 22 个的输入输出通道。"D，U，P"表示该 I/O 模块的特性，D 表示为数字量模块；U 表示为通用模块，既可以连接模拟量也可以连接数字量；P 表示为高级模块，在原来通用模块具有 RS 485 端口基础上增加以太网端口。

1. 模块性能参数

（1）IO-22D 和 IO-22U

VYKON IO-22D 和 VYKON IO-22U 智能 I/O 模块具有简易、稳定、性能高、支持独立通信等特点，具备 BACnet MSTP 和 Modbus RTU 两种通信协议。这两款智能 I/O 模块的通道数相等，都为 22。其中，IO-22D 模块为数字量输入输出模块，提供 12 路数字量输入，10 路数字量输出（继电器）。数字量输入可用于现场设备的运行状态、故障报警等信息检测，数字量输出主要用于现场设备的控制，例如制冷机组、循环泵启停控制等。IO-22U 为通用型输入输出模块，既包括数字量输入输出信号，也包括模拟量输入输出信号。该模块提供了 4 路数字量输入，8 路通用（模拟量）输入（电压、电流、电阻和热电阻），8 路数字量输出（继电器），2 路模拟量输出（电流、电压）。其中，8 路通用输入可根据现场仪表的输出信号通过硬件跳针设置通道的输入类型。IO-22D 和 IO-22U 模块通过 RS 485 接口与 JACE 网络控制器连接。

IO-22D 模块和 IO-22U 模块，除了输入输出通道配置不同外，其电气参数、选用的处理器、通信接口和通信参数都相同，详细信息如表 3-1 所示。

IO-22D、IO-22U 性能参数　　　　　　　　表 3-1

IO-22D、IO-22U 电气参数及处理器	
电源	24VAC 50/60Hz±5%，或 20VDC～34VDC
功耗	＜11VA
电池	索尼 CR1220 锂性纽扣电池
处理器	ARM Cortex 32-bit，24MHz

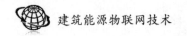

续表

IO-22D、IO-22U 通信	
接口 1	EIA-485 标准通信接口,半双工,多点线路
波特率	(9.6k,19.2k,38.4k,76.8k,115.2k bit/s)
数据位	(8bits)
奇偶校验	(None,Even,Odd)
应用协议	Bacnet MSTP,Modbus RTU
IO-22D 输入输出配置	
数字量输入	12 通道
类型	无源干接点;NTC 10k Type 2/3,20k(±0.1℃),12-Bit ADC
数字量输出	10 通道
类型	继电器,SPST NO,24VAC/DC,1A
IO-22U 输入输出配置	
模拟量输入	8 通道,12 位(PGA)
电压	0~10V(±0.01V),0~5V(±0.01V)
电流	4~20mA(±0.01mA),0~20mA(±0.01mA)
电阻	0~30k(±10 Ohm),0~10k(±5 Ohm),0~1.5k(±1 Ohm)
热电阻	NTC:10k,3k,20k(±0.1℃) RTD:1kBalco,1k Platinum(±0.2℃)
数字量输入	4 通道
类型	无源干接点;NTC 10k,20k(±0.1℃),12-Bit ADC
数字量输出	8 通道
类型	继电器,SPST NO,24VAC/DC,1A
模拟量输出	2 通道,12 位
类型	电流:0~20mA,4~20mA(负载电阻达到 800Ω);电压:0~10V

(2) IO-28U 和 IO-28P

VYKON IO-28U 和 VYKON IO-28P 智能 I/O 模块具有支持独立通信、支持多种开放协议、性能高等特点。IO-28U 和 IO-28P 模块都有 28 路输入输出通道,其配置相同,包括 8 路数字量输入,8 路通用(模拟量)输入(电压、电流、电阻和热电阻),8 路数字量输出(继电器),4 路模拟量输出(电流、电压)。IO-28P 与 IO-28U 的主要区别是增加了快速以太网接口,提高了应用灵活性。IO-28U 模块通信协议包括 BACnet MSTP 和 Modbus RTU 协议;IO-28P 模块通信协议包括 BACnet MSTP/IP 和 Modbus RTU/TCP 协议。Modbus TCP 协议是一个开放的 Modbus 协议,可以使用 TCP/IP 协议和标准以太网实现 Modbus 信息传输。

IO-28U 模块与 JACE 8000 网络控制器之间通过 RS 485 接口连接。IO-28P 模块与 JACE 8000 网络控制器之间既可以通过 RS 485 接口连接,也可以通过以太网接口连接,具体选用哪个接口,可根据实际应用需要选择。

除了 IO-28P 模块增加了以太网通信接口外,IO-28U 模块和 IO-28P 模块的电气参数、选用的处理器、RS485 接口、输入输出通道配置等都相同,详细信息如表 3-2 所示。

IO-28U、IO-28P 性能参数　　　　　　　　　　　　　　　　表 3-2

IO-28U、IO-28P 电气参数及处理器	
电源	24VAC 50/60Hz±5％，或 20VDC～34VDC
功耗	＜11VA
电池	索尼 CR1220 锂性纽扣电池
处理器	ARM Cortex 32-bit，80MHz
IO-28U、IO-28P 输入输出配置	
模拟量输入	8 通道，12 位（附带 PGA）
电压	0～10V(±0.01V)，0～5V(±0.01V)
电流	4～20mA(±0.01mA)，0～20mA(±0.01mA)
电阻	0～30k(±10 Ohm)，0～10k(±5 Ohm)，0～1.5k(±1 Ohm)
热电阻	NTC：10k，3k，20k(±0.1℃) RTD：1k Balco，1k Platinum(±0.2℃)
数字输入	8 通道
类型	无源干接点
数字量输出	8 通道
类型	继电器，SPST NO，24VAC/DC，1A
模拟量输出	4 通道，12 位
电流	0～20mA，4～20mA（负载电阻达到 800Ω）
电压	0～10V
IO-28U 通信	
接口 1	EIA-485 标准通信接口，半双工，多点线路
波特率	(9.6k，19.2k，38.4k，76.8k，115.2k bit/s)
数据位	(8bits)
奇偶校验	(None，Even，Odd)
应用协议	Bacnet MSTP，Modbus RTU
IO-28P 通信	
接口 1	EIA-485 标准通信接口，半双工，多点线路
波特率	(9.6k，19.2k，38.4k，76.8k，115.2k bit/s)
数据位	(8bits)
奇偶校验	(None，Even，Odd)
应用协议	Bacnet MSTP，Modbus RTU
接口 2	快速以太网 10/100M
应用协议	Bacnet IP，Modbus TCP

2. 模块硬件连接

上述智能 I/O 模块的硬件连接类似，在此以常用的 IO-28U 模块为例，讲述其硬件连接方法。IO-28U 模块的实物图如图 3-9 所示，其硬件连接主要包括供电电源连接、RS 485 通信连接和输入输出通道连接。

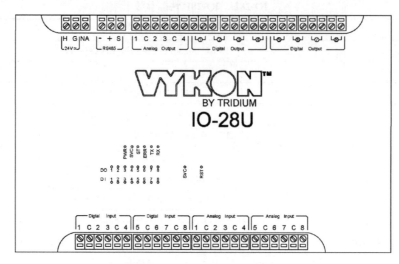

图 3-9　VYKON IO-28U 模块

（1）供电连接

IO-28U 模块可以采用直流（DC）24V 供电，也可以采用交流（AC）24V 供电。在实际应用中常采用开关电源给 IO-28U 模块供电，图 3-10 中，开关电源输出 DC 24V。开关电源的功率可根据需要提供电源的模块数确定。单个 IO-28U 模块的功率低于 11VA，若挂接 8 个 IO-28 模块，可选用 120VA 的开关电源（有一定余量）。此外，电源接线时注意电源的极性要相同。

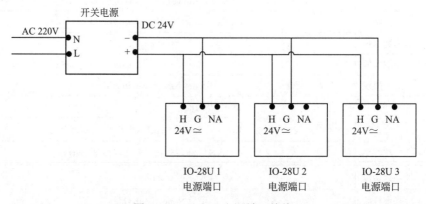

图 3-10　IO-28U 电源端口接线

（2）RS 485 通信连接

RS 485 通信线采用屏蔽双绞线，设备联网一般采用菊花链的方式，也称为手牵手连接方式。这种连接方式只有相邻的设备之间才能直接通信，如图 3-11 所示。一台 JACE 网络控制器通过 COM1 口挂接 4 个 IO-28U 模块，串联连接采用菊花链方式，即 I/O 模块 4 不能和 I/O 模块 2 直接通信，必须通过 I/O 模块 3 中转。若采用 T 型连接，则总线不能太长，且分支节点不能超过 1 个，T 型连接如图 3-12 所示。在负载设备多、传输距离长的情况下，为了保证通信质量，通常在总线的头尾两端加装终端电阻，也就是在 RS 485 总

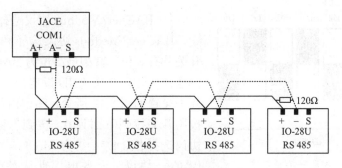

图 3-11　菊花链连接

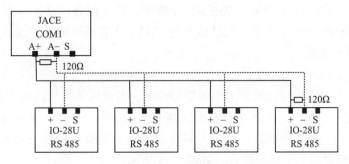

图 3-12　T 型连接

线电缆的开始和末端都并接 120Ω 电阻。在负载设备少传输距离短的情况下可不加终端电阻（传输距离 300m 以内可以不加）。

（3）跳针设定

IO-28U 模块中跳针的设定包括 BACnet/Modbus 协议选择及其 ID 设定、通用输入（UI）设定和模拟量输出（AO）设定。IO-28U 模块跳针设定位置如图 3-13 所示。

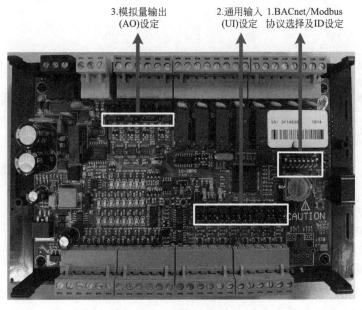

图 3-13　IO-28U 模块跳针设定位置

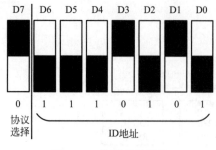

D7	D6	D5	D4	D3	D2	D1	D0
0	1	1	1	0	1	0	1

协议选择 ← 协议选择位

ID地址

图 3-14 拨码开关设置

1) BACnet/Modbus 协议选择和 ID 设定

BACnet/Modbus 协议选择和 ID 设定的拨码开关共有 8 位，其中最高位为 BACnet/Modbus 协议选择位，后 7 位为 ID 设定位。例如，8 位拨码开关设置如图 3-14 所示，图中白色代表开关位置，拨码开关拨到下面为 0，拨到上面为 1。D7 位为协议选择位，D7＝0 为 Modbus 协议，D7＝1 为 BACnet 协议。设备出厂默认是 Modbus 协议通信，D7 位为 0，和图 3-14 中一致。为了转换成 BACnet 协议，只需把 D7 位拨码开关拨成 on 即可。后 7 位表示该模块作为 BACnet 或者 Modbus 协议的地址，图 3-14 中设置的地址为 75H。注意模块地址不能设置为 0。重启设备，以上设置将会生效。

2) 通用输入（UI）跳针设定

8 个通用输入（UI）可以设置为电压信号输入、电流信号输入或电阻信号输入。例如在实际测量系统中，现场变送器通常输出标准的电压、电流信号，若直接和热电阻连接，则输入是电阻信号。8 个通用输入（UI）跳针设定就是根据现场传感器的输出信号设定。8 个通用输入通道对应 8 个跳针设置，如图 3-15 所示。其中，跳针设置在上端，表明该输入为电流输入；跳针设置在中间，表明该输入为电压输入；跳针设置在下端，表明该输入为电阻输入。在图 3-15 中，通道 1、2、3 设置为电流输入，通道 4、5、6 设置为电压输入，通道 7、8 设置为电阻输入。

3) 模拟量输出（AO）跳针设定

4 个模拟量输出可以设置为电压信号输出或电流信号输出。跳针设置如图 3-16 所示，跳针设置在左侧，表明该输出为电压输出；跳针设置在右侧，表明该输出为电流输出。

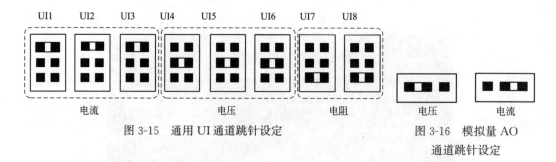

图 3-15 通用 UI 通道跳针设定   图 3-16 模拟量 AO 通道跳针设定

（4）输入输出通道连接

1) 数字量输入通道连接

IO-28U 模块具有 8 个数字量输入通道，只允许无源干接点接入设备的 DI 端子。无源干接点属于无源开关，具有闭合和断开两种状态，两个接点之间没有极性，可以互换。建筑能源系统常见的干接点信号有限位开关、温度开关、液位开关、流量开关、压差开关，以及交流接触器、热继电器等电气元件内的常闭或常开触点开关等。开关型电动阀通常具有 4 个限位开关，分别用于检测和控制阀门的到位。图 3-17 是开关型电动阀的关到位开关和开到位开关与 DI 输入端子的接线图。通道 1 与关到位开关连接，通道 2 与开到位开关连接。当关到位开关闭合，通道 1 接通，说明当前阀门处于全关状态；当开到位开关闭合，通道 2 接通，说明当前阀门处于全开状态。显然，1 个电动阀需要 2 路 DI 通道检测电动阀的开关状态。

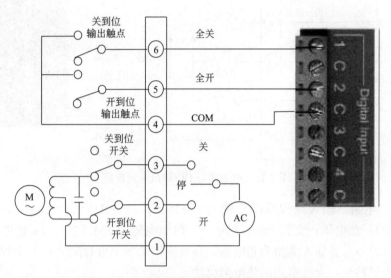

图 3-17　电动阀限位开关与 DI 输入通道连接

2）数字量输出通道连接

IO-28U 模块具有 8 个带电隔离的数字量输出（继电器类型），每个输出可驱动 2A 30VDC/48VAC 的负载。例如，采用数字量输出通道控制电动阀的开关，如图 3-18 所示。由于电动阀的驱动电源为交流 220V，数字量输出通道 1 和 2 分别配接电磁继电器 KA1 和 KA2。电磁继电器 KA1 的常开触点控制电动阀开，电磁继电器 KA2 的常开触点控制电动阀关。当数字量输出通道 1 输出高电平，通道 1 接通，继电器 KA1 线圈通电，其相应的常开触点 KA1 闭合，电机正转，电动阀打开，当电动阀开到最大，开到位触点动作，开到位开关打到上面触点，电机正转回路断开，电机停止转动，同时开到位状态反馈信号通过图 3-17 的数字量输入通道输入。当数字量输出通道 2 输出高电平，通道 2 接通，继电器 KA2 线圈通电，其相应的常开触点 KA2 闭合，电机反转，电动阀关闭，当电动阀全关，关到位触点动作，关到位开关打到上面触点，电机反转回路断开，电机停止转动，同时关到位状态反馈信号通过图 3-17 的数字量输入通道输入。

3）通用输入连接

IO-28U 模块具有 8 个通用输入通道。通用输入通道可以接收 3 种模拟信号：电流、电压和电阻，通过硬件跳针设置接收的输入类型。

① 电压　输入量程范围为直流 0～5V 和 0～10V，误差 ±0.01V，最小输入电压阻抗为 1MΩ。

② 电流　输入量程范围为 0～20mA 和 4～20mA，误差 ±0.01mA，电流输入阻抗低于 25Ω。

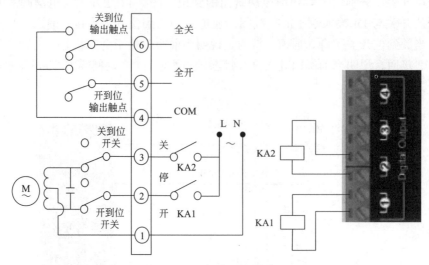

图 3-18　电动阀与 DO 输出通道连接

③ 电阻　电阻，输入量程范围分别为 0～30kΩ（±10Ω）、0～10kΩ（±5Ω）、0～1.5kΩ（±1Ω）。热电阻，支持 20k、10k、3k 热敏电阻（±0.1℃）；1k 铂电阻和镍铁合金电阻（±0.2℃）。若输入类型为热电阻，系统提供了 8 个可自定义和 8 个固定类型的温度阻值对照表供转换，支持常用的热电阻属性。

在建筑能源系统中，常用的是电压输入和电流输入。若采用电阻输入，例如在工程中采用 Pt1000 铂电阻，可以采用 IO-28U 模块内固定类型的温度阻值对照表；若采用 Pt100 铂电阻，需要根据温度-阻值对应关系自定义温度阻值对照表。此外，IO-28U 模块的通用输入通道热电阻连接只能采用二线制，引线电阻也会给热电阻测量带来测量误差。因此，选用时最好直接选用温度变送器，即直接输出标准的电压或电流信号。图 3-19 是根据图 3-15 设定的通用输入通道与现场传感器的连接，通道设定一定要与现场传感器的输出信号匹配。在图 3-19 中，没有考虑传感器的供电电源，在实际应用中可根据传感器的具体接线是二线制、三线制还是四线制区别对待。若传感器的输出是二线制，需要在电流信号回路中串联供电电源，具体接线可参考本书第 2 章相关内容。电流输入和电压输入要注意端子信号极性，电阻输入没有极性。

4）模拟量输出连接

IO-28U 模块具有 4 个模拟量输出。模拟量可输出两种信号类型：电压信号和电流信号，通过硬件的跳针进行信号类型的切换。输出量程范围分别是电压 0～10V 和电流 0～20mA、4～20mA。电流输出可驱动超过 800Ω 负载阻抗，信号传输距离可达 500m。图 3-20 为模拟量输出通道与现场执行器连接图。假设现场变频器要求的输入信号为 4～20mA 电流信号，电动调节阀要求的输入信号为 0～10V 电压信号。首先通过硬件跳针将模拟量输出通道 1 设置为电流信号，通道 2 设置为电压信号，然后将通道 1 与变频器的 4～20mA 输入端连接，将通道 2 与电动调节阀的 0～10V 输入端连接，连接时注意信号极性。

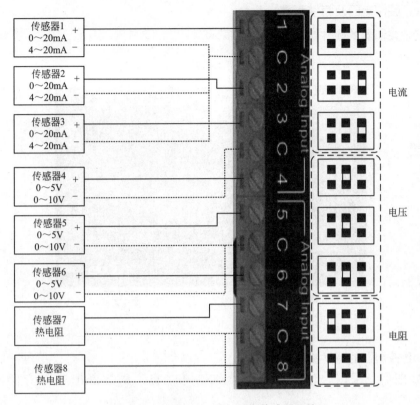

图 3-19　通用输入通道与现场传感器连接

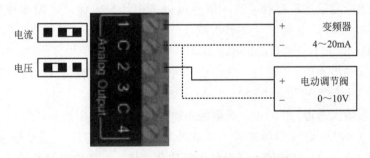

图 3-20　模拟输出通道与现场执行器连接

3.4　IOS30P 控制器

　　IOS30P 控制器是一个 30 点的控制器,与智能 I/O 模块相比,它具有强大的网络通信和独立控制能力,可用于简单设备的监控,例如空气处理机组、风机盘管、锅炉和水泵等设备。IOS30P 的 30 点输入和输出包括 8 路数字量输入、8 路通用输入、8 路数字量输出、2 路晶体管集电极开路输出和 4 路模拟量输出。

　　IOS30P 控制器的出厂缺省 IP 地址为 192.168.10.10。控制器包含一个集成的“Web 服务器”,可以通过以太网口连接 PC 机,使用 Web 浏览器实现控制器 IP 地址的修改及其他参数配置。控制器的缺省用户名为:admin,密码为:1234。

3.4.1 硬件接口及特性参数

IOS30P 控制器的硬件接口如图 3-21 所示。

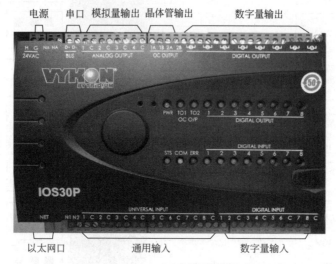

图 3-21 IOS30P 控制器

IOS30P 控制器的特性参数如下:

（1）处理器 采用 55MHz 的 32 位 RISC 单片机,具有 2MBFlash 存储器和 8MB 的 RAM。

（2）电源 24V 交流或直流电源供电,功率 3.6VA。

（3）通用输入通道 8 通道,输入信号可以为电压、电流、电阻或热电阻信号。电压:0～5V 或 0～10V;电流:0～20mA 或 4～20mA;电阻:0～1.5kΩ,0～10kΩ,0～30kΩ;热电阻:1.5kΩ,10kΩ,30kΩ。

（4）模拟量输出通道 4 通道,输出信号可以为电压或电流信号,最大负载 800Ω。输出电压:0～10V;输出电流:0～20mA 或 4～20mA。

（5）数字量输入通道 8 通道,无源触点输入,触点电路阻抗要低于 500Ω。其中,数字量输入通道 1～4 可设置为脉冲输入,脉冲频率最大为 60Hz,最小脉冲宽度:10mS(mark),5mS(space)。脉冲输入可以是干簧片开关输入、集电极开路输入、无源触点输入等。在前面板上,每个数字量输入通道对应一个 LED 状态指示灯,当绿色指示灯亮,输入为 True,当绿色指示灯灭,输入为 False。

（6）数字量输出通道 8 通道,继电器输出,SPST(Single Pole Single Throw,单刀单掷)触点,最大负载:24V AC/48 VA。在前面板上,每个数字量输出通道对应一个 LED 状态指示灯,当绿色指示灯亮,输出为 True,当绿色指示灯灭,输出为 False。

（7）晶体管输出通道 2 通道,集电极开路输出。最大直流负载:1A/60V;隔离 3.75kV。脉冲宽度调制确定"占空比和周期"。运行时,前面板上的晶体管输出状态 LED 指示灯闪烁,其闪烁频率由该通道设置的周期属性确定。

（8）网络接口 1 个 RS 485 口,1 个以太网口。通信协议:BACnet IP/MSTP、Modbus TCP/RTU、SOX。

IOS30P 控制器的跳针设置如图 3-22 所示，包括通用输入电压、电流、电阻跳针设置，模拟量输出电压、电流跳针设置，Modbus 和 BACnet 协议选择和 ID 地址设置，RS 485 主从设备跳针设置。IOS30P 控制器的跳针设置与 IO-28U 模块的跳针设置基本一致，主要不同点增加了 RS 485 主从设备设置，即 IOS30P 控制器可根据实际网络通信需要设置为主设备或从设备。

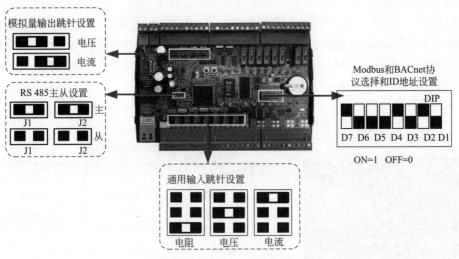

图 3-22　IOS30P 控制器跳针设置

3.4.2　网络结构

IOS30P 控制器具有足够的内存空间和灵活的对象功能，可编程简单的控制逻辑，例如空气处理机组控制、房间温度控制或风机盘管控制等，但是该控制器没有时间表、历史记录和报警等功能。IOS30P 控制器的网络结构如图 3-23 所示，其网络连接主要有两种方

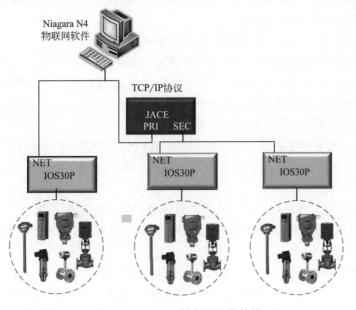

图 3-23　IOS30P 控制器网络结构

式：一种是 IOS30P 控制器的以太网口与 JACE 网络控制器的 SEC 口连接，由 JACE 网络控制器实现时间表控制、报警或历史记录等功能。JACE 网络控制器连接的 IOS30P 控制器的数量受 "SEC" 子网域地址的限制，通常为 254（地址 0 和 255 不用）；另一种方式是 IOS30P 控制器通过以太网与 Niagara Supervisor 站点直接通信，实现报警和历史数据库的管理等功能。

IOS30P 控制器可以通过 RS 485 端口与现场智能仪表连接，通信协议通常采用 Modbus RTU 协议。Modbus 串行网络连接为主从结构，IOS30P 控制器为主设备，各智能仪表为从设备，串行 Modbus 通信接线如图 3-24 所示。通过 IOS30P 控制器 RS 485 端口连接的最大智能设备数为 4。ModbusSlaveAsyncNetwork 通过 IOS30P 控制器内嵌的 Modbus RTU 主设备驱动与 Modbus 从设备相连。

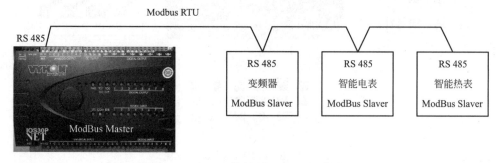

图 3-24　IOS30P 控制器 Modbus 通信接线

本章习题

1. 什么是物联网控制系统？

2. 物联网控制系统的结构可以分为单层物联网控制系统和双层物联网控制系统，试比较这两种物联网控制系统的特点。

3. JACE 8000 网络控制器的硬件接口都有哪些？其功能是什么？

4. 过程输入输出通道包括哪 4 种？每种试举一例说明。

5. 模拟量输出通道包括多 D/A 结构和共享 D/A 结构两种形式。什么是多 D/A 结构形式？什么是共享 D/A 结构形式？其特点分别是什么？

6. 数字量输入通道和数字量输出通道的任务分别是什么？

7. 在 VYKON 系列智能模块中，IO-22D、IO-22U、IO-28P 分别表示什么含义？

8. 假如某一建筑能源系统中有 8 个电动蝶阀，若选用 IO-22D 模块，请问需要选几块？为什么？

9. 在 RS 485 通信连接中，什么是菊花链连接？什么是 T 型连接？

10. 在 IO-28U 模块中，若通信协议选择 BACnet 协议，ID 地址为 100，拨码开关该如何设置？

11. 在 IO-28U 模块 UI 通道接线中，若 UI1 和 UI2 接电压信号，UI3、UI4 和 UI5 接电流信号，UI6、UI7 和 UI8 接电阻信号，试在图 3-25 中正确设置 UI 通道跳针。

12. 试根据图 2-31 开关型电动阀控制电路，画出其与 IO-22D 模块 DI 通道和 DO 通道

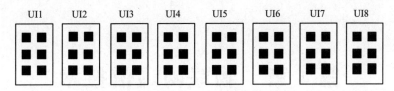

图 3-25　IO-28U UI 通道跳针设定

连接图，并叙述其工作过程。

13. IOS30P 控制器的以太网通信连接有哪两种方式?

14. 若某一建筑能源系统现场信号如表 3-3 所示，试根据表中信息选择合适的 I/O 模块，确定模块数量，并进行正确的拨码开关设置、通道跳针设置。

某一建筑能源系统现场信号　　　　　　　　　　　　　　　　　　　表 3-3

信号		数量
AI	0~10V	10
	4~20mA	8
AO	0~10V	4
	4~20mA	6
DI		12
DO		12

第4章 物联网通信技术

物联网通信技术是物联网技术的核心环节，它在连接各种传感器、智能变送器及各种物联网终端产品，对接不同行业应用的过程中，起着承上启下的作用。物联网通信技术在硬件上支持有线和无线、长距离和短距离等通信方式，可以根据不同的应用场景及需求进行选择。通信技术主要强调信息传输过程中所采用的技术，比如有线通信的以太网技术、串口通信技术等，无线通信的 Wi-Fi、蓝牙、ZigBee 以及移动通信等技术，但各种不同的通信技术能够协调工作还要依赖于国际标准化组织推出的开放系统互连（Open System Interconnection，OSI）参考模型。模型各层之间数据交换的规则和约定就是通信协议，不同的通信技术在物理层之上的各层都有自己的通信协议。因此，实际的物联网通信系统在应用中更加关注各种不同的协议，对通信技术和通信协议并没有严格区分。

本章主要介绍常见的计算机网络通信标准以及建筑能源物联网系统常用的 Modbus 协议、BACnet 协议、OPC 协议以及 MQTT 协议。

4.1 计算机网络标准

4.1.1 开放系统互联（OSI）参考模型

开放系统互联（OSI）参考模型是国际标准化组织（International Organization for Standardization，ISO）为异种计算机互联提供的一个共同基础和标准，并为保持相关标准的一致性和兼容性提供共同参考而制定的一种功能结构框架。这里所谓的开放，是强调对 OSI 标准的遵从。一个开放的系统可以与世界上任何地方遵从相同标准的任何其他系统通信。

OSI 参考模型是在博采众长的基础上形成的系统互联技术的产物，它不仅促进了数据通信的发展，还促进了整个计算机网络的发展。OSI 参考模型如图 4-1 所示。

该模型将开放系统的通信功能划分为 7 个层次，从低到高分别是：物理层、数据链路层、网络层、传输层、会话层、表示层和应用层。OSI 参考模型的低 3 层（物理层、数据链路层和网络层）主要提供电信传输能力，以点到点通信为主，应归入计算机网络中通信子网的范畴；高 3 层（会话层、表示层和应用层）以提供应用程序处理功能为主，应归入资源子网的范畴；传输层起着衔接上 3 层和下 3 层的作用。

（1）物理层

物理层是 OSI 参考模型的第一层，向下是物理设备的接口，向上为数据链路层提供服务。它提供建立、保持和断开物理连接的机械的、电气的、功能的和过程的条件。简而言之，物理层提供有关同步和比特流在物理介质上的传输手段。物理层虽然处于最底层，却是整个开放系统的基础。

（2）数据链路层

数据链路层提供一种可靠的、通过传输媒体传输数据的方法。相邻节点之间的数据交

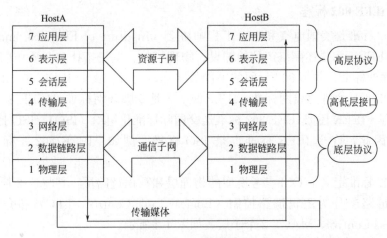

图 4-1　OSI 参考模型

换通过分帧进行，各帧在发送端按顺序传送，然后通过接收端的校验和应答来保证可靠的数据传输。数据链路层将本质上不可靠的传输媒体变成可靠的传输通路提供给网络层，它具有如下功能：链路连接的建立、拆除和分离；帧定界和帧同步；顺序控制；差错检测和恢复；链路标识和流量控制等。

（3）网络层

网络层规定了网络连接的建立、保持和断开的协议，承担把信息从一个网络节点传送到另一个网络节点的任务。它主要是利用数据链路层提供的相邻节点间的无差错数据传输功能，通过路由选择、流量控制、定址和寻址等功能，实现两个系统之间的连接。

（4）传输层

传输层是高层和低层之间建立衔接的接口层，完成开放系统之间的数据传送控制。主要功能是开放系统之间数据的收发确认。同时，还用于弥补各种通信网络的质量差异，对经过下 3 层之后仍然存在的传输差错进行恢复，进一步提高可靠性。另外，还通过复用、分段和组合、连接和分离、分流和合流等技术措施，提高吞吐量和服务质量。

（5）会话层

会话层是网络会话实体的控制层，主要功能是按照在应用进程之间约定的原则，按照正确的顺序收、发数据，进行各种形态的对话。会话层、表示层、应用层构成开放系统的高 3 层，面向应用进程提供分布处理、对话管理、信息表示、检查和恢复与语义上下文有关的传送差错等。

（6）表示层

表示层是数据表示形式的控制层，其主要功能是把应用层提供的信息变换为能够共同理解的形式，提供字符代码、数据格式、控制信息格式等的统一表示。此外，表示层还负责所传送数据的压缩/解压缩、加密/解密等问题。

（7）应用层

应用层是 OSI 参考模型的最高层，它的主要功能是实现应用进程（如用户程序、终端操作员等）之间的信息交换。同时，还具有一系列业务处理所需要的服务功能，如文件传输、电子邮件、远程登录等。

4.1.2　IEEE 802 标准

IEEE 802 标准是美国电气和电子工程师协会（Institute of Electrical and Electronics Engineers，IEEE）为描述网络产品的铺设、物理拓扑、电气拓扑和介质访问控制方式制定的不同用途的标准，并用 802 后面的不同数字加以区分。比如 IEEE 802.3 是以太网标准，IEEE 802.4 是令牌总线网标准，IEEE 802.5 是令牌环网标准，IEEE 802.11 是无线局域网标准等。IEEE 还把 IEEE 802 标准送交国际标准化组织（ISO）。ISO 把其称为 ISO 8802 标准，因此，许多 IEEE 标准也是 ISO 标准。例如，IEEE 802.3 标准就是 ISO 8802.3 标准。

IEEE 802 标准定义了 OSI 参考模型的物理层和数据链路层，并将这 2 层进行了再分解，把数据链路层分为逻辑链路控制（Logical Link Control，LLC）和介质访问控制（Media Access Control，MAC）2 个子层，如图 4-2 所示。

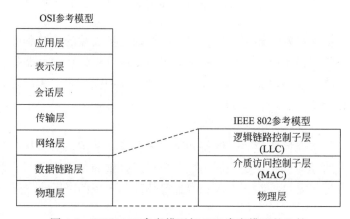

图 4-2　IEEE 802 参考模型与 OSI 参考模型的比较

（1）物理层

物理层包括物理介质、物理介质连接设备、连接单元和物理收发信号格式。它的主要功能是实现了比特流的传输和接收、同步码的产生和删除、信号的编码与译码，规定了拓扑结构和传输速率等。

（2）数据链路层

LLC 子层负责建立和释放数据链路层的逻辑连接、提供与上层的接口。它会启动控制信号的交互、组合数据的流通、解释命令、发出响应并且执行错误控制及恢复等。

MAC 子层负责解决与介质接入有关的问题和在物理层的基础上进行无差错的通信。它的主要功能是：发送时将上层交下来的数据封装成帧进行发送，接收时对帧进行拆卸，将数据交给上层；实现和维护 MAC 协议；进行比特差错检查与寻址等。

4.1.3　TCP/IP 协议

1977 年 10 月，ARPANET（Advanced Research Projects Agency NET，（美国）高级研究计划局网）研究人员提出了 TCP/IP 协议体系。TCP/IP 协议是多台相同或不同类型的计算机进行信息交换的一组通信协议组成的协议集。传输控制协议（Transmission Control Protocol，TCP）和网际互联协议（Internet Protocol，IP）是其中两个极其重要的协议。TCP 协议可确保所有传送到某个系统的数据能正确无误地到达该系统，IP 协议制定了所有在网络上流通的包标准。由于 TCP/IP 协议的可靠性和有效性，它已成为目前广泛应用的网间互联标准。

TCP/IP 协议采用了 4 层体系结构：应用层、传输层、网络层和网络接口层，如图 4-3 所示。

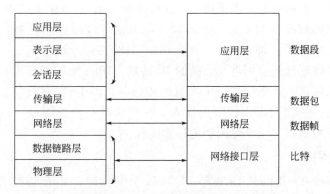

图 4-3　TCP/IP 与 OSI 参考模型的体系结构比较

（1）网络接口层

网络接口层在 TCP/IP 协议模型中并没有详细描述，对应 OSI 参考模型的物理层和数据链路层。它负责通过物理网络传送 IP 数据报，或将接收的帧转化成 IP 数据报并交给网络层。

（2）网络层

网络层是整个体系结构的关键部分，定义了 IP 数据报的格式，使 IP 数据报经过任何网络独立地传向目标。它与 OSI 参考模型的网络层在功能上非常相似。

（3）传输层

传输层提供可靠的端到端的数据传输。它定义了两个端到端的协议：

1）TCP 协议　面向连接的协议，提供可靠的报文传输和对上层应用的连接服务。除了基本的数据传输外，它还有可靠性保证、流量控制、多路复用、优先权和安全性控制等功能。

2）用户数据报协议（UDP, User Datagram Protocol）　面向无连接的不可靠传输的协议，主要用于不需要 TCP 排序和流量控制等功能的应用程序。

（4）应用层

应用层的作用相当于 OSI 参考模型的会话层、表示层和应用层的综合，向用户提供一组常用的应用程序。它包含了 TCP/IP 协议中的所有高层协议，如：HTTP、FTP、SMTP、DNS 服务等。

IP 协议在发展过程中存在着多个版本，其中最主要的版本有两个：IPv4 与 IPv6。描述 IPv4 协议的文档最早出现在 1981 年，那时互联网的规模很小，计算机网络主要用于连接科研部门的计算机，以及部分参与 ARPANET 研究的大学计算机系统。IPv4 的地址长度为 32 位。2011 年 2 月，在美国迈阿密会议上，最后 5 组 IPv4 地址被分配给全球 5 大区域互联网注册机构之后，IPv4 地址已全部分配完毕。互联网面临着地址匮乏的危机，解决的办法是从 IPv4 协议向 IPv6 协议过渡。

IPv6 的主要特征为：巨大的地址空间、新的协议格式、有效的分级寻址和路由结构、地址自动配置、内置的安全机制。IPv6 的地址长度定为 128 位，因此 IPv6 可以提供 2^{128}（3.4×10^{38}）个地址，用十进制数写出来就是：340 282 366 920 938 463 463 374 607 431 768 211 456。

人们经常用地球表面每平方米平均可以获得多少个 IP 地址来形容 IPv6 的地址数量之多。如果地球表面面积按 $5.11\times10^{14}\,\mathrm{m}^2$ 计算，那么地球表面每平方米平均可以获得的 IP 地址数量为 6.65×10^{23} 个，即：665 570 793 348 866 943 898 599 个。

显然，大规模物联网的应用需要大量的 IP 地址，IPv6 地址能够满足未来大规模物联网终端设备的接入需求。未来物联网中大量的传感器、RFID 读写设备、智能移动终端设备、智能控制设备、智能汽车、智能机器人、可穿戴计算设备等都可以获得 IPv6 地址，联入物联网的节点数量将可以不受限制地持续增长。

4.1.4 以太网标准

以太网（Ethernet）指的是 1976 年由 Xerox 公司创建，并于 1980 年由 Xerox、Intel 和 DEC 公司联合公布的以太网物理层和数据链路层基带局域网规范，是当今现有局域网采用的最通用的通信协议标准，即 IEEE 802.3 标准。以太网包括标准的以太网（10Mbit/s）、快速以太网（100Mbit/s）和 10G（10Gbit/s）以太网，它们都符合 IEEE 802.3 标准。

以太网的网络拓扑通常采用总线型，信息传输采用广播机制。所有与网络连接的工作站都可以看到网络上传递的数据，通过查看包含在帧中的目的地址和自己的地址是否一致确定是否接收，如果地址一致说明是发送给自己的，工作站接收数据并传递给高层协议处理。

以太网使用 CSMA/CD（Carrier Sense Multiple Access with Collision Detection，载波侦听多路访问/冲突检测）技术。载波侦听（Carrier Sense）是指网络上各个工作站在发送数据前，都要确认总线上有没有数据传输。若有数据传输（称总线为忙），则不发送数据；若无数据传输（称总线为空），立即发送准备好的数据。多路访问（Multiple Access）是指网络上所有工作站收发数据，共同使用同一条总线，且发送数据是广播式。冲突检测（Collision Detection）是指发送节点在发出信息帧的同时，还必须监听媒体，判断是否发生冲突（同一时刻，有无其他节点也在发送信息帧），一旦检测到冲突立即停止发送数据。CSMA/CD 技术使得任何工作站在任何时间都可以访问网络，CSMA/CD 在网络通信负荷较低时表现出较好的吞吐率与延迟特性。但是，当网络通信负荷增大时，由于冲突增多，网络吞吐率下降、传输延迟增加，因此，CSMA/CD 方法一般用于通信负荷较轻的应用环境中。

MAC 地址（Media Access Control Address），也称为局域网地址（LAN Address）、以太网地址（Ethernet Address）或物理地址（Physical Address），它是一个用来确认网络设备位置的地址。在 OSI 模型中，第 3 层网络层负责 IP 地址，第 2 层数据链路层则负责 MAC 地址。每个网卡都有一个 MAC 地址，一台设备若有一个或多个网卡，则每个网卡都会有一个唯一的 MAC 地址。MAC 地址的长度为 48 位（6 个字节），通常表示为 12 个 16 进制数，如：08-00-EA-AE-3C-40 就是一个 MAC 地址，其中前 6 位 16 进制数 08-00-EA 代表网络硬件制造商的编号，它由 IEEE（电气与电子工程师协会）分配，而后 6

位 16 进制数 AE-3C-40 代表该制造商所制造的某个网络产品（如网卡）的系列号。MAC 地址由网络设备制造商生产时写在硬件内部，MAC 地址在世界上是唯一的。

IP 地址应用于 OSI 第 3 层，即网络层。IP 地址是基于逻辑的，比较灵活，不受硬件的限制，也容易记忆。而 MAC 地址应用在 OSI 第 2 层，即数据链路层。MAC 地址在一定程度上与硬件一致，是基于物理的，能够标识具体的网络节点。

以太网数据帧格式由于技术发展的历史原因有多种格式，Ethernet II 帧是最常见的帧类型，这里主要以 Ethernet II 帧格式为例进行介绍，其结构如下：

前导码	帧开始符	MAC 目标地址	MAC 源地址	以太类型	负载数据	冗余校验	帧间隙
7 个字节	1 个字节	6 字节	6 字节	2 字节	46~1500 字节	4 个字节	12 字节

以太帧起始部分由前导码和帧开始符组成，后面紧跟 MAC 地址，以 MAC 地址说明目的地址和源地址。帧的中部是该帧负载数据，包含其他协议报头的数据包（例如 IP 协议）。以太帧由一个 4 字节冗余校验码结尾，用于检验数据传输是否正确。

1）前导码　以太网标准中规定前导码为 10101010　10101010　10101010　10101010 10101010　10101010　10101010（二进制），共 7 字节。

2）帧开始符　10101011 作为帧的开始，1 个字节。

3）MAC 目标地址和源地址　分别为接收端 MAC 地址和发送端 MAC 地址，6 个字节。

4）以太类型　2 个字节。0x0800 以太类型说明这个帧包含的是 IPv4 数据报，0x0806 以太类型说明这个帧是一个 ARP 帧，0x8100 以太类型说明这是一个 IEEE 802.1Q 帧，0x86DD 以太类型说明这是一个 IPv6 帧。

5）负载数据　Ethernet II 帧要求最少要有 46 个字节。

6）冗余校验　通常采用帧检验序列 FCS（Frame Check Sequence）校验。

7）帧间隙　每个以太帧之间都要有帧间隙（Interframe Gap），即每发完一个帧后要等待一段时间才能再发另外一个帧，以便让帧接收者对接收的帧作必要的处理。在以太网标准中规定最小帧间隙是 12 个字节，其数据为全 1。

从网络层次看，以太网协议（IEEE 802.3）主要针对数据链路层定义（只定义 MAC 层和 LLC 层），而 TCP/IP 协议针对传输层和网络层定义。目前，建筑能源物联网应用比较广的形式是以太网＋TCP/IP 技术。

4.2　Modbus 通信协议

Modbus 是一种串行通信协议，是 Modicon 公司（现在的施耐德电气 Schneider Electric）于 1979 年为使用可编程逻辑控制器（PLC）通信而发表。除了 PLC 之外，支持 Modbus 的设备现在还包括许多工业和商业应用，例如电表、热表和照明控制器等。大多数 Modbus 设备通信通过串口 EIA-485 物理层进行，对应 Modbus ASCII 和 Modbus RTU 协议。此外，Modicon 还推出了 Modbus 协议的另一种变体 Modbus TCP 协议。由于它支持 TCP/IP，通过以太网连接的 Modbus TCP 正在变得越来越流行。

Modbus 协议规定了消息、数据结构、命令和应答方式。数据通信采用 Maser/Slave

方式，Master 端发出数据请求消息，Slave 端接收到正确消息后就可以发送数据到 Master 端以响应请求；Master 端也可以直接发消息修改 Slave 端的数据，实现双向读写。在由 JACE 网络控制器及其智能 I/O 模块或现场智能仪表构成的网络系统中，JACE 是 Master，为 Modbus 网络主站，且一个 Modbus 网络中只有一个 Master。其他设备为 Slaves，为 Modbus 网络从站。其中只有 Master 可以启动通信事务。

4.2.1　Modbus 网络结构

1. Modbus Async Network（Modbus 异步串口通信网络）

在基于 Niagara 的建筑能源物联网系统中，Modbus Async Network 网络结构通过 JACE 网络控制器的串行端口（通常为 RS 485 接口）与智能 I/O 模块或现场智能仪表串行连接，如图 4-4 所示。通信协议为 Modbus RTU 协议或 Modbus ASCII 协议，JACE 网络控制器作为 Modbus 主站，I/O 模块、电表、热表及现场设备等为从站。

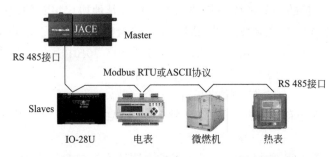

图 4-4　Modbus Async Network 网络结构

Modbus Async Network 网络通信速率一般为 9600bit/s，通常可以连接 31 个从站设备。如果使用中继器，网络上 Modbus 设备的地址范围可扩展到 1～247 个。一台 JACE 网络控制器上面有 2 个 RS 485 接口，根据需要还可以购买 RS 485 接口模块进行扩展。即一台 JACE 网络控制器可支持多个 Modbus Async Network 网络。

2. Modbus TCP Network

若智能 I/O 模块和现场智能仪表具有以太网接口，支持 Modbus TCP 协议，则可以采用 Modbus TCP Network 网络结构。在基于 Niagara 的建筑能源物联网系统中，通过 JACE 网络控制器的以太网端口与智能 I/O 模块或现场智能仪表的以太网端口连接，如图 4-5 所示。Modbus TCP 协议的物理层采用以太网物理层，在网络层使用 IP 协议，在传输

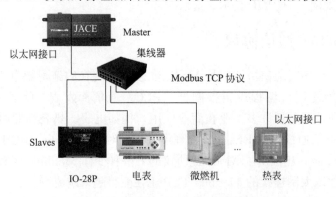

图 4-5　Modbus TCP Network 网络结构

层使用 TCP 协议，在应用层使用 Modbus 协议。

4.2.2　与 Modbus 协议有关的基本概念

1. Modbus 寄存器

Modbus 寄存器共包括四种类型，分别是线圈状态（Coils Status）、输入状态（Inputs Status）、输入寄存器（Input Registers）和保持寄存器（Holding Registers）。

（1）线圈状态　简称"线圈（Coils）"，通常表示从机的数字量输出（DO）状态，即开/关输出状态。例如，从机通过 DO 通道输出控制制冷机组的启/停，DO 通道的输出信息保存在线圈状态寄存器中。Modbus 主站可以读/写线圈，通过读指令获取当前设备的控制信息，通过写指令实现设备的远程控制。

（2）输入状态　简称"输入（Inputs）"，表示从机的数字量输入（DI）状态，即开/关输入状态。例如从机通过 DI 通道可输入现场设备的运行状态、故障报警等信息，DI 通道的输入信息保存在输入状态寄存器中。Modbus 主站可以读取（仅）输入状态，了解当前现场设备的运行状态或故障等信息。

（3）输入寄存器　每个输入寄存器为 16 位，表示从机的模拟量输入（AI）信息。例如，现场传感器采集的温度、压力、流量、热量、电量等信息。若从机的模拟量输入为 INTEGER16，则对应一个输入寄存器；若从机的模拟量输入为 REAL32，则对应两个输入寄存器。Modbus 主站可以读取（仅）输入寄存器。

（4）保持寄存器　每个保持寄存器为 16 位，通常表示从机的模拟量输出（AO）信息，或智能模块的一些配置信息。智能模块的 AO 输出一般为现场执行器的连续控制信号，例如电动调节阀的阀门开度信号、变频器的频率信号等。若从机的模拟量输出为 IN-TEGER16，则对应一个保持寄存器；若从机的模拟量输出为 REAL32，则对应两个保持寄存器。Modbus 主站可以读/写保持寄存器。

2. Modbus 功能码

Modbus 通信规约定义功能码为 1～127。有些功能码适用于所有智能模块，有些功能码只适用于某种智能模块，还有些保留备用。当消息从主机发送到从机时，功能码告诉从机需要执行什么动作。作为从机响应，从机发送的功能码与从主机发送来的功能码一样，并表明从机已响应主机进行操作。

功能码中较常使用的是 1、2、3、4、5、6 号功能码，主要实现主机与从机相应寄存器的读/写操作。如表 4-1 所示。其他功能码可参考相应资料。

寄存器读写主要功能码　　　　　　　　　　　　　　　　　　　　　　　　表 4-1

功能码	名称	作用
1	读取线圈状态(DO)	取得一组逻辑线圈的当前状态(ON/OFF)
2	读取输入状态(DI)	取得一组开关输入的当前状态(ON/OFF)
3	读取保持寄存器(AO)	在一个或多个保持寄存器中取得当前的二进制值
4	读取输入寄存器(AI)	在一个或多个输入寄存器中取得当前的二进制值
5	强置单线圈(DO)	强置一个逻辑线圈的通/断状态
6	预置单保持寄存器(AO)	把具体二进制值写入一个保持寄存器

3. 传输错误校验方法

（1）奇偶校验

在进行数据通信传输设置时，通常需要选择数据通信奇偶校验方式，即需要选择采用奇校验、偶校验还是无校验。

根据被传输的一组二进制代码数位中"1"的个数是奇数或偶数来进行校验，采用奇数的称为奇校验，反之，称为偶校验。采用何种校验需要提前设定。通常在传输字符帧中专门设置一个奇偶校验位，用它使这组代码中"1"的个数为奇数或偶数。若用奇校验，则当接收端收到这组代码时，校验"1"的个数是否为奇数，从而确定传输代码的正确性。

例如，若传输数据为 7 位，每个字符的传输格式为：

有奇偶校验：

起始位	1	2	3	4	5	6	7	奇偶位	停止位

无奇偶校验：

起始位	1	2	3	4	5	6	7	停止位	停止位

其中，起始位为信号 0，停止位为信号 1。若字符二进制为 1000110，则奇校验的奇偶位为 0，偶校验的奇偶位为 1。若无奇偶校验，奇偶位用停止位填补。

（2）LRC 校验

纵向冗余校验（LRC，Longitudinal Redundancy Check）为一个字节，含有 8 位二进制值。由传输设备计算并放到消息帧中，接收设备在接收消息的过程中计算 LRC，并将其和接收的 LRC 值比较，如果两者不相等，说明传输错误。LRC 的计算是对报文中所有的连续 8 位字节相加，忽略任何进位，然后求出其二进制补码。在 Modbus ASCII 协议中采用 LRC 校验。

（3）CRC 校验

循环冗余校验码（CRC，Cycle Redundancy Check）是一种能力相当强的检错、纠错码。对数据进行多项式计算，并将得到的结果附在帧的后面，接收设备也执行类似的算法，以保证数据传输的正确性和完整性。在 Modbus RTU 协议中采用 CRC 校验。CRC 域为两个字节，为 16 位的二进制数，由传输设备计算并放到消息帧中，接收设备在接收消息的过程中计算 CRC，并将其和接收的 CRC 值比较，如果二者不相等，说明传输错误。CRC 的计算通常采用模 2 除法。模 2 除法与算术除法类似，但每一位除的结果不影响其他位，即不向上一位借位，所以实际上就是异或。

4. 地址码

Modbus 协议允许的从设备地址是 0～247，单个设备的地址范围是 1～247，地址 0 用作广播地址。每个从机都有唯一的地址码，并且响应回送均以各自的地址码开始。主机发送的地址码表明将发送到的从机地址，而从机发送的地址码表明回送的从机地址。

4.2.3 Modbus 协议

1. Modbus ASCII 协议

ASCII（American Standard Code for Information Interchange，美国标准信息交换代

码）是基于拉丁字母的一套电脑编码系统，它是现今最通用的单字节编码系统，并等同于国际标准 ISO/IEC 646。标准 ASCII 码也叫基础 ASCII 码，使用 7 位二进制数来表示所有的大写和小写字母、数字 0 到 9、标点符号，以及在美式英语中使用的特殊控制字符。其构成如下：0～31 及 127 是控制字符或通信专用字符；32～126 是字符，其中 48～57 为 0～9 十个阿拉伯数字，65～90 为 25 个大写英文字母，97～122 为 26 个小写英文字母，其余为一些标点符号。ASCII 码主要用于计算机领域，在国内工业控制中采用 ASCII 码作为标准的较少。

在 ASCII 传输模式下，消息帧以英文冒号":"（3A）开始，以回车（0D）和换行（0A）结束，允许传输的字符集为十六进制的 0～9 和 A～F。网络中的从设备监视传输通路上是否有英文冒号":"，如果有的话，就对消息帧进行解码。查看消息中的地址是否与自己的地址相同，如果相同的话，就接收其中数据；如果不同的话就不予理会。其消息帧结构如下：

起始	设备地址	功能码	数据数量	数据	LRC	结束
1 字符	2 字符	2 字符	2 字符	N 字符	2 字符	2 字符

在 ASCII 传输模式下，每个 8 位的字节被拆分成两个 ASCII 字符进行发送，比如十六进制 0x3F（0011 1111），会被分解成 ASCII 字符"3"（10 进制值 51，即二进制 0110 0011）和"F"（10 进制值 70，即二进制 100 0110）进行发送，其发送量比 RTU 增加一倍。ASCII 模式的好处是允许两个字符之间间隔的时间长达 1s 而不引发通信故障，若超过 1s，将认为传输错误。该模式采用纵向冗余校验（LRC）。即将不包括起始冒号":"和结束符的报文中的所有字节相加，不考虑进位再取其补码，再将 8 位二进制转换为 2 个 ASCII 字符。

2. Modbus RTU（Remote Terminal Unit，远程终端模式）协议

Modbus RTU 传输模式是在消息传输中每个 8bit 字节包含两个 4bit 的十六进制字符。这种方式的优点是在相同的波特率下可以比 ASCII 模式传送更多的数据，在工业控制网络中得到广泛应用。

信息帧发送至少要以 3.5 个字符时间的空闲间隔开始。在最后一个字符传输之后，至少需要 3.5 个字符时间的空闲间隔表示信息帧的结束。一个新的信息帧可在此停顿之后开始。如果一个新消息在小于 3.5 个字符时间的空闲间隔内接着前个消息开始，接收的设备将认为它是前一信息帧的延续，这将导致 CRC 码的值出错。其消息帧结构如下：

起始	设备地址	功能码	数据	CRC	结束
T1-T2-T3-T4	8bit	8bit	N 个 8bit	16bit	T1-T2-T3-T4

3. Modbus TCP 协议

Modbus TCP 协议和 Modbus RTU 协议的区别是在 RTU 协议前面加一个 MBAP 报文头，由于 TCP 是基于可靠连接的服务，RTU 协议中的 CRC 校验码就不再需要，所以在 Modbus TCP 协议中没有 CRC 校验码。MBAP 报文头共 7 个字节长度，其分别含义是：①传输标志，两个字节长度，标志 Modbus 询问/应答的传输，一般默认是 00 00。可以理

解为报文的序列号，一般每次通信之后就要加"1"，以区别不同的通信数据报文。②协议标志，两个字节长度，"0"表示是 Modbus，"1"表示 UNI-TE 协议，一般默认也是 00 00。③后续字节计数，两个字节长度，其实际含义就是后面的字节长度。④单元标志，一个字节长度，一般默认为 00，单元标志对应于 Modbus RTU 协议中的地址码，当 RTU 与 TCP 之间进行协议转换时，特别是 Modbus 网关转换协议时，在 TCP 协议中，该数据就是对应 RTU 协议中的地址码。例如读取保持寄存器时，其消息帧结构如下：

MBAP 报文头	功能码	寄存器地址	寄存器数量
00 00 00 00 00 06 00	03	00 00	00 04

其中，MBAP 报文头中的 00 06 表示后面的字节长度。

4. Modbus 协议通信应用举例

以 Modbus RTU 协议通信为例。

（1）读线圈寄存器　功能码：01。

例如，主机发送命令：

设备地址	功能码	寄存器地址高8位	寄存器地址低8位	读取寄存器数高8位	读取寄存器数低8位	CRC校验的低8位	CRC校验的高8位
10	01	00	00	00	11	CRC低	CRC高

含义如下：

1）设备地址　在一个 RS 485 总线上可以挂接多个设备，此处的设备地址表示想和哪一个设备通信。例子中的设备地址为 16（十六进制 10 对应十进制 16）。

2）功能码 01　表示读取线圈寄存器数据。

3）起始地址高 8 位、低 8 位　表示想读取的开关量的起始地址。示例中的起始地址为 0。

4）寄存器数高 8 位、低 8 位　表示从起始地址开始读多少个寄存器。示例中为 17 个寄存器，在此注意，一个线圈寄存器对应的数据为 1 位。

5）CRC 校验　从开头一直校验到此之前。

从机响应：

设备地址	功能码	返回字节个数	数据1	数据2	数据3	CRC校验的低8位	CRC校验的高8位
10	01	03	AC	2B	00	CRC低	CRC高

含义如下：

1）设备地址、功能码和上面相同。

2）返回的字节个数　表示返回数据的字节个数，因为读取的开关量个数为 17，一个字节可以表示 8 个开关量信息，所以需要 3 个字节。

3）数据 1，2，3　反馈所有开关量的状态。为"0"表示开关断开，为"1"表示开关闭合。例如数据 1 的二进制为 10101100，表示开关 1、2、5、7 断开，开关 3、4、6、8 闭合。最后一个数据仅最后一位有效，为 0 表示开关 17 断开。

4) CRC 校验 同上。

（2）写线圈寄存器 功能码：05。

例如，主机发送命令：

设备地址	功能码	写寄存器地址高 8 位	写寄存器地址低 8 位	写数据高 8 位	写数据低 8 位	CRC 校验的低 8 位	CRC 校验的高 8 位
10	05	00	04	FF	00	CRC 低	CRC 高

含义如下：

1) 设备地址和上面相同。

2) 功能码 05 表示写线圈寄存器。

3) 需写的寄存器地址高 8 位，低 8 位。

4) 写数据高 8 位，低 8 位 注意，此处数据只可以是"FF 00"或"00 00"。"FF 00"表示闭合，"00 00"表示断开，其他数值非法。

注意：此命令一条只能写一个开关量的控制信息。

设备响应：如果成功，把计算机发送的命令原样返回，否则不响应。

（3）读输入状态（DI）寄存器 功能码：02。

和读取线圈状态类似，第二个字节的功能码是 2，其他相同。

例如，主机发送命令：

设备地址	功能码	寄存器地址高 8 位	寄存器地址低 8 位	读取寄存器数高 8 位	读取寄存器数低 8 位	CRC 校验的低 8 位	CRC 校验的高 8 位
10	02	00	00	00	18	CRC 低	CRC 高

从机响应：

设备地址	功能码	返回字节个数	数据 1	数据 2	数据 3	CRC 校验的低 8 位	CRC 校验的高 8 位
10	02	03	AC	2B	A0	CRC 低	CRC 高

（4）读保持寄存器 功能码：03。

例如，主机发送命令：

设备地址	功能码	起始寄存器地址高 8 位	起始寄存器地址低 8 位	读取寄存器数高 8 位	读取寄存器数低 8 位	CRC 校验的低 8 位	CRC 校验的高 8 位
10	03	00	02	00	04	CRC 低	CRC 高

含义如下：

1) 设备地址 设备地址和上面相同。

2) 功能码 03 表示读取保持寄存器数据。

3) 起始地址高 8 位、低 8 位 表示想读取的保持寄存器的起始地址。示例中的起始地址为 00 02。

4) 寄存器数高 8 位、低 8 位 表示从起始地址开始读多少个寄存器。示例中需要读取 4 个寄存器。一个寄存器为 16 位，两个字节。若保持寄存器的模拟量为 REAL 32，则一个模拟量占两个保持寄存器。4 个寄存器对应两个模拟量数据。

5）CRC 校验　从开头一直校验到此之前。

从机响应：

设备地址	功能码	返回字节个数	数据 1…n	CRC 校验的低 8 位	CRC 校验的高 8 位
10	03	08	A C, 2 B, …, 3 C, 20	CRC 低	CRC 高

含义如下：

1）设备地址、功能码和上面相同。

2）返回字节个数　表示返回数据的字节个数，因为读取的保持寄存器个数为 4，每个保持寄存器为 2 个字节，所以返回的字节数为 8。

3）数据 1…n　其中第一个寄存器的数据为［A C］［2 B］，第四个寄存器的数据为［3 C］［2 0］。

4）CRC 校验同上。

（5）写保持寄存器　功能码：06。

例如，主机发送命令：

设备地址	功能码	写寄存器地址高 8 位	写寄存器地址低 8 位	写数据高 8 位	写数据低 8 位	CRC 校验的低 8 位	CRC 校验的高 8 位
10	06	00	04	08	A1	CRC 低	CRC 高

含义如下：

1）设备地址和上面相同。

2）功能码 06　表示写保持寄存器。

3）需写的寄存器地址高 8 位，低 8 位。

4）写数据高 8 位，低 8 位　示例中把 4 号寄存器的值设为 08 A1。

注意：此命令一条只能写一个保持寄存器。

设备响应：如果成功，把计算机发送的命令原样返回，否则不响应。

（6）写多个保持寄存器　功能码：16。

例如，主机发送命令：

设备地址	功能码	写寄存器地址高 8 位	写寄存器地址低 8 位	写数据数量高 8 位	写数据数量低 8 位	写数据高 8 位,低 8 位（n 个寄存器）	CRC 校验的低 8 位	CRC 校验的高 8 位
10	10	00	04	00	02	01 02 31 54	CRC 低	CRC 高

含义如下：

1）设备地址和上面相同。

2）功能码 16　十六进制为 10，表示写多个保持寄存器。

3）需写的寄存器地址高 8 位，低 8 位。

4）数据数量高 8 位，低 8 位　表明需要写入的保持寄存器的数量，这里为 2。

5）写数据高 8 位，低 8 位　写入寄存器数量为多少，就需要给出多少个需要写入的数据。示例中就把 4 号寄存器的值设置为 01 02，5 号寄存器的值设置为 31 54。

设备响应：如果成功，计算机返回如下命令，否则不响应。

设备地址	功能码	写寄存器地址高 8 位	写寄存器地址低 8 位	写数据数量高 8 位	写数据数量低 8 位	CRC 校验低 8 位	CRC 校验高 8 位
10	10	00	04	00	02	CRC 低	CRC 高

（7）读输入寄存器　功能码：04。

和读取保持寄存器类似，只是第 2 个字节功能码改为 4，其他相同。

例如，主机发送命令：

设备地址	功能码	起始寄存器地址高 8 位	起始寄存器地址低 8 位	读取寄存器数高 8 位	读取寄存器数低 8 位	CRC 校验的低 8 位	CRC 校验的高 8 位
10	04	00	02	00	04	CRC 低	CRC 高

从机响应：

设备地址	功能码	返回字节个数	数据 1⋯n	CRC 校验的低 8 位	CRC 校验的高 8 位
10	04	08	A C, 2 B, ⋯, 3 C, 20	CRC 低	CRC 高

4.3　BACnet 协议

BACnet（Building Automation and Control Networks）协议是 1987 年由美国暖通、空调和制冷工程师协会（ASHRAE）发起，并成立标准项目委员会 135P（Stand Project Committee，SPC 135P），历经八年半时间开发，于 1995 年正式形成的 ASHRAE 标准，同年通过 ANSI 认证成为美国国家标准，2003 年成为 ISO 的正式标准 ISO 16484-5。BACnet 标准希望为建筑设备自动化系统规定统一的通信服务协议，从而使不同厂家的产品可以在同一个系统内协调工作。迄今为止，BACnet 标准是唯一一个针对建筑自动化系统制定的网络通信标准，BACnet 标准的推出，大大提高了建筑自动化系统的开放性和控制性能。

一般的建筑自动化设备包括两个功能：一是控制功能，处理设备内部控制；二是数据通信功能，处理与其他设备或系统的通信，实现信息交互。BACnet 就是建立一种统一的数据通信标准，使设备之间可以实现相互通信。BACnet 协议由一系列与软/硬件相关的通信协议组成，主要包括建筑设备自动控制功能及其数据信息的表示方式、5 种局域网通信协议及它们之间的通信协议。

4.3.1　BACnet 协议体系结构

BACnet 协议模型参考了 OSI 七层级模型，但没有从网络的最低层重新定义自己的层次。针对建筑设备自动控制系统节点信息传递任务相对比较简单，但实时性和快速性要求较高的特点，BACnet 协议对其进行了简化和改进，选用已成熟的局域网技术，形成包容多种局域网的简单而实用的四级体系结构，即物理层、数据链路层、网络层和应用层，如表 4-2 所示。

BACnet 协议的体系结构与 OSI 参考模型比较　　　　　　　　　　　　　　表 4-2

BACnet 数据通信协议的体系结构				OSI 参考模型
BACnet 应用层				应用层
BACnet 网络层				网络层
ISO 8802-2 (IEEE 802.2) Type1	MS/TP	PTP	LonTalk	数据链路层
ISO 8802-3 (IEEE 802.3)	ARCnet	EIA-485	EIA-232	物理层

BACnet 标准定义了自己的应用层和网络层。BACnet 网络层规定了网络设备的各种对话方式，通信路由的确定方法；BACnet 应用层从建筑自动化设备的特点出发，规定了 BACnet 对象（Object）、BACnet 服务（Service）和 BACnet 功能组（Functional Goup）。对于其数据链路层和物理层，提供了以下 5 种网络方案供选择。

第 1 种方案：数据链路层采用 ISO 8802-2 Type 1，物理层采用 ISO 8802-3。其中 ISO 8802-2 Type 1 定义了逻辑链路控制的协议，提供的是无连接不确认的服务，ISO 8802-3 是由国际标准组织（ISO）和国际电工委员会（IEC）联合制定的以太网（Ethernet）协议，数据传输速率 100Mbit/s。

第 2 种方案：数据链路层与第 1 种方案相同，采用 ISO 8802-2 Type 1。物理层采用 ARCNET（ATA/ANSI 878.1）协议，数据传输速率 2.5 Mbit/s。ARCnet 为令牌总线网，美国标准。

第 3 种方案：数据链路层采用 MS/TP（Master Slave/Token Passing，主从/令牌）协议，数据传输速率 76.8kbit/s。物理层采用 EIA-485 协议。

第 4 种方案：数据链路层采用 PTP（Point To Point，点到点）协议，物理层采用 EIA-232 协议。

第 5 种方案：数据链路层与物理层都采用 LonTalk 协议，对应 LonWorks 网络。

尽管上述 5 种方案的拓扑结构、价格、性能不同，但均可通过 BACnet 路由器实现 BACnet 设备的互联。

除此之外，当前还有 BACnet/IP 网络，用于实现 BACnet 设备通过 IP 网络进行信息传输。

4.3.2　BACnet 协议网络拓扑结构

BACnet 网络在物理介质上支持双绞线、同轴电缆和光缆等，在拓扑结构上支持星型和总线拓扑，但为了应用的灵活性，BACnet 协议没有严格规定网络拓扑结构。在 BACnet 网络中，物理网段（Physical Segment）是 BACnet 设备直接连接的物理传输介质段。网段（Segment）是多个物理网段通过中继器连接形成的段落区间，多个网段通过网桥连接形成 BACnet 网络（BACnet Network），每个 BACnet 网络都形成一个 MAC 地址域。不同的 BACnet 网络（使用不同的局域网技术）由网络层路由器连接形成 BACnet 网际网

（BACnet Internetwork）。图 4-6 为 BACnet 网际网结构图。BACnet 网络中的所有网络设备，除基于 MS/TP 协议的以外，其他都是完全对等的。

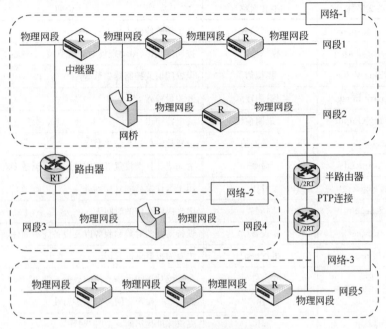

图 4-6　BACnet 网际网结构图

BACnet 标准的网络层协议在路由功能上经过了简化，路由表的内容基本上在安装配置时静态完成，因而 BACnet 网际网中所有设备之间只存在一条逻辑通路，无需广域网的最优路由算法。此外，BACnet 具有单一的局部地址空间，所以 BACnet 参照 OSI 模型制定了简化的网络层协议，向应用层提供不确认无连接的数据单元传送服务。每个 BACnet 设备都被一个网络号码和一个 MAC 地址唯一确定。网络层通过路由器实现两个或多个异类 BACnet 局域网（不同的数链层）的连接，并通过协议报文进行路由器的自动配置、路由表维护和拥塞控制。

BACnet 路由器与每个网络的连接处称为一个"端口"。路由表中包含端口的下列项目：①端口所连接网络的 MAC 地址和网络号；②端口可到达网络的网络号列表及与这些网络的连接状态。

4.3.3　BACnet 协议对象及服务

在建筑环境与能源系统中，设备之间的相互通信必须有一个统一的方法，BACnet 协议采用"对象"（Object）的概念，将不同厂家的设备功能抽象为网络间可识别的目标，使用"对象标识符"对设备进行描述。一个 BACnet 对象就是一个表示设备功能的数据结构或数据元素的集合。大部分 BACnet 数据信息直接或间接用一个或多个对象表示。目前，BACnet 定义了 23 种标准对象类型，比如模拟输入对象、模拟输出对象、数字输入对象、数字输出对象、命令对象、设备对象、文件对象等，分别对应实际的传感器输入、连续控制输出、开关量输入、继电器输出、特定操作、物理设备、数据文件等。此外，对于一些特例，BACnet 也可定义非标准对象类型。表 4-3 是 23 种标准对象，其中，前 18 个标准对象是 1995 年制定的,后面 5 个标准对象是 2001 年增加的。

23 种标准对象 表 4-3

序号	英文名称	中文名称	说明
1	Analog Input	模拟输入	现场传感器输入
2	Analog Output	模拟输出	控制器输出,驱动现场电动调节阀、变频器等
3	Analog Value	模拟值	设置阈值或控制器参数等
4	Binary Input	二进制输入	开关量输入
5	Binary Output	二进制输出	继电器输出
6	Binary Value	二进制值	设置数字控制系统参数
7	Command	命令	为完成如日期设置等特定操作向多设备多对象写多值
8	Calender	日历	用于事件执行的日期列表
9	Schedule	时间表	定义周期操作的时间表
10	Device	设备	设备支持的对象和服务以及设备商和固件版本
11	Event Enrollment	事件登记	主要为报警事件登记
12	File	文件	允许读写访问设备支持的数据文件
13	Group	组	提供单一操作访问多对象多属性
14	Loop	环	提供标准化访问一个"控制环"
15	Multi-state Input	多态输入	多状态处理程序的状态
16	Multi-state Output	多态输出	多状态处理程序的期望状态
17	Notification	通知类	包含一个设备列表,如果一个事件登记对象确定有一个警告或报警报文需要发送,则发送到相关设备
18	Program	程序	允许设备中的一个程序开始、停止、装载、卸载、报告程序当前状态等
19	Life Safety Point	生命安全点	定义周期操作的时间表
20	Life Safety Zone	生命安全区	用于事件执行的日期列表
21	Averaging	平均值	求算术平均值
22	Multi-state Value	多态值	虚拟的多态值(如三态开关的设定值、某个逻辑计算的中间值等)
23	Trend Log	趋势记录	记录运行数据(记录和存储某个运行数据,或作为运行数据库、用于数据查询)

在面向对象技术中,与对象相关联的是属性(Properties)和方法,属性用来说明对象,一个对象通过其"属性"向网络中其他 BACnet 设备描述对象本身及其当前状态,通过这些属性该对象才能被其他 BACnet 设备操控和相互通信。每个对象都必须至少有下述三个属性:对象标志符(Object_Identifier)、对象名称(Object_Name)和对象类型(Object_Type)。"对象标志符"是一个 32 位的编码,用来标识对象的类型和其实例标号,这两者一起可以唯一地标识对象;"对象名称"是一个字符串,BACnet 设备可以通过广播某个"对象名称"而建立与包含有此对象的设备的联系,这将使整个系统的设置大为

简化。BACnet 协议要求每个设备都要包含设备对象，通过读取其属性获得设备的全部信息。

每个标准对象的属性是非常多的，大多数为只读信息，有些需要自己设置。下面以模拟量输入对象为例，表 4-4 为模拟量输入对象的主要属性信息，图 4-7 为一个模拟量输入对象举例。该模拟量输入对象为一个气体温度传感器，用于检测室内温度，单位为℃，当前值会跟随室内温度的变化而变化，通过 BACnet 协议实现数据通信。

模拟量输入对象主要属性			表 4-4
属性标识	属性含义	属性标识	属性含义
Object_Identifier	对象标志符	Event_state	事件状态
Object_Name	对象名称	Reliability	可靠性
Object_Type	对象类型	Out-Of-Service	脱离服务
Present_Value	当前值	Update Interval	更新时间
Description	描述	Unit	单位
Device_Type	设备类型	Min_Pres_Value	最小值
Status_Flags	状态标志	Max_Pres_Value	最大值

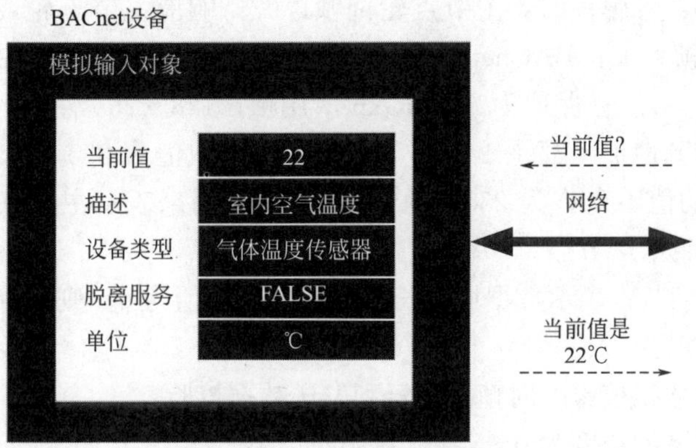

图 4-7 一个模拟量输入对象

方法（Method）是外界用来访问或作用于对象的手段，在 BACnet 中，把对象的方法称为服务（Service），服务就是一个 BACnet 设备可以用来向其他 BACnet 设备请求获得信息，命令其他设备执行某种操作或者通知其他设备有某事件发生的方法。BACnet 定义了 35 种服务，并且将这 35 种服务划分为 6 个类别。这 6 个服务类别分别是：报警与事件服务（Alarm and Event Services）、文件访问服务（File Access Services）、对象访问服务（Object Access Services）、远程设备管理服务（Remote Device Management Services）、虚拟终端服务（Virtual Terminal Services）和网络安全性（Network Security）。这些服务又分为两种类型，一种是确认服务（Confirmed，简单标记为"C"），另一种是不确认服务（Unconfirmed，简单标记为"U"）。

4.3.4 BACnet MS/TP 协议

BACnet 的 MS/TP（主从/令牌传递）局域网技术的基础是使用 EIA-485 标准。EIA-

485 标准只是一个物理层标准，不能解决设备访问数据链路层的问题，BACnet 定义了 MS/TP 协议，提供数据链路层功能。

在 MS/TP 网络中有一个或者多个主节点，主节点在逻辑令牌环路中是对等的。每个主节点可以有一些从节点，从节点只有在主节点的请求下才能传送报文。如果网络全部是由主节点组成，就形成一个对等网络。如果网络是由单主节点和所有其他从节点组成，就形成一个纯主从网络。

MS/TP 网络使用一个令牌来控制设备对网络总线的访问。当主节点掌握令牌时，它可以发送数据帧。凡是收到主节点请求报文的主节点和从节点都可以发送响应报文。一个主节点在发送完报文之后，就将令牌传递给下一个主节点。一个主节点掌握令牌时发送的数据帧数量有上限限制，当主节点有许多报文要发送时，当它发送的数据帧达到上限，必须将令牌传递给下一个主节点，其他数据帧只能在它再一次掌握令牌时才能发送。

BACnet MS/TP 协议的帧结构如下：

前导码	帧类型	目标地址	源地址	长度	帧头校验	数据	数据校验	填充
2 个字节	1 个字节	1 个字节	1 个字节	2 个字节	1 个字节	0～501 字节	2 个字节	1 个字节

1）前导码　2 个字节，01010101 11111111，0x55 FF。

2）帧类型　00：令牌；01：主节点轮询帧；02：响应主节点轮询帧；03：测试请求帧；04：测试响应帧；05：BACnet 数据期待响应帧；06：BACnet 数据不期待响应帧；07：响应延迟帧；8～127：保留为 ASHRAE 所用帧；128～255：生产商定义的专用帧。

3）目的地址和源地址　都是 1 个字节，目标地址域值为 255（0xFF）表示此帧为广播帧，而源地址域的值不允许为 255。地址值 0～127 用来表示主节点和从节点，地址值 128～254 只能用来表示从节点。

4）长度　2 个字节，表示数据域的长度。如果长度值为 0，则不存在数据域和数据校验域。

5）帧头校验和数据校验　对帧头信息和发送数据校验。

6）数据　数据域的长度为 0～501 个字节。

7）填充　可选，最长 1 个字节，0xFF。

4.3.5　BACnet IP 协议

BACnet 设备间的通信采用的是 BACnet 协议，而 Internet 采用的是 TCP/IP 协议，BACnet 网络和 IP 网络之间是无法通信的。BACnet 和 TCP/IP 协议都是 4 层网络结构，BACnet 的网络层和应用层与 TCP/IP 的应用层、传输层和网络层结构和功能都不相同，因此它们的数据帧也不同。显然，BACnet 设备节点和 TCP/IP 设备节点之间无法互相识别通信包，而且广域网中的路由也无法识别 BACnet 数据帧。TCP/IP 协议是现在应用极其广泛的协议，用于构建几乎所有规模的网络。因此 BACnet 协议如果可以使用 IP 协议将会更容易设计和减少成本，使 BACnet 数据包可以使用成熟的、应用极广的 IP 网络进行传输。这样不仅解决了远程通信问题，也解决了与服务器端沟通问题。

1. B/IP PAD 技术

B/IP PAD 技术也叫"隧道技术"，即用一种叫 BACnet/IP 的分组封装拆装设备（简称 PAD）作为路由器，来完成 BACnet 报文在互联网上的传递。为了通过 IP 网络连接 BACnet 网络，在每一个 BACnet 网络中要配置一个称之为 PAD 的路由器，它的作用是通过 IP 网络将一个 BACnet 网络与另一个 BACnet 网络互连起来。PAD 可以是一个单独的设备，也可以是控制设备的一部分功能。当 PAD 接收到一个 BACnet 报文时，如果该报文的目标地址位于一个远程 BACnet 网络，而且只能通过一个 IP 互联网才能到达目标 BACnet 网络，PAD 将该报文封装进一个 IP 帧中，给出位于目标 BACnet 网络中的对应的 PAD 的 IP 地址，作为封装帧的目标 IP 地址，将此帧发送到 IP 互联网中。接收方的 PAD 从 IP 帧中取出 BACnet 报文，并且将其传送给本地局域网内的目标设备。使用隧道传输技术的好处是，在将数据包发往远程目的地之前，PAD 设备可以修改数据包，最常见的用法就是对数据包进行加密，确保数据传输网络安全。图 4-8 为采用 PAD 技术组建的 BACnet 互联网的工作原理图。

图 4-8　B/IP PAD 技术 BACnet 互联网的工作原理图

2. BACnet/IP 技术

PAD 设备是实现在 IP 网络上互连 BACnet 网络的最简单的方法。但是，这种方法有一些不足，其中之一是不容易从网络中增删设备。如果要重构网络，必须重新改写每一个 PAD 中的对等 PAD 设备表。为此，SSPC135 开发了一个更有效的协议，称为 BACnet/IP 协议，BACnet/IP 协议是封装在用户数据报（UDP，User Datagram Protocol）协议当中在 Internet 中传输。BACnet/IP 能够比 PAD 设备更有效地处理在 IP 网络上进行 BACnet 广播传输。BACnet/IP 允许设备从因特网的任何地方接入系统，并且支持"纯 IP"的 BACnet 设备。所谓纯 IP 设备是指那些使用 IP 帧而不是 BACnet 帧来装载要传送的 BACnet 报文的单一控制器，这样，它就可以有效地利用因特网甚至是广域网作为 BACnet 局域网。

4.4　OPC 协议

4.4.1　OPC 协议概述

OPC 的全称是 OLE for Process Control，即用于过程控制的 OLE。OPC 是微软公司对象链接和嵌入（Object Linking and Embedding，OLE）技术在过程控制方面的应用，是一系列接口、方法和属性的标准集。OPC 技术以 OLE（现在的 Active X）、COM（部件对象模型）和 DCOM（分布式部件对象模型）技术为基础，采用客户端/服务器（Client/Server，C/S）模式，为工业自动化软件面向对象的开发提供了通用的接口规范，用于各种过程控制设备之间的通信，顺应了自动化系统向开放、互操作、网络化、标准化方向发展的趋势。

OPC 基金会（OPC Foundation）负责 OPC 标准的开发和维护。OPC 技术的发展经历了经典 OPC 和 OPC UA 两个阶段。OPC 标准于 1996 年首次发布，即用于数据访问（Data Access，DA）的简化 OPC 规范的 1.0 版本。在 OPC DA 之后，OPC 基金会又相继开发了一系列的通信接口规范。

初始的 OPC 规范仅限于 Windows 操作系统，现在称为经典 OPC（Classic OPC）。目前经典 OPC 已被广泛应用于各个行业，包括制造业、楼宇自动化、石油和天然气、可再生能源和公用事业等领域。2008 年，OPC 基金会推出了新的 OPC 技术：OPC UA（OPC Unified Architecture），即"OPC 统一架构"。OPC UA 将各个经典 OPC 规范的所有功能集成到一个可扩展的框架中，统一了现行标准，采用了面向服务的架构（Service-Oriented Architecture，SOA）。

4.4.2 经典 OPC 标准

经典 OPC 标准是 OPC 技术的早期阶段，面向过程控制提供了一整套数据交换的软件标准，包括：OPC 数据访问规范（OPC Data Access，OPC DA）、OPC 报警与事件规范（OPC Alarms & Events，OPC AE）、OPC 历史数据访问规范（OPC Historical Data Access，OPC HDA）、OPC 复杂数据规范（OPC Complex Data）、OPC 数据交换规范（OPC Data Exchange）、OPC XML 数据访问规范（OPC XML DA），还有安全性和批处理规范等。现在成熟并发布的 OPC 规范主要包括数据存取规范、报警和事件处理规范以及历史数据存取规范。下文介绍经典 OPC 标准的系统结构、OPC 服务器与 OPC 客户端以及经典 OPC 的通信配置。

1. 经典 OPC 系统结构

在 OPC 技术产生之前，传统的过程控制系统现场设备互联没有统一的标准。不同硬件和软件厂商都会制定一套自己的标准。任何一种上位监控软件或其他应用软件在与某种硬件设备连接时，或者设备之间相互通信时都需要开发专用的驱动程序（接口函数）。采用驱动程序的控制系统结构如图 4-9 所示。

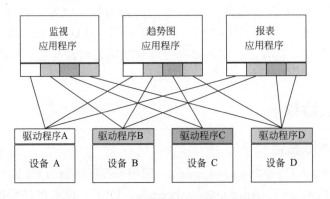

图 4-9 采用驱动程序的控制系统结构

这种利用驱动程序的系统如果要增加新的应用软件或者硬件设备，则需要开发新的驱动程序，结果会导致驱动程序种类和数量的迅速增加。OPC 标准规范了接口函数，不管现场设备的类型及存在形式是什么，客户都可以用统一的方式去访问，保证了软件接口对客户的透明性。软件开发商不用再开发各种硬件设备的驱动程序，而是由硬件生产商实现，并以 OPC 服务器程序的形式提供给用户。采用 OPC 的控制系统结构如图 4-10 所示。

OPC 服务器提供了许多标准接口，包括自定义接口（Custom interface）和自动化接

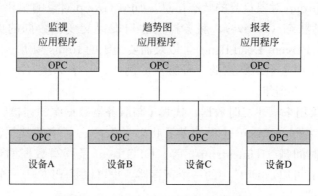

图 4-10　采用 OPC 的控制系统结构

口（Automation interface）两种类型。各个 OPC 客户程序通过这些接口对 OPC 服务器管理的硬件装置进行操作，不需要关心服务器的实现细节以及这些硬件装置的内部细节。它们分别为不同的编程语言环境提供访问机制。自定义接口是专门为 C＋＋等高级编程语言而制定的标准接口，而自动化接口通常是为基于脚本编程语言而制定的标准接口，可以使用 VB、Delphi PowerBuilder 等编程语言开发客户应用。OPC 服务器与客户应用以及 OPC 接口的关系如图 4-11 所示。

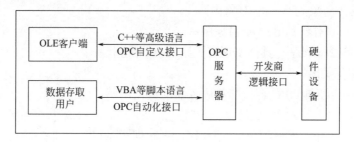

图 4-11　OPC 服务器与客户应用以及 OPC 接口的关系

2. OPC 服务器与客户端

（1）OPC 服务器

OPC 服务器是整个系统的核心，它一方面与现场硬件设备进行通信，将各种不同的现场总线、通信协议转换成统一的标准 OPC 协议，此时 OPC 服务器可看作是一个协议转换器；另一方面它与 OPC 客户端软件通过标准 OPC 协议进行通信，为 OPC 客户端提供数据或者将 OPC 客户端的指令发送给现场设备。

一个 OPC 服务器的逻辑模型由 3 类对象组成：OPC Server（服务器）对象、OPC Group（组）对象、OPC Item（项）对象，每类对象都包含一系列接口。OPC 服务器逻辑模型如图 4-12 所示。

OPC Server 对象用来创建和管理 OPC Group 对象，并管理 OPC Server 对象自身的状态信息。

OPC Group 对象用来创建和管理 OPC Items 对

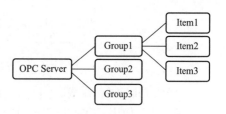

图 4-12　OPC 服务器逻辑模型

象，并管理 OPC Group 对象自身的状态信息。OPC Group 对象的主要属性有：组的名称（Name）、组的激活状态（Active）、服务器向客户端提交变化数据的更新频率（Update Rate）、数据死区（Percent Dead Band），以及需要组织的 Items 项等。OPC Group 对象提供了 OPC 客户程序用来组织数据的一种方法。例如，一个 OPC Group 对象代表了一个 PLC 中需要读写的寄存器组。

OPC Item 对象用来描述实时数据，代表了与服务器数据源的连接。OPC Item 对象的主要属性有：项的名称（Name）、项的激活状态（Active）、项的数据值（Value）、项的品质（Quality）、时间戳（Timestamp）等。OPC Item 是读写数据的最小逻辑单位。例如，一个 OPC Item 可以是 PLC 中的一个寄存器，也可以是 PLC 中一个寄存器的某一位。

（2）OPC 客户端

OPC 客户端的主要任务是创建 OPC 服务器对象、建立与 OPC 服务器的连接、浏览 OPC 服务器的功能、通过 OPC 接口读写数据以及断开与 OPC 服务器的连接。经典 OPC 客户端开发的内容及大致步骤如下：

1）COM 组件初始化；

2）创建服务器 Server 对象；

3）创建组 Group 对象；

4）创建项 Item 对象；

5）添加 Item 对象到 Group 对象中；

6）添加 Group 对象到 Server 对象中；

7）连接服务器（顺序与具体实现有关），完成相应操作；

8）COM 组件关闭。

图 4-13 所示为经典 OPC 客户端和服务器的典型用例。

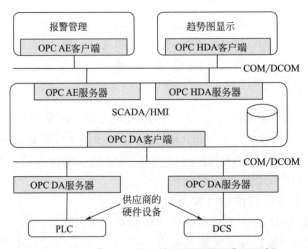

图 4-13　经典 OPC 客户端和服务器的典型用例

3. 经典 OPC 通信配置

经典 OPC 使用 COM/DCOM 在软件组件之间交换数据。OPC 客户端与服务器端都应装好相应的 OPC 接口软件，而且还需要进行相关配置才能实现远程访问。主要配置内容如下：

1）用户配置　分别在 OPC 服务器和客户端添加相同的账户名和密码；

2）防火墙设置；

3）DCOM 配置　如果有 OpcEnum 在 DCOM 配置中，需要继续做一些相关配置；

4）本地安全配置。

4.4.3　OPC UA 标准

经典 OPC 在过程控制系统中的应用非常成功，但是随着技术发展以及一些外部因素的变化，逐步显现出一些局限性。为了应对标准化和跨平台的趋势，OPC 基金会在 2008 年推出了 OPC UA 标准。OPC UA 标准将各个经典 OPC 的所有功能集成到一个可扩展的框架中，统一了现行标准，是一个独立于平台且面向服务的架构。OPC UA 标准使数据采集、信息模型化以及工厂底层与企业层面之间的通信更加安全、可靠，已成为工业 4.0 体系中的重要通信标准。

OPC UA 标准的基础组件是传输机制和信息建模。在传输机制方面，OPC UA 标准超越了经典 OPC，它为企业内部网通信定义了二进制 TCP，同时为防火墙友好的互联通信定义了映射，可以选择并兼容更多通用的互联网通信标准，如 Web 服务、XML、HT-TP 等。在建模方面，OPC UA 标准将建模的架构由"数据建模"扩展为"信息建模"，这是 OPC UA 标准相对于经典 OPC 的最大创新。

1. OPC UA 标准的特性

OPC UA 标准是一个多层架构。这种多层方法实现了最初设计 UA 标准时的目标特性：功能对等性、平台独立性、安全性、可扩展性及综合信息建模等。

（1）功能对等性　所有经典 OPC 标准都映射到 OPC UA 标准，还增加或增强了以下功能：发现、地址空间、按需、订阅、事件、方法等。

（2）平台独立性　OPC UA 标准是跨平台的，不依赖于硬件或者软件操作系统。可以运行在 PC、PLC、云服务器、微控制器等硬件平台，支持 Windows、Linux、Apple OS、Android 等操作系统。

（3）安全性　OPC UA 标准具有强大的安全基础。支持会话加密、信息签名、OpenSSL 认证、用户身份验证、审计跟踪等安全技术。

（4）可扩展性　OPC UA 标准的多层架构提供了一个"面向未来"的框架。诸如新的传输协议、安全算法、编码标准或应用服务等创新技术和方法可以并入 OPC UA 标准，同时保持现有产品的兼容性。

（5）综合信息建模　OPC UA 标准信息建模框架可以将数据转换为信息，通过完全面向对象的功能，即使是最复杂的多层级结构也可以建模和扩展。能够信息建模，使 OPC UA 标准为将来的开发和拓展提供了一个功能丰富的开放式技术平台。

2. OPC UA 通信方式

OPC UA 采用 C/S（客户端/服务器）模式进行通信。每个系统可以包含多个客户端和服务器，每个客户端可以同时与一个或多个服务器连接，每个服务器也可以同时与一个或多个客户端连接。

OPC UA 服务器包括真实对象、OPC UA 服务器应用程序、OPC UA 服务器接口API、OPC UA 通信栈、OPC UA 地址空间和发布/订阅实体等，如图 4-14 所示。真实对象是可以由 OPC UA 服务器应用程序直接访问的物理设备或包含在其内的软件程序。监视项可以监控一个属性、一个变量或者一个事件，并可以生成通知。通知描述了数据变化或事件的数据结构，会被打包为通知消息，由订阅以回应发布请求的方式发送给客户端。OPC UA 客户端包括 OPC UA 客户端应用程序、OPC UA 客户端接口 API、OPC UA 通信栈等，如图 4-15 所示。

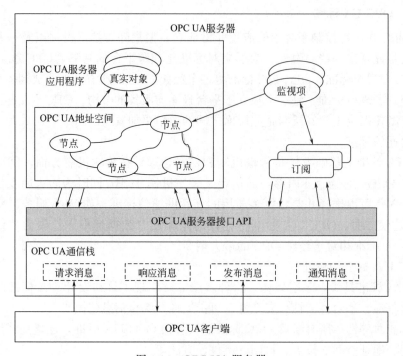

图 4-14　OPC UA 服务器

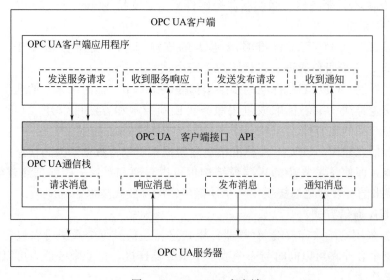

图 4-15　OPC UA 客户端

服务器应用程序使用 OPC UA 服务器接口 API 向 OPC UA 客户端发送和接收消息。客户端应用程序使用 OPC UA 客户端接口 API 向 OPC UA 服务器发送和接收相关服务的请求和响应。OPC UA 服务器（客户端）API 是内部接口，它把服务器（客户端）应用程序代码从 OPC UA 通信栈中分离出来，可以是 OPC 基金会提供的一个标准应用或是由生产商制定的应用。

（1）OPC UA 客户端与服务器通信

OPC UA 客户端应用程序发送服务（或发布）请求，OPC UA 通信栈把 OPC UA 客户端接口 API 调用转换成消息，并通过底层消息体发送给 OPC UA 服务器，通知服务器客户端应用程序的请求。

当 OPC UA 服务器的通信栈接收到服务请求时，通过服务器接口 API 调用服务器请求/响应服务，服务器应用程序在地址空间的节点上执行指定任务后返回一个响应，OPC UA 客户端的通信栈接收来自 OPC UA 服务器的响应消息，并通过客户端接口 API 传递给客户端应用程序。

当 OPC UA 服务器的通信栈接收到发布请求时，通过服务器接口 API 将发布请求发送给订阅，当订阅指定的监视项探测到数据变化或事件/报警发生时，监视项生成一个通知发送给订阅，订阅通过服务器接口 API 由通信栈发送给 OPC UA 客户端。

（2）OPC UA 服务器间通信

OPC UA 支持服务器之间的相互访问，就是一个服务器作为另一个服务器的客户端，如图 4-16 所示。这种情况下一个应用程序可以同时包含客户端和服务器两部分。这就形成了一种分层体系，中间应用既可以集合低层服务器的数据，又能构造高层次数据发往客户端，为高层客户程序提供一个集成接口访问多个低层服务器。

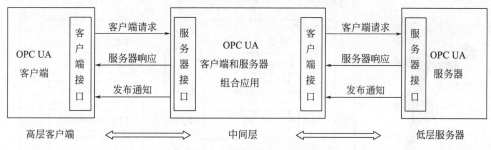

图 4-16 OPC UA 服务器间的交互

3. OPC UA 信息模型

信息模型是 OPC UA 最大的创新。通过搭建信息模型，可以赋予数据更多的语义，获得更多的信息。OPC 基金会提供了基础信息模型。基于基础信息模型，无论开发何种与设备相关的特定信息模型，客户都能使用相同的方法访问，供应商也能轻松地集成第三方设备到统一服务器。

OPC UA 的服务器应用都建立在地址空间上。地址空间是可用对象集合及其相关信息。地址空间模型是 OPC UA 建模的基础。地址空间的基本节点称为基节点（Base Node），基节点为抽象类且不能被实例化使用。而由基节点派生出来的其他节点可以被实例化引用，继承基节点的通用属性。其他节点类别包括：对象、变量、方法、对象类型、变量类型、引用类型、数据类型、视图。节点由属性（Attribute）和引用（Reference）组成，节点属性对节点特性进行定义，节点引用对节点间的关系进行定义。基节点构成地址空间的元数据模型，而引用将孤立的各个节点连接成了一个网状结构，形成了层次化的地址空间模型。在地址空间模型中，最重要的节点类别则是对象，对象用来描述实体对象设备，可以通过引用变量、方法、其他对象完成对信息模型的构建。对象和变量、方法之间的关系如图 4-17 所示。

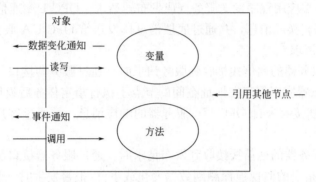

图 4-17　对象和变量、方法之间的关系

　　图 4-18 为 OPC 服务器地址空间内一个管道式风速变送器的信息模型。该模型由变量组成，包括设备商提供的设备参数（设备类别、型号、序列号）、测量值（风速、风量）及设置参数（RS 485 地址码、管道截面积）。

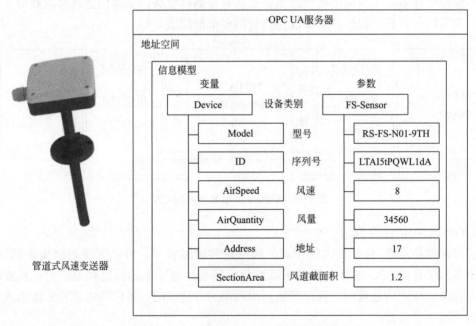

图 4-18　管道式风速变送器信息模型

4.5　MQTT 通信协议

4.5.1　MQTT 协议概述

消息队列遥测传输协议（Message Queuing Telemetry Transport），简称 MQTT 协

议，是一种基于发布/订阅（Publish/Subscribe）模式的轻量级通信协议，它工作于 TCP/IP 协议族之上，属于应用层协议。

MQTT 协议于 1999 年由 IBM 公司的 Andy Stanford-Clark 博士以及 Arcom 公司的 ArlenNipper 博士共同开发。开发初期，MQTT 协议是为基于卫星通信的远程长距离石油管道的数据采集监测项目而设计，该项目需要低功耗、易实现且可靠的通信网络。

因此该协议的设计初衷就是设计轻量占用带宽小的同时，又能满足实时可靠的消息传输。对于大量处于低带宽、高延迟、不稳定的网络环境并且自身计算能力有限的物联网设备，非常符合其使用环境的要求。所以随着该协议的发展与完善，已成为许多物联网系统中的关键消息传输协议。MQTT 在 2014 年被 OASIS 组织（结构化信息标准促进组织）接纳为国际标准，目前已经发布至 V5.0 版本，已囊括了智慧城市、车联网、智能家居、医疗防护、工业互联网、即时通信等物联网应用场景。

本节主要介绍 MQTT 协议的主要特性、控制报文结构以及通信流程等。

4.5.2　MQTT 协议特性

MQTT 协议具有以下几项主要特性：

1）基于发布/订阅的异步消息模式，个体之间相互独立。

2）有三种消息发布的服务质量，满足不同的服务需求。

3）代码少，在多种语言平台上都易于实现。

4）网络开销小，最简单的报文结构只有固定报头（2 字节）。

5）允许使用消息、数字、单词，甚至可扩展标记语言（XML）、JavaScript 对象表示法（JSON）发送任何类型的文本数据。

4.5.3　MQTT 协议控制报文结构

MQTT 协议的控制报文即是 MQTT 消息的数据包，其结构根据报文类型的不同有所不同，但都由表 4-5 所示的 1 至 3 个部分构成。

MQTT 协议控制报文结构　　　　　　　　　　　　　　　　　　　表 4-5

固定报头（Fixed header）	存在于所有控制报文中
可变报头（Variable header）	存在于部分控制报文中
有效荷载（Payload）	存在于部分控制报文中

（1）固定报头

固定报头位于报文的开头，存在于所有控制报文中，表示控制报文的类型、控制报文类型的标志位以及剩余长度，最简单的控制报文仅有固定报头，所以控制报文长度最小为 2 字节。其结构如表 4-6 所示。

固定报头结构　　　　　　　　　　　　　　　　　　　　　表 4-6

Bit	7	6	5	4	3	2	1	0
byte1	MQTT 控制报文类型				控制报文类型的标志位			
byte2…	剩余长度							

控制报文类型占第一个字节的 7～4 位，表示 4 位无符号值。例如，CONNECT（连

接报文）对应二进制编码 0001。控制报文共有 14 种有效类型，包括 CONNECT/CON-NACK、 PUBLISH/PUBACK/PUBREC/PUBREL/PUBCOMP、 SUBSCRIBE/SUB-ACK、UNSUBSCRIBE/UNSUBACK、PINGREG/PINGRESP、DISCONNECT。

标志位占第一个字节的剩余 4 位（3～0 位），包含每种控制报文特定的标志。在不使用标志位的报文类型中，标志位作为保留位。在 PUBLISH（发布报文）中，标志位由 DUP（发送重复数）、QoS（服务质量）、RETAIN（保留标志）组成。

DUP：用来保证消息的可靠传输。如果设置为 1，则在下面的变长中增加 Message Id，并且需要回复确认，以保证消息传输完成，但不能用于检测消息重复发送。

QoS：表示消息要发送几次。共有三种等级的消息发布服务质量：0、1、2。

1）0（至多 1 次） 不会对消息传输是否成功进行确认和检查。完全依赖于底层网络，因此可能会消息丢失。适用于可接受部分丢失的消息传输，例如短间隔更新的传感器数据。

2）1（至少 1 次） 确保消息至少到达 1 次，但有可能重复发送消息，需自行去重。适用于网络资源较珍贵时传输重要的消息数据。

3）2（只有 1 次） 确保消息仅到达 1 次，但需要占用较多的网络资源。适用于消息缺失或者丢失都会导致错误结果的消息传输，例如共享单车的计费系统。

RETAIN：当客户端向服务器发布消息时，若设置为 1，即把消息保存在服务器端。当订阅者连接失败无法及时订阅消息时，可以在下一次连接成功时收到该主题的保留消息。不仅当前的订阅者可以获得消息，后来新订阅的订阅者也能收到发布到服务器的最新消息。但需要注意的是，每一个主题只能有一条订阅消息，当发布者发布了新的订阅消息时，将会覆盖旧的订阅消息。

剩余长度占第 2 个字节，表示当前控制报文剩余部分的字节数，包括可变报头和有效荷载。这一部分带有扩展机制，前 7 位用以保存长度，后 1 位用作标识。当其长度小于 128 时，用 1 个字节表示，超过 128 时需要继续使用第 2 个字节保存，最大长度为 4 个字节。

（2）可变报头

可变报头位于固定报头和有效荷载中间，存在于部分报文类型中，在 PINGREG/PINGRESP、DISCONNECT 报文中不存在。可变报头的内容根据报文类型的不同而不同，但总体元素不发生变化，包括协议名、主题名、报文 ID 等。

（3）有效荷载

有效荷载位于报文的末尾，存在于部分报文之中。有效荷载不仅包括了客户端和服务端之间的消息主体，也带有别的信息，包括客户 ID、主题过滤器、用户名密码等。

4.5.4 MQTT 协议通信流程

MQTT 协议采用客户端/服务器（C/S 架构）通信模式，在整个通信过程中，共有 3 种身份：发布者（Publisher）、代理（Broker）及订阅者（Subscriber）。其中，消息的发布者和订阅者都属于客户端，并且作为消息发布者的同时也可以是订阅者，而消息代理就是服务器。在介绍 MQTT 协议通信流程前，需要先了解一些基本概念。

1. 基本概念

（1）MQTT 客户端（Client） 是使用 MQTT 协议的应用程序或者硬件设备，具有以下基本功能：

1）与 MQTT 服务器建立连接；

2）发布消息到服务器上；

3）从服务器上订阅消息；

4）断开与服务器的连接。

（2）MQTT 服务器（Server） 是消息传输的枢纽，具有以下基本功能：

1）同意客户端的连接请求；

2）处理客户端的订阅、退订请求；

3）接收来自客户端发布的消息；

4）将接收的消息转发给客户端。

（3）主题（Topic） 是消息的特定标识。在同一服务器上的每一条消息都有自己的标识，通过标识对消息进行区分。主题通常是树状的层次结构，由多个层级组成，每一层通过斜杠"/"分隔开。例如"ASHP/Thermometer/Device1/Data/Temp"。为了让客户端能够一次订阅多个类似结构的主题，可以使用含有通配符的主题实现。通配符只能在订阅主题时使用，在发布消息时则不允许使用。MQTT 协议的通配符有"＋"和"♯"两个，具体用法如下：

1）单层通配符"＋"只匹配单个层次，例如 a/＋/z 能够匹配 a/b/z，a/c/z，但不能匹配 a/b/c/z。

2）多层通配符"♯"可以匹配零层次或多个层级，例如 a/♯ 可以匹配 a，a/b，a/b/c。

2. 通信流程

MQTT 协议通信的基本流程如图 4-19 所示。发布者通过网络连接将消息发布到 MQTT 服务器的某个特定主题下，而订阅者从各种主题中订阅自己感兴趣的内容，在这一过程中，MQTT 服务器充当信息传输的枢纽。发布者和订阅者不直接交互，但都与服务器进行交互完成发布及订阅。正是这种发布/订阅的传输模式，使得客户端之间相互独立，解除应用耦合，在空间上分离，在时间上异步。

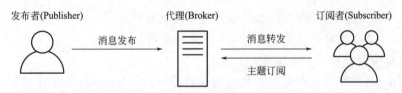

图 4-19 MQTT 协议通信流程

下面以一个简单实例来介绍 MQTT 协议在具体应用场景中的通信流程。如图 4-20 所示，气象仪上的温度传感器、风速传感器监测环境参数，通过安装了 NB-IoT 芯片的数据终端将环境温度（10℃）、风速（1m/s）参数分别发布至 MQTT 代理的"WB/Temp"和"WB/WindSP"主题下。燃气锅炉的控制主要依据环境温度，因此燃气锅炉房的控制系统订阅了主题"WB/Temp"，MQTT 代理收到订阅请求，于是将温度参数（10℃）转发给了燃气锅炉房的控制系统，控制燃气锅炉的运行状态。同理，风力发电站订阅了主题"WB/WindSP"，收到了由 MQTT 代理转发的风速参数（1m/s），控制风力发电设备的运行。而天气 APP 订阅了包含通配符的主题"WB/♯"，同时将温度及风速参数推送给用户。

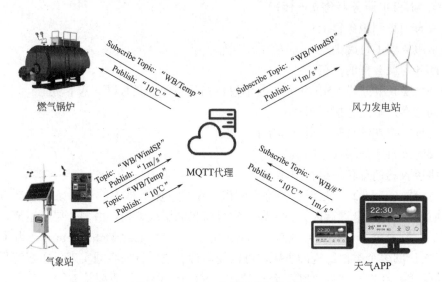

图 4-20　MQTT 协议场景通信流程

本章习题

1. 什么是开放系统互联参考模型？包括哪 7 层？

2. 在 IEEE 802 标准中，将数据链路层分解为哪两层？其功能分别是什么？

3. TCP/IP 协议采用了 4 层体系结构，试比较其与 OSI 参考模型体系结构的异同点。

4. 什么是 CSMA/CD（载波侦听多路访问/冲突检测）技术？若通信负荷较大，该技术是否适用？为什么？

5. MAC 地址和 IP 地址的主要区别是什么？

6. Modbus RTU 协议和 Modbus TCP 协议的通信接口有何不同？

7. 试比较 IO-28U 模块和 IO-28P 模块网络通信的不同。

8. Modbus 寄存器共包括哪 4 种类型？试举例说明。

9. 什么是奇偶校验？如何实现？

10. Modbus RTU 协议采用什么传输错误校验方法？Modbus ASCII 协议采用什么传输错误校验方法？

11. 相同的信息分别采用 Modbus ASCII 协议和 Modbus RTU 协议传输，哪个协议的发送量大？为什么？

12. 在 Modbus RTU 协议通信中，若主机发送命令为：

1E	01	00	10	00	1A	25	43

（1）试对发送命令予以解释。

（2）从机返回数据的字节数为多少？为什么？

13. 唯一一个针对建筑自动化系统制定的网络通信标准是什么？这是由哪个组织发

起的？

14. BACnet 协议对于其数据链路层和物理层，提供了哪五种网络方案？

15. 什么是 BACnet 对象？每个对象都必须至少需要哪三个属性？

16. 什么是 BACnet 服务？BACnet 服务共划分为哪六个类别？

17. 叙述 MS/TP 网络结构，并说出其通信过程。

18. 采用 OPC 的控制系统结构和采用传统的驱动程序控制系统结构比较，其优点主要是什么？

19. 一个 OPC 服务器的逻辑模型由哪三类对象组成？其之间的关系是什么？

20. OPC UA 协议采用 C/S（客户端/服务器）通信模式，试叙述其通信过程。

21. OPC UA 的节点由属性和引用组成，试说出属性和引用的功能。

22. MQTT 协议的主要特性有哪些？

23. MQTT 协议采用 C/S（客户端/服务器）通信模式，在整个通信过程中，有哪三种身份？试叙述其通信基本流程。

第5章 物联网软件平台

5.1 物联网软件平台简介

物联网软件平台在物联网中起到枢纽作用，向下，接入分散的物联网感知层；向上，支持基于传感数据的物联网应用，包括通信管理、设备维护、数据分析与挖掘、控制与优化、数据可视化等。物联网软件平台为不同专业领域研究人员提供了一种新的应用部署和运行管理模式，使得专业领域开发者可以不用考虑软硬件基础设施构建，仅将其作为平台工具应用于各自专业领域，这样可以使专业研究人员能够更专注于专业机理知识和大数据挖掘专用算法等的研究。

到2019年，全球范围内物联网软件平台数量已达1800多家。我国物联网软件平台的提供商可分为通信厂商、互联网厂商、IT厂商、工业厂商和创业企业厂商等，如图5-1所示。但受到物联网自身碎片化、设备种类多而杂、对接平台协议不统一等因素影响，物联网软件平台的发展缺乏规范性指导。目前，大多数物联网平台提供的功能比较简单，平台应用处于初级阶段，以"设备物联＋分析"或"业务互联＋分析"的简单场景为主。物联网软件平台的发展将与人工智能深度融合，实现复杂场景的数据分析优化、智能决策、态势预测等功能，充分发挥物联网价值。

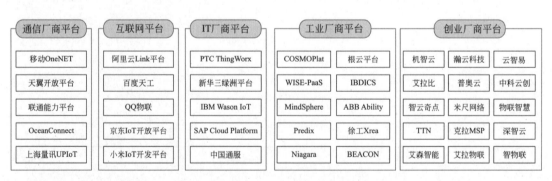

图 5-1　市场推出的主要物联网软件平台

下面给出几个典型的物联网软件平台。

（1）Niagara Framework　美国 Tridium 公司是全球新一代物联网基础平台技术的领导者，其开发的 Niagara 物联网软件框架提供了一个完整的设备到企业级的统一开放平台，用以开发、集成、连接和管理任何协议、任何网络、任何设备和系统，实现互联互通互操作，通过标准 Web 浏览器实现系统的实时控制和管理。Niagara 具有从边缘层到云端的信息融合功能，利用边缘计算网关实现现场异构系统的数据采集和控制，数据存储、数据处理和分析，利用云平台实现跨区域大数据的收集、存储和分析，利用云计算的强大功能实现人工智能算法。

（2）移动 OneNET　OneNET 是中移物联网有限公司基于物联网技术和产业特点打造的中国移动物联网开放平台，适配各种网络环境和协议类型，支持各类传感器和智能硬件的快速接入和大数据服务，提供丰富的 API（Application Program Interface，应用程序接口）和应用模板，以支持各类行业应用和智能硬件的开发，能够有效降低物联网应用开发和部署成本，满足物联网领域设备连接、协议适配、数据存储、数据安全、大数据分析等平台级服务需求。OneNET 荣获 2017 年世界物联网博览会金奖。开发的 NB-IoT 产品套件深入运用到智慧消防、智慧农业、智慧城市、智慧水务等多个领域。

（3）阿里云 IoT　阿里云 IoT 平台提供了一站式的设备接入、设备管理、监控运维、数据流转、数据存储等服务，数据按照实例维度隔离，可根据业务规模灵活提升规格，具备高可用性、高并发、高性价比的特性，是企业设备上云的首选。IoT Studio 是阿里云针对物联网场景提供的开发工具，是阿里云物联网平台的一部分，可覆盖各个物联网行业核心应用场景，帮助客户高效经济地完成设备、服务及应用开发，加速物联网构建。物联网开发服务提供了可视化应用开发、服务开发等一系列便捷的物联网开发工具，解决物联网开发领域开发链路长、技术栈复杂、协同成本高、方案移植困难等问题。

（4）小米 IoT 平台　小米 IoT 平台是小米公司面向消费类智能硬件领域的开放平台，开发者借助小米 IoT 平台开放的资源、能力和产品智能化解决方案，能够以极低的成本快速提升产品的智能化水平，满足不同用户对智能产品的使用需求和体验要求。接入小米 IoT 平台的产品，能够借助米家 APP 提供的能力，方便用户集中管理和控制；能够被具有小爱同学能力的产品，如手机、电视及音箱等控制；能够和其他接入小米 IoT 平台的智能产品形成智能联动。小米 IoT 平台的接入方式包括直接接入和云对云间接接入两种方式。直接接入方式是指开发者无需自建平台或借助其他平台，使用小米 IoT 模组/SDK 直接将硬件产品接入小米 IoT 平台，是小米 IoT 平台推荐开发者使用的主要接入方式。云对云间接接入方式是指开发者将已接入其他平台的产品，通过 OAuth 等协议接入小米 IoT 平台。小米 IoT 平台主要面向智能家居、智能家电、健康可穿戴、出行车载等领域。

（5）PTC ThingWorx　美国 PTC ThingWorx 工业物联网平台用于收集、汇总和安全的访问工业运营数据，借助统一、直观的用户界面，平台可以连接、管理、监测并控制各类不同的自动化设备和软件应用程序，缩短软件实施时间。该平台支持的协议包括专有协议（GE NIO、SuiteLink/FastDDE 和 Splunk）、IT 协议（MQTT、REST、ODBC 和 SNMP），以及将流量测量导出为常见的石油天然气行业格式。PTC ThingWorx 平台具有数据采集、信息建模、分析仿真、业务集成和用户增强现实体验等技术功能，并与领先的设备云集成。通过这些功能，企业可以安全地连接资产，建立创新应用和服务，支持工业数字化转型。PTC ThingWorx 被公认为全球工业企业首选的工业 IoT 平台。

目前，物联网软件平台很多，选取一款适用于建筑能源领域的物联网软件平台至关重要。由于 Tridium 公司是霍尼韦尔旗下的子公司，霍尼韦尔公司涉及的主要业务为楼宇和空调自控领域，因此其开发的 Niagara 物联网软件平台包含大量的暖通空调和楼宇组件，方便学生学习和项目部署，该软件在大型公共建筑中市场占有率较高。2020 年，Tridium 公司的 Niagara 物联网技术写入《高等学校物联网工程专业规范 2.0》。因此，本书以 Niagara 物联网软件平台为基础。

5.2 Niagara Framework 物联网框架

Niagara Framework（简称 Niagara）是美国 Tridium 公司基于 Java 开发的一款极其开放的物联网软件平台，在该平台可以集成各种设备和系统，通过 Internet 使用标准 Web 浏览器实时控制和管理。设备或系统无论采用 BACnet、LonWorks、Modbus、MQTT、OPC 等开放协议，还是采用其他众多的私有协议，Niagara 几乎都可以连接。Niagara 同时支持有线和无线技术，通过该平台实现系统的连接和集成。Niagara 的核心价值是可以连接任何协议、设备和网络。

1. Niagara 软件结构

当前 Niagara 的版本为 Niagara 4，其利用 HTML5 技术提供了一系列丰富的功能，为用户全面掌控数据和决策提供可能。Niagara 4 的软件结构如图 5-2 所示，包括 Baja（Building Automation Java Architecture）、基本应用库、驱动组件库、UI 用户界面库和企业级接口等。

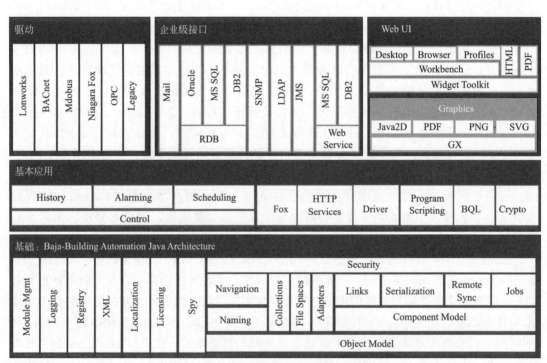

图 5-2　Niagara 软件结构

注：图中英文可参照正文解释。

（1）Baja　Baja 是 Niagara 软件结构的基础，通过 Baja 模块定义 API。这些 API 定义了基础规则，包括：对象模型（Object Model）、组件模型（Component Model）、命名（Naming）、导航（Navigation）以及安全（Security）等。从根本上讲，Baja 是一个开放性规范，而 Niagara 则是该规范的实现。

（2）基本应用　Niagara 支持许多基本应用，包括：控制（Control）、报警（Alarming)、历史（History）、时间表（Scheduling）、Fox 通信、HTTP 服务（HTTP Services）、驱动（Driver）、脚本编程（Program Scripting）、BQL 语言查询（BQL）、水晶加密（Crypto SSL）等功能。

（3）驱动（Drivers）　Niagara 支持多种通信协议。在 Niagara 中，使用 Driver Framework 标准建立的，用来和外部设备或系统建立通信连接、传递信息的模块称为 Driver。Drivers 包括 BACnet、LonWorks、Modbus、MQTT、OPC、Niagara Fox 等。

（4）UI 用户界面　Niagara 提供了广泛的用户界面协议栈。"GX"架构提供了底层的图像 API，在 GX 基础上建成的 Bajaui 模块提供了专业的工具及标准 Widgets，Px 架构和工具通过 XML 建立用户界面。

（5）企业级接口　基于授权许可和系统要求，企业管理层可通过 SQL、Oracle、SNMP 等进行数据实时连接。

2. Niagara 软件流程和协议

一个 Niagara 系统中有四种典型的程序，这些程序间的关系及其网络通信关系如图 5-3 所示。四种典型程序包括 Station（站点）、Workbench（工作台）、Daemon（守护进程）和 Web Browser（Web 浏览器）。

（1）Station　在 Niagara 结构中服务器处理的主要单元，被定义为一个 . bog 文件。Station 在主机 PC 上以一个虚拟机（VM）形式启动。

（2）Workbench　是 Niagara 4 的统一应用开发工具，包括业务建模、用户界面设计、驱动开发等。

（3）Daemon　是本地的一个守护进程，Daemon 用来引导启动 Station 并且管理运行平台的各种配置，比如本地系统的 IP 配置等。

（4）Web Browser　是标准的浏览器客户端，比如用 IE 或 FireFox 等浏览器浏览一个 Niagara 的网页用户界面。

从小的嵌入式控制器到高端服务器，很多平台都可以承载 Niagara 软件。JACE 网络控制器通常会承载一个 Station 和一个 Daemon，不承载 Workbench。Supervisor 适用于运行了一个 Supervisor Station 的服务器，用于给整个系统中多个 JACE Station 提供支持和服务。Supervisor 必须运行一个 Station，但也可同时运行 Workbench 和 Daemon。

Niagara 程序间的 3 个通信协议分别是 Fox、HTTP 和 Niagarad。其中，Fox 协议是一个基于 TCP/IP 的私有协议，用于 Station 和 Station 之间的通信以及 Workbench 和 Station 之间的通信。Fox 协议默认端口是 1911；Foxs 协议是 Fox 协议的加密版本，默认端口是 4911。HTTP 协议是超文本传输协议（Hyper Text Transfer Protocol），浏览器通过 HTTP 协议访问 Station 中的网页，端口是 80；HTTPS 是 HTTP 的加密版，端口是 443。Niagarad 是一个私有协议，用于 Workbench 和 Daemon 之间的通信。Foxs 协议和 HTTPS 协议都是 Niagara 默认支持的协议，分别对应 Fox 和 HTTP 协议的加密版本。

Niagara 中的大多数应用可以采用两种编程方式，程序员方式和非程序员方式。程序员方式是指通过编写 Java 代码程序，非程序员方式是指非 Java 程序员通过接线图编程。非程序员编程方式降低了编程门槛，提高了编程效率，扩大了应用范围。后文的编程基本采用非程序员编程方式。

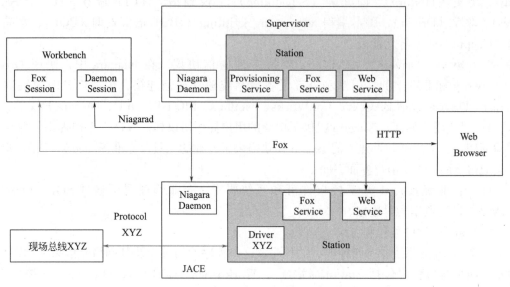

图 5-3 Niagara 软件流程和协议

注：图中英文可参照正文解释。

5.3 Workbench 开发平台

Workbench 开发平台是 Niagara 4 的统一应用开发工具，包括业务建模、用户界面设计和驱动开发等。

5.3.1 Workbench 主窗口

当启动 Vykon WorkPlace N4 时，将打开 Workbench 主窗口。主窗口共分为 7 个区，分别是菜单栏、工具栏、地址栏、视图选择器、侧栏、视图区和控制台，如图 5-4 所示。

（1）菜单栏（Menu bar）　Workbench 主窗口的最上面一行为菜单栏。许多菜单都是根据主窗口中的内容变化，一些菜单只有当某些视窗激活后才会出现。例如，当 Px Editor 激活时（打开一个 Px 编辑视图），Px Editor 菜单才会出现。

（2）工具栏（Tool bar）　菜单栏的下面是工具栏，能操作视图窗口中的对象。通常情况下，单击工具栏图标就能访问 Workbench 中的大多数常用功能。当图标变成灰色时，说明该图标处于不可用状态。将鼠标指针悬停在图标上，会出现该图标的提示。

（3）地址栏（Locator bar）　位于工具栏的下方，显示当前视图的地址或 ORD。ORD（Object Resolution Descriptor，对象解析描述符）是 Niagara 通用标识系统，ORD 可以是相对格式，也可以是绝对格式。一个相对 ORD 格式如："slot：AHU1/Points/SpaceTemp"，一个绝对 ORD 格式如："ip：somehost|fox：|station：|slot：/MyService"。

（4）视图（View）选择器　位于地址栏的右侧，可快速显示不同视图。视图选择器中的选项会根据当前视图窗口中的内容有所不同。

（5）侧栏（Side bar）　位于左侧区域，显示一个或多个从 Windows 菜单中选择的侧栏。例如，导航侧栏（Nav Tree）、搜索侧栏（Search side bar）以及调色板（Palette）侧栏等。

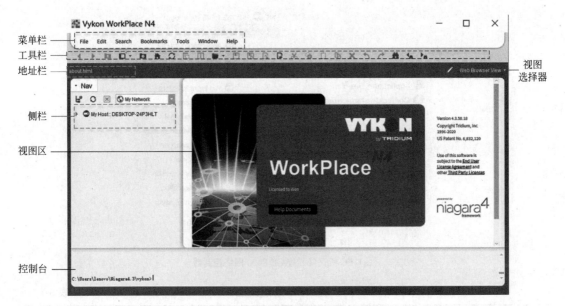

图 5-4　Workbench 主窗口

（6）视图（View）区　位于整个 Workbench 窗口的中间区域，是地址栏下方的最大显示区域，用于显示当前选择的视图。视图窗口的功能包括选项卡视图和缩略图视图。

（7）控制台（Console）　底部区域，在 Workbench 环境下访问命令行。如要隐藏或显示控制台，选择 Window＞Hide Console，或者 Window＞Console。

5.3.2　Workbench 主要目录

Niagara 安装后，会生成 3 个 Niagara 目录：Niagara Home、Workbench User Home 和 Platform Daemon User Home。Niagara Home 为系统根目录，License 文件和 License 证书（Certificate）位于根目录下面的 Security 文件夹中。除了软件升级之外，系统根目录里没有用户可修改的配置文件。出于安全原因，每个 Windows Platform 用户都有自己的 User Home，导致 Niagara 安装后至少有两个 User Home 位置，Workbench User Home 和 Platform Daemon User Home。

1. Platform（平台）

Platform 平台功能会根据不同控制器的类型有所不同。通常 PC 机上的 Platform 功能包括 Application Director（应用程序指导），Certificate Management（证书管理），Lexicon Installer（词典安装），License Manager（许可证管理），Platform Administration（平台管理），Station Copier（站拷贝），TCP/IP Configuration（TCP/IP 配置），Remote File System（远程文件系统）等功能。JACE 8000 网络控制器除了上述功能之外，还增加有 Distribution File installer（分布文件安装），File Transfer Client（文件传输客户端），Software Manager（软件管理），WiFi Configuration（WiFi 配置）等功能。

图 5-5 为 PC 机和 JACE 8000 网络控制器的 Platform 功能图，具体功能描述如表 5-1 所示，其中编号 3、4、8、11 为 JACE 8000 网络控制器独有功能。

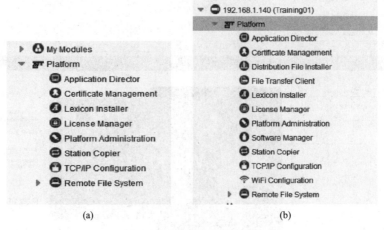

图 5-5　Platform 平台功能
（a）PC 机；（b）JACE 8000 网络控制器

Platform 功能描述　　　　　　　　　　　　　　　　　　　　　　　　　　　　表 5-1

编号	项目	功能
1	Application Director	应用程序指导。启动、停止、重新启动或终止运行在 Niagara 平台的工作站。还可以在此视图中配置工作站的"自动启动"和"故障时重新启动"设置
2	Certificate Management	将签名的 PKI 证书导入平台的密钥存储区和信任存储区，以进行 TLS 安全连接，并执行相关功能
3	Distribution File installer	安装分布文件到远程主机，将备份的 dist（distribution 缩写，发行版）文件还原到目标控制器，或安装干净的 dist 文件以擦除控制器的文件系统到接近工厂的最低状态
4	File Transfer Client	本地主机和远程主机文件互相传输。例如要编辑控制器的 system. properties 文件，将该文件从控制器复制到工作台 PC，本地编辑完后，再将其复制回控制器
5	Lexicon Installer	将 Niagara 词典集从 PC 工作台安装到远程平台，提供非英语语言支持，或自定义所选项目的英语显示
6	License Manager	注册管理器，查看、安装、保存、删除注册文件和认证文件
7	Platform Administration	平台管理，执行 Niagara platform daemon 的配置、状态和故障排除等。包括更改时间/日期、备份所有远程配置和重新启动主机平台的命令。还包括修改平台用户、指定平台守护程序监视的 TCP 端口的功能，以及安全连接 TLS 的各种设置
8	Software Manager	查看、安装、更新、卸载 Niagara 平台上的软件
9	Station Copier	将一个工作站从 User home 目录下拷贝到远程平台（如果是 Supervisor，拷贝到本地主机的 daemon User Home 目录），或反之
10	TCP/IP Configuration	查看和配置 Niagara 平台网络适配器的 TCP/IP 设置
11	WiFi Configuration	管理和设置 Wi-Fi 网路
12	Remote File System	以只读方式访问远程平台上的文件夹和文件，包括 system home（Sys Home）和 daemon User Home 下的所有文件夹和文件

在 Platform 平台中，用得最多的是第一项 Application Director，任何 Station 的启动和停止都要通过 Application Director 执行。

Station Copier 用于实现工作站拷贝。当在 Workbench 建立工作站时，工作站文件被自动放在 Workbench User Home 目录中，但是为了在 PC 上启动工作站，必须将工作站通过 Station Copier 拷贝到 Platform Daemon User Home 目录。若要将程序拷贝到 JACE 中，需要将 Platform Daemon User Home 目录中的工作站重新通过 Station Copier 拷贝到 Workbench User Home 目录，再将 Workbench User Home 目录的工作站通过 Station Copier 拷贝到 JACE。

2. Station（工作站）

工作站主要包括 Home、Alarm、Config、Files、Spy、Hierarchy 和 History 等目录，如图 5-6 所示。Alarm 和 History 分别为报警数据库和历史数据库，Config 为工作站配置数据库，为软件开发的核心部分，内部包含软件开发需要的服务组件和驱动组件。具体的服务组件如图 5-7 所示，包括报警服务、历史服务、用户服务、角色服务、搜索服务、Web 服务等。驱动组件主要看现场设备和 JACE 的实际通信协议，根据不同的通信协议通过调色板（Palette）选取不同的驱动组件。目前，Niagara 4 已经包含了一些标准协议，如 BACnet、Modbus、OPC UA、SNMP、KNX、MQTT 等，其他特殊协议可根据需要购买。

图 5-6　Station 界面　　　　　　　　　图 5-7　服务组件图

5.4　创建工作站

在 Workbench 创建工作站时，工作站文件会被自动放在 Workbench User Home 目录，为了在 PC 机上启动工作站，必须将工作站通过 Station Copier 拷贝到 Platform Daemon User Home 目录中。工作站创建步骤如下：

（1）启动平台守护进程 Daemon

单击 PC 机任务栏中的 Start 按钮，选择 All apps，然后选择 Niagara 文件夹，选择 Install Platform Daemon。注：Platform Daemon 若已经安装，此步可省略。

（2）打开 Workbench 开发平台

双击电脑桌面上的 Workplace 快捷方式，打开 Workbench 开发平台，进入主窗口。

（3）在 Tools 菜单下选择 New Station

打开 New StationWizard 窗口，如图 5-8 所示，将工作站命名为：Training××，其中 ××代表工作站编号，在此××取 01。Station 标准模板包括用于 JACE 网络控制器的 NewControllerStation 模板、基于 Linux 操作系统的 NewSupervisorStationLinux 模板和基于 Windows 操作系统的 NewSupervisorStationWindows 模板。在此选择 NewController-Station 工作站模板。点击 Next。

图 5-8　工作站命名＋选取工作站模板

（4）设置工作站密码

安全性对工作站非常重要，系统要求使用强密码。Niagara 4 工作站密码的默认规则是：至少由 10 位字符组成，至少包括一个数字、一个大写字母和一个小写字母。如图 5-9 所示，设置 admin 用户密码，选择 Open it in User Home，按下 Finish 按钮，完成工作站建立。

刚创建的工作站被自动放到 Workbench User Home 目录下，工作站可以以"非运行"或"离线"模式编辑。

（5）打开 Platform 平台

1）在导航侧栏当中右击 My Host，然后选择 Open Platform（图 5-10（a）），进入"Open Platform with TLS"界面（图 5-10（b））。注意 Type 的设置为 Platform TLS Connection。点击 OK 按钮进入下一步。

图 5-9 设置工作站密码

注：还有一种打开 Platform 平台的方法，通过文件菜单打开平台。但这种打开方式的缺陷是，当出现"Open Platform with TLS"界面时，HostIP 需要手动输入。而采用在导航侧栏当中右击 My Host 的方法，HostIP 会自动加载。

TLS（Transport Layer Security）是传输层安全协议，使用 TLS 可对工作站与平台之间的通信加密，从而保证通信的私密性。

2）弹出一个安全窗口，选择 Accept，接受安全证书。

3）填写所用电脑管理员的用户名和密码，勾选 Remember these Credentials 方框（保留默认登录用户名和密码，方便以后登录）（图 5-10（c））。点击 OK 按钮进行平台连接。

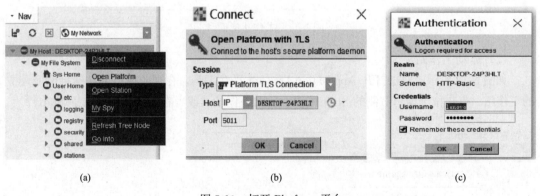

图 5-10 打开 Platform 平台

（a）右击 My Host，选择 Open Platform；（b）Open Platform with TLS；（c）填写 PC 管理员用户名/密码

（6）将工作站从 Workbench User Home 目录拷贝到 Platform Daemon User Home 目录

当工作站在电脑上运行时，工作站需要从 Platform Daemon User Home 目录启动，数据也将保存在这里。为了在 PC 机上启动工作站，必须将工作站从 Workbench User

Home 目录拷贝到 Platform Daemon User Home 目录。

1）在导航侧栏，双击 Station Copier 工具，进入工作站拷贝界面，如图 5-11 所示。创建的工作站位于左侧窗口，该窗口中的工作站位于 Workbench User Home 目录，将工作站拷贝到右侧窗口，代表将工作站拷贝到目标位置的远程主机（注：Platform Daemon User Home 目录被视为一个远程主机）。

2）在左侧窗口选择工作站，点击指向右侧窗口的 Copy 按钮。随着工作站拷贝的开始，可以重新命名目标位置的工作站，点击 Next 按钮。

3）取消下面两个复选框的勾选，点击 Next 按钮（取消勾选主要是为了后面手动启动工作站）。

□ START AFTER INSTALL：复制完成后立刻启动工作

□ AUTO-START：每次平台 daemon 启动都启动工作站

4）在接下来的窗口中，验证是否从本地计算机拷贝到目标位置远程主机，点击 Finish 按钮开始数据传输。一旦工作站拷贝完成，点击 Close 按钮，关闭 Station Copier 弹出窗口。

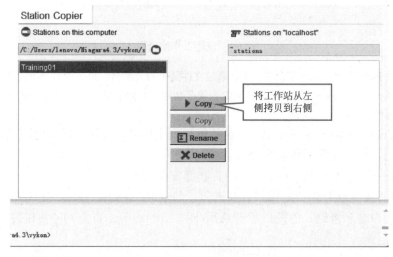

图 5-11　工作站拷贝

（7）启动工作站

如图 5-12 所示，双击打开 Application Director 平台工具，在视图窗口内，选择刚刚建立的工作站。点击位于窗口右侧的 Start 按钮，启动工作站（或者右击工作站，选择 Start）。

图 5-12　启动工作站

（8）打开工作站 Station

1）当工作站的状态变为 Running 时，右击导航侧栏内的 My Host，选择 Open Station（图 5-13（a））。

2）进入"Open Station with TLS"界面（图 5-13（b）），注意 Type 的设置为 Station TLS Connection，选用 TLS 连接以保证信息传输安全，点击 OK 按钮。

3）进入工作站用户登录界面（图 5-13（c）），使用工作站的用户名和密码登录。如果工作站只有一个用户，勾选方框。若为多用户，则不做此选择。

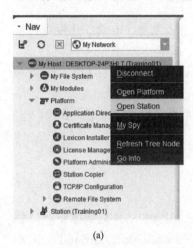
(a)

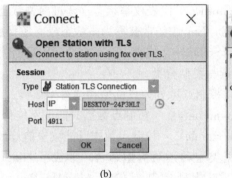
(b)

(c)

图 5-13 打开工作站

（a）右击 My Host，选择 Open Station；（b）Open Station with TLS；（c）填写 Station 用户名和密码

（9）保存工作站

建立工作站连接后，右击工作站并选择 Save Station，保存工作站，如图 5-14 所示（在 PC 机上保存工作站，将会保存一个 config.bog 文件备份）。

（10）备份工作站

右击工作站，选择 Backup Station，备份（Backup）工作站，如图 5-15 所示（备份工作站将会把文件作为工程 PC 机上的一个单独分配文件加以保存）。

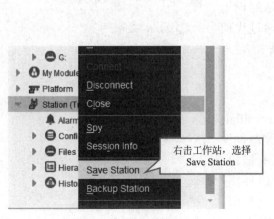

图 5-14 保存工作站

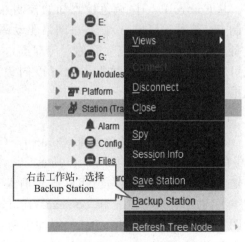

图 5-15 备份工作站

5.5 控制点及其基本操作

5.5.1 控制点 (Control Points) 分类

1. 按照控制点数据类型分类

按照数据类型，控制点可分为布尔型、数值型、枚举型和字符串型 4 类。

（1）布尔型（Boolean） 代表仅具有两种状态的量，比如 Off 和 On。例如开关量输出的传感器、设备的启停状态等。

（2）数值型（Numeric） 代表模拟量，比如温度、压力、流量、电量、热量等，本系统使用双精度（64 bit）数值类型。

（3）枚举型（Enum） 代表枚举状态（超过两种状态），比如一个具有 Off、Slow 和 Fast 状态的多速风扇，Enum 经常被称为多状态或离散状态。

（4）字符串型（String） 代表一个或多个 ASCII 字符，通常具有一些字面意义。

2. 按照控制点读写类型分类

按照读写类型，控制点可分为只读型和读写型 2 类。

（1）只读型（Read-only） 控制点数据只能读不能修改。

（2）读写型（Writable） 控制点数据既能读也能修改。

将控制点的数据类型和读写类型结合，形成了 Niagara 支持的 8 种类型控制点，如表 5-2 所示。其中，只读型控制点包括：BooleanPoint、NumericPoint、EnumPoint 和 StringPoint。Writable 控制点包括：BooleanWritable、NumericWritable、EnumWritable 和 StringWritable。

8 种类型控制点 表 5-2

Boolean 类别	Numeric 类别	Enum 类别	String 类别
BooleanPoint	NumericPoint	EnumPoint	StringPoint
BooleanWritable	NumericWritable	EnumWritable	StringWritable

3. 按照控制点是否是代理点分类

从 ControlPalette 调色板添加的控制点属于简单控制点（简称：简单点），通过网络驱动添加的现场设备点属于代理控制点（简称：代理点），通过代理点可以从设备中读取数据，也可以向设备中写入数据。

5.5.2 控制点组件

控制点组件位于调色板 kitControl＞ControlPalette 的 Points 组件库，如图 5-16 所示。只读型组件没有输入，只有输出；读写型组件既有输入又有输出。图 5-17 为 BooleanPoint 和 BooleanWritable 组件图，从图中可以看出，BooleanPoint 组件没有输入管脚，只有输出管脚 Out。BooleanWritable 组件有 In10、

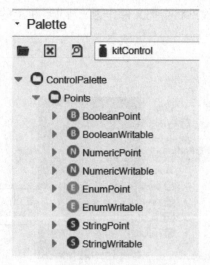

图 5-16 控制点组件

In16 两个输入管脚和一个 Out 输出管脚。组件的输入和输出管脚在左侧，输入和输出管脚的状态和值等信息在右侧。In10 的输入值为"ON"，状态"ok"；In16 的输入为"null"，表示没有输入。组件输出管脚 Out 的输出值为"ON"，状态"ok"，"@10"表示该组件的输出对应的输入是 In10。

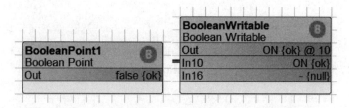

图 5-17 BooleanPoint 和 BooleanWritable 组件图

每个读写型组件有 16 个输入和 1 个输出。16 个输入依次定义为 1~16 优先级，1 优先级最高，16 优先级最低。Fallback 为该组件的默认值，如果 16 个优先级都为无效输入，Fallback 值将生效。当一个读写点有多个有效输入时，优先级最高的有效输入为该组件的输出。

只读型组件没有输入参数，比较简单。此外，字符串型和枚举型组件应用较少，且参数设置方法类似。接下来主要以 BooleanWritable 和 NumericWritable 组件的操作为例介绍。

5.5.3 控制点 Property Sheet（属性视图）操作

1. BooleanWritable 属性视图操作

将 ControlPalette 调色板内 BooleanWritable 组件拖到 Wire Sheet 视图，双击 BooleanWritable 组件，将打开该组件的 Property Sheet 视图，在该视图中可以对 Facets、16 个输入和 Fallback 等属性值进行设置，如图 5-18 所示。

（1）Facets Facets 用以设置 BooleanWritable 点的值在视图上的显示。BooleanWritable 点默认的布尔状态显示值为"true"和"false"，在实际应用中可以根据需要修改。例如，打开 Facets，将 trueText 修改为"ON"，将 falseText 修改为"OFF"。

（2）Proxy Ext 代理扩展。每个控制点都有一个代理扩展，表明控制点的数据来源，包括控制点的网络和驱动等具体细节。从 ControlPalette 调色板添加的控制点属于简单点，代理扩展为"null"。

（3）In1~In16 16 个输入。In1 优先级最高，In16 优先级最低。可以设置某一输入通道的默认值，但不推荐使用。一旦设置，若该通道比其他输入通道优先级高，该通道默认值将优先输出。

（4）Fallback 默认值。根据需要设置，如果 16 个优先级输入都为无效输入，Fallback 值将生效。

（5）Min Active Time 和 Min Inactive Time 设置 BooleanWritable 点输出"ON"和"OFF"时的最小时间。最小时间的设置避免了被控设备的频繁启停。

2. NumericWritable 属性视图操作

BooleanWritable 属性视图中的（2）（3）（4）同样适用于 NumericWritable 属性视图，

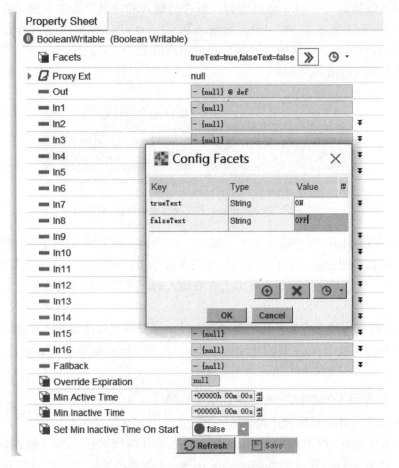

图 5-18　Property Sheet 视图

在此主要介绍一下 NumericWritable 属性视图中的 Facets 设置。NumericWritable 点的
Facets 设置包括数值点单位、小数点精度和数值点的上限和下限。例如，若该点为温度测
点，则选取该点的数值单位为"℃"。小数点的精度设置是指显示数据小数点后保留的位
数，若设置为 2，表明显示数据保留到小数点后 2 位。若该点的温度变化范围为 0～50℃，
可将该点的下限 min 设置为 0，上限 max 设置为 50。图 5-19 为 NumericWritable 点的
Facets 设置图。

　　在此要注意，数值点的上限和下限设置不会影响通过输入管脚采集的数据值，即当前
设置的上下限为 0℃和 50℃，若通过现场采集的温度为－10℃，该数据照样正常显示。数
值点上下限的限制主要用于手动修改输入时，会提示输入的数据必须在上下限范围内，若
超出上下限范围，将无法修改。

5.5.4　控制点 Action 操作

　　可读写点有多个动作（Actions），右击 NumericWritable 组件，把鼠标放在 Actions，
将打开 Actions 下拉菜单，如图 5-20 所示。NumericWritable 的 Actions 包括 Override
（覆盖，优先级 8）、Emergency Override（紧急覆盖，优先级 1）和 Set（设置，设置 Fall-
back 默认值）。

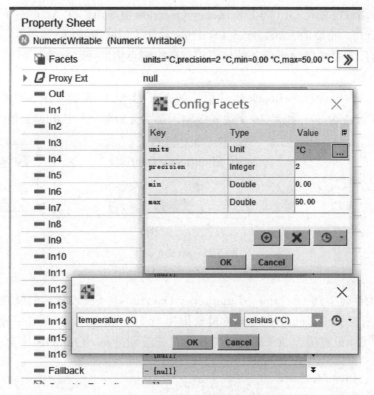

图 5-19 NumericWritable Facets 设置图

（1）Override 动作

在 Actions 下拉菜单中选择 Override，将
打开 Override 视图，如图 5-21（a）所示。在
视图中可以输入覆盖值，例如输入 20。同时，
在覆盖值输入框的右侧给出了覆盖值的上下限
0.00～50.00，即输入的覆盖值必须在此范围
之内。在视图的下侧可以输入覆盖时间，缺省
情况下为永久覆盖，在此选择 1Minute，表明
覆盖 1Minute 后，覆盖将自动解除。完成覆盖

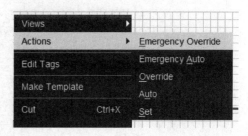

图 5-20 Actions 菜单

设置后，打开属性视图，会发现输入 In8 的数据变为 20，表明 Override 动作的优先级为
8。在 Actions 下拉菜单中选择 Auto，将取消 Override 动作，消除覆盖值。

该功能可用于现场设备的手动启动或控制点值的手动修改。

（2）Emergency Override 动作

在 Actions 下拉菜单中选择 Emergency Override，将打开 Emergency Override 视图，
如图 5-21（b）所示。在视图中可以输入覆盖值，例如输入 40。在覆盖值输入框的右侧给
出了覆盖值的上下限 0.00～50.00，要求输入的覆盖值必须在此范围之内。Emergency O-
verride 视图和 Override 视图的区别是没有覆盖时间选项，Emergency Override 覆盖为永
久覆盖。完成覆盖设置后，打开属性视图，会发现输入 In1 的数据变为 40，表明 Emer-
gency Override 动作的优先级为 1。显然 Emergency Override 覆盖的优先级最高，不管有

多少个输入，组件的输出 Out 为 Emergency Override 覆盖值。在 Actions 下拉菜单中选择 Emergency Auto，将取消 Emergency Override 动作，消除覆盖值。

该功能可用于紧急情况下设备的启停控制或控制点值的手动修改。

（3）Set 动作

通过 Set 动作可设置 Fallback 默认值，如图 5-21（c）所示，在 Set 视图中输入 30，即将 Fallback 设置为 30。如果 16 个优先级输入都为无效输入，Fallback 值将生效。

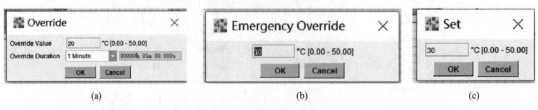

(a)　　　　　　　　　　　　　　(b)　　　　　　　　　　　　　(c)

图 5-21　Action 动作

(a) Override；(b) Emergency Override；(c) Set

图 5-22 为经过上述 Override、Emergency Override 和 Set 设置后的属性图，从图中可以看出，In1 对应 Emergency Override 覆盖值为 40℃，In8 对应 Override 覆盖值为 20℃，Fallback 对应 Set 设置值为 30℃。由于 In1 的优先级别最高，Out 的输出为 In1 值 40℃。

Property Sheet	
N NumericWritable (Numeric Writable)	
📷 Facets	units="C,precision=2 °C,min=0.00 °C,max=50.00 °C ≫
▶ 🗎 Proxy Ext	null
▬ Out	40.00 ° C {overridden} @ 1
▬ In1	40.00 ° C {ok}
▬ In2	– {null}
▬ In3	– {null}
▬ In4	– {null}
▬ In5	– {null}
▬ In6	– {null}
▬ In7	– {null}
▬ In8	20.00 ° C {ok}
▬ In9	– {null}
▬ In10	– {null}
▬ In11	– {null}
▬ In12	– {null}
▬ In13	– {null}
▬ In14	– {null}
▬ In15	– {null}
▬ In16	– {null}
▬ Fallback	30.00 ° C {ok}
🗎 Override Expiration	null

图 5-22　Action 动作后属性图

5.5.5 增加组件输入管脚

编写 Wire Sheet（接线图）程序时，有些情况下需要增加组件的输入管脚，以便与其他组件连接。可读写点的默认输入管脚为 In10 和 In16，如果为了编程需要，需要增加输入管脚 In5 和 In12，方法如下：

右击 NumericWritable 组件，打开下拉菜单，点击最下方的 Pin Slots 选项，打开 Pin Slots 视图，点击 In5 和 In12，则这两个管脚的前面将出现管脚连接符，如图 5-23（a）所示。图 5-23（b）为组件管脚增加前后比较图。

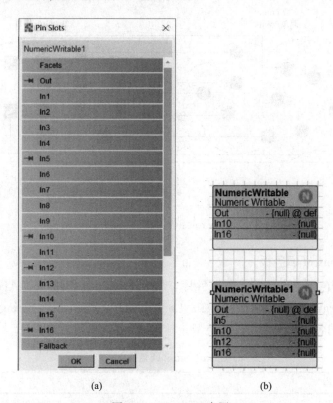

(a)　　　　　　　(b)

图 5-23　Pin Slots 应用

（a）Pin Slots 视图；（b）管脚增加前后组件视图

5.6　kitControl 调色板

kitControl 调色板共包括 ControlPalette（控制板）、Alarm（报警）、Constants（常量）、Conversion（转换）、Energy（能源）、HVAC（暖通空调）、Latches（锁存）、Logic（逻辑）、Math（数学）、Selects（选择）、String（字符串）、Timer（定时器）、Util（公用）13 种组件类型。这些组件与简单点或代理点结合，可以实现功能多样的对象模型编程。kitControl 调色板是 Wire Sheet（接线图）编程的核心，因此，本节重点介绍 kitControl 调色板。

5.6.1 通用组件模型

利用 kitControl 组件和代理点可以构建系统监控应用程序，实现系统的数据采集与设备控制。通过 DI、AI 代理点，可以得到现场传感器的测量数据及设备的运行状态、故障报警等信息。通过 DO、AO 代理点，可以控制现场设备的启停、变频器的频率、调节阀的开度等。根据需要，还可以为代理点添加报警和历史扩展。图 5-24 为 kitControl 组件与代理点"通用组件模型"图，在 kitControl 组件与代理点构建的通用组件模型基础上配上 PX 视图、服务、历史记录、报警等功能完成整个 Station 编程。

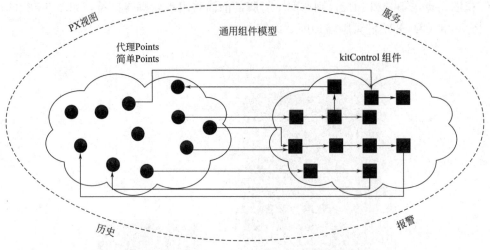

图 5-24　kitControl 组件与代理点通用组件模型

5.6.2　kitControl 调色板

kitControl 调色板共包含 13 个组件库，分别是 ControlPalette、Alarm、Constants、Conversion、Energy、HVAC、Latches、Logic、Math、Selects、String、Timer、Util。调色板中组件库的名称反映了组件的类型，具体如表 5-3 所示。

		kitControl 调色板	表 5-3

序号	名称	基本功能
1	ControlPalette	相当于控制面板,包括点(Points)、扩展(Extensions)和触发器(Triggers)库
2	Alarm	包含 4 个报警扩展。LoopAlarmExt 提供闭环控制回路"与当前设定值的偏差"报警;另外两个是增加了 DiscreteTotalizerExt 扩展的布尔点报警;最后一个提供任何报警类的报警计数监视,并包括布尔"中继"输出
3	Constants	包含 4 个组件,BooleanConst、EnumConst、NumericConst、StringConst
4	Conversion	包含 19 个组件,实现不同数据类型之间的转换
5	Energy	包含 10 个典型能源函数组件,如度日计算和电量需求限制等
6	HVAC	包含 9 个典型的暖通空调功能组件,例如双位控制、PID 控制、轮询控制、顺序控制等
7	Latches	包含 4 个锁存组件,每个数据类别一个
8	Logic	包含 10 个逻辑组件,每个组件都有一个 StatusBoolean 输出。包括 And、Or、Xor、Not、Equal、GreaterThan、GreaterThanEqual、LessThan、LessThanEqual、NotEqual
9	Math	包含 23 个组件,用于处理一个或多个数字输入值并生成状态或数值输出
10	Selects	包含 4 个选择组件,每个数据类别一个

序号	名称	基本功能
11	String	包含 6 个组件,具有一个或多个 StatusString 输入
12	Timer	包含 5 个组件:3 个计时器类型(BooleanDelay、NumericDelay 和 OneShot)和 2 个绝对时间类型(当前时间,时差)
13	Util	包含 16 个不同的实用组件

5.6.3　Math 组件库

由于 kitControl 组件众多,功能各异,且有些组件不太常用,在此仅详细给出 Math 组件库,其他编程需要的组件会在具体编程应用中给出。

Math 组件库共包括 23 个组件,根据输入不同可分为"输入为 1""输入为 2"和"输入为 2 到 4 可选"3 类,具体功能如表 5-4 所示。

Math 组件库　　　　　　　　　　　　　　　　表 5-4

输入数量	序号	名称	功能
输入 2 到 4 可选	1	Add	多个输入相加
	2	Average	多个输入的平均
	3	Maximum	多个输入的最大值
	4	Minimum	多个输入的最小值
	5	Multiply	多个输入相乘
输入为 2	6	Divide	除法,out=(inA/inB)
	7	Modulus	模运算,输出是 inA 除以 inB 的余数。注意,该操作作用于整数输入值
	8	Power	方运算,out=(inA^inB),若 inA=5,inB=3,则 out=125
	9	Subtract	减法,out=(inA-inB)
输入为 1	10	AbsValue	求输入 inA 绝对值,out=abs(inA)
	11	ArcCosine	求输入 inA 反余弦,out=acos(inA)
	12	ArcSine	求输入 inA 反正弦,out=asin(inA)
	13	ArcTangent	求输入 inA 反正切,out=atan(inA)
	14	Cosine	求输入 inA 余弦,out=cos(inA)
	15	Exponential	指数运算,out=e^inA
	16	Factorial	阶乘运算,例如 inA=5,out=5!=120
	17	LogBase10	以 10 为低的 Log 运算,out=log10(inA)
	18	LogNatural	自然对数运算(以 e 为低),out=ln(inA)
	19	Negative	取负运算,out=-inA
	20	Reset*	此组件对 inA 值执行线性"重置",输入和输出的上限和下限也可以作为输入链接
	21	Sine	求输入 inA 正弦,out=sin(inA)
	22	SquareRoot	求输入 inA 平方根,out=sqrt(inA)
	23	Tangent	求输入 inA 正切,out=tan(inA)

Reset 组件举例：冬季换热站的供水温度设定值随着室外温度的变化而变化，当室外温度为−10℃，供水温度设定值为 60℃；当室外温度为 10℃，供水温度设定值为 50℃。双击 Reset 组件，打开其属性对话框，如图 5-25 所示，设置如下：Input Low Limit：−10，Input High Limit：10，Output Low Limit：60，Output High Limit：50。

此外，输入输出上下限的设定也可以通过将 Reset 组件的 Pin Slots 窗口打开，如图 5-26 所示，点击相应管脚，将其激活，由外部输入引入。

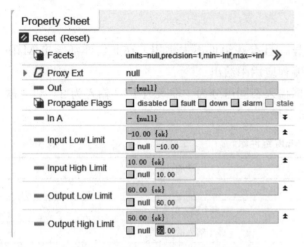
图 5-25　Reset 组件属性对话框

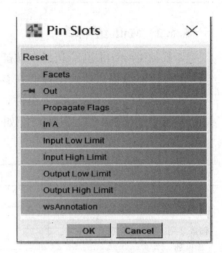
图 5-26　Reset 组件 Pin Slots 窗口

通过 Reset 组件，换热站的供水温度设定值根据室外气象温度变化。当室外温度低于−10℃时，供水温度设定值取输出下限 60℃；当室外温度高于 10℃时，供水温度设定值取输出上限 50℃；当室外温度在−10℃到 10℃之间变化时，供水温度设定值在 60℃到 50℃之间线性变化。线性变化公式为：

$$out = OLL + (OHL - OLL)\frac{InA - ILL}{IHL - ILL}$$

式中　　OLL——输出下限；

　　　　OHL——输出上限；

　　　　ILL——输入下限；

　　　　IHL——输入上限。

例如，当室外温度为 0℃，供水温度设定值为：

$$out = 60 + (50 - 60)\frac{0 + 10}{10 + 10} = 55℃$$

本章习题

1. 当前国内的物联网软件平台主要有哪些？以一种为例说出其主要功能。

2. Niagara 4 的软件结构主要包括哪几部分？每一部分的功能是什么？

3. 一个 Niagara 系统中通常包括哪四种典型程序？Niagara 程序间的 3 个通信协议是什么？

4. Niagara 非程序员编程方式和程序员编程方式有什么不同？

5. Platform 平台中 Application Director 的功能是什么？

6. 若要将 Platform Daemon User Home 目录下的站点拷贝到 JACE 网络控制器中，该如何操作？

7. 在你的 PC 机上建立一个工作站，工作站命名为 Test×× （××为你在班级序号），将其拷贝到 Platform Daemon User Home 目录下，启动并打开工作站。

8. 按照控制点数据类型，控制点可分为哪四类？按照控制点读写类型，控制点可分为哪两类？

9. 将某一 NumericWritable 点的 Facets 下限 min 设置为 0，上限 max 设置为 50。若该点的输入为 60，则其输出为多少？

10. 控制点的 Action 操作有哪三种？其优先级分别为多少？

11. 在 WireSheet 视图中添加一个 NumericWritable 点，将名称修改为 Temp1，打开其属性视图：

（1）通过 Set 操作，将值设置为 100，查看该点的 Out；

（2）通过 Override 操作，将值设置为 50，查看该点的 Out；

（3）通过 Emergency Override 操作，将值设置为 10，查看该点的 Out。

12. 在 Wire Sheet 视图中添加一个 Reset 组件：

（1）增加该组件的输入管脚 InA、Input Low Limit 和 Input High Limit；

（2）将 Input Low Limit 和 Input High Limit 管脚名称修改为 ILL 和 IHL。

第 6 章　建筑能源自动控制编程

6.1　概述

建筑能源系统包括冷热源系统、输配系统和空调末端系统。建筑冷热源包括冷水机组、热泵、换热站、锅炉等。输配系统根据介质不同可分为制冷剂输配系统、水输配系统和空气输配系统。例如，多联机空调系统属于制冷剂输配系统，风机盘管空调系统属于水输配系统，全空气空调系统属于空气输配系统。要保证系统的安全运行，满足用户的热舒适需求，降低系统的运行能耗，必须对建筑能源系统实施控制。建筑能源系统控制包括冷热源控制、输配控制和空调末端控制，各部分控制彼此关联，互相影响。

建筑能源控制策略主要包括双位控制、PID 控制、设备轮询控制、时间表控制、负荷设备台数控制、变设定值控制等。例如，办公大楼空调每天有固定的开机和关机时间，可以采用时间表控制。夏季，室内温度要求控制在 26℃，若空调机组为定频空调，可以采用双位控制，若空调机组为变频空调，可以采用 PID 控制。若机房内有多台冷水机组，且每次只需启动其中 1 台，可以采取轮询控制。若机房内有多台冷水机组，需要根据空调负荷确定启动冷水机组的台数，可以采用基于负荷的设备台数控制。若在不同的时间段室内温度设定值不同，可以采用变温度设定值控制。

Niagara 编程有两种方式，一种是 Java 代码编程，一种是 Wire Sheet 视图编程。Wire Sheet 视图编程可以降低编程难度，提高编程效率，下述章节的控制编程均采用 Wire Sheet 视图编程。

kitControl 调色板内 HVAC 组件库包含 9 个典型的暖通空调功能组件，例如双位控制组件 TStat、PID 控制组件 LoopPoint、轮询控制组件 LeadLagCycles 和 LeadLagRuntime 等。根据控制编程需求，这些组件可以直接添加到 Wire Sheet 视图实现不同的控制策略。

6.2　双位控制编程

双位控制是最简单的控制形式，因其控制规律简单，成本低，在工程中得到广泛应用。双位控制相应的执行器包括电磁阀、位式电动阀、交流接触器、继电器等。定频空调通常采用双位控制，根据室内温度变化控制空调压缩机的启停。空调水系统中的定频泵，也通常采取双位控制，根据空调负荷（也可以是供回水温差或压差）控制定频泵的启停台数。

6.2.1　双位控制基本原理

双位控制的特性是根据偏差信号的大小及正负，调节器输出全开或全关两种状态。调节器的方程如式（6-1）所示：

$$P=\begin{cases}+1 & e>0 \\ -1 & e<0\end{cases} \tag{6-1}$$

式中　P——双位调节器的输出，取开（+1，ON）、关（-1 或 0，OFF）两种状态；

　　　e——偏差。

双位调节工作特性如图 6-1（a）所示。在实际使用中双位调节存在滞环区，所谓滞环区是指不引起调节器动作的偏差的绝对值。如果被调参数与设定值的偏差不超出这个绝对值区间，调节器的输出将保持不变，这样就避免了偏差在"0"（临界点）附近，调节器输出信号频繁变化，引起执行机构和相关设备频繁启停带来的不利影响。滞环区偏差的绝对值区间如图 6-1（b）中的 $|\Delta|$。

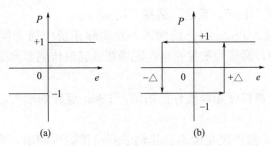

图 6-1　双位调节工作特性
(a) 无滞环区；(b) 有滞环区

目前，家用定频空调通常采用双位控制。例如，夏季将空调设定到 26℃，取滞环区 ±1℃，室内温度控制系统方框图如图 6-2 所示。

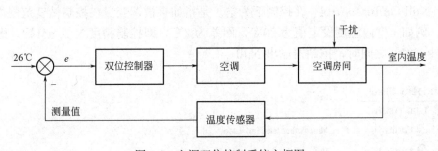

图 6-2　空调双位控制系统方框图

双位控制器的控制过程可分为正作用和反作用。当设定值不变，被控变量测量值增加（或者当测量值不变，设定值减小）且超过滞环区时，控制器的输出为 ON，称为"正作用"。反之，如果测量值增加（或者当测量值不变，设定值减小）且超过滞环区时，控制器的输出为 OFF，称为"反作用"。例如，夏季室内温度设定值为 26℃，初始状态空调不运行，室内温度升高，高于 27℃时，控制器输出 ON，空调压缩机启动运行；随着空调运行，室内温度降低，低于 25℃时，控制器输出 OFF，空调压缩机停止运行，室内温度回升。所以夏季空调控制为正作用。若为冬季，室内温度设定值为 22℃，初始状态空调不运行，室内温度降低，低于 21℃时，控制器输出 ON，空调压缩机启动运行；随着空调运行，室内温度升高，高于 23℃时，控制器输出 OFF，空调压缩机停止运行，室内温度降低。所以冬季空调控制为反作用。

6.2.2 主要编程组件

1. TStat 双位（开/关）控制组件

TStat 双位控制组件根据被控变量（Controlled Variable，Cv）、设定值（Setpoint，Sp）和回差（Diff）得到组件的输出。Action 属性包括正作用（Direct）和反作用（Reverse），缺省情况下为正作用（制冷工况）。图 6-3 为 TStat 组件属性图，通常需要对以下参数设置：

（1）Facets 设置组件输出为 true 和 false 时的显示文本。例如，当组件输出为 true 时，将文本设置为"ON"；组件输出为 false 时，将文本设置为"OFF"。

（2）Null On Inactive 输出 false 时为空。是指当 TStat 输出为 false 时，是否将输出设置为空。若是，选择"true"，反之，选择"false"。

（3）Cv 被控变量。TStat 组件的输入，在实际系统中通常需要和代理点连接。例如，在温度控制系统中，温度为被控变量，现场布置温度传感器测量温度，该温度信号作为 Cv 的输入。

（4）Sp 设定值。被控变量需要保持的值，TStat 组件的输入，也可以在属性对话框内直接输入。

（5）Diff 回差。是指被控变量不引起调节器动作的区间值，在数值上是滞环区的 2 倍。例如，室内温度设定值为 26℃，滞环区 ±1℃，即室内温度在 26±1℃ 区间时，控制器输出保持不变，相应回差 Diff 为 2℃。

（6）Action 包括正作用（Direct）和反作用（Reverse），制冷工况为正作用，供热工况为反作用。缺省情况下为正作用（制冷工况），具体情况根据需要设置。

（7）Null On In Control 在控制下为空。是指如果被调变量在控制精度范围内，将输出 Null。例如，室内温度设定值为 20℃，回差为 2℃，即控制精度为 20±1℃，则当室内温度在 19~21℃ 之间时，控制器输出 Null。

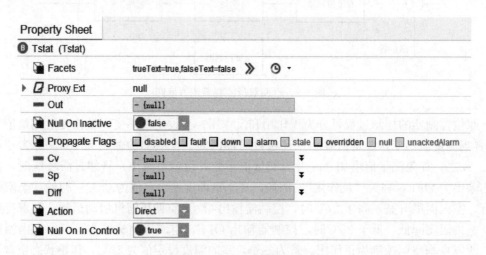

图 6-3 TStat 组件属性图

2. Ramp 组件

Ramp 为斜坡信号组件。该组件主要用于编程仿真，模拟现场传感器信号，给一些模块提供变化的输入。如图 6-4 所示，Ramp 组件斜坡信号包括三角形斜坡、锯齿形斜坡和倒锯齿形斜坡，斜坡函数有以下三个参数：

（1）周期 斜坡函数的变化周期。

（2）偏置量 斜坡函数最大值和最小值的均值，Offset＝（最大值＋最小值）/2。

（3）幅值 斜坡函数的最大值与 Offset 之差。

从图 6-4 可看出，图中斜坡函数的周期为 5，偏置量为 15，幅值为 5。

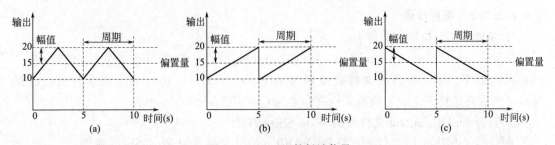

图 6-4 Ramp 组件斜坡信号

（a）三角形斜坡；（b）锯齿形斜坡；（c）倒锯齿形斜坡

Ramp 组件的属性视图如图 6-5 所示。下面以图 6-4 中的斜坡函数为例，设置 Ramp 组件的属性值。

（1）Period（周期） 设置斜坡函数周期，可根据需要设置。若希望输入信号变化缓慢，斜坡函数的变化周期可设置长一些；若希望输入信号变化快速，斜坡函数的变化周期可设置短一些。在此设置周期为 5s。

（2）Offset（偏置量） 设置斜坡函数偏置量。根据图 6-4，设置斜坡函数的偏置量为 15。

（3）Amplitude（幅值） 设置斜坡函数幅值。根据图 6-4，设置斜坡函数幅值为 5。

（4）Update Interval（更新间隔） 设置斜坡函数前后两个输出数据的时间间隔，相当于采样周期。更新间隔短，一个周期输出的数据量多；更新间隔长，一个周期输出的数据量少。在此设置 Update Interval 值为 1。在该例中，周期为 5s，更新间隔为 1s，则一个周期该组件可输出 5 个数据。

（5）Waveform（波形） 设置斜坡函数波形。有三个可选参数：Triangle（三角形状）、Saw Tooth（锯齿状）、Inverted Saw Tooth（倒锯齿状）。在此选择 Triangle。

Property Sheet	
～ Ramp (Ramp)	
▣ Facets	units=°C,precision=1 °C,min=0.0 °C,max=50.0 °C ≫
▶ ▣ Proxy Ext	null
▬ Out	12.7 {ok}
▣ Enabled	● true
▣ Period	+00000h 00m 05s
▣ Amplitude	5.00
▣ Offset	15.00
▣ Update Interval	+00000h 00m 01s
▣ Waveform	Triangle

图 6-5 Ramp 组件属性图

117

6.2.3 空调双位控制编程案例

6.2.3.1 案例描述

冬季，室内有两台空调，通过一个双位控制器控制空调启停。室内温度设定值为 22℃，双位控制器的滞环区为±1℃，即室内温度高于 23℃，两台空调停止运行；室内温度低于 21℃，两台空调启动运行。采用 Saw Tooth（锯齿状）斜坡信号模拟室内温度从 10℃到 30℃变化，信号周期为 2min。

6.2.3.2 编程步骤

1. 新建空调双位控制文件夹

在 Platform Daemon User Home 运行的 Station 内，右击 Config 文件夹，选择 New，然后再选择 Folder，将新的文件夹命名为 AirconditionerControl。右击该文件夹，选择 New，然后再选择 Folder，将新文件夹命名为 OnOffControl。

2. 打开 OnOffControl 文件夹的 Wire Sheet 视图

双击 OnOffControl 文件夹，打开 OnOffControl 文件夹的 Wire Sheet 视图。

3. 添加并设置双位控制空调组件 AC_1

（1）从调色板 kitControl＞ControlPalette＞Points 内，选择 BooleanWritable 组件，将其拖放到 OnOffControl 文件夹的 Wire Sheet 视图上，重命名为 AC_1。

（2）双击该点，打开其 Property Sheet 视图，将该点的 Facets 设置成 trueText：AC_ON，falseText：AC_OFF，如图 6-6 所示，并保存。

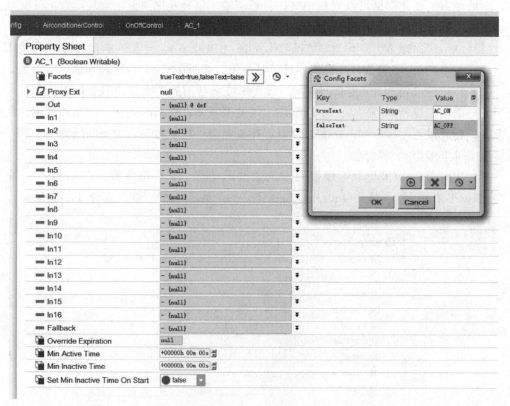

图 6-6　AC_1 属性图

（3）设置 AC_1 组件缺省默认值

回到 OnOffControl 文件夹的 Wire Sheet 视图（单击地址栏 OnOffControl 文件夹，或双击导航侧栏内的 OnOffControl 文件夹），右击 AC_1，使用 Actions 中的 Set 操作，将该点的 Fallback 设置为 AC_OFF。或者在 Property Sheet 视图中，在 Fallback 属性项，直接将 Fallback 修改为 AC_OFF。

4. 添加并设置 Tstat 双位控制器

（1）从调色板 kitControl＞HVAC 内，选择 Tstat 组件，将其拖放到 OnOffControl 文件夹 Wire Sheet 视图上，将名称改为 OnOffController。

（2）打开 OnOffController 组件的 Property Sheet 视图并进行下列设置：

1）Facets：设置为 trueText：ON，falseText：OFF。

2）Diff：设置为 2。即室内温度在设定值±1℃区间时，控制器的输出保持不变。

3）Action：设置为 Reverse（模拟冬季工况，空调供热运行）。

4）Null on Inactive：设置为 false。

5）Null on In Control：设置为 false。

设置完毕，属性视图如图 6-7 所示。

（3）添加 Cv 和 Sp 输入管脚。返回 OnOffControl 文件夹的 Wire Sheet 视图，右击 Tstat 组件并选择 Pin Slots，点击 Cv 和 Sp 管脚，其前面出现管脚连接符，如图 6-8 所示，则 Cv 和 Sp 管脚增加到组件视图输入端。

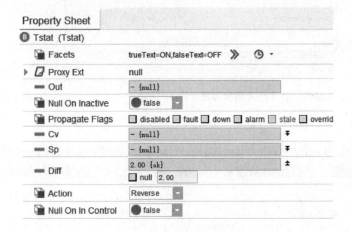

图 6-7　Tstat 组件属性图

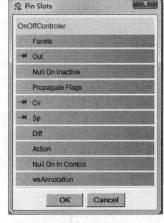

图 6-8　Tstat 组件 Pin Slots

5. 添加并设置室内温度点 CV_Temp

（1）从调色板 ControlPalette＞Points 内，选择 NumericWritable 组件，将其添加到 Wire Sheet 视图，命名为 CV_Temp。

（2）打开该点的 Property Sheet 视图，如图 6-9 所示。Facets 设置为，单位：℃，小数点精度：1，即数据显示小数点后保留 1 位，下限 min：0，上限 max：100。

（3）设置 CV_Temp 缺省默认值。右击 CV_Temp，使用 Actions 中的 Set 操作将该点的 Fallback 设置为 20℃，或者在 Property Sheet 视图 Fallback 项下直接修改其值。

6. 添加室内温度设定值组件

从调色板 kitControl＞Constants 内，选择 Numericconst（数值型常量）组件，将其拖放到 Wire Sheet 视图上，将名称改为 SP_Temp。或者右击 CV_Temp，选择 Duplicate，将新的点命名为 SP_Temp，仿真效果一样。通过 Duplicate 命令复制的组件，其内部参数设置一致。

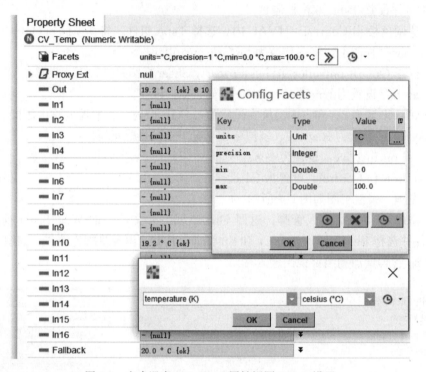

图 6-9　室内温度 CV_Temp 属性视图 Facets 设置

7. 添加并设置 Ramp 组件

从调色板 kitControl＞Util 内，向 Wire Sheet 视图中添加一个 Ramp 组件。打开 Ramp 的属性视图，进行以下设置，模拟室内温度从 10℃到 30℃变化，变化周期为 2min。

（1）Facets：Unit：℃；

（2）Period：2min；

（3）Amplitude：10℃；

（4）Offset：20℃。

8. 组件连接

（1）将 Ramp 的 Out 连接到 CV_Temp 的 In10。

（2）将 CV_Temp 的 Out 连接到 OnOffControler 控制器的 Cv；将 SP_Temp 的 Out 连接到 OnOffControler 的 Sp。

（3）将 OnOffControler 控制器的 Out 连接到 AC_1 点的 In10。

9. 添加另一台空调组件 AC_2

由于添加的 AC_2 空调组件参数设置和 AC_1 空调组件参数设置完全相同，通常可以采取对 AC_1 组件执行 Duplicate 命令或 Copy 命令方式，在此采取 Copy 命令。

右击 AC_1 点并选择 Copy，右击 Wire Sheet 视图并选择 Paste Special，将 Number of Copies 设置为 1，选择 Keep ALL Links 和 Keep ALL Relations 复选框，单击 OK 按钮，创建另一个名为 AC_2 的点。

采取上述命令方式，可以将 AC_1 组件的连接和关系拷贝到 AC_2 组件上，OnOff-Controller 控制器的输出自动和 AC_2 的 In10 连接。

10. 观察空调运行变化

图 6-10（a）为室内温度为 18.8℃时空调双位控制运行视图。显然当前室内温度低于温度设定值区间下限 21℃，OnOffController 控制器输出 "ON"，空调处于 "AC_ON" 运行状态，室内温度升高。当室内温度升高到 23℃时，空调将停止运行。

图 6-10（b）为室内温度为 24.7℃时空调双位控制运行视图。显然当前室内温度高于温度设定值区间上限 23℃，OnOffController 控制器输出 "OFF"，空调处于 "AC_OFF" 停机状态，室内温度降低。当室内温度降低到低于 21℃时，空调将再次启动。

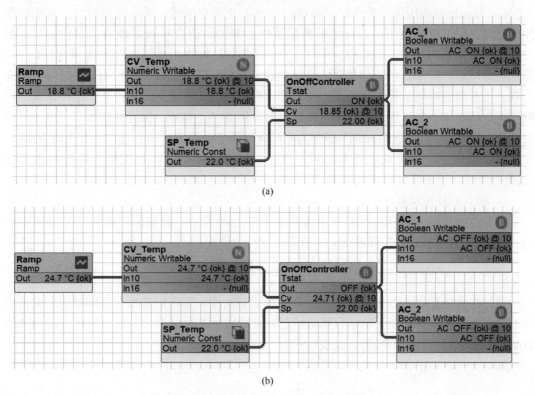

(a)

(b)

图 6-10 OnOffControl Wire Sheet 视图

（a）室内温度为 18.8℃时 Wire Sheet 运行视图；（b）室内温度为 24.7℃时 Wire Sheet 运行视图

6.3 PID 控制编程

随着空调节能技术的发展，变频空调的市场份额越来越高，变频空调根据室内温度调节空调压缩机的供电频率，改变空调的制冷量。在机房的水系统中，常常需要根据空调负荷的变化采用水泵变频控制技术实现机房水系统的节能运行。在变风量空调系统中，末端控制器根据室内温度调节末端风阀的开度，实现变风量控制。在空气处理机组控制中，根据送风温度调节换热器电动调节阀的开度，改变换热器的换热量。上述控制均属于连续控制范畴，相应的执行器为连续调节执行器。目前，在工程中，上述系统的控制算法使用最多的是 PID 控制算法。

6.3.1 PID 控制算法

1. 连续 PID 控制算法

微分方程：

$$u(t) = K_P\left[e(t) + \frac{1}{T_I}\int_0^t e(t)\mathrm{d}t + T_D\frac{\mathrm{d}e(t)}{\mathrm{d}t}\right] + u_0 \tag{6-2}$$

式中　　K_P——比例增益；

　　　　T_I——积分时间；

　　　　T_D——微分时间；

　　　　u_0——偏差 $e=0$ 时的调节输出，常称之为稳态工作点。

K_P 大，比例作用强，系统稳定性差；K_P 小，比例作用弱，系统稳定性好。在比例作用的基础上加入积分作用，其目的是消除系统的静差，但会导致系统的稳定性变差。因此，在比例作用的基础上加入积分作用，为了得到与比例作用相同的稳定性，通常可适当降低比例增益。T_I 小，积分作用强，系统的稳定性差；T_I 大，积分作用弱，消除静差的能力弱。当对象的时间常数或容量滞后较大时，单纯的比例作用或比例积分作用不能满足控制要求，可加入微分作用。微分作用具有预调节作用，T_D 越小，微分作用越弱，当 $T_D=0$ 时，微分作用为 0，比例微分调节退化为单纯比例调节；微分时间合适，具有预调节作用，提高系统稳定性，改善系统调节品质；微分时间太大，微分作用太强，系统的稳定性下降。

2. 数字 PID 控制算法

数字控制器对应的 PID 控制算法为数字 PID 控制算法。设控制周期为 T，将式（6-2）离散化，当控制器的采样时刻 $t=kT$ 时，有

$$u(k) = K_P\left\{e(k) + \frac{T}{T_I}\sum_{j=0}^k e(j) + \frac{T_D}{T}[e(k) - e(k-1)]\right\} + u_0 \tag{6-3}$$

该算法称为位置式数字 PID 算法，在位置式算法中，每次的输出与采样时刻之前的所有状态都有关，计算繁琐。目前计算机控制常采用增量式数字 PID 算法，这种算法得到的计算输出是执行机构的增量值，其表达式为：

$$\Delta u(k) = u(k) - u(k-1)$$
$$= K_P\left\{[e(k)-e(k-1)] + \frac{T}{T_I}e(k) + \frac{T_D}{T}[e(k)-2e(k-1)+e(k-2)]\right\}$$

$$\tag{6-4}$$

3. PID 控制器正作用和反作用

当设定值不变，被控变量测量值增加时（或者当测量值不变，设定值减小时），控制器的输出也增加，称为"正作用"；反之，当测量值增加（或设定值减小）时，控制器的输出减小，称为"反作用"。

6.3.2 PID 控制器组件

PID 控制器组件 LoopPoint 用于实现 PID 控制，位于调色板 kitControl＞HVAC 内。

1. LoopPoint 组件 PID 编程原理

LoopPoint 组件 PID 控制基于下述编程代码计算。

```
Output=KP * (ES+KI * ErrorSum+KD * ((ES-LastES)/deltaT))+bias          % 正作用 PID 算法
(if action=direct),or
Output=-(KP * (ES+KI * ErrorSum)+KD * ((ES-LastES)/deltaT)))+bias      % 反作用 PID 算法
(if action=reverse)
where:
ES=[PV-setpt]                                                          % 偏差 ES
ErrorSum= Sum of ES over time                                          % 积分项累积偏差
LastEs=last error                                                      % 上个采用周期偏差
deltaT=time between samples                                            % 采样周期
```

2. LoopPoint 组件属性视图

LoopPoints 组件属性视图如图 6-11 所示，具体参数如下：

（1）Facets　PID 控制器输出量的单位、小数点精度、上下限等设置。

（2）Loop Enable　布尔信号，"true" 根据 PID 算法输出；"false" 强制根据 "Disable Action" 属性设置输出。

（3）Input Facets　PID 输入量的单位、小数点精度、上下限等设置。

（4）Controlled Variable　被控变量，控制器输入。

（5）Setpoint　设定值。

（6）Execute Time　执行时间，单次 PID 的运行时间，缺省 0.5s。

（7）Loop Action　设置 PID 正作用和反作用。

（8）Disable Action　当 Loop Enable 为 "false"，强制 PID 模块输出。包括输出最大值、最小值、保持、零 4 个选项。

（9）Tuning Facets　PID 参数的单位、小数点精度、上下限等设置。

（10）Proportional Constant　比例增益设置。

（11）Integral Constant　积分增益设置。

（12）Derivative Constant　微分增益设置。

（13）Bias　偏置，一般用于比例控制。

（14）Maximum Output　PID 最大输出。

（15）Minimum Output　PID 最小输出。

（16）Ramp Time　斜坡时间，PID 输出从最小输出到最大输出的最小时间，缺省值为 0。

3. LoopPoint 组件 Action 动作

LoopPoint 组件 Action 动作只有一个，Reset Integral。如果调用此函数，则清除循环输出计算的当前积分分量，主要用于 PID 控制系统调试。

4. 增加 LoopPoint 组件输入管脚

当向 Wire Sheet 视图添加 LoopPoint 组件时，会发现 LoopPoint 组件视图只有一个 Out 管脚，而没有输入管脚。在编程应用中，通常需要在 LoopPoint 组件视图中添加被控变量和设定值输入管脚，以便与其他组件连接。

右击 LoopPoint 组件，点击菜单最下方的 Pin Slots 选项，打开 Pin Slots 视图，点击

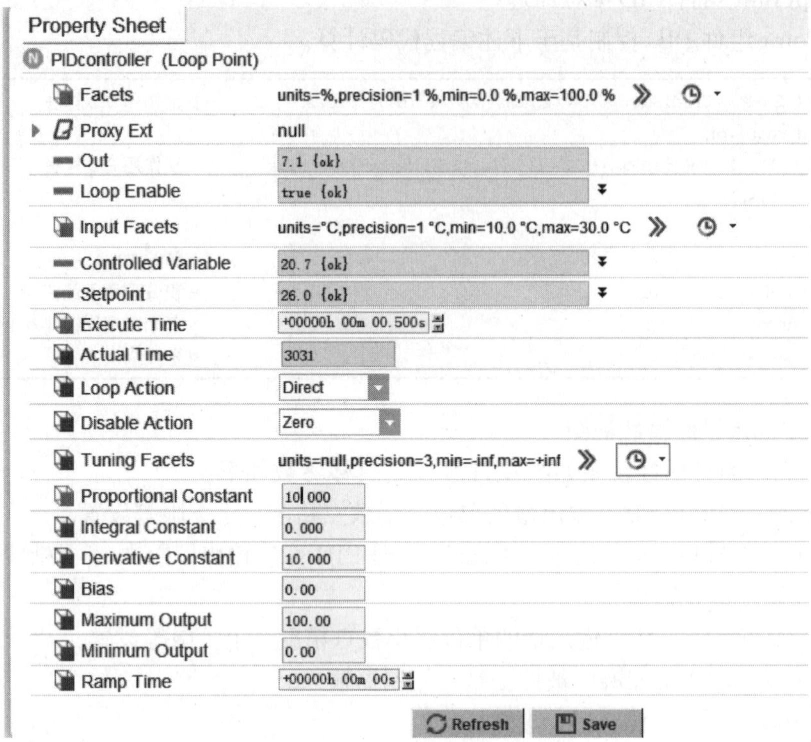

图 6-11 LoopPoint 属性视图

Control Variable 和 Setpoint 管脚，相应管脚的前面将出现管脚连接符，实现管脚添加。

5. 修改 LoopPoint 组件管脚名称

有些情况下需要修改组件管脚的显示名称，以便更好地标识。默认情况下 LoopPoint 组件的被控变量名称为 Control Variable，设定值名称为 Setpoint。现将 Control Variable 修改为 CV，Setpoint 修改为 SP，方法如下：

（1）右击 LoopPoint 组件，在弹出菜单中选择 Views＞AX Slot Sheet 选项，如图 6-12（a）所示，打开 Slot Sheet 视图。

（2）双击 Control Variable 管脚行，打开管脚显示名称修改框，输入 CV；双击 Setpoint 管脚行，打开管脚显示名称修改框，输入 SP，如图 6-12（b）所示，完成管脚显示名称修改。

6.3.3 空调变频控制 PID 编程案例

6.3.3.1 案例描述

图 6-13 为空调变频控制系统方框图，由 PID 控制器、变频空调、空调房间、温度传感器四个环节组成。PID 控制器的输入为室内温度和设定值的偏差信号，输出为空调供电频率。夏季工况下，当室内温度高于设定值时，通过 PID 控制器增大变频空调器压缩机的供电频率，压缩机转速上升，空调制冷量增大；当室内温度低于设定值时，通过 PID 控制器，降低变频空调器压缩机的供电频率，压缩机转速下降，空调制冷量降低。

编程要求：

（1）PID 控制器输入　室内温度和设定值。其中，室内温度采用 Ramp 组件，模拟室

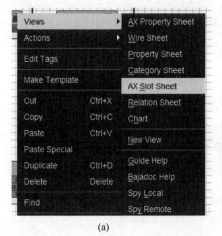
(a)

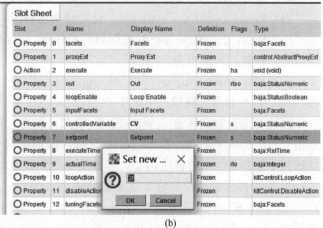
(b)

图 6-12 修改 LoopPoint 组件管脚名称
(a) 打开 AX Slot Sheet 视图;(b) 修改管脚名称

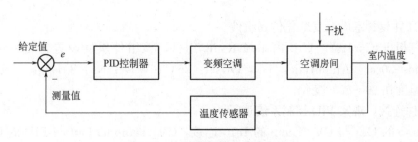

图 6-13 空调变频控制系统方框图

内温度从 20℃到 30℃变化。室内温度设定值为 25℃。

(2) PID 控制器输出 空调供电频率,0~50Hz,对应空调负荷从零到满负荷变化。

(3) PID 控制器控制规律 比例控制规律,取比例增益 $K_P=5$。

(4) 空调运行频率下限 20Hz,即空调的运行频率为 20~50Hz。当 PID 控制器计算输出值低于 20Hz 时,PID 控制器将输出下限 20Hz。

(5) 运行工况 夏季。

6.3.3.2 编程步骤

1. 添加并设置变频空调器组件

在 Wire Sheet 视图中添加 NumericWritable 组件,命名为 VFAC。该组件的 Facets 设置为,unit:Hz,max:50,min:0。该组件用于模拟变频空调器。量程范围为 0~50Hz,模拟空调负荷 0~100%变化。

2. 添加并设置变频控制器组件

从调色板 kitControl＞HVAC 内添加 LoopPoint 组件,命名为 PIDcontroller,并做以下设置:

(1) Facets:unit:Hz,max:50,min:0。设置 PIDcontroller 输出的单位和上下限。

(2) Input Facets:unit:℃,max:30,min:20。设置被控变量的单位及上下限。

（3）Loop Action：Direct，正作用，制冷模式。

（4）Proportional Constant：5，设置比例增益值，该控制器仅采用比例控制。

（5）Bias：25，偏差为 0 时控制器的工作点，主要用于比例控制。即室内温度等于设定值时，控制器的输出为 25Hz。

（6）Maximum Output：50，Minimum Out：20。设置 PID 控制器输出的最大和最小值。当 PID 控制器计算输出值低于 20Hz 时，PID 控制器将输出下限 20Hz。

属性视图设置完后返回 Wire Sheet 视图，右击 LoopPoint 组件，打开 Pin Slots 窗口，点击 Controlled Variable 和 Setpoint 管脚，添加这两个管脚。打开 AX Slot Sheet 视图，将这两个管脚显示名称修改为 CV 和 SP。

3. 添加并设置被控变量和设定值组件

在 Wire Sheet 视图中添加 NumericWritable 组件，命名为 CV_Temp。该组件 Facets 设置为，unit：℃，max：30，min：20。

复制该组件，命名为 SP_Temp（或者在 Constants 文件夹内选择 Numericconst（数值型常量）组件，将名称改为 SP_Temp）。缺省值 Fallback 设置为 25℃，即室内温度设定值为 25℃。

4. 添加并设置室内温度变化仿真组件

从调色板 kitControl＞Util 内添加 Ramp 组件，该组件属性设置为 Facets＞Unit：℃，Period：30sec，Amplitude：5℃，Offset：25℃，Waveform：Triangle。该组件用于模拟室内温度在 20～30℃变化。

5. 组件连接，观察 PID 控制系统运行

将 Ramp 的 Out 与 CV_Temp 的 In10 连接，CV_Temp 的 Out 与 PID 的 CV 连接，SP_Temp 的 Out 与 PID 的 SP 连接，PID 的 Out 与 VFAC 的 In10 连接，最后形成的 Wire Sheet 视图如图 6-14 所示。

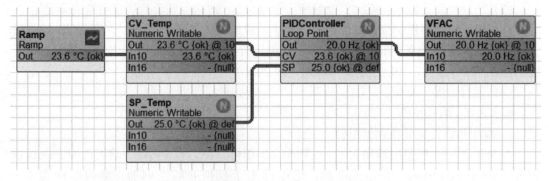

图 6-14　变频空调 PID 控制 Wire Sheet 视图

6.4　时间表控制编程

6.4.1　时间表控制

时间表控制是指被控设备按照时间表内的设置启动或停止，或者某一被控变量设定值按照时间表内的设置变化等。例如，在大型商场、写字楼等公共建筑，通常白天空调运

行，晚上空调关机，停止运行。此外，在工作日、周末和节假日等不同时间场合空调有不同的运行模式。为了实现空调设备在不同的时间自动启停，减少运维人员工作量，可对空调设备实施时间表控制，空调设备将按照时间表自动启停。

6.4.2 时间表组件

在 Palette 调色板内有专门的时间表组件库 Schedule，Schedule 包含各种时间表组件，如图 6-15 所示。Schedule 组件大致可以分为 Weekly Schedule、Calendar Schedule、Trigger Schedule、Schedule Seletor 4 类，平时主要用到 Weekly Schedule 和 Calendar Schedule。

6.4.2.1 Weekly Schedule

Weekly Schedule 按照一周中的某一天和一天中的某段时间来定义常规和重复性事件。在 Weekly Schedule 上，还可以配置任意数量的特殊事件（Special Event）。Weekly Schedule 分为 4 种类型：BooleanSchedule、NumericSchedule、EnumSchedule 和 StringSchedule。这 4 种类型 Weekly Schedule 除了输入和输出数据类型不同外，其他性能都一致。

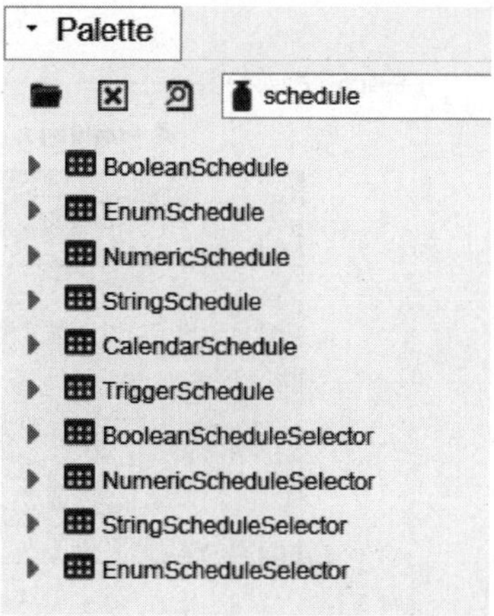

图 6-15　Schedule 组件库

BooleanSchedule 是最常用的一种 Weekly Schedule，用来控制 BooleanWritable 点。如果需要，它还能连接到扩展出来的 Slot 上。例如，将 BooleanSchedule 连接到对象报警扩展的 Enable 上，从而实现对报警扩展的时间表控制。BooleanSchedule 最典型的应用是用其控制空调设备的启停。

NumericSchedule 输出数值型数据，用来控制 NumericWritable 点。通常可用其作为控制器设定值的输入。例如，根据人体舒适性需求，在一天中的不同时间段室内温度的设定值不同，可以通过 NumericSchedule 在不同时间段定义不同的设定值。

1. Weekly Schedule 视图选项卡

Weekly Schedule 视图中共有 4 个选项卡，分别是 Properties（属性）选项卡、Weekly Schedule（每周时间表）选项卡、Special Events（特殊事件）选项卡和 Summary（总结）选项卡。

（1）Properties 选项卡

点击 Properties 选项卡进入 Properties 界面，如图 6-16 所示。在该界面中设置 Effective Period（有效时间周期）、Default Output（默认输出，为非事件时间的输出）、Facets 及 Clearup Special Events（清除特殊事件）。

图 6-16 的上方为 Effective Period 设置。缺省情况下，Weekly Schedule 在所有时间段有效，通常不需改变。如果申请 Weekly Schedule 只在特定时间段有效，修改 Effective Period 设置的起始和终止时间，相应有效日期为绿色，其他日期为灰色。

BooleanSchedule 的 Default Output 为 false 或 true，通常选择 false。NumericSchedule 的 Default Output 为一个具体数值，可根据需要填写。例如空调控制中，冬季工况非工作时间可以让室内温度设定值低一些，可以将缺省输出值设置为 18℃。

BooleanSchedule 的 Facets 设置为 true 和 false 时的显示文本。例如，将 true 设置为

127

ON，false 设置为 OFF。NumericSchedule 的 Facets 设置为输出数据的单位、小数点位数和上下限等。

Cleanup Special Events 选项包括 true 和 false。如果选择 true，已经发生的一次性特殊事件将被自动删除，同时将删除特殊事件的消息发送到 Schedule 日志，在"特殊事件"选项卡中将不再显示该特殊事件。如果选择 false，则该特殊事件在"特殊事件"选项卡中将一直保留。

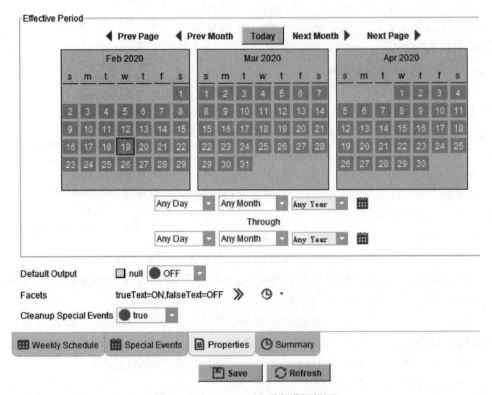

图 6-16　Properties 选项卡设置界面

（2）Weekly Schedule 选项卡

Weekly Schedule 定义每周的重复性事件，例如定义每周的每一天什么时间开机，什么时间关机。

点击 Weekly Schedule 选项卡进入 Weekly Schedule 界面，如图 6-17 所示。单击并拖动一天中的一系列小时以添加事件，然后输入其输出值。

例如，在 BooleanSchedule 中，定义一周中工作日机组从上午 9：00 到下午 5：00 工作，其他时间不工作。在 Monday 时间表中从 9：00AM 开始向下拖拉鼠标到 5：00PM，也可以在下面的 Event Start 和 Event Finish 输入框中通过上下箭头对开始时间和结束时间微调。

在 Event Output 选项中，选择 ON 作为事件输出。如果工作日内每天的开关机时间一致，可以右击 Monday 时间表选择 Apply M-F 命令，则 5 天工作日的事件设置完毕。没有设置的时间段，按照缺省设置输出，输出 OFF。

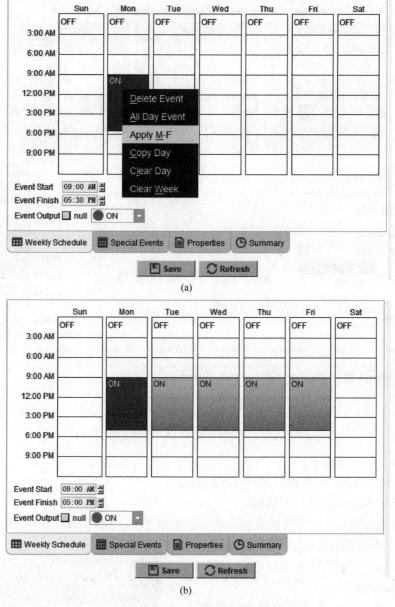

图 6-17　Weekly Schedule 设置界面

（3）Special Events 选项卡

特殊事件是指每周时间表计划外的事件，通常包括常规节假日和一次性事件等。

点击 Special Events 选项卡进入 Special Events 界面，如图 6-18 所示。点击 Add 按钮，增加一个新的特殊事件。在 Add 窗口中，对事件命名，缺省名称为 Event。Type 类型共包括 Date、Date Range、Week And Day、Custom 和 Reference 5 个选项。其中，前 4 个选项可根据事件的时间特性在此窗口设置；若选择 Reference 选项，将引用 Station 中提前定义好的 Calendar Schedule 组件。

在视图的右侧，可对每个事件的时间进行设置，设置方法和 Weekly Schedule 一致。

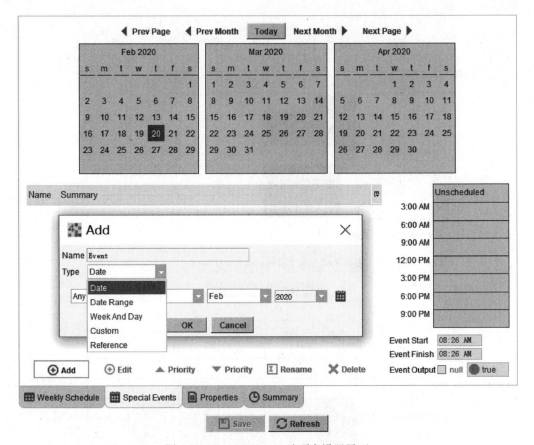

图 6-18　Special Events 选项卡设置界面

（4）Summary 选项卡

该选项卡为只读，用于查看周时间表的配置。

2. Weekly Schedule 组件的管脚

Weekly Schedule 4 个组件的管脚一致，在此以 BooleanSchedule 组件为例。Boolean-Schedule 组件的管脚视图如图 6-19 所示。

（1）Status　组件的当前状态，包括 ok、down、disabled 等。

（2）Out Source　提供当前输出的源描述。例如，当前组件的 Out Source 为：Week：thursday。若当前输出为特殊事件，将显示特殊事件源。

（3）Out　组件输出值。当前组件输出 ON，表示机组在运行。

（4）In　组件输入。如果输入管脚 In 已连接，且其值为非空，则此值将覆盖组件的输出。即在 Weekly Schedule 组件中，In 的优先级最高。

（5）Next Time　下一次组件输出变化的时间。

| **BooleanSchedule** | |
Boolean Schedule	
Status	{ok}
Out Source	Week: thursday
Out	ON {ok}
In	- {null}
Next Time	20-Feb-20 5:00 PM CST
Next Value	OFF {ok}

图 6-19　BooleanSchedule 组件管脚图

（6）Next Value　下一次组件输出变化时对应的组件输出值。

3. Weekly Schedule 组件输出优先级

Weekly Schedule 组件输出的优先级为：优先级 1：In 管脚；优先级 2：Special Event；优先级 3：Weekly Schedule 事件；优先级 4：缺省值。组件内部输出判断流程如图 6-20 所示。

（1）首先判断 In 管脚，如果 In 管脚非空，Schedule 输出 In 管脚值，否则继续；

（2）判断 Schedule 是否 Effective，如果否，Schedule 输出缺省值，否则继续；

（3）从 Special Event 最高优先级开始，确定是否有 Special Event 发生，若有，输出 Special Event，否则继续；

（4）确定是否有 Weekly Schedule 事件，若有，输出 Weekly Schedule 事件，否则输出缺省值。

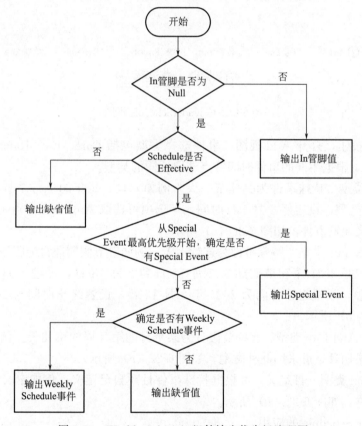

图 6-20　Weekly Schedule 组件输出优先级流程图

6.4.2.2　Calendar Schedule

Calender Schedule 通常用来定义需要特定安排的事件日期，如公共假期和其他特殊假日。可以在 Weekly Schedule 的 Special Events 中引用 Calender Schedule，从而实现对特殊事件的时间表控制。

1. 添加 Special Events

双击 CalenderSchedule，打开 CalenderSchedule 视图，如图 6-21 所示，在该视图中可

添加任意 Special Event。

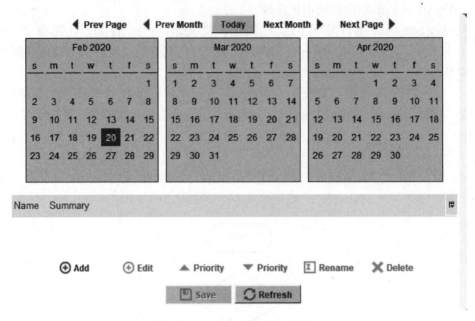

图 6-21 CalenderSchedule 视图

点击 Add 按钮，打开 Add 视图，事件选择类型包括 Date、Date Range、Week And Day 和 Custom，根据不同的事件时间特点选取不同的类型。

（1）Date 类型 特殊事件为具体某一天。例如元旦，每年的 1 月 1 日，只有 1 天假期。选取 Date 类型，设定好 1 月 1 日时间，年选项可选取 Any Year，点击 OK，则每年的 1 月 1 日都会触发事件，如图 6-22（a）所示。

（2）Date Range 类型 特殊事件为连续多天。例如春节假期通常为阴历的正月初一到正月初七，确定好 2021 年春节假期为 2 月 12 日到 2 月 18 日，可进行如下设置。选取 Date Range 类型，设置起始时间为 2021 年 2 月 12 日，设置终止时间为 2021 年 2 月 18 日，如图 6-22（b）所示。

（3）Week And Day 类型 有些节假日为某个月的第几周的第几天。例如母亲节，为五月的第二个星期日，可采用此种类型，如图 6-22（c）所示。

（4）Custom 类型 自定义，可根据特殊事件性质自己定义。例如定义六月的每个周二作为特殊事件，如图 6-22（d）所示。

2. Calender Schedule 的应用

在 Weekly Schedule 中，点击 Special Events 选项卡，点击 Add 按钮，给特殊事件命名，在此命名为 Holidays。将 Type 设置为 Reference，在出现 Calendars 区段，选择 Calender Schedule 时间表，如图 6-23 所示，单击 OK 按钮，完成 Calender Schedule 的引用。

Calender Schedule 只定义了特殊事件是哪一天或哪几天，具体在这些天中事件在哪个时间段触发，输出值是什么，可通过 Special Events 视图的右侧设置，设置方法和 Weekly Schedule 一致。在图 6-24 中，将定义的假期在所有时间段都输出 OFF。

在 Special Events 窗口中，优先级别从上到下依次降低，可以点选相应事件通过

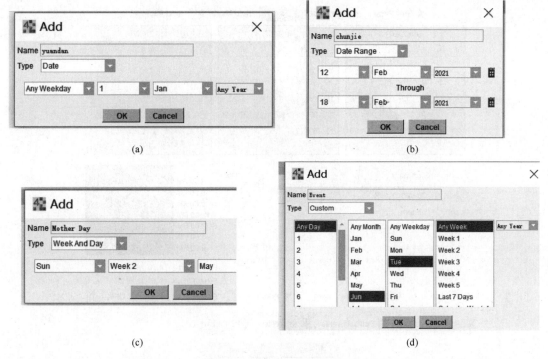

(a)　　　　　　　　　　　　　　(b)

(c)　　　　　　　　　　　　　　(d)

图 6-22　添加 Special Events

(a) Date 类型；(b) Date Range 类型；(c) Week And Day 类型；(d) Custom 类型

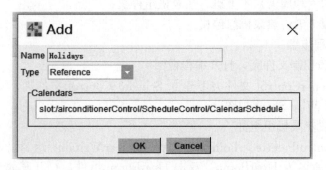

图 6-23　选取 Calender Schedule 时间表

Priority 按钮调整其优先级。

6.4.3　热泵机组时间表控制编程案例

6.4.3.1　案例描述

某一办公大楼中央空调系统，机房内有一台热泵机组，给空调末端提供冷热水。工作人员工作时间为 9：00～17：00，采用时间表对空调机房的热泵机组进行启停控制管理。根据工作人员工作时间，同时考虑空调运行对室内温度影响的滞后性，确定热泵机组开机时间为 8：30，停机时间为 16：30。

热泵机组时间表控制要求：

（1）每周周一到周五 8：30～16：30，热泵机组运行，其他时间热泵机组停机；

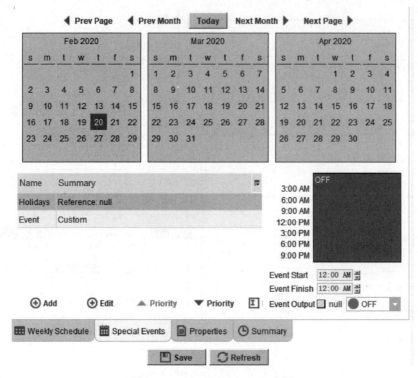

图 6-24　Calender Schedule 应用

（2）周末（周六和周天）不上班，热泵机组停机；

（3）春节放假 7 天，热泵机组停机。

6.4.3.2　编程步骤

1. 建立时间表控制文件夹，打开编程视图

在 AirconditionerControl 文件夹下建立 ScheduleControl 文件夹。双击 ScheduleControl 文件夹，打开 Wire Sheet 视图。

2. 添加并设置热泵机组组件

从调色板 ControlPalette＞Points 内选择 BooleanWritable 组件，将其拖放到 Wire Sheet 视图上，重命名为 HeatPump。双击 HeatPump 组件，打开其属性对话框，Facets 设置为：trueText：Start；falseText：Stop。

3. 添加并设置热泵机组控制时间表

（1）从调色板 Schedule 内选择 BooleanSchedule 组件，将其拖放到 Wire Sheet 视图上，重命名为 HP_Schedule。

（2）打开 Properties 选项卡，Facets 设置为 trueText：Start，falseText：Stop，设定时间表的 Default Value：Stop。

（3）打开 Weekly Schedule 选项卡，在 Monday 时间表中从 8：30AM 开始向下拖拉鼠标到 16：30PM，右击 Mon 区域，选择 Apply M-F，从而将周一的时间表拷贝到工作日的剩余 4 天。将周六和周日设置成默认输出 Stop。

4. 添加并设置日历时间表 CalendarSchedule

定义春节 7 天为特殊事件，机组停止运行。将 CalendarSchedule 组件拖放到

ScheduleControl 文件夹的 Wire Sheet 视图上，将新的时间表命名为 HolidayCalendar。双击 HolidayCalendar，打开 CalendarScheduler 视图。单击 Add 按钮，输入名称 chunjie，将 Type 设置为 Date Range，设置起始时间为 2021 年 2 月 12 日，终止时间为 2021 年 2 月 18 日（2021 年春节放假时间），单击 OK，保存这个日历作为特殊事件。如果还有其他特殊事件可依次添加。

5. 在 HP_Schedule 时间表中引用 HolidayCalendar

打开 HP_Schedule 时间表视图，单击 Special Events 选项卡，打开 Special Events 视图，单击 Add 按钮，添加一个特殊事件。给特殊事件命名为 Holidays，将 Type 设置为 Reference，在出现 Calendars 区段，选择 HolidayCalendar 时间表，单击 OK，完成 HolidayCalendar 时间表的引用。在 Special Events 视图的右侧，将定义的假期在所有时间段都输出 OFF。

6. 连接组件并查看运行结果

将 Schedule_HP 组件的输出管脚 Out 与 HeatPump 组件的输入管脚 In10 连接，查看 Wire Sheet 视图数据变化，如图 6-25 所示，实现热泵机组按照时间表控制开关机。

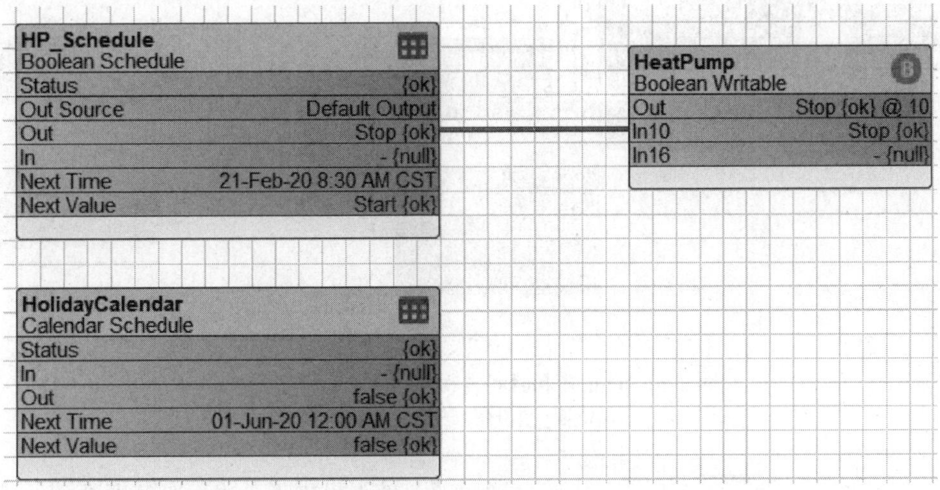

图 6-25　热泵机组时间表控制

6.4.4　风机盘管 OnOff 和时间表联合控制编程案例

6.4.4.1　案例描述

办公室内有两台风机盘管，工作人员周一到周五 9：00 到 17：00 上班，周六周日休息。要求上班期间风机盘管运行，将室内温度控制在 22±1℃，下班时间风机盘管停止运行。

6.4.4.2　编程步骤

（1）在图 6-10 OnOffControl Wire Sheet 视图上，增加 BooleanSchedule 时间表组件，将名称修改为 FCU_Schedule，按照前述方法对 FCU_Schedule 进行设置，使周一到周五 9：00 到 17：00 时间表输出 ON，其他时间时间表输出 OFF。

（2）从调色板 kitControl▷Logic 内选择 And 组件，添加到 Wire Sheet 视图。OnOffController 的输出 Out 与 And 组件的输入 InA 连接，FCU_Schedule 的输出 Out 与 And 组件的输入 InB 连接，And 组件的输出 Out 与空调 AC_1 和 AC_2 的输入 In10 连接。

图 6-26 为 OnOff 和时间表联合控制 Wire Sheet 图，在非上班时间，由于时间表输出 OFF，所以不管室内温度是否满足要求，风机盘管均停止运行；在上班时间，时间表输出 ON，风机盘管根据 OnOffControler 的输出运行，最终实现在上班时间内将室内温度控制在 22±1℃。

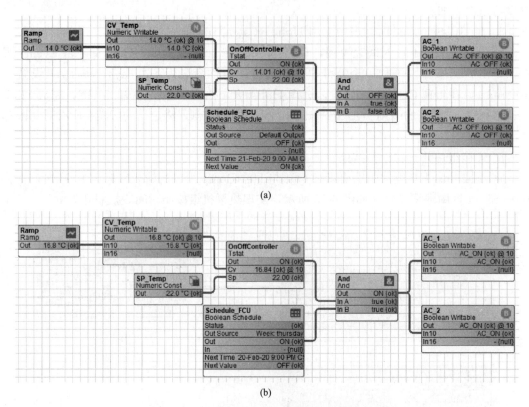

(a)

(b)

图 6-26　OnOff 和时间表联合控制 Wire Sheet 图
(a) 非上班时间；(b) 上班时间

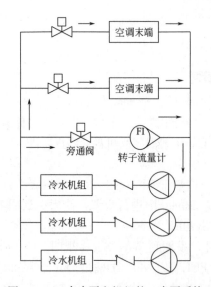

图 6-27　三台水泵和机组的一次泵系统

6.4.5　冷水机组水系统控制编程案例

6.4.5.1　案例描述

冷水机组是中央空调系统常用的冷源之一。机房内有 3 台冷水机组，工艺流程如图 6-27 所示，冷水机组和冷水泵串联后再并联，给空调末端提供冷水。供水温度 7℃，回水温度 12℃。

冷水机组控制要求：

(1) 系统开关机由时间表控制，每天 8：00 开机，18：00 关机。

(2) 冷水机组供水温度采取双位控制，设定值为 7℃，回差为 2℃。

(3) 循环泵由时间表控制，在开机时间段内，循环泵一直运行。

6.4.5.2　编程步骤

1. 新建 ChillerControl 文件夹，双击打开，进入其 Wire Sheet 视图。

2. 添加并设置 3 台双位控制冷水机组

（1）从调色板 kitControl＞ControlPalette＞Points 内选择 BooleanWritable 组件，将其拖放到 Wire Sheet 视图中，重命名为 Chiller1。

（2）双击该点，打开其属性视图，将该点的 Facets 设置为 trueText：ON，false-Text：OFF，并保存。

（3）采用 Copy→Paste Special（或 Duplicate）方法添加另外 2 台冷水机组 Chiller2 和 Chiller3。

3. 添加并设置 3 台冷水泵

按照上述方式将 BooleanWritable 组件拖放到 Wire Sheet 视图上，重命名为 Pump1。采用 Copy→Paste Special（或 Duplicate）添加另外 2 台冷水泵 Pump2 和 Pump3。

4. 添加并设置 Tstat 双位控制器

（1）从调色板 kitControl＞HVAC 内将 Tstat 组件拖放到 Wire Sheet 视图中。

（2）双击 Tstat 组件打开其属性视图并进行下列设置：

1）Facets：设置为 trueText：ON，falseText：OFF。

2）Diff：设置为 2。即供水温度在设定值±1℃区间时，控制器的输出保持不变。

3）Action：设置为 Direct（夏季工况）。

4）Null on In Control：设置为 false。

5）Sp：设置为 7，即供水温度设定值为 7℃。

（3）添加 Cv 和 Sp 输入管脚。

5. 添加并设置供水温度点 SupplyTemp

（1）从调色板 kitControl＞ControlPalette＞Points 内，选择 NumericWritable 组件，将其添加到 Wire Sheet 视图，命名为 SupplyTemp。

（2）双击打开该点的属性视图，Facets 设置为单位:℃，小数点精度：1，下限 min：0，上限 max：100。

6. 添加并设置供水温度模拟组件 Ramp

从调色板 kitControl＞Util 内，向 Wire Sheet 视图中添加一个 Ramp 组件。双击打开其属性视图，进行以下设置，模拟供水温度从 4℃到 10℃变化，变化周期为 2min。

（1）Facets：Unit 设置为℃。

（2）Period：设置为 2min。

（3）Amplitude：设置为 3℃。

（4）Offset：设置为 7℃。

7. 添加并设置时间表

（1）在调色板 Palette＞Schedule 内，选择 BooleanSchedule 组件，将其添加到 Wire Sheet 视图。打开其 Properties 选项卡，Facets 设置为 trueText：ON，falseText：OFF，时间表的 Default Value 设置为 OFF。

（2）打开 Weekly Schedule 选项卡，设置时间表，使冷水机组每天从 8：00AM 到 18：00PM 运行。

8. 添加 And 组件

双位控制器的输出和时间表的输出与 And 组件的输入相连，And 组件的输出与三台冷水机组的输入连接。实现冷水机组双位控制和时间表联合控制。

按照图 6-28 连接组件，查看系统运行数据。

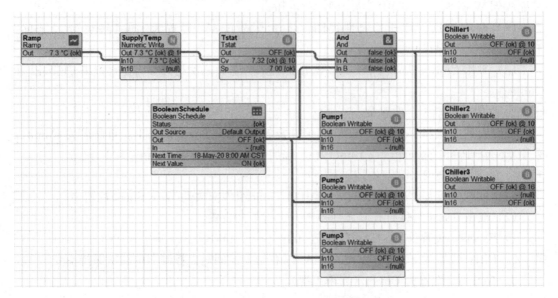

图 6-28　冷水机组控制 Wire Sheet 编程

6.5　设备轮询控制编程

6.5.1　设备轮询控制

设备轮询控制是指有多台设备，每次只需启动其中一台设备的控制。目前主要有两种控制策略：一种是比较每台设备的启停次数，让启停次数最少的设备启动运行；另一种是比较设备的累积运行时间，让累积运行时间最短的设备启动运行。通过设备轮询控制，可以实现设备均衡运行。为了实现设备轮询控制，在控制系统上需要有设备的启停次数或累积运行时间的记录。

例如，机房内有 3 台热泵机组，每次只需要启动其中 1 台，可以根据热泵机组的启停次数或累积运行时间确定应该启动哪台热泵机组，实现热泵机组均衡运行。

6.5.2　轮询控制组件

轮询控制组件包括 LeadLagCycles 组件和 LeadLagRuntime 组件。LeadLagCycles 组件根据设备启停次数确定下一次启动的设备，LeadLagRuntime 组件根据设备累积运行时间确定下一次启动的设备。

图 6-29 为 3 台设备轮询控制 LeadLagCycles、LeadLagRuntime 组件属性视图。从图中可以看出，LeadLagCycles 和 LeadLagRuntime 组件的属性除了最后 3 项分别是各自设备的累积启停次数和累积运行时间外，其他皆一致。下面以 LeadLagRuntime 组件为例说明。

（1）Facets　设置组件输出为 true 和 false 时的显示文本。

（2）In　Boolean 输入。如果输入为 true，组件根据每台设备的累积运行时间，选取累积运行时间最短的设备启动，相应设备的 Out 为 ON，其他设备的 Out 为 OFF。

（3）Numeric Outputs　被控的设备台数。缺省设备台数为 2 台，最多为 10 台，根据实际设备台数设置。在此选为 3 台，组件的属性参数将根据设备的台数发生变化。

（4）Max Runtime　单台设备的最大运行时间。

（5）Feedback　Boolean 输入，用于接收设备是否正常启动的反馈信号，相当于设备的状态反馈，相应的代理点为数字量输入。如果反馈值在反馈延迟时间内未显示为 true（即该设备可能故障，没有正常启动），则当前被控设备输出将显示报警，并且 LeadLagRuntime 输出将切换到下一台被控设备。如果现场设备没有状态反馈，可将此值设置为 true（而不是连接），将禁用反馈报警功能。

（6）Feedback Delay　被控设备的反馈延迟时间（如果存在反馈输入）。在实际系统中从控制信号输出，到设备的状态反馈通常有一定的延迟。

（7）Out A～C　Boolean 输出，根据实际情况，可设置 2～10 个被控设备（设备数量与属性 Numeric Outputs 值一致）。该输出通常连接到带有 DiscreteTotalizerExt 扩展功能的 BooleanWritable 点上，用于控制某种类型的负载，例如泵、风机、空调机组等。

（8）Runtime A～C　被控设备的累积运行时间，输入信号。这些输入通常与被控设备的 DiscreteTotalizerExt 扩展功能的 ElapsedActiveTime（运行时间）属性连接，该属性会测量相应设备的累积运行时间。有些空调机组的现场控制器具有机组累积运行时间计算功能，在此情况下，也可通过通信将机组的累积运行时间采集到 JACE 网络控制器，作为 LeadLagRuntime 组件设备运行时间的输入。

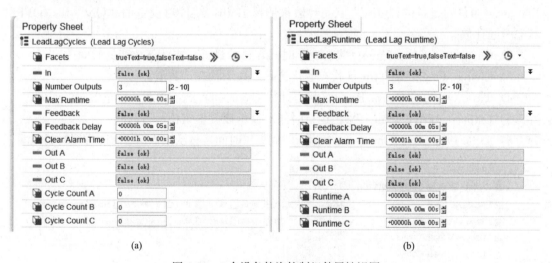

(a)　　　　　　　　　　　　　　　(b)

图 6-29　3 台设备轮询控制组件属性视图

（a）LeadLagCycles 属性视图；（b）LeadLagRuntime 属性视图

6.5.3　控制点的扩展和合成

1. 控制点扩展（Extension）

控制点扩展是对控制点上收到的值进行额外处理。控制点扩展组件位于调色板 kitControl＞ControlPalette＞Extension 内，共包括 DiscreteTotalizerExt（离散累加器扩展）、

NumericTotalizerExt（数值累加器扩展）和 ProxyExt（代理扩展）3 个组件，表 6-1 为其具体描述。

控制点扩展组件　　　　　　　　　　　　　　表 6-1

序号	名称	描述
1	DiscreteTotalizerExt	可用于布尔点和枚举点，用于累计运行时间，二进制或枚举值的状态变化次数。有两个用于清除累计总和的操作（Action）：ResetChangeOfStateCount 和 ResetElapsedActiveTime
2	NumericTotalizerExt	用于数值型点，累积数值。具有重置（归零）累积值的 Action
3	ProxyExt	用于代理点

由于在轮询控制中要用到 DiscreteTotalizerExt 扩展，下面以 DiscreteTotalizerExt 扩展为例讲述其如何被添加到一个 BooleanWritable 点上。

（1）在 Wire Sheet 视图中添加 1 个 BooleanWritable 点，打开其属性视图。

（2）从调色板 kitControl＞ControlPalette＞Extension 内，选择 DiscreteTotalizerExt 组件，将其拖到属性视图中点的名称上，松开鼠标，DiscreteTotalizerExt 扩展将被添加在属性视图最后。这样，DiscreteTotalizerExt 作为一个子组件添加到相应的布尔写点上。

（3）展开该扩展，如图 6-30 所示，根据需要可修改 DiscreteTotalizerExt 扩展内属性参数，主要属性参数含义如下：

1）Change of State Count Transition（状态变化计数转换）共有 3 个选项，分别是 To Active、To Inactive、Both。选择 To Active，组件对设备的"ON"状态计数；选择 To Inactive，组件对设备的"OFF"状态计数；选择 Both，组件对设备的"ON"和"OFF"状态一起计数。

2）Change Of State Time（状态变化时间）显示最近一次状态改变的时间。

3）Change Of State Count（状态变化计数）显示状态计数值。

4）Time Of State Count Reset（状态计数重置时间）显示状态计数重置时的时间。

5）Elapsed Active Time（累积运行时间）显示该设备累积运行时间。

6）Time Of Active Time Reset（运行时间重置时间）显示累积运行时间重置时的时间。

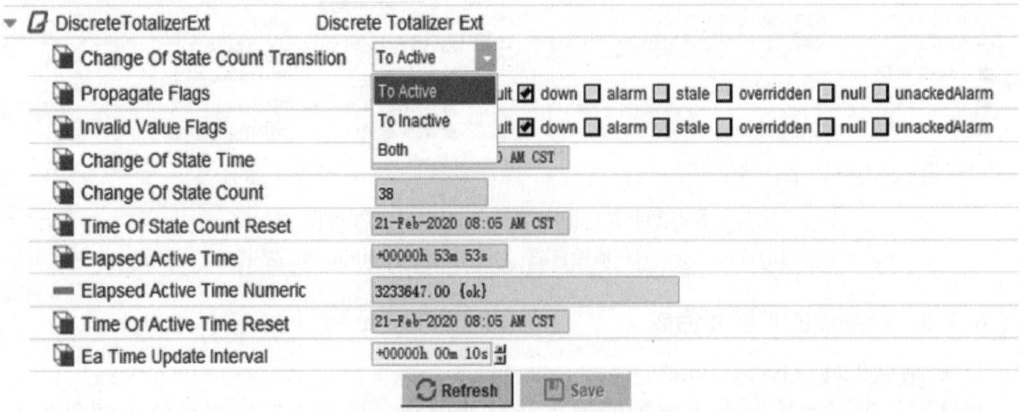

图 6-30　控制点 DiscreteTotalizerExt 扩展属性视图

右击 DiscreteTotalizerExt 扩展，选择 Actions，Actions 包括 Reset Change Of State Count 和 Reset Elapsed Active Time，如图 6-31 所示。通过这两个动作，可以将该组件的状态计数和累积运行时间清零。

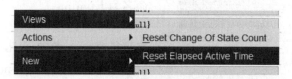

图 6-31　DiscreteTotalizerExt 扩展组件 Actions

2. 控制点合成（Composite）

当在组件中通过扩展添加了子组件，有些情况下需要在组件视图上显示子组件的管脚（扩展的属性和/或动作），用于与其他组件连接，通过控制点合成 Composite 命令可完成上述功能。

假设一个 BooleanWritable 点已经添加了 DiscreteTotalizerExt 扩展，为了与其他组件连接，现在需要将 DiscreteTotalizerExt 子组件的 Elapsed Active Time（累积运行时间）和 Reset Elapsed Active Time（重置累积运行时间，即累积运行时间清零）添加到该组件管脚。具体方法如下：

（1）右击 BooleanWritable 组件，在弹出菜单中选择 Composite 命令，打开 Composite 编辑器。在 DiscreteTotalizerExt 目录下分别选择 Elapsed Active Time 和 Reset Elapsed Active Time 选项，单击 Add 按钮（或双击相应选项），将这两项添加到右侧框内。其中 Elapsed Active Time 为组件输出（Out），Reset Elapsed Active Time 为组件输入（In），如图 6-32 所示。

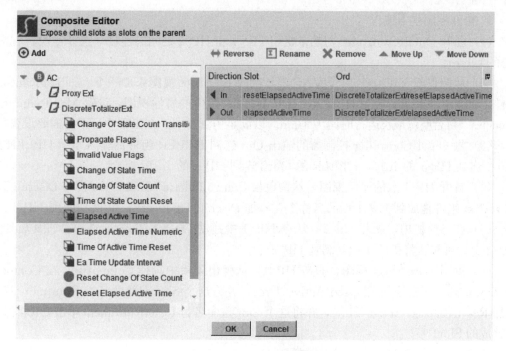

图 6-32　Composite 编辑器

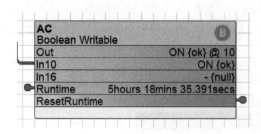

图 6-33　Composite 后组件管脚

（2）在 Composite 编辑器内，双击管脚名称，将 Reset Elapsed Active Time 重命名为 ResetRuntime，将 Elapsed Active Time 重命名为 Runtime。

合成后的组件视图如图 6-33 所示，在原来组件基础上增加了 ResetRuntime 和 Runtime 管脚。通过 Runtime 管脚可以将当前设备的运行时间输出给 LeadLagRuntime 组件。ResetRuntime 管脚用于给设备组件累积运行时间清零。例如，将一个定时触发器的输出与设备组件的 ResetRuntime 管脚连接，可实现午夜时分自动给组件累积运行时间清零。这样该组件的累积运行时间仅为当天的累积运行时间。

6.5.4　根据累积运行时间热泵机组轮询控制编程案例

6.5.4.1　案例描述

机房内有两台热泵机组，根据累积运行时间实现热泵机组轮询控制。

编程要求：

（1）模拟热泵机组无状态反馈；

（2）模拟热泵机组有状态反馈（无延迟）；

（3）模拟热泵机组有状态反馈（有延迟）。

6.5.4.2　编程步骤

在图 6-10 所示 OnOffControl 视图基础上进行，将图中 AC_1 和 AC_2 名称修改为 HP_1 和 HP_2。

1. 轮询控制基本编程

（1）断开 OnOffController 与热泵机组 HP_1 和 HP_2 之间的连接（选择连线，右击，选择 Delete）。

（2）从调色板 kitControl＞HVAC 内，向 Wire Sheet 视图添加一个 LeadLagRuntime 组件，将该组件重新命名为 HPLLR。打开 HPLLR 组件的属性视图，设置 Max Runtime＝1minutes（每台空调最长运行时间为 1min，以满足仿真需求。在工程中可根据需要设置）。

（3）将 OnOffController 控制器的输出 Out 连到 HPLLR 组件的输入 In，HPLLR 的 OutA 连到 HP_1 的 In10，HPLLR 的 OutB 连到 HP_2 的 In10。

（4）打开 HP_1 点的属性视图，从调色板 ControlPalette＞Extension 内将 DiscreteTotalizerExt 组件拖放到 HP_1 点的名称上，添加 DiscreteTotalizerExt 扩展功能到 HP_1。

（5）在导航栏内，展开 HP_1。从点 HP_1 中拖动 DiscreteTotalizerExt，将其放到点 HP_2 上，可快速将扩展功能复制到 HP_2 上。

（6）返回 Wire Sheet 视图，右击 HP_1，从弹出菜单中选择 Composite。在 Composite Editor 内，双击添加 Elapsed Active Time，并将这个 Slot 重新命名为 Runtime；双击添加 Reset Elapsed Active Time，并将这个 Slot 重命名为 ResetRuntime。单击 OK，保存新合成的 Slot。

（7）对 HP_2 重复步骤（6）的过程。

（8）连接 HP_1 的 Runtime 输出与 HPLLR 组件的输入 Runtime A；连接 HP_2 的 Runtime 输出与 HPLLR 组件的输入 Runtime B。

2. 模拟热泵机组无状态反馈

若现场设备运行状态没有反馈，需要将 HPLLR 组件属性视图上的 Feedback 设置成 true（而不是连接），将禁用反馈报警功能。如图 6-34（a）所示；若 HPLLR 的 Feedback 设置为 false，当现场设备运行，但现场设备没有运行状态反馈时，将产生报警信号，如图 6-34（b）所示。

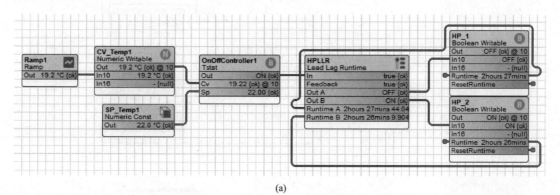

(a)

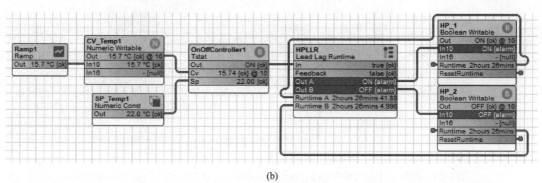

(b)

图 6-34　根据累积运行时间热泵机组轮询控制（无状态反馈）Wire Sheet 视图

（a）Feedback 设置为 true；（b）Feedback 设置为 false

若已经生成报警，可右击 HPLLR，选择 Actions，然后再选择 Clear Alarm State，将消除报警。

3. 模拟热泵机组有状态反馈（无延迟）

（1）从调色板 kitControl＞Logic 内向 Wire Sheet 视图添加一个 OR 组件，将其命名为 HPStatusOR。

（2）将 HPStatusOR 的输出 Out 连接到 HPLLR 组件的 Feedback 输入。将 HP_1 的输出 Out 连接到 HPStatusOR 的输入 InA，HP_2 的输出 Out 连接到 HPStatusOR 的输入 InB。在实际工程中，HPStatusOR 的输入为现场设备运行状态反馈信号，在此直接与 HP_1 和 HP_2 的输出连接，用于仿真。

（3）右击 HPStatusOR，选择 Views，然后选择 AX Slot Sheet 视图。找到并双击 InA，在打开的 Set New Display Name 窗口中，输入 HP1Statusln；双击 InB，输入

HP2StatusIn，单击 OK，保持修改。图 6-35（a）为无延迟的带状态反馈的 Wire Sheet 视图。

4. 模拟热泵机组有状态反馈（有延迟）

在图 6-35（a）基础上增加一个延迟组件 Booleandelay，用来模拟现场设备的信息延迟，用以更加逼近真实场景，形成图 6-35（b）。在此要注意 Booleandelay 组件设置的延迟时间要小于 LeadLagRuntime 组件设置的延迟时间，否则将出现报警。

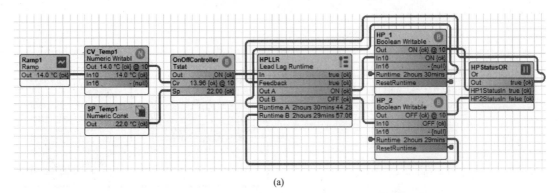

(a)

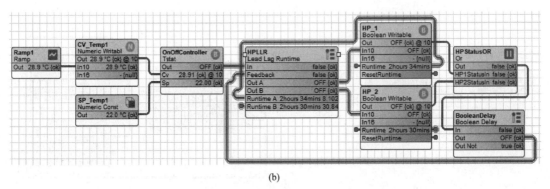

(b)

图 6-35 根据累积运行时间热泵机组轮询控制（有状态反馈）Wire Sheet 视图
(a) 无延迟；(b) 有延迟

6.5.5 根据累积运行次数热泵机组轮询控制编程案例

根据累积运行次数轮询控制编程和根据累积运行时间轮询控制编程的不同之处主要为：

（1）轮询控制组件不同 将 LeadLagRuntime 组件换为 LeadLagCycles，在 Wire Sheet 视图中，组件名称改为 HPLLC。

（2）HP_1 和 HP_2 组件合成管脚不同 在 HP_1 和 HP_2 Composite Editor 内，改为双击添加 Change of State Count，并将这个 Slot 重新命名为 CycleCount；双击添加 Reset Change of State Count，并将这个 Slot 重命名为 ResetCycle。将 HP_1 输出 CycleCount 与 HPLLC 的输入 CycleCount A 连接，HP_2 输出 CycleCount 与 HPLLC 的输入 CycleCount B 连接。

其他一致，不再赘述。图 6-36 为最终形成的根据累积运行次数轮询控制的 Wire Sheet 视图。

注意：在 Wire Sheet 视图中，如果连接线过多，可能有些连接线不显示。如图 6-36 中，HP_2 的 CycleCount 管脚与 HPLLC 的 CycleCount B 管脚连接，但是图中没有显示。当点击 HP_2 的 CycleCount 管脚时，相应 HPLLC 的 CycleCount B 管脚同时突出显示为红色，同时也看到这两个管脚的数据一致，皆为 563，说明 HP_2 的 CycleCount 输出管脚与 HPLLC 的 CycleCount B 输入管脚正常连接。

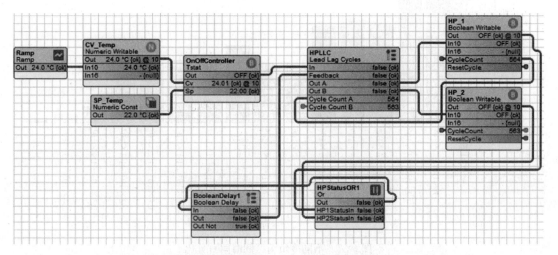

图 6-36　根据累积运行次数热泵机组轮询控制 Wire Sheet 视图

6.6　基于负荷预测的设备台数控制编程

6.6.1　建筑空调负荷

建筑空调负荷主要受 5 个方面因素的影响：①建筑本体特性，主要包括建筑方位、几何尺寸、建筑材料、窗墙比等；②室外气象参数；③室内温度设定值；④人员时空分布；⑤用电设备散热。对于影响因素①建筑本体特性，当某一建筑建成后，该建筑方位、几何尺寸、建筑材料、窗墙比等参数值亦确定，因此对于同一建筑，其值基本为常量。对于大型公共建筑，室内温度设定值，通常可按照国家规范标准看作常量。图 6-37 为某一建筑夏季不同冷负荷区间所占时间百分比，横坐标为负荷，纵坐标为时间百分比。从图中可以看出，最右侧的峰值负荷时间百分比占比较小，左侧的低负荷时间百分比占比较大。而空调机房的空调机组，通常按照最大负荷配置，这就需要根据不同的建筑空调负荷启动不同的空调设备台数。

根据不同的建筑空调负荷特点，建立其空调负荷预测模型，可用于空调机房设备的台数控制。负荷预测模型的建立不属于本书内容范畴，下面主要针对已知空调负荷情况下如何实现机房内空调设备的台数控制。

6.6.2　设备台数控制组件

设备台数控制组件包括 SequenceBinary 组件和 SequenceLinear 组件，位于调色板 kitControl＞HVAC 内。这两个组件都可以提供 2～10 个设备的台数控制，不同的是 SequenceLinear 组件适用于多台设备容量相同的场合，SequenceBinary 组件适用于多台设备容量不相同的场合，且多台设备的容量大小如二进制的数据位从 D0 位依次向高位变化。例如，有 3 台电加热器，功率分别为 1kW、2kW 和 4kW，其分别相当于二进制数据位的

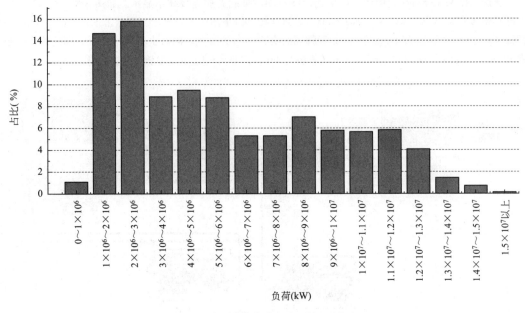

图 6-37　不同冷负荷区间时间百分比

D0 位、D1 位和 D2 位的权重。

1. SequenceBinary 组件

SequenceBinary 组件属性视图如图 6-38 所示，In 属性是负荷输入，用于控制应该打开负载的数量，输入范围由 InMinimum 和 InMaximum 属性定义。Number Outputs 用于设定控制的设备台数，例如输入 3，表明共有 3 台设备需要控制。Output A、Output B 和 Output C 为组件输出，用于控制现场设备启停。需注意，Output A、Output B 和 Output C 三个输出端口连接的设备容量要从小到大变化，权重依次为 1、2、4，不能接错。通常

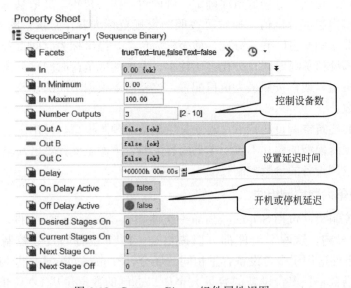

图 6-38　SequenceBinary 组件属性视图

情况下，Current Stages On 和 Desired Stages On 显示相同，除非是在分段转换且处于延迟时间。

以上述 3 台电加热器为例，通过 SequenceBinary 组件可实现 8 种控制策略，如表 6-2 所示。

<table>
<tr><td colspan="4" align="center">SequenceBinary 控制策略</td><td align="right">表 6-2</td></tr>
<tr><td>控制信号 Control Signal(In)(%)</td><td>OutC(4kW)</td><td>OutB(2kW)</td><td>OutA(1kW)</td></tr>
<tr><td>100</td><td>on</td><td>on</td><td>on</td></tr>
<tr><td>85.7</td><td>on</td><td>on</td><td>off</td></tr>
<tr><td>71.4</td><td>on</td><td>off</td><td>on</td></tr>
<tr><td>57.1</td><td>on</td><td>off</td><td>off</td></tr>
<tr><td>42.9</td><td>off</td><td>on</td><td>on</td></tr>
<tr><td>28.6</td><td>off</td><td>on</td><td>off</td></tr>
<tr><td>14.3</td><td>off</td><td>off</td><td>on</td></tr>
<tr><td>0</td><td>off</td><td>off</td><td>off</td></tr>
</table>

2. SequenceLinear

SequenceLinear 提供线性排序或旋转排序分段控制。若定义 5 个被控设备，满负荷 100%，根据设备输出数可确定每个设备承担的负荷为 20%。如果按照线性排序，第一个打开的负载将最后一个关闭；如果按照旋转排序，第一个打开的负载将第一个关闭。SequenceLinear 属性如图 6-39 所示，若选择线性排序，Action 属性中选择 linear；若选择旋转排序，Action 属性中选择 rotating。其他属性设置与 SequenceBinary 一致。

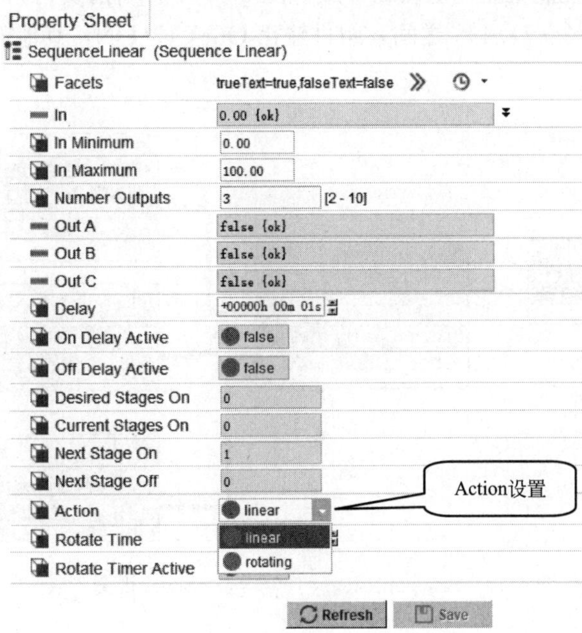

图 6-39　SequenceLinear 属性图

6.6.3 基于负荷的热泵机组台数控制编程案例

6.6.3.1 案例描述

机房内有 3 台热泵机组，功率分别是 50kW、100kW 和 200kW。根据当前空调负荷实现热泵机组台数控制。

根据 3 台热泵机组的功率，需要采用 SequenceBinary 组件。

6.6.3.2 编程步骤

1. 添加 3 台热泵机组，功率分别是 50kW、100kW 和 200kW

在 Wire Sheet 视图中添加 BooleanWritable 组件，命名为 HP_1。该组件属性设置为 trueText：HP_ON，falseText：HP_OFF。复制 2 个该组件，分别命名为 HP_2、HP_3。HP_1、HP_2 和 HP_3 分别对应实际系统的 50kW、100kW 和 200kW 热泵机组。

2. 添加负荷组件

这里用 Ramp 组件模拟负荷变化，在实际系统中可采用负荷预测模块。

添加 Ramp 组件，将组件名修改为 Load，属性设置为 Facets＞Unit：％，Period：2 min，Amplitude：50，Offset：50。该组件用于模拟空调负荷 0～100％变化。

3. 添加 SequenceBinary 组件

将其 Property Sheet 视图中 Number Outputs 设置为 3。

4. 连接组件

将 Ramp 组件的 Out 与 SequenceBinary 组件的 In 连接；将 SequenceBinary 的 Out A 与 HP_1 的 In10 连接，Out B 与 HP_2 的 In10 连接，Out C 与 HP_3 的 In10 连接。

5. 查看运行结果

SequenceBinary 控制 Wire Sheet 视图如图 6-40 所示，根据当前空调负荷大小实现了 3 台热泵机组控制，具体控制策略与表 6-2 一致。图 6-40 中，当前负荷为 60.24％，查看表 6-2 可知，负荷在 57.1％～71.4％ 之间，组件输出 Out C 为 ON，其他输出为 OFF，与当前运行结果一致。

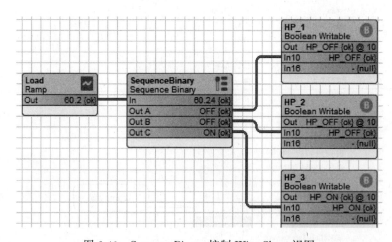

图 6-40　SequenceBinary 控制 Wire Sheet 视图

若 3 台机组容量相同，只要将 SequenceBinary 组件换成 SequenceLinear 组件即可。

6.7　变设定值控制编程

6.7.1　概述

建筑能源控制系统按照设定值不同分为：

（1）定值控制系统　被调参数的设定值是恒定不变的。例如恒温房间温度控制系统，在系统的控制过程中房间温度设定值始终保持不变。锅炉汽包水位控制系统，在锅炉运行过程中，锅炉水位的设定值始终保持不变。在建筑能源系统领域，绝大多数的控制系统均属于定值控制系统。

（2）程序控制系统　设定值的大小按一定的时间函数变化，$g = f（t）$。例如空调房间温度设定值可根据不同时间段变化。

（3）随动控制系统　被控量设定值的大小是不可预知的。例如串级控制系统中的副回路属于随动控制系统，其设定值是不可预知的，由主回路主调节器的输出决定。锅炉燃烧控制中送风量控制系统属于随动控制系统，其设定值由燃料量决定，而燃料量又由用户负荷决定。

本节结合具体应用给出两个建筑能源系统变设定值控制编程示例。第一个示例为室内温度变设定值控制，即室内温度设定值根据时间变化，属于程序控制系统。第二个示例为换热站二次侧供水温度变设定值控制，换热站的供水温度设定值根据气象数据变化，属于随动控制系统。

6.7.2　室内温度变设定值控制编程

6.7.2.1　案例描述

在某些场合下，空调房间温度可根据不同时间段，有不同的设定值。图 6-41 为变风量空调系统变风量末端控制系统框图，温度控制器根据室内温度测量值与设定值比较，控制末端风阀开度，室内温度设定值根据时间表变化。

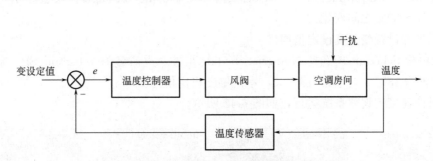

图 6-41　变风量末端控制系统框图

例如，冬季工况 8：00～18：00，室内温度设定值为 20℃，其他时间段室内温度设定值为 18℃。要实现不同时间段室内温度变设定值，可采用 NumericSchedule 组件。

6.7.2.2　NumericSchedule 组件

NumericSchedule 组件输出数值型数据，通过 NumericSchedule 组件在不同的时间段定义不同的设定值，可用其作为控制器设定值的输入。

NumericSchedule 组件与 BoolearnSchedule 组件的主要不同点有：

（1）Properties 选项卡设置不同　NumericSchedule 的 Default Output 为一个具体数值，可根据需要填写。Facets 设置为输出数值的单位、小数点位数和上下限等。

（2）Weekly Schedule 选项卡设置不同　在选择的时间段需要输入该时间段的设定值。其他设置一致，不再赘述。

6.7.2.3　编程步骤

1. 添加并设置风阀组件

添加 NumericWritable 组件，命名为 Damper，属性 Facets 修改为 unit：％，max：100，min：0。该组件用于模拟电动风阀。

2. 添加并设置 PID 控制器组件

添加 LoopPoint 组件，命名为 PIDcontroller，并做以下属性设置：

（1）Facets：设置 PIDcontroller 输出的单位和上下限，unit：％，max：100，min：0。

（2）Loop Action：Reverse，反作用，制热模式。

（3）Proportional Constant：5，设置比例增益，该控制器仅采用比例控制。

（4）Bias：50，偏差为 0 时控制器的工作点。即室内温度等于设定值时，控制器的输出为 50％，对应风阀开度为 50％。

（5）Maximum Output：100；Minimum Out：0。设置 PID 控制器输出的最大和最小值。

右击 LoopPoint 组件，打开 Pin Slots 窗口，点击 Controlled Variable 和 Setpoint 管脚，添加这两个管脚。并将显示名称修改为 CV 和 SP。

3. 添加并设置被控变量和设定值组件

添加 NumericWritable 组件，命名为 CV_Temp。复制该组件，命名为 SP_Temp。

4. 添加并设置室内温度变化仿真组件

从调色板 kitControl＞Util 内添加 Ramp 组件，命名为 Temp_Si。该组件属性设置为 Period：2 min，Amplitude：10，Offset：20，Waveform：Triangle。该组件用于模拟室内温度在 10～30℃之间变化。

5. 添加并设置变温度设定值组件

从调色板 Schedule 内选择 NumericSchedule 组件，重命名为 Schedule_SP。室内温度缺省值设置为 18℃。8：00～18：00，室内温度设定值为 20℃。

6. 组件连接，观察系统运行，如图 6-42 所示。

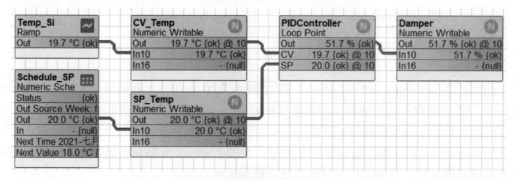

图 6-42　室内温度变设定值控制编程 Wire Sheet 视图

150

6.7.3　集中供热换热站供水温度变设定值控制编程

6.7.3.1　集中供热换热站供水温度控制策略

换热站工作原理如图 6-43 所示，换热系统包括一次管网，二次管网及补水系统三部分。一次管网与二次管网被换热器隔离，二者水力工况不发生联系，形成两个独立的系统。

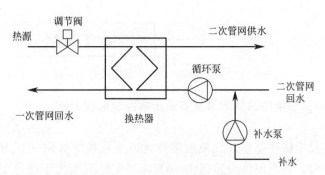

图 6-43　换热站工作原理图

热电厂提供的高温高压热水（或蒸汽）由一次管网送到各换热站，换热站将一次管网的高温高压介质经换热器将热能传递给二次管网循环水，形成二次网供暖热水，再由二次管网送至热用户，经过热用户换热后的回水返回二次管网回水管中。二次管网中的循环水由热力站的循环水泵驱动循环流动，如果二次管网回水压力不足，可由补水泵向回水管网补水。

由于实际热负荷通常小于设计热负荷，且热负荷随气温变化较大，因此需要及时调节换热站的供热量。目前，换热站的供热量调节主要包括量调和质调。所谓量调，是指供水温度不变，通过调节供水量实现供热量的调节；所谓质调，是指供水量不变，通过调节供水温度实现供热量的调节。目前，换热器二次侧供水温度控制包括定供水温度控制和变供水温度控制两种形式。

（1）换热器二次侧定供水温度自动控制　供热系统运行时，二次回路供水温度设定值始终保持不变。系统采用电动调节阀调节换热器一次侧高温热水的供水流量，调节换热器的换热量，实现二次回路供水温度的控制。二次回路供水温度控制系统方框图如图 6-44 所示。图中，$T_{set}(t)$ 表示供水温度设定值，$T_0(t)$ 表示流出换热器的二次侧供水温度值，$e(t)$ 表示设定值和测量值之间的偏差。

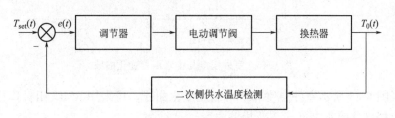

图 6-44　换热器供水温度自动控制

（2）基于气象数据的换热器二次侧变供水温度自动控制　供热系统运行时，二次回路供水温度设定值根据室外气象数据变化。当室外温度低时，提高供水温度设定值，当室外

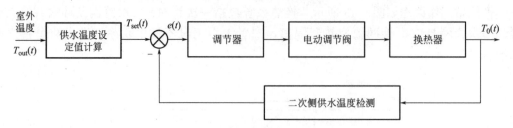

温度高时，降低供水温度设定值。二次回路变供水温度控制系统方框图如图 6-45 所示，与图 6-44 的主要区别是设定值随着室外气象数据的变化而变化。

图 6-45 换热器供水温度变设定值自动控制

6.7.3.2 集中供热换热站供水温度变设定值控制编程案例

1. 案例描述

（1）供水温度设定值根据室外气象温度变化，变化规律如图 6-46 所示，当室外温度小于或等于 -10℃时，供水温度设定值为 60℃，当室外温度大于或等于 10℃时，供水温度设定值为 50℃。当室外温度在 -10~10℃之间变化时，供水温度设定值在 60~50℃之间线性变化。

（2）控制器采用 PID 控制器，输出 0~100%。

（3）执行器为电动调节阀，调节一次管网流量，输入 0~100%。

（4）室外温度仿真，模拟室外温度 -20~+20℃ 变化。

（5）供水温度仿真，模拟供水温度 50~60℃变化。

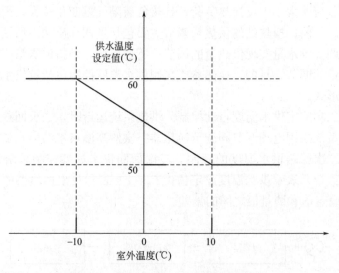

图 6-46 室外温度与供水温度变化曲线

要实现图 6-46 所示室外温度和供水温度变化曲线，可采用 Math 组件库中的 Reset 组件，具体应用可参照本书第 5.7 节相关内容。

2. 编程步骤

（1）添加并设置电动调节阀组件

在 Wire Sheet 视图中添加 NumericWritable 组件，命名为 Valve，Facets 设置为

152

unit：%，max：100，min：0。该组件用于模拟电动调节阀。

（2）添加并设置 PID 控制器组件

添加 LoopPoint 组件，命名为 PIDcontroller，并做以下属性设置：

1）Facets：unit：%，max：100，min：0。

2）Loop Action：Diverse，反作用。供热模式，若供水温度高于设定值，一次回路电动调节阀开度关小。

3）Proportional Constant：10，Bias：50，Maximum Output：100，Minimum Output：0。

添加 Controlled Variable 和 Setpoint 管脚，并将管脚名称修改为 CV 和 SP。

（3）添加并设置被控变量和设定值组件

添加 NumericWritable 组件，命名为 T0_CV。复制该组件，命名为 T0_SP。

（4）添加并设置供水温度和室外温度变化仿真组件

1）供水温度变化仿真组件。从 Util 组件库中添加 Ramp 组件，命名为 T0_Si。该组件属性设置为 Period：2min，Amplitude：5，Offset：55，Waveform：Triangle。该组件用于模拟供水温度 T_0 在 50～60℃之间变化。

2）室外温度变化仿真组件。从 Util 组件库中添加 SinVave 组件，命名为 Tout_Si。该组件属性设置为 Period：2min，Amplitude：20，Offset：0。该组件用于模拟室外环境温度 T_{out} 在 −20～20℃之间正弦波变化。

（5）添加并设置供水温度变设定值计算组件

从 Math 组件库中添加 Reset 组件，命名为 ResetT0，按照图 6-46 设置输入上下限和输出上下限。

（6）组件连接，观察系统运行，如图 6-47 所示。

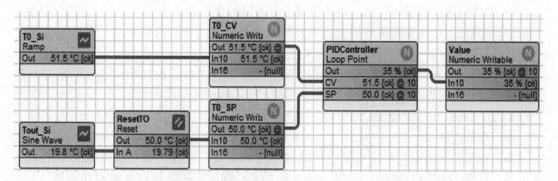

图 6-47　换热站供水温度变设定值控制 Wire Sheet 视图

6.8　新风机组控制系统编程

6.8.1　新风机组控制系统原理

新风机组由新风阀、过滤器、空气冷却器（或空气加热器）、送风机等组成。为实现新风机组对新风的处理功能，满足用户的新风需求，应配置压差开关、风阀执行器、温度传感器、湿度传感器、防冻开关、电动调节阀、DDC 控制器等，构成新风机组控制系统。

图 6-48 为新风机组 DDC 原理图。

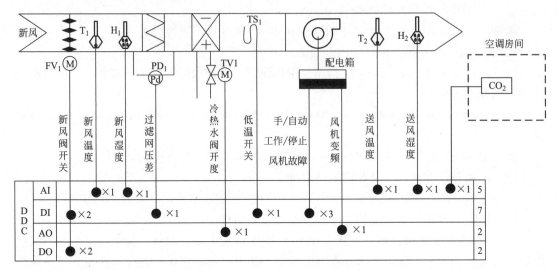

图 6-48　新风机组 DDC 原理图

在中央空调系统设计中，新风机组有些情况下承担室内负荷，有些情况下不承担室内负荷。假如该新风机组不承担室内负荷，工况为夏季工况，若夏季室内温度设定值为 26℃，则该新风机组控制系统需要将新风机组的送风温度控制在 26℃。新风机组的监控功能主要包括：设备运行状态的监测；温度、湿度和 CO_2 浓度等参数的监测；送风温度、CO_2 浓度控制及联锁及保护控制等。

1. 新风机组监测

（1）状态监测

1）监测送风机的运行状态、故障报警（是否过载等）等。

2）监测新风过滤器两侧的压差。当滤网堵塞导致过滤器阻力增大时，压差开关吸合给出"通"的信号，表明过滤器需要清洗或更换。

3）监测防冻开关的状态。用于冬季工况，当防冻开关吸合时给出"通"的信号，控制器进行联锁停机保护，关闭送风机和新风阀，打开热水阀。

4）新风阀打开/关闭状态。

（2）参数监测

新风机组监测的空气参数主要包括新风温度和湿度、送风温度和湿度以及室内 CO_2 浓度等，可选用 DC 4～20mA 或 DC 0～10V 的温、湿度变送器和 CO_2 浓度变送器。

2. 新风机组控制

新风机组的控制内容主要包括送风温度控制、CO_2 浓度控制、时间表控制、防冻开关联锁控制等。

（1）送风温度控制

图 6-49 为送风温度控制系统框图，若系统运行在夏季工况，送风温度设定值为 26℃，通过送风温度传感器检测送风温度，温度传感器将实际送风温度信号送给温度控制器，与设定值比较，根据比较结果按照预先设定的控制规律输出相应的控制信号，调节电动调节阀开度以改变表冷器冷水流量，从而维持送风温度恒定。

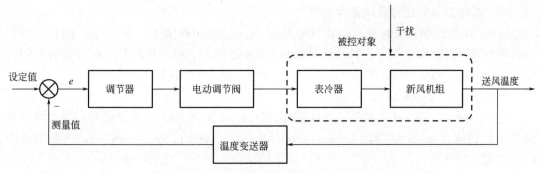

图 6-49　送风温度控制系统方框图

（2）CO_2 浓度控制

新风机组的主要功能是满足室内空气品质的需求，在空调系统中通常以室内 CO_2 浓度表征室内空气品质。CO_2 浓度控制系统方框图如图 6-50 所示，假如室内 CO_2 浓度设定值为 800ppm，通过 CO_2 传感器检测室内 CO_2 浓度，CO_2 传感器将实际 CO_2 浓度送给控制器，与设定值比较，根据偏差信号 e 按照预先设定的控制规律输出相应的控制信号，改变送风机的供电频率，从而改变新风量，达到节能降耗的目的。

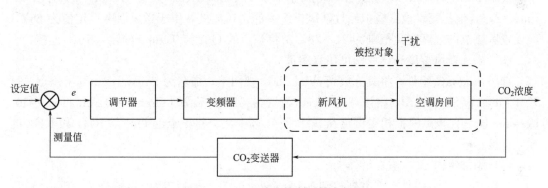

图 6-50　CO_2 浓度控制系统方框图

（3）时间表控制

根据时间表 Schedule 控制新风机组的启停。

（4）防冻开关控制

当防冻开关动作，采取连锁控制，关闭新风机、新风阀，将热水阀打开。

6.8.2　新风机组控制系统编程

新风机组控制系统 Wire Sheet 编程步骤如下：

1. 新建 Fresh Air Unit Control 文件夹，双击打开 Wire Sheet 视图。

2. 添加模拟量输入组件

（1）添加新风温度和送风温度组件

从调色板 kitControl＞ControlPalette＞Points 内选择 NumericWritable 组件，将其拖放到 Wire Sheet 视图上，重命名为 Temp1，该点为新风温度。双击该点，打开其 Property Sheet 视图，将该点的 Facets 设置成℃；复制粘贴该点，将该点的名称修改为 Temp2，其他不变，建立送风温度点。

（2）添加新风湿度和送风湿度组件

选择 NumericWritable 组件，将其拖放到 Wire Sheet 视图上，重命名为 RH1，该点为新风相对湿度。双击该点，打开其 Property Sheet 视图，将该点的 Facets 设置为%RH；复制粘贴该点，将该点的名称修改为 RH2，其他不变，建立送风相对湿度点。

（3）添加室内 CO_2 组件

选择 NumericWritable 组件，将其拖放到 Wire Sheet 视图上，重命名为 CO2，将该点的 Facets 设置为 ppm（选择 Concentration（），part per million（ppm）），该点为室内 CO_2 浓度。

3. 添加模拟量输入仿真组件

（1）添加新风温度仿真组件

从调色板 kitControl＞Util 内选择 Sinewave 组件，将其拖放到 Wire Sheet 视图上，双击该点，打开其 Property Sheet 视图，将该点的 Facets 设置为℃，设置 Offset＝32，Amplitude＝5，Period＝1min。该点模拟新风温度从 27℃ 到 37℃ 变化。将该点的 Out 与 Temp1 的输入 In10 连接。

（2）添加送风温度仿真组件

复制粘贴上述 Sinewave 组件，将其重命名为 Sinewave1，设置 Offset＝26，Amplitude＝2，其他不变。该点模拟经过新风机组后的送风温度，由于送风温度设定值为 26℃，经设置后该点的温度变化范围为 24～28℃。将该点的 Out 与 Temp2 的输入 In10 连接。

（3）添加新风湿度和送风湿度仿真组件

选择 Sinewave 组件，将其拖放到 Wire Sheet 视图上，命名为 Sinewave2。双击该点，打开其 Property Sheet 视图，将该点的 Facets 设置为%RH，设置 Offset＝60，Amplitude＝10，Period＝1min。该点模拟相对湿度从 50% 到 70% 变化。将该点的 Out 与 RH1 和 RH2 的输入连接。

（4）添加室内 CO_2 仿真组件

选择 Sinewave 组件，将其拖放到 Wire Sheet 视图上，命名为 Sinewave3。双击该点，打开其 Property Sheet 视图，将该点的 Facets 设置为 ppm，设置 Offset＝800，Amplitude＝200，Period＝10mim。该点模拟室内 CO_2 浓度从 600ppm 到 1000ppm 变化。将该点的 Out 与 CO_2 组件的输入连接。

4. 添加布尔传感器组件

（1）添加过滤器压差开关组件

选择 BooleanWritable 组件，将其拖放到 Wire Sheet 视图上，重命名为 PD。双击该点，打开其 Property Sheet 视图，将该点的 Facets 设置为 trueText：On，falseText：Off，FallBack 设置为 Off，并保存。

（2）添加防冻开关组件

复制 PD 组件，将其名称修改为 TS。

在实际工程中，布尔输入通常还包括送风机状态、送风机故障报警、风阀状态等。

5. 添加风阀和送风机组件

（1）从调色板 ControlPalette＞Points 内选择 BooleanWritable 组件，将其拖放到 Wire Sheet 视图上，重命名为 Damp。双击该点，打开其 Property Sheet 视图，将该点的 Facets

设置为 trueText：On，falseText：Off，并保存，添加风阀组件。

（2）复制粘贴 Damp 点，将该点的名称修改为 Fan，其他不变，添加送风机组件。

6. 添加设定值组件

（1）添加室内 CO_2 浓度设定值组件

从调色板 ControlPalette＞Points 内选择 NumericWritable 组件，将其拖放到 Wire Sheet 视图上，重命名为 SP_CO2，该点为室内 CO_2 设定值。双击该点，打开其 Property Sheet 视图，将 Fallback 设置为 800，即室内 CO_2 浓度设定值为 800ppm。

（2）添加送风温度设定值组件

复制粘贴 SP_CO2 点，将该点的名称修改为 SP_Temp，该点为送风温度设定值。双击该点，打开其 Property Sheet 视图，将 Facets 设置为℃，Fallback 设置为 26，即送风温度设定值为 26℃。

7. 添加执行器组件

（1）添加电动调节阀组件

从调色板 ControlPalette＞Points 内选择 NumericWritable 组件，将其拖放到 Wire Sheet 视图上，重命名为 Valve，添加电动调节阀组件。双击该点，打开其 Property Sheet 视图，将 Facets 设置为 unit：％，min：0，max：100。

（2）添加变频器组件

复制粘贴 Valve 点，将其名称修改为 FanFreq，添加风机变频器组件。双击该点，打开其 Property Sheet 视图，将 Facets 设置为 unit：Hz，min：0，max：50。

8. 添加送风温度 PID 控制组件

从调色板 kitControl＞HVAC 内选择 LoopPoint 组件，将其拖放到 Wire Sheet 视图上，重命名为 TempPID。

（1）双击该点，打开 Property Sheet 视图，给 Facets 分配单位：100％，给 Input Facets 分配单位：℃，比例增益 Proportional Constant 设置为：25，偏置 Bias 设置为：50，控制器 Action 设置为：Direct（制冷，夏季工况）。

（2）点击右上角，打开 AX Slot Sheet 视图，双击被控变量 Controlled Variable 区段，将名称修改为 CV；双击设定值 Setpoint 区段，将名称修改为 SP。

（3）右击 TempPID 组件，选择最下端的 Pin Slots 选项，选择 CV 和 SP，该两点将作为输入端子在组件上显示。

（4）将 TempPID 组件的输入 CV 与组件 Temp1 的输出 Out 连接，将 TempPID 组件的输入 SP 与组件 Setpoint_Temp 的输出 Out 连接。将 TempPID 组件的输出 Out 与组件 Valve 的输入连接。

9. 添加 CO_2 PID 控制组件

将 LoopPoint 组件拖放到 Wire Sheet 视图上，重命名为 CO2PID。

（1）双击该点，打开 Property Sheet 视图，给 Facets 分配单位：Hz，比例增益 Proportional Constant 设置为：0.1，偏置 Bias 设置为：25，控制器 Action 设置为：Direct（正作用），Minmum Output 设置为：25，Maximum Output 设置为：50。最小运行频率的设置，可避免变频器运行在低于 25Hz 频率下，保证设备的运行安全。

（2）点击右上角，打开 AX Slot Sheet 视图，双击被控变量 Controlled Variable 区段，

将名称修改为 CV；双击设定值 Setpoint 区段，将名称修改为 SP。

（3）右击 CO2PID 组件，选择最下端的 Pin Slots 选项，选择 CV 和 SP，该两点将作为输入端子在组件上显示。

（4）将 CO2PID 组件的输入 CV 与 CO2 组件的输出 Out 连接，将 CO2PID 组件的输入 SP 与组件 Setpoint_CO2 的输出 Out 连接。将 CO2PID 组件的输出 Out 与组件 FanFreq 连接。

10．建立工作表 Schedule

从调色板 Schedule 内选择 BooleanSchedule 组件，将其拖放到 Wire Sheet 视图上，名称修改为 FAUSchedule。设置时间区间 9：00～18：00 为 ON，其他时间为 OFF。将 FHUSchedule 组件的输出 Out 与 Damp 与 Fan 组件连接。

图 6-51 为完成的新风机组控制系统 Wire Sheet 视图。

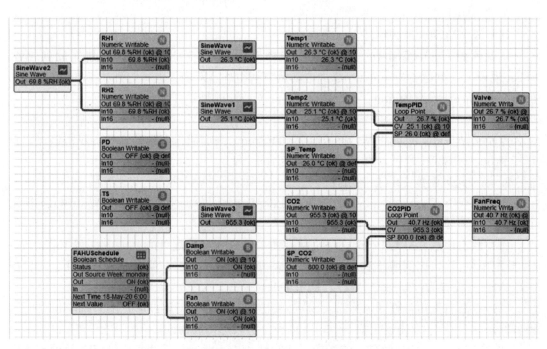

图 6-51　新风机组控制系统 Wire Sheet 视图

本章习题

1．在双位控制 Wire Sheet 视图编程中：

（1）说出 Tstat 组件 Diff 属性和 Action 属性的含义；

（2）夏季工况，室内温度设定值为 25℃，滞环区为±1℃，Diff 属性和 Action 属性应该如何设置？

2．（1）PID 控制器组件是什么？其属性设置主要有哪些？

（2）在循环泵 PID 变频控制中，若输出为频率信号，从循环泵的运行安全考虑，希望循环泵的运行频率不要低于 25Hz，在 PID 控制器组件中可通过哪个属性的设置实现该功能？

3. 若在不同的时间段设备的启停状态不同，可采用哪个时间表组件实现？若在不同的时间段室内温度设定值不同，可采用哪个时间表组件实现？

4. Weekly Schedule 组件输出的优先级共有哪四级？

5. 设备轮询控制主要有哪两种控制策略？其对应的组件是什么？

6. 在 Wire Sheet 视图中添加一个 BooleanWritable 点，将名称修改为 AC。

（1）在该组件上添加 DiscreteTotalizerExt 扩展，熟悉其属性设置；

（2）将 DiscreteTotalizerExt 扩展里的 Elapsed Active Time（累积运行时间）和 Reset Elapsed Active Time（重置累积运行时间）属性合成到 AC 组件上，并将 Reset Elapsed Active Time 重命名为 ResetRuntime，Elapsed Active Time 重命名为 Runtime。

7. 在基于负荷的设备台数控制中可采用 SequenceBinary 组件和 SequenceLinear 组件，这两个组件对多个设备的容量有什么要求？

8. 编写空调双位控制程序，要求：

（1）夏季，室内有两台空调，通过一个双位控制器控制空调启停；

（2）室内温度设定值为 24℃，双位控制器的滞环区为 ±1℃；

（3）采用 Saw Tooth（锯齿状）斜坡信号模拟室内温度从 15℃ 到 35℃ 变化，信号周期为 1min。

9. 编写空调轮询控制程序，要求：

（1）在习题 8 空调双位控制控制基础上进行；

（2）每次运行只启动一台空调，让累积运行时间短的设备启动运行；

（3）模拟空调机组的状态反馈，且状态反馈延迟时间为 5s。

10. 编写空调机房冷水机组时间表控制程序，要求：

（1）工作日 9：00～18：00，冷水机组运行，非工作日不运行；

（2）设置国庆节（10 月 1～7 日）和元旦（1 月 1 日）冷水机组不运行。

11. 编写新风机组 CO_2 浓度 PID 控制程序，要求：

（1）通过新风机变频调节新风量大小；

（2）CO_2 浓度设定值为 800ppm；

（3）采用 Sine 组件模拟 CO_2 浓度从 400ppm 到 1200ppm 变化，周期为 10min；

（4）PID 控制器采用比例控制，输出量程范围为 0～50Hz；比例增益 $K_p=0.1$；偏置 Bias=25Hz；Maximum Output=50Hz；Minimum Out=20Hz。

第7章 历史数据与报警编程

7.1 数据库基本知识

数据库是指长期储存在计算机内、有组织的、可共享的数据集合。物联网平台会产生大量的数据，包括历史数据、报警信息以及通过数据处理产生的新数据等，这些数据需要存放在数据库中，用于数据查询、数据处理和数据深度分析等。

7.1.1 数据库数据模型

数据库数据模型是数据库的形式构架，用以描述数据库的数据组织形式，数据模型包含数据结构、数据操作和数据约束条件3个要素。数据结构用于描述数据的静态特性，是指相互之间存在一种或多种特定关系的数据元素的集合；数据操作用于描述数据的动态特性，是指对数据库中各种对象类型实体可以执行的所有操作及相关操作规则的集合，例如查询、分类、归并、排序、存取、输入和输出等；数据约束条件是指一组完整性规则集合，这些规则通过限定符合数据模型的数据库状态及其变化的方法保证数据的正确性、有效性和相容性。数据结构是基础，确定数据模型的性质；数据操作是关键，确定数据模型的动态特性；约束条件是辅助，保证数据性能。

典型的数据结构主要有层次结构、网状结构、关系结构和面向对象结构4种类型，相应的数据库数据模型分别为层次模型、网状模型、关系模型和面向对象模型。

（1）层次模型　层次模型是数据库发展的早期模型，为根树结构。它的表达方式直观、自然，但存在处理效率低、更新操作不方便、数据独立性差等缺陷。

（2）网状模型　网状模型是对层次模型的拓展，是一种用网络结构表示实体类型及其实体之间联系的、可以灵活地描述事物及其之间关系的数据库模型。其与层次模型比较具有较大的数据建模能力和灵活性，但由于结构复杂限制了其应用。目前层次模型和网状模型基本退出市场，取而代之为关系模型。

（3）关系模型　关系模型本质上就是二维表格模型，关系模型实体间的联系是通过二维关系定义的，每一种二维关系都可以用一张二维表表示。关系模型是当今最流行的数据模型，基于关系模型的数据库称为关系型数据库，例如当前流行的 SQL Server，Oracle，Mysql 等均为关系型数据库。关系模型具有数据结构简单、数据一致性好、容易理解、使用方便和易于维护等优点，得到了广泛应用。但是在大数据时代，存在海量数据的读写效率低、可扩展性差、对象的语义表达能力差等缺陷。

（4）面向对象模型　面向对象模型是一种新兴的数据模型，它采用面向对象的方法来设计数据库。面向对象的数据库存储对象是以对象为单位，每个对象包含对象的属性和方法，具有类和继承等特点。面向对象模型具有效率高、易扩展、易维护等优点，面向对象数据库技术有望成为继关系数据库技术之后的新一代数据管理技术。

7.1.2　数据库查询语言 SQL

SQL（Structured Query Language）是一种结构化查询语言，是关系型数据库的标准语言。SQL 问世后，由于其功能强大、语法简洁、使用方便、简单易学等特点受到了广大用户和数据库厂商的青睐。SQL 成为国际标准以后，由于绝大多数数据库厂商都支持 SQL，所以 SQL 可以用于各种关系型数据库，用 SQL 编写的程序可以在不同的数据库系统中移植。

SQL 包括数据定义、数据操作、数据查询、数据控制 4 大功能。

1. 数据定义

数据定义是指对数据库对象的定义、修改和删除，通过 CREATE、ALTER、DROP 语句完成。数据库对象主要包括数据表、索引、视图、图表等，目前关系型数据库用到最多的对象是数据表，CREAT TABLE、ALTER TABLE 和 DROP TABLE 语句分别用于创建数据表、修改数据表和删除数据表。若创建的数据表数据结构需要修改，可通过 ALTER TABLE 语句完成，包括修改字段名、数据类型、增加和删除字段等，相应语句为 ALTER、ADD 和 DROP。

2. 数据操作

通过 CREATE TABLE 创建的新表是一个空表，没有任何数据。数据操作就是在数据表中插入、修改和删除数据，通过 INSERT、UPDATE 和 DELETE 语句完成。INSERT 语句用于向数据表中插入数据。数据输入到数据表后，若输入数据有误，需要对表中数据修改，UPDATE 语句用于数据修改。若随着时间的推移，数据表中有些数据需要淘汰，则需要将其从数据表中删除，DELETE 语句用于数据删除。

3. 数据查询

数据查询用以从表中获取数据，是数据库最常用的功能。SQL 的最初设计就是用于数据查询，这也是"Structured Query Language"名称的由来。在 SQL 中，数据查询通过 SELECT 语句完成。SELECT 语句的语法结构简洁、功能强大、灵活多变，与 WHERE、BETWEEN、IN、ORDER BY，GROUP BY 和 HAVING 等组合可完成很多复杂的查询任务。

4. 数据控制

数据库中的数据由多个用户共享，为保证数据库的安全，SQL 提供数据控制语句对数据库进行统一的控制管理。数据控制功能主要通过 GRANT 和 REVOKE 语句完成。GRANT 语句用于为用户授予系统权限，REVOKE 语句用以收回用户系统权限。

7.2　历史数据编程

7.2.1　历史数据编程基础

7.2.1.1　概述

网络控制器采集的数据属于实时数据，很多情况下需要将实时数据保存起来以便后期查询和数据分析。历史数据是有时间戳记录数据的有序集合。在 Niagara 中，History Space（历史空间）提供了在历史数据库中查看和使用历史数据的方法。为了给站点中的历史数据提供数据库支持，站点必须包含 History Service 历史服务。一旦运行 History

Service，可以采用 History ORD 机制访问数据库中创建的历史数据。此外，还需要给需要历史记录的数据点添加正确的历史扩展并进行合适的配置。

网络控制器采集的数据很多，历史数据编程时首先要确定哪些数据需要历史记录，记录的频率是多少。若记录的频率过高，将导致较大的内存吞吐量；若记录的频率过低，有可能导致有用信息的丢失。历史数据记录形式可以根据数据变化记录数据，也可以根据时间间隔记录数据。在实际工程中，通常按照时间间隔记录数据，这种方式可保证历史数据时间的一致性。

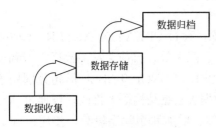

图 7-1   历史数据记录基本流程

历史数据记录的基本流程如图 7-1 所示。

（1）数据收集   确定网络控制器采集的数据哪些需要记录，并确定是根据数据变化记录，还是根据时间间隔记录。如果根据数据变化记录，确定数据变化的幅值；如果根据时间间隔记录，确定记录的时间间隔。

（2）数据存储   主要包括定义要存储的数据库文件名，以及定义数据库文件的容量。若为网络控制器站点，由于网络控制器内部的存储容量有限，需要定义一个有限的数据库文件容量，缺省值为 500 条记录；若为 Supervisor 站点，可定义为 Unlimited（无限制）。

（3）数据归档   是指将网络控制器站点存储的历史数据定期归档到 Supervisor 站点。网络控制器站点的存储容量有限，Supervisor 站点的存储容量无限，将网络控制器站点里的历史记录定期归档到 Supervisor 站点，用于历史数据的永久保存。

该章节主要讲述数据收集和数据存储，数据归档部分将在本书第 9 章讲述。

7.2.1.2   历史扩展组件

Niagara 提供了两种类型的历史扩展组件：

（1）Interval 类型   即 Time Interval，按照时间间隔收集历史数据的扩展。

（2）Cov 类型   即 Change of Value，按照数据变化收集历史数据的扩展。

控制点包括布尔点、数值点、枚举点和字符串点，每一种又包括上述两种历史扩展类型，因此共包括 8 种类型历史扩展组件，如表 7-1 所示。

历史扩展组件   表 7-1

布尔型	数值型	枚举型	字符串型
BoolearnInterval	NumericInterval	EnumInterval	StringInterval
BoolearnCov	NumericCov	EnumCov	StringCov

下面以 BoolearnInterval 扩展组件为例讲述其属性视图功能。将 BoolearnInterval 扩展组件添加到一个 BoolearnWritable 点上，其属性对话框如图 7-2 所示。

（1）Status   只读，描述组件当前的状态，包括 "ok" "down" "disabled" "fault"。当 Enabled 为 "false" 时，显示 "disabled"。

（2）Fault Cause   只读，当 Status 显示 "fault" 时，给出故障原因。

（3）Enabled   使能，缺省情况下，Enabled 属性为 "false"。要使历史记录生效，需要将 "false" 修改为 "true"。

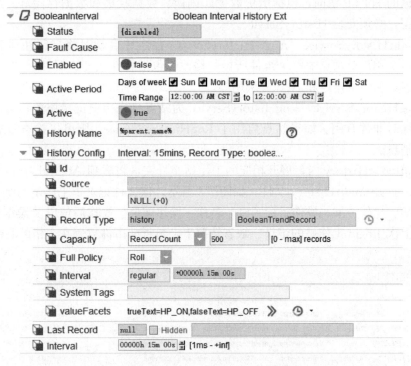

图 7-2 BoolearnInternal 扩展组件属性图

（4）Active Period 设置组件的有效时间周期，缺省情况下为一直有效。

（5）Active 只读，根据 Active Period 设置的有效时间周期输出，若 Active Period 为缺省设置，Active 将一直输出"true"。

（6）History Name 使用标准化格式命名历史数据文件名。缺省情况下，历史数据文件名为 %parent.name%，表示使用父组件的名称作为历史数据文件名。当采用 Duplicate 复制组件时，历史数据文件名将根据复制后的父组件名称的变化而变化。例如，一个命名为"Temp"的 NumericWritable 组件，缺省情况下历史数据文件名为"Temp"，当采用 Duplicate 复制该组件时，复制后的组件名称自动变为"Temp1"，相应的，其历史数据文件名也同步变为"Temp1"。若历史数据文件名采用非标准化格式，在进行组件复制时将产生"fault"状态，需要手动修改历史数据文件名。

（7）History Config 配置存储容量 Capacity，缺省值为 500，可根据需要设置。Full Policy 通常选择"Roll"，即数据存储采取先进先出原则，当存储容量达到上限后，最先存储的数据将移出。Full Policy 若选择"Stop"，当存储容量达到上限后将停止数据存储。

（8）Interval 设置历史数据记录的时间间隔。缺省值为 15min，可根据实际需要设置。

7.2.1.3 历史服务

历史服务包括 HistoryService（历史服务）、AuditHistoryService（审核历史服务）和 LogHistoryService（日志历史服务）。若 Service 文件夹内没有这 3 个历史服务，可从 history 组件库中添加。

1. HistoryService 每个站点包含一个 HistoryService。HistoryService 提供站点内所

有历史数据的 HTTP 访问，包括历史数据库创建、数据收集和数据存储等。站点内要使用历史数据，必须安装 HistoryService。

2. AuditHistoryService　AuditHistoryService 在系统启动时将自己注册为系统审核器，记录每个用户对站点中每个组件所做的修改，包括属性改变、属性添加、属性移除、属性重命名、属性重排序和 Action 调用等。

3. LogHistoryService　LogHistoryService 为站点日志历史记录服务，当站点出现故障需要排除时非常有用。如果站点启用了 LogHistoryService，则可以检查日志历史记录中最近的消息。

在 Station＞History 内，展开相应的工作站文件夹，将看到 AuditHistory 和 LogHistory 文件。打开 AuditHistory 文件，如图 7-3 所示，该文件记录了工作站的所有操作，包括操作时间、操作类型、操作目标、Slot 名称、操作前值、操作后值以及操作员等。图中加深行为上次 Login 工作站的记录。缺省情况下，最近的事件放置在表格的底部。

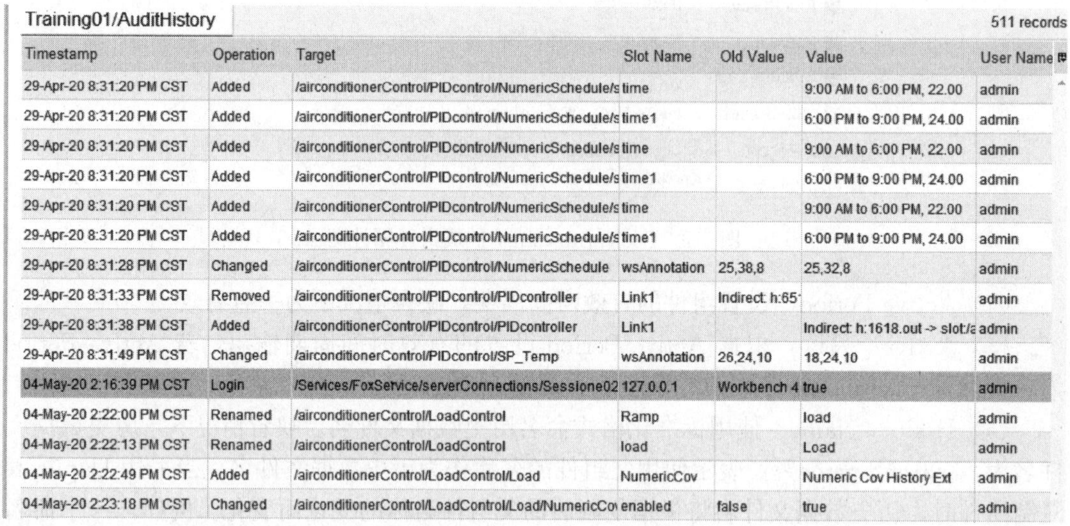

Training01/AuditHistory						511 records
Timestamp	Operation	Target	Slot Name	Old Value	Value	User Name
29-Apr-20 8:31:20 PM CST	Added	/airconditionerControl/PIDcontrol/NumericSchedule/s	time		9:00 AM to 6:00 PM, 22.00	admin
29-Apr-20 8:31:20 PM CST	Added	/airconditionerControl/PIDcontrol/NumericSchedule/s	time1		6:00 PM to 9:00 PM, 24.00	admin
29-Apr-20 8:31:20 PM CST	Added	/airconditionerControl/PIDcontrol/NumericSchedule/s	time		9:00 AM to 6:00 PM, 22.00	admin
29-Apr-20 8:31:20 PM CST	Added	/airconditionerControl/PIDcontrol/NumericSchedule/s	time1		6:00 PM to 9:00 PM, 24.00	admin
29-Apr-20 8:31:20 PM CST	Added	/airconditionerControl/PIDcontrol/NumericSchedule/s	time		9:00 AM to 6:00 PM, 22.00	admin
29-Apr-20 8:31:20 PM CST	Added	/airconditionerControl/PIDcontrol/NumericSchedule/s	time1		6:00 PM to 9:00 PM, 24.00	admin
29-Apr-20 8:31:28 PM CST	Changed	/airconditionerControl/PIDcontrol/NumericSchedule	wsAnnotation	25,38,8	25,32,8	admin
29-Apr-20 8:31:33 PM CST	Removed	/airconditionerControl/PIDcontrol/PIDcontroller	Link1	Indirect h:65!		admin
29-Apr-20 8:31:38 PM CST	Added	/airconditionerControl/PIDcontrol/PIDcontroller	Link1		Indirect h:1618.out -> slot/a	admin
29-Apr-20 8:31:49 PM CST	Changed	/airconditionerControl/PIDcontrol/SP_Temp	wsAnnotation	26,24,10	18,24,10	admin
04-May-20 2:16:39 PM CST	Login	/Services/FoxService/serverConnections/Session02	127.0.0.1	Workbench 4 true		admin
04-May-20 2:22:00 PM CST	Renamed	/airconditionerControl/LoadControl	Ramp		load	admin
04-May-20 2:22:13 PM CST	Renamed	/airconditionerControl/LoadControl	load		Load	admin
04-May-20 2:22:49 PM CST	Added	/airconditionerControl/LoadControl/Load	NumericCov		Numeric Cov History Ext	admin
04-May-20 2:23:18 PM CST	Changed	/airconditionerControl/LoadControl/Load/NumericCov	enabled	false	true	admin

图 7-3　AuditHistory 文件

7.2.1.4　历史视图

历史数据在很多情况下需要可视化展示，以让用户有直观的认识。在 Niagara 中，历史数据的可视化展示有多种不同的视图，下面给出常用的几种。

1. Chart 视图

该视图为默认视图，绘制的数据既可以是实时数据，也可以是历史数据。不同类型的数据可以在同一个图中显示，如图 7-4 所示。其中，Load 为数值型数据，图形为折线图，HP1 为布尔型数据，图形为"泳道"图，以不同颜色表示布尔状态，图中深颜色表示"ON"，浅颜色表示"OFF"。

Chart 属性设置。点击图 7-4 中的属性设置按钮，打开 Chart 属性对话框，如图 7-5 所示，可以对 Chart 属性进行设置。在 Series 内可以修改图的颜色和线型。线型包括 Line、Discrete line、Shade 和 Bar 4 种类型。Line 线型是指使用线性插值绘制的平滑线，缺省情况下数值型数据为此线型；Discrete line 线型是指绘制不带插值的"阶梯"线；Shade 线

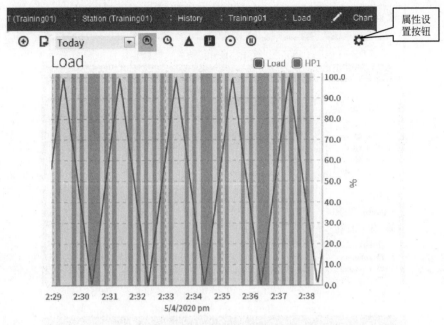

图 7-4　Chart 图

型又称为"泳道"线型，不同颜色泳道表示不同状态，缺省情况下布尔型数据为此线型；Bar 线型为条形图。可以根据实际需要修改线型。此外，也可对 Axis、Layers、Sampling 等属性进行设置。

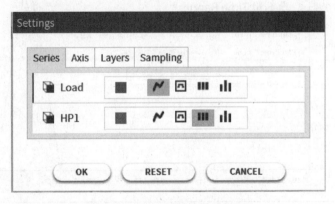

图 7-5　Chart 图属性设置界面

2. History Chart 视图

History Chart 视图沿 X 和 Y 轴绘制选定历史时间的历史数据，如图 7-6 所示。可以根据需要编辑历史时间，历史时间的设置有两种方式：一种方式为直接点击"Time Range"，从下拉菜单中选取相应的历史时间，如图 7-6（a）所示；另一种方式为点击"时钟按钮"，如图 7-6（b）所示，根据需要设置 History Chart 视图的开始时间和结束时间，第二种方式灵活性更强。

3. History Table 视图

该视图为表格视图，如图 7-7 所示。图 7-7（a）为常规的 History Table 视图，表

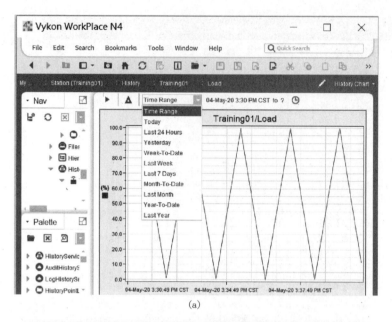

(a)

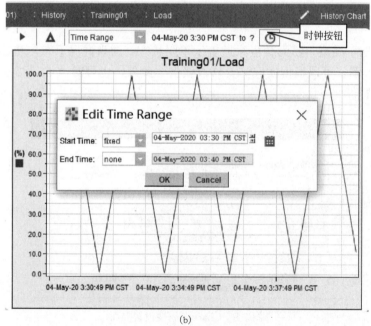

(b)

图 7-6　历史时间设置

（a）点击"Time Range"；（b）点击"时钟按钮"

格中的数据和数据点的实际值一致。图 7-7（b）为 △History Table 视图，即增量 History Table 视图，表格中的数据为前后两次历史记录数据的增量。△History Table 视图通常用于累积量数值点的历史记录表格中。例如电量表计量的数据是总电量，若设置历史记录时间间隔为 1h，当采用 △History Table 视图时，将得到当前设备的逐时功率值。History Table 视图可以根据需要编辑历史时间，历史时间的设置与 History Chart 视图一致。

图 7-7　History Table 视图

（a）常规 History Table 视图；（b）△ History Table 视图

点击 History Table 视图右上角的表格选项
（Table Option）按钮，可打开其下拉菜单，如
图 7-8 所示，可以设置表格列宽、导出表格数
据和选择显示或隐藏部分列等。导出表格数据
可以按照 PDF、CSV 和 Text 等格式导出。

4．History Editor 视图

History Editor 视图为表格形式，与 Histo-
ry Table 视图外观一致。该视图可用于编辑数
据和过滤历史数据。选取某一行或某几行数据，
点击 Edit 按钮，将打开编辑对话框，可设置数
据是否为"Hidden"，也可以对数据进行人工修
改，如图 7-9（a）所示。

图 7-8　表格选项设置

(a)

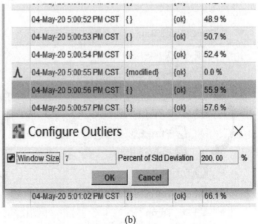

(b)

图 7-9　History Editor 视图

（a）Edit 对话框；（b）Outliers 对话框

在某些情况下，需要判断历史数据中是否有异常值，所谓异常值是指偏离正常数据的值。例如，室外温度检测，若检测的数据为99℃，显然该值为异常值。异常值的存在将大大影响数据分析的精度，因此识别、编辑或隐藏此类数据将有利于后续数据分析。点击配置"Outliers"按钮，将打开 Outliers 对话框，设置窗口尺寸大小和标准偏差百分比，如图7-9（b）所示。窗口尺寸为整数值，表示参与计算的数据点的数量。例如，窗口尺寸设置为7，即选取当前数据点、当前数据点前3个数据和当前数据点后3个数据（共计7个数据）用于计算平均值和标准偏差。标准偏差百分比的设置用于确定该数据点是否为异常值，当前设置为200%，即当数据点离数据平均值的距离大于2倍的标准偏差时，则该数据点为异常值，否则为正常值。

7.2.2 历史数据编程

7.2.2.1 根据数据点的变化记录历史数据

1. 案例描述

下面在第6.2.3节空调双位控制编程的基础上进行历史数据编程。将案例中的室内温度变化范围修改为20～40℃，其他保持不变。

收集室内温度 CV_Temp 和空调 AC_1、AC_2 数据点的历史数据，在同一个视图上对不同数据点的历史数据进行比较，然后通过不同视图查看收集的历史数据，并将其备份为.chart 文件。

2. 编程步骤

（1）将 NumericCov 扩展添加到 CV_Temp 点

1）打开 CV_Temp 点的属性视图。

2）将调色板 history＞Extensions 内的 NumericCov 扩展组件添加到 CV_Temp 点的属性视图。

3）展开 NumericCov 扩展，进行以下设置：将 Enabled 设置为 true，展开 History Config 文件夹，将容量 Capacity 设置为 600，Change Tolerance 设置为 2，保存修改。Change Tolerance 设置为 2 是指当温度变化 2℃时，产生历史记录。

4）返回导航栏的 History 文件夹，CV_Temp 历史数据文件将出现在该文件夹内。

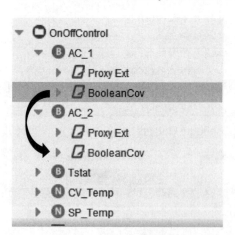

图7-10 BooleanCov 扩展复制

（2）将 BooleanCov 扩展添加到 AC_1、AC_2 点

1）打开 AC_1 点的属性视图。

2）将调色板 history＞Extensions 内的 BooleanCov 扩展组件添加到该点的属性视图，将 Enabled 设置为 true。

3）在导航栏中找到 AC_1 的 BooleanCov 扩展，从 AC_1 中将该扩展拖放到 AC_2 点的名称上，实现扩展的复制，如图 7-10 所示。

（3）查看 HistoryService

双击 HistoryService，打开其 History Ext Manager 视图，工作站里所有的历史扩展文件都将在此显示。若有历史扩展处于禁用状态，右击，选择 Enable Collection，将启用当前禁用的历史扩展。

（4）查看 History 文件夹

打开工作站上的 History 文件夹，查看刚刚设置的历史文件是否都在工作站的 History 文件夹里。

（5）查看 Chart 视图

1）双击 History 文件夹内的 CV_Temp 文件名，打开 CV_Temp 历史记录视图，缺省情况下为 Chart 视图。图 7-11（a）为自动生成的实时历史数据 Chart 视图，随着新的历史数据的加入，视图将不断更新。修改 Time Range 设置，将起始时间修改为 2020.5.5 10：00，结束时间修改为 2020.5.5 10：10。图 7-11（b）为修改后生成历史数据 Chart 视图，观察生成图形的差别。点击"Status Coloring"按钮，历史数据点将在视图上显示，如图 7-11（c），显然前后两个历史数据的差值为 2，与前面 Change Tolerance 的设置一致。

2）将 AC_1 历史数据文件拖到 CV_Temp 的 Chart 视图上，以便将该历史数据添加到同一个视图。

3）在查看图表时，注意 Chart 视图右上角的彩色按钮。取消所有选择，然后重新选择这些按钮，注意图表的变化。

（6）查看 History Table 视图

打开历史数据文件 AC_1 的 Chart 视图，点击右上角的视图选择器，从中选择 History Table 视图，将 Chart 视图切换到 Table 视图，检查表格项目。图 7-12（a）为 Chart 图，图 7-12（b）为 Table 图。

（7）输出历史数据文件

右击工作站内的 History 文件夹，选择 Views，然后选择 Chart，打开 Chart 视图。将 CV_Temp 和 AC_2 的历史数据文件拖拉到 Chart 视图上。在视图上找到 Export Wizard 按钮并单击该按钮，弹出 Export Wizard 对话框，如图 7-13 所示，做如下设置：

1）File Name：保留 File Name 文本域的默认名称；

2）Destination：Station；

3）File Type：Chart；

4）View on Export：勾选 true 选项。

单击 OK 按钮创建 Chart 视图文件。展开导航栏 Files 文件夹，可看到新增加了一个名为 Charts 的文件夹。展开该文件夹，可看到刚刚导出的 .chart 文件。

7.2.2.2 根据时间间隔记录历史数据

1. 案例描述

在工程上用得最多的是根据时间间隔记录历史数据，下面在第 6.3.3 节空调变频控制 PID 编程案例的基础上进行历史数据编程。将案例中的室内温度组件名称修改为 CV_Temp1，其他保持不变。

根据时间间隔收集室内温度 CV_Temp1 和空调 VFAC 数据点的历史数据，在同一个视图上对不同数据点的历史进行比较，然后通过不同视图查看收集的历史数据，导出 CV_Temp1 历史记录 Table 表，文件格式为 PDF 文件。

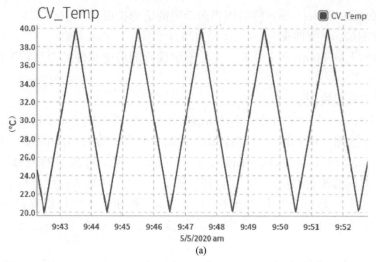

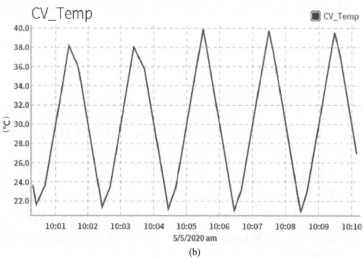

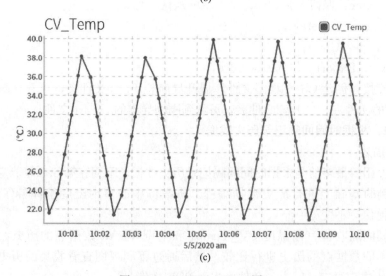

图 7-11　CV_Temp Chart 图

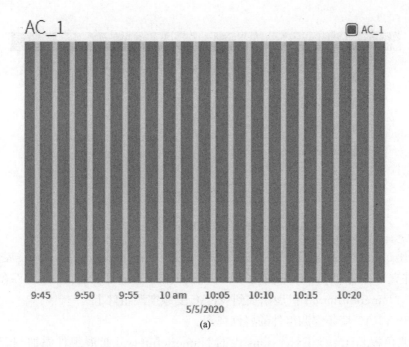

(a)

Training01/AC_1			
Timestamp	Trend Flags	Status	Value
05-May-20 9:41:33 AM CST	{start}	{ok}	AC_ON
05-May-20 9:42:15 AM CST	{}	{ok}	AC_OFF
05-May-20 9:42:51 AM CST	{}	{ok}	AC_ON
05-May-20 9:44:15 AM CST	{}	{ok}	AC_OFF
05-May-20 9:44:51 AM CST	{}	{ok}	AC_ON
05-May-20 9:46:15 AM CST	{}	{ok}	AC_OFF
05-May-20 9:46:51 AM CST	{}	{ok}	AC_ON
05-May-20 9:48:16 AM CST	{}	{ok}	AC_OFF
05-May-20 9:48:51 AM CST	{}	{ok}	AC_ON
05-May-20 9:50:15 AM CST	{}	{ok}	AC_OFF
05-May-20 9:50:51 AM CST	{}	{ok}	AC_ON
05-May-20 9:52:15 AM CST	{}	{ok}	AC_OFF

(b)

图 7-12　AC_1 历史趋势图

(a) Chart 图；(b) Table 图

2. 编程步骤

（1）将 NumericInterval 扩展添加到 CV_Temp1 点

1）打开 CV_Temp1 点的属性视图。

2）将调色板 history＞Extensions 内的 NumericInterval 扩展组件添加到 CV_Temp1 点的属性视图上。

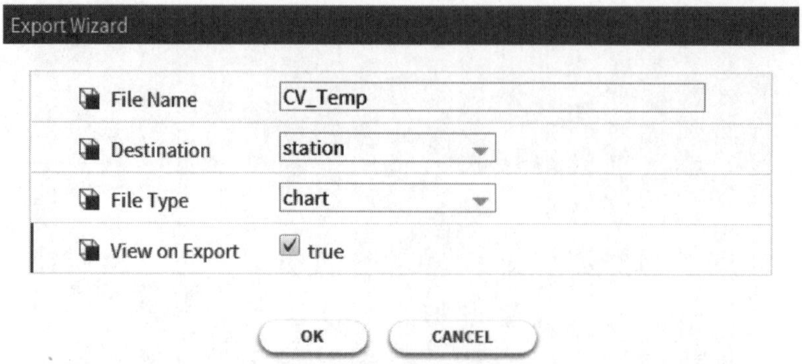

Export Wizard

	File Name	CV_Temp
	Destination	station ▼
	File Type	chart ▼
	View on Export	☑ true

OK   CANCEL

图 7-13　创建 Chart 视图文件

3）展开 NumericInterval 扩展，进行以下设置：Enabled 设置为 true，展开 History Config 文件夹，容量 Capacity 设置为 600，时间间隔 Interval 设置为 30s，保存修改。

（2）将 NumericInterval 扩展添加到 VFAC 变频空调组件上

1）打开 VFAC 变频空调组件的属性视图。

2）将调色板 history＞Extensions 内的 NumericInterval 扩展组件添加到 VFAC 点的属性视图上。

3）展开 NumericInterval 扩展，按照上述方法设置与 CV_Temp1 点相同的 NumericInterval 扩展属性。

（3）绘制视图

和上一案例方法相同。图 7-14（a）为 CV_Temp1、VFAC Chart 视图，图 7-14（b）为 CV_Temp1 History Table 视图。从 Chart 视图的数据点位置和 Table 视图的时间标签可以看出，时间间隔为 30s，在实际工程中可根据需要设置为 1min、5min 或 15min 等。

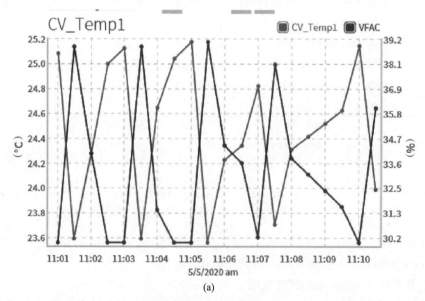

(a)

图 7-14　根据时间间隔记录历史数据视图（一）

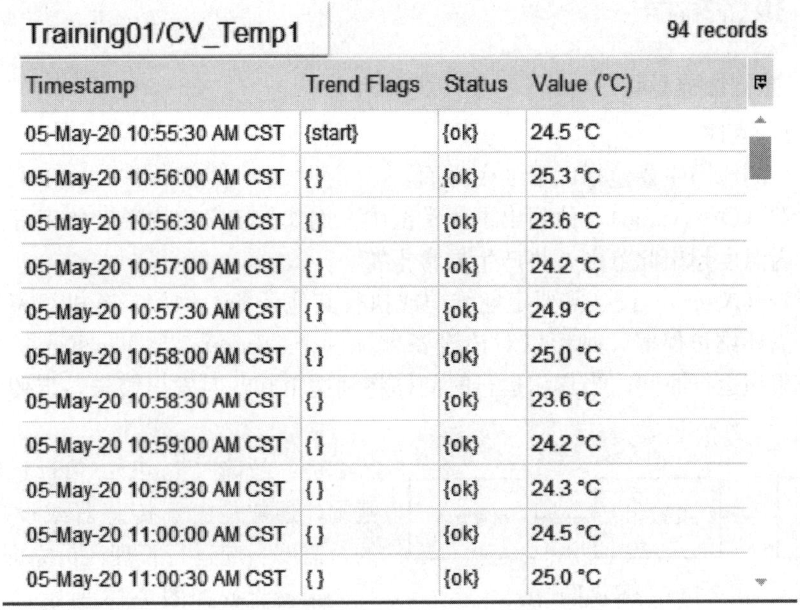

Training01/CV_Temp1			94 records	
Timestamp	Trend Flags	Status	Value (°C)	
05-May-20 10:55:30 AM CST	{start}	{ok}	24.5 °C	
05-May-20 10:56:00 AM CST	{}	{ok}	25.3 °C	
05-May-20 10:56:30 AM CST	{}	{ok}	23.6 °C	
05-May-20 10:57:00 AM CST	{}	{ok}	24.2 °C	
05-May-20 10:57:30 AM CST	{}	{ok}	24.9 °C	
05-May-20 10:58:00 AM CST	{}	{ok}	25.0 °C	
05-May-20 10:58:30 AM CST	{}	{ok}	23.6 °C	
05-May-20 10:59:00 AM CST	{}	{ok}	24.2 °C	
05-May-20 10:59:30 AM CST	{}	{ok}	24.3 °C	
05-May-20 11:00:00 AM CST	{}	{ok}	24.5 °C	
05-May-20 11:00:30 AM CST	{}	{ok}	25.0 °C	

(b)

图 7-14　根据时间间隔记录历史数据视图（二）

（a）Chart 视图；（b）History Table 视图

（4）输出 History Table 历史记录文件

在 CV_Temp1 History Table 视图界面，点击表格选项按钮（参考图 7-8），选择 Export，进入到 Export 对话框，如图 7-15 所示。选择 PDF 文件格式，选择 View with external application，CV_Temp1 Table 将以 PDF 文件格式输出。

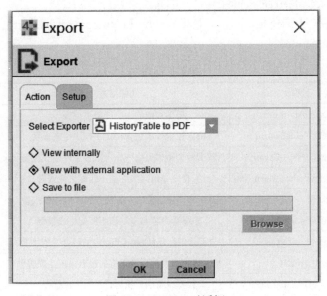

图 7-15　Export 对话框

7.3 报警编程

7.3.1 报警编程基础

7.3.1.1 概述

报警产生的原因主要包括以下 3 个方面:

(1) 异常(Offnormal) 值超出了正常范围。例如,定义室内温度的正常范围为 10～30℃,若室内温度超出此范围,将产生异常报警。

(2) 警告(Alert) 设备需要定期维护或执行其他任务。例如,若机组累积运行时间达到 1000h 需要维护保养,则可以对该设备增加一个 DiscreteTotalizerExt 扩展组件,计量该设备的累积运行时间,当累积运行时间即将到达 1000h 时发出警告,以便维修人员及时维修。

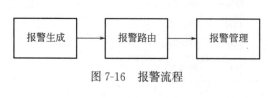

图 7-16 报警流程

(3) 故障(Fault) 值远远超出了正常范围,通常是由于传感器或设备故障造成的,需要引起运行管理人员立即注意。

报警流程如图 7-16 所示,包括报警生成、报警路由和报警管理 3 个环节。

(1) 报警生成 报警由添加报警扩展的组件生成。例如,当组件的输出值超出正常范围时将产生报警。

(2) 报警路由 根据报警的类别,将报警路由到一个或多个接收器,接收器类型包括报警控制台、电子邮件或一个或多个远程工作站等。生成的报警需要得到确认,如果在设定的时间内未收到确认,报警可以升级并重新路由到其他指定的报警接收器。

(3) 报警管理 使用报警控制台管理报警,将报警归档到报警数据库。

7.3.1.2 报警扩展组件

报警扩展组件位于调色板 alarm＞Extensions 和 kitControl＞Alarm。表 7-2 为报警扩展组件及其功能描述。

报警扩展组件 表 7-2

序号	组件名称	功能描述	调色板位置
1	OutOfRangeAlarmExt	根据数值的上下限值生成报警	alarm＞Extensions
2	StringChangeOfValueAlarmExt	根据包含或不包含指定字符串生成报警	
3	BooleanChangeOfStateAlarmExt	基于两个布尔值之一作为报警条件生成报警	
4	BooleanCommandFailureAlarmExt	根据命令值与实际值不匹配生成报警	
5	EnumChangeOfStateAlarmExt	基于多个多态值之一作为报警条件生成报警	
6	EnumCommandFailureAlarmExt	根据命令值与实际值不匹配生成报警	
7	StatusAlarmExt	根据状态标志(Status Flags)的组合生成报警	
8	LoopAlarmExt	基于被控变量偏离设定值的报警限值生成报警	kitControl＞Alarm
9	ElapsedActiveTimeAlarmExt	根据设备的累积运行时间生成报警	
10	ChangeOfStateCountAlarmExt	根据设备的累积运行次数生成报警	

在工程中，OutOfRangeAlarmExt 扩展组件和 BooleanChangeOfStateAlarmExt 扩展组件应用较多，OutOfRangeAlarmExt 扩展组件添加到数值点上，BooleanChangeOfState-AlarmExt 扩展组件添加到布尔点上。下面以这两种扩展组件为例阐述其属性配置。

1. OutOfRangeAlarmExt 扩展组件属性配置

例如，有一个室内温度组件 CV_Temp1，室内温度的正常范围为 10～30℃，若室内温度超出此范围，将产生异常报警。

打开室内温度组件 CV_Temp1 属性视图，将 OutOfRangeAlarmExt 扩展组件添加到 CV_Temp1 属性视图上，OutOfRangeAlarmExt 扩展组件将出现在 CV_Temp1 属性视图的最低端。展开 OutOfRangeAlarmExt 扩展属性，主要属性包括：

（1）Alarm Inhibit 报警禁止，缺省情况下为"false"，即报警有效；若设置为"true"，则报警无效，即该点即使满足报警条件也不产生报警。例如，在智能家居安装红外人体探测器，离家模式，可将该点的 Alarm Inhibit 设置为"false"；居家模式，可将该点的 Alarm Inhibit 设置为"true"。

（2）Alarm State 报警状态。显示当前报警状态，主要包括"Normal""Low Limit""High Limit""Fault"。

（3）Time Delay 时间延迟。满足报警条件的最短持续时间，只有报警条件满足，且持续时间大于 Time Delay 后，才能生成报警信息。例如，有一个温度测点，设置温度上限 30℃报警，Time Delay 设置为 5s，是指当检测温度超过 30℃，且持续时间大于 5s 后才产生报警。Time Delay 的设置可避免由于值的瞬时变化引起的干扰报警。在此要注意，Time Delay 对故障报警无效，即故障报警没有时间延迟限制。

（4）Time Delay to Normal 返回正常状态时间延迟。满足正常条件的最短持续时间，只有正常条件满足，且持续时间大于 Time Delay to Normal 后，才能返回正常状态。例如，有一个温度测点，设置温度上限 30℃报警，Time Delay to Normal 设置为 10s，若当前处于报警状态，当检测温度小于 30℃，且持续时间大于 10s 后才恢复到正常（Normal）状态。

（5）Alarm Enable 报警使能。包括 toOffnormal（异常）和 toFault（故障）两种报警形式。

（6）Source Name 报警源名。缺省设置为%parent. displayName%，如果使用缺省设置，Source Name 字段将显示报警扩展父组件的显示名称，当前组件显示名称为 CV_Temp1，则报警源名称同样为 CV_Temp1。可以编辑此脚本或键入要显示的文本字符串。

（7）To Normal Text 组件恢复到正常状态时显示的文本。

（8）Offnormal Algorithm 异常算法。是 OutOfRangeAlarmExt 组件属性配置的核心部分，其属性视图如图 7-17 所示。在该视图中设置数值点值的上限、下限和死区，产生上限报警时显示的上限报警文本，产生下限报警时显示的下限报警文本。视图中设置数值点值的上限：30℃，下限：10℃，死区：2℃。死区 2℃的含义为：若数值点温度超过上限温度 30℃，将产生报警信号，当组件温度降低，只有降低到 28℃，报警信息才消除。当前界面上限报警文本和下限报警文本分别设置为：

High Limit Text:%alarmData. sourceName%＞%alarmData. highLimit%！
Low Limit Text:%alarmData. sourceName% ＜ %alarmData. lowLimit%！

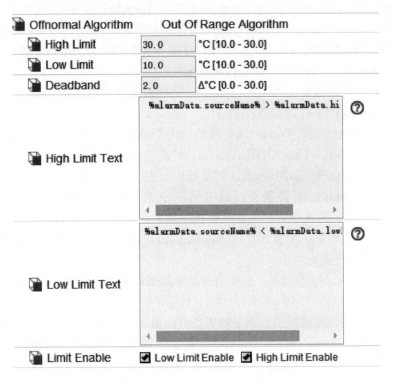

图 7-17　Offnormal Algorithm 属性视图

当产生上限报警，报警界面显示：CV_Temp1＞30℃!

当产生下限报警，报警界面显示：CV_Temp1＜10℃!

（9）Alarm Class　报警分类。选定组件的报警路由选项，缺省情况下为 DefaultA-larmClass 分类器。

2. BooleanChangeOfStateAlarmExt 扩展组件属性配置

BooleanChangeOfStateAlarmExt 扩展组件可用于设备的故障报警。例如，若机电设备供电回路的热继电器的常开触点闭合，将产生故障报警；空气处理机组过滤器堵塞将引起压差开关动作，产生故障报警。

现在，建立一个空气过滤器组件，组件名称为"空气过滤器"，正常情况下组件输出"OFF"，即"过滤器正常"，随着系统运行，过滤器积灰逐渐增多，将导致过滤器堵塞，组件输出"ON"。

BooleanChangeOfStateAlarmExt 扩展组件的属性设置和 OutOfRangeAlarmExt 扩展组件的属性设置基本一致，图 7-18 给出了 BooleanChangeOfStateAlarmExt 扩展组件的部分视图，显示了其与 OutOfRangeAlarmExt 扩展组件的主要区别。在视图中需要设置"To Offnormal Text"和"To Normal Text"报警显示文本。在 Offnormal Algorithm 属性中，需要设置 Alarm Value。若报警触点为常开触点（即正常时常开，报警时闭合），Alarm Value 设置为"ON"，若触点为常闭触点，Alarm Value 设置为"OFF"。

在图 7-18 中，"To Offnormal Text"和"To Normal Text"的显示文本分别设置为：

To Offnormal Text:％alarmData. sourceName％堵塞

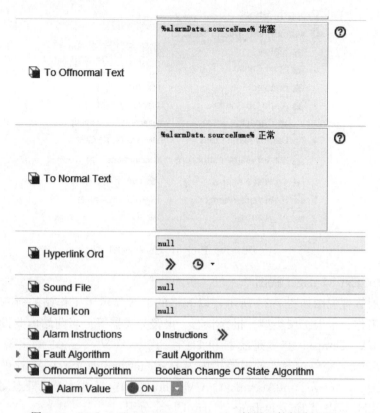

图 7-18　BooleanChangeOfStateAlarmExt 扩展组件部分视图

To Normal Text：％alarmData. sourceName％正常

在 Offnormal Algorithm 中，Alarm Value 为"ON"，表示正常情况下空气过滤器压差开关触点断开，输出"OFF"，若过滤器堵塞，压差开关触点闭合，输出"ON"，产生报警。

7.3.1.3　报警服务（Alarm Service）

使用 New Station 工具创建的站点会自动创建 AlarmService 服务，用于协调报警路由，并维护报警数据库。报警数据库中能存储的报警条数最多为 250000 条，当达到报警容量时，新的报警将覆盖最早的报警。报警数据会驻留在 RAM 中，并在保存站点时保存到文件系统。

AlarmService 视图包括 Property Sheet 视图、Alarm Ext Manager 视图、Wire Sheet 视图、Alarm DB View 视图、Alarm Instruments Manager 视图、Ax Database Maintenance 视图等，在此主要讲述前 4 种。

1. Property Sheet 视图

如图 7-19 所示，用于对 AlarmService 的属性进行配置。

例如，设置 Enabled 属性，令其为 true，将启用报警服务。设置数据库容量，报警数据库的最大容量为 250000，缺省值为 500，可根据需要设置。此外，还可以设置 Default Alarm Class 分类器、HighPriorityAlarms 分类器以及 ConsoleRecipient 工作台接收器的属性，它们的属性也可以在相应的组件属性视图中配置。

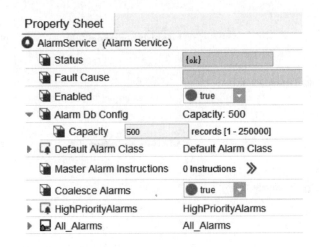

图 7-19　Property Sheet 视图

2. Alarm Ext Manager 视图

报警扩展管理视图如图 7-20 所示，以表格的形式显示了工作站的所有报警信息，包括报警点的名称、报警扩展类型、报警状态、报警分类器等。当前站内共设置了 3 个报警点，分别为 CV_Temp1、空气过滤器和 HP1。其中，CV_Temp1 的报警扩展为 OutOfRangeAlarmExt，空气过滤器的报警扩展为 BooleanChangeOfStateAlarmExt，HP1 的报警扩展为 ElapsedActiveTimeAlarmExt。CV_Temp1 和空气过滤器报警点属于 HighPriorityAlarm 分组，HP1 点属于 Default Alarm Class 分组。

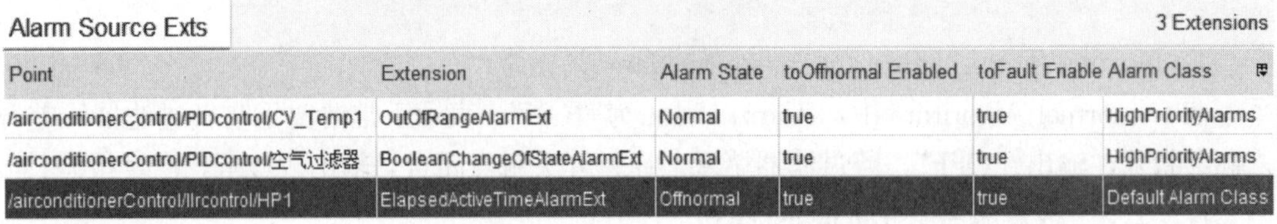

Alarm Source Exts　　　　　　　　　　　　　　　　　　　　　　　　3 Extensions

Point	Extension	Alarm State	toOffnormal Enabled	toFault Enable	Alarm Class
/airconditionerControl/PIDcontrol/CV_Temp1	OutOfRangeAlarmExt	Normal	true	true	HighPriorityAlarms
/airconditionerControl/PIDcontrol/空气过滤器	BooleanChangeOfStateAlarmExt	Normal	true	true	HighPriorityAlarms
/airconditionerControl/llrcontrol/HP1	ElapsedActiveTimeAlarmExt	Offnormal	true	true	Default Alarm Class

图 7-20　Alarm Ext Manager 视图

3. Wire Sheet 视图

在报警服务 Wire Sheet 视图中，根据需要添加报警分类器和报警接收器，通过接线图编程实现报警路由和管理，如图 7-21 所示。用到的组件主要包括 AlarmClass 组件和 Recipient 组件。

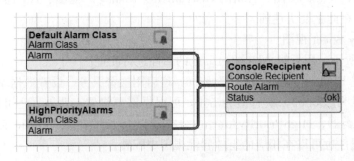

图 7-21　报警服务 Wire Sheet 视图

（1）AlarmClass 组件

AlarmClass 组件用来对具有相同路由和处理特征的报警进行分组，属性视图如图 7-22 所示。

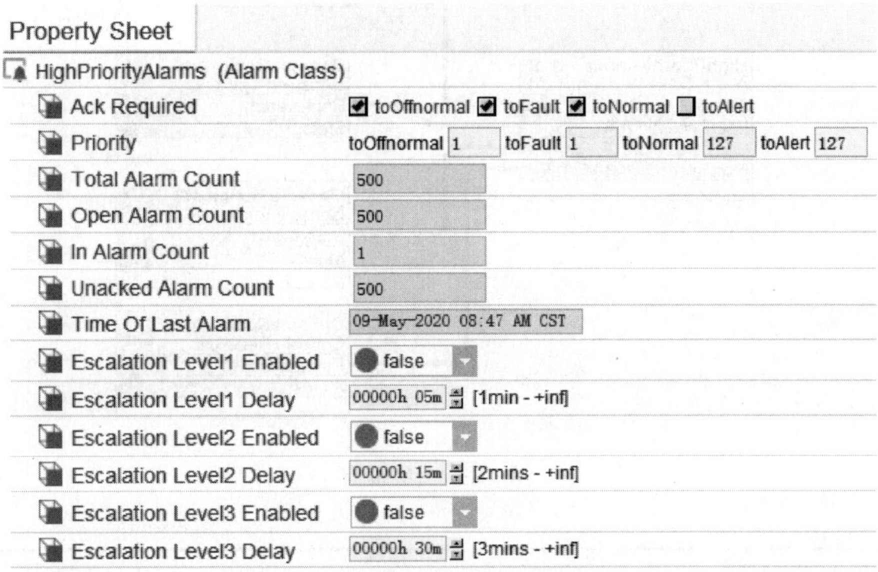

图 7-22　AlarmClass 组件属性视图

用途包括：

1）路由具有相似属性集的报警，作为其公共路径。

2）管理哪些报警需要确认及设置报警优先级。

3）管理报警在没有确认的情况下是否升高报警级别。

报警升级共有 3 级，当升级延迟时间到达，报警仍然存在，且没有确认，将产生报警升级输出，3 个级别的升级最多提供 3 次重新路由报警通知的机会。将图 7-22 中 3 级 Escalation Level Enabled 设置为 true，添加 3 个 ConsoleRecipient 组件，将 Escalation Alarm1、Escalation Alarm2 和 Escalation Alarm3 分别与 ConsoleRecipient1、ConsoleRecipient2 和 ConsoleRecipient3 组件的 Route Alarm 连接，如图 7-23 所示。

（2）Recipient 组件

报警 Recipient 组件与 AlarmClass 组件连接，通过 Recipient 组件属性视图可以将报警接收配置为只接收一天中的特定时间、一周中的特定几天指定类型的报警。报警 Recipient 组件包括 ConsoleRecipient、StationRecipient、LinePrinterRecipient 等，用得最多的是 ConsoleRecipient 组件。

ConsoleRecipient 组件 Alarm Console 视图管理报警历史（Alarm History）与报警控制台（Alarm Console）之间的报警传输，如图 7-24 所示。在视图下面有 Acknowledge、Hyperlink、Notes、Silence 和 Filter 等按钮。

1）Acknowledge　确认报警。对当前产生的报警确认，点击后 Ack State 的值发生变化。

2）Hyperlink　如果在报警扩展组件内设置了 Hyperlink 路径，可进行 Hyperlink

179

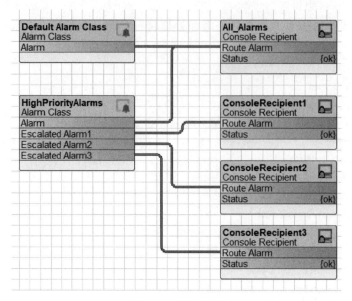

图 7-23　升级报警

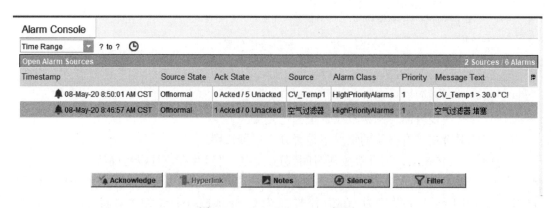

图 7-24　ConsoleRecipient 视图

操作。

3）Notes　在报警记录中添加注释。

4）Silence　将报警声音静音。

5）Filter　过滤报警。用于从报警控制台过滤报警，此过滤操作仅影响报警控制台中显示的报警，不影响编辑报警记录或执行报警维护等。

4. Alarm DB View 视图

报警数据库视图，如图 7-25 所示，通过点击右侧表格设置按钮，可导出表格数据和选择显示或隐藏部分列等。表格数据导出可以按照 PDF、CSV 和 Text 等格式。

7.3.2　报警编程

1. 案例描述

（1）在第 7.2.2.2 节空调变频 PID 控制历史数据编程案例的基础上进行报警编程。

（2）室内温度设定值为 25℃，室内温度仿真组件模拟室内温度 10～40℃变化。

180

Alarm History

表格设置按钮

Timestamp	Source State	Ack State	Source	Alarm Class	Priority	Message Text
09-May-20 9:02:13 AM CST	Offnormal	Unacked	CV_Temp1	HighPriorityAlarms	1	CV_Temp1 < 10.0 °C!
09-May-20 8:20:14 AM CST	Normal	Unacked	CV_Temp1	HighPriorityAlarms	127	CV_Temp1 is back in normal range.
09-May-20 8:21:14 AM CST	Normal	Unacked	CV_Temp1	HighPriorityAlarms	127	CV_Temp1 is back in normal range.
09-May-20 8:22:15 AM CST	Normal	Unacked	CV_Temp1	HighPriorityAlarms	127	CV_Temp1 is back in normal range.
09-May-20 8:23:14 AM CST	Normal	Unacked	CV_Temp1	HighPriorityAlarms	127	CV_Temp1 is back in normal range.
09-May-20 8:19:14 AM CST	Normal	Unacked	CV_Temp1	HighPriorityAlarms	127	CV_Temp1 is back in normal range.
09-May-20 8:25:12 AM CST	Normal	Unacked	CV_Temp1	HighPriorityAlarms	127	CV_Temp1 is back in normal range.
09-May-20 8:26:12 AM CST	Normal	Unacked	CV_Temp1	HighPriorityAlarms	127	CV_Temp1 is back in normal range.
09-May-20 8:27:12 AM CST	Normal	Unacked	CV_Temp1	HighPriorityAlarms	127	CV_Temp1 is back in normal range.

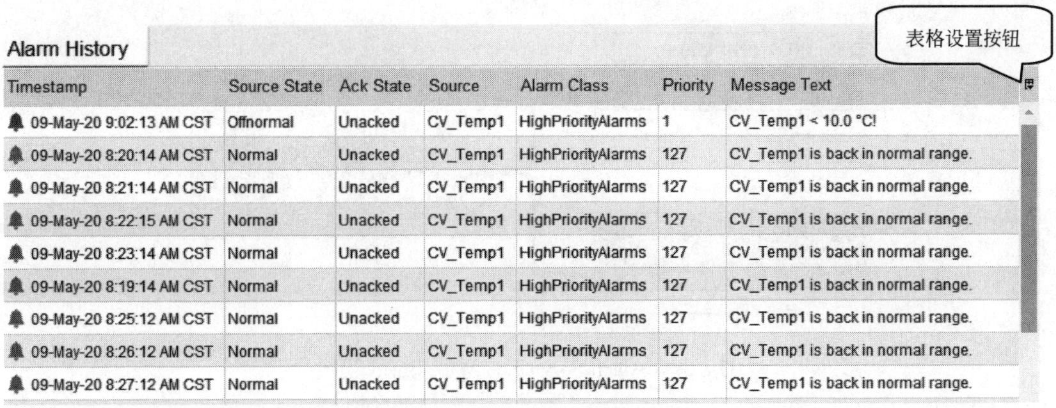

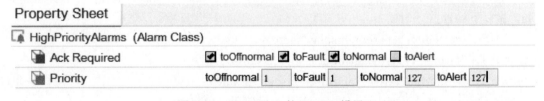

图 7-25　Alarm DB View 视图

（3）定义室内温度上限为 30℃，下限为 20℃。当超出上下限范围时产生报警。

（4）添加热继电器组件，模拟空调供电回路热继电器状态，正常情况下输出“OFF”，若热继电器过热引起热继电器动作，输出“ON”。

（5）建立一个 HighPriorityAlarms 分类器，路由报警，用一个控制台接收器接收报警信息，并通过 Alarm Service 对报警进行管理。

2. 编程步骤

（1）设置报警分类器（Alarm Class）

1）双击 Services>AlarmService，打开其 Wire Sheet 视图。

2）从 alarm 调色板将 AlarmClass 组件添加到 Wire Sheet 视图，并将其命名为 HighPriorityAlarms。

3）打开 HighPriorityAlarms 的 Property Sheet 视图，按照图 7-26 设置不同报警类型的优先级。

图 7-26　AlarmClass 的 Priority 设置

数字 1 代表最高优先级，数字 255 代表最低优先级。可以根据需要设置 1～255 范围内的任意优先级。

（2）设置报警接收器（Alarm Recipient）

1）从调色板 alarm>Recipients 内，将 Console Recipient 组件添加到 Wire Sheet 视图，命名为 All_Alarms。

2）将 Default Alarm Class 分类器的 Alarm 连接到 All_Alarms 的 Route Alarm。

3）将 HighPriorityAlarms 分类器的 Alarm 连接到 All_Alarms 的 Route Alarm。

AlarmService 的 Wire Sheet 视图如图 7-27 所示。

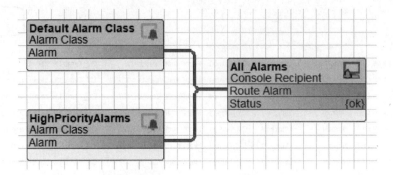

图 7-27　AlarmService 的 Wire Sheet 视图

（3）设置 CV_Temp1 点报警扩展（Alarm Extensions）

打开 CV_Temp1 点的 Property Sheet 视图，从调色板 alarm＞Extensions 内，选择 OutOfRangeAlarmExt 组件，添加到 CV_Temp1 点的 Property Sheet 视图上。展开报警扩展，做以下设置：

1）Source Name：％parent. displayName％。

2）To Normal Text：％alarmData. sourceName％ is back in normal range。

3）Offnormal Algorithm：High Limit：30℃，Low Limit：20℃，Deadband：2℃。

High Limit Text：％alarmData. sourceName％＞％alarmData. highLimit％！

Low Limit Text：％alarmData. sourceName％＜％alarmData. lowLimit％！

勾选 LowlimitEnable 和 HighlimitEnable。

4）Alarm Class：HighPriorityAlarms。

（4）设置热继电器点报警扩展（Alarm Extensions）

在 Wire Sheet 视图内添加一个 BoolearnWritable 点，将名称命名为热继电器。打开热继电器点的 Property Sheet 视图，从调色板 alarm＞Extensions 内，选择 Boolean-ChangeOfStateAlarmExt 组件，添加到热继电器点的 Property Sheet 视图上。展开报警扩展，做以下设置：

1）Source Name：％parent. displayName％；

2）To Normal Text：％alarmData. sourceName％ 正常；

3）To Offnormal Text：％alarmData. sourceName％ 故障；

4）Offnormal Algorithm：Alarm Value 设置为：ON；

5）Alarm Class：HighPriorityAlarms。

（5）查看报警服务（Alarm Service）

1）双击 Services＞AlarmService，打开 AlarmService 的 Wire Sheet 视图。双击 All_Alarms 接收器，查看报警的接收情况，如图 7-28 所示，可以看到 Source 这一列的报警源名称为其父组件的显示名称。选取相应报警，点击 Acknowledge ，可确认报警信息。

2）单击位于工具栏上的 Export 图标，可将报警信息导出到 PDF 文件，图 7-29 为打开后的 PDF 文件。

3）右击 AlarmService，选择 View＞Alarm Ext Manager，如图 7-30 所示，以表格的形式显示了工作站的所有报警信息。包括报警点的名称、报警扩展类型、报警状态、报警

Alarm Console

Time Range ? to ?

Open Alarm Sources　　2 Sources / 114 Alarms

Timestamp	Source State	Ack State	Source	Alarm Class	Priority	Message Text
08-May-20 10:38:04 AM CST	Offnormal	0 Acked / 113 Unacked	CV_Temp1	HighPriorityAlarms	1	CV_Temp1 > 30.0 °C!
08-May-20 10:36:01 AM CST	Normal	0 Acked / 1 Unacked	热继电器	HighPriorityAlarms	127	热继电器 正常

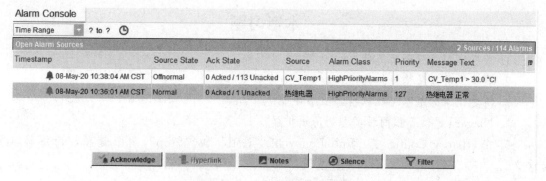

图 7-28　Console Recipient 报警显示

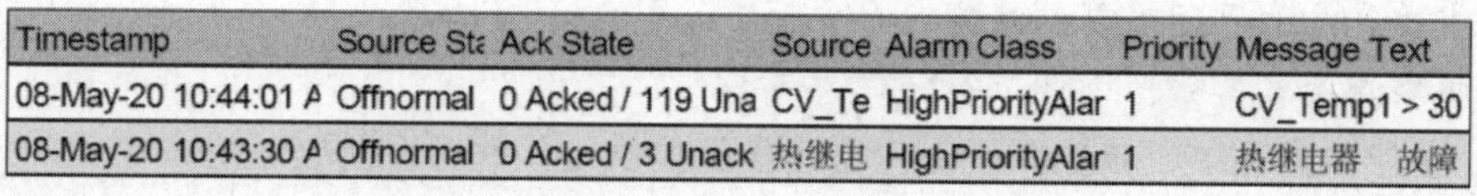

Timestamp	Source Sta	Ack State	Source	Alarm Class	Priority	Message Text
08-May-20 10:44:01 A	Offnormal	0 Acked / 119 Una	CV_Te	HighPriorityAlar	1	CV_Temp1 > 30
08-May-20 10:43:30 A	Offnormal	0 Acked / 3 Unack	热继电	HighPriorityAlar	1	热继电器　故障

图 7-29　Export PDF 文件

Alarm Source Exts　　2 Extensions

Point	Extension	Alarm State	toOffnormal Enabled	toFault Enabled	Alarm Class
/airconditionerControl/PIDcontrol/CV_Temp1	OutOfRangeAlarmExt	Low Limit	true	true	HighPriorityAlarms
/airconditionerControl/PIDcontrol/热继电器	BooleanChangeOfStateAlarmExt	Normal	true	true	HighPriorityAlarms

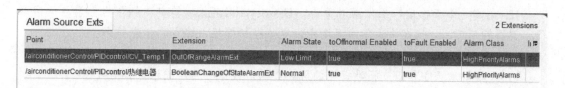

图 7-30　Alarm Ext Manager 视图

分类器等。注意 toOffnormal Enabled 这一列为“true”。

4）右击 AlarmService，选择 Views>Alarm Db View，打开报警历史数据库，如图 7-31 所示。双击数据库中的某个报警，可查看报警详情。

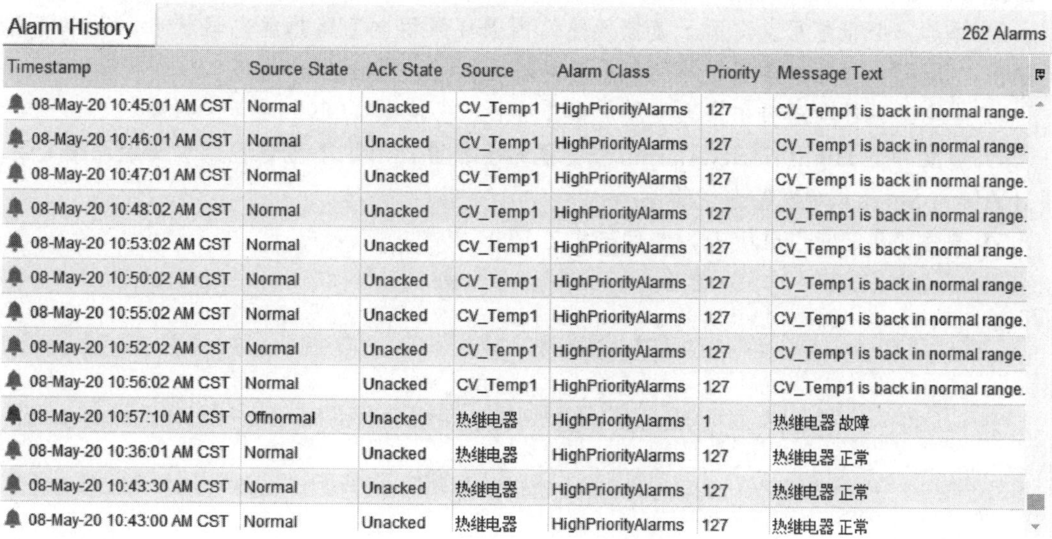

Alarm History　　262 Alarms

Timestamp	Source State	Ack State	Source	Alarm Class	Priority	Message Text
08-May-20 10:45:01 AM CST	Normal	Unacked	CV_Temp1	HighPriorityAlarms	127	CV_Temp1 is back in normal range.
08-May-20 10:46:01 AM CST	Normal	Unacked	CV_Temp1	HighPriorityAlarms	127	CV_Temp1 is back in normal range.
08-May-20 10:47:01 AM CST	Normal	Unacked	CV_Temp1	HighPriorityAlarms	127	CV_Temp1 is back in normal range.
08-May-20 10:48:02 AM CST	Normal	Unacked	CV_Temp1	HighPriorityAlarms	127	CV_Temp1 is back in normal range.
08-May-20 10:53:02 AM CST	Normal	Unacked	CV_Temp1	HighPriorityAlarms	127	CV_Temp1 is back in normal range.
08-May-20 10:50:02 AM CST	Normal	Unacked	CV_Temp1	HighPriorityAlarms	127	CV_Temp1 is back in normal range.
08-May-20 10:55:02 AM CST	Normal	Unacked	CV_Temp1	HighPriorityAlarms	127	CV_Temp1 is back in normal range.
08-May-20 10:52:02 AM CST	Normal	Unacked	CV_Temp1	HighPriorityAlarms	127	CV_Temp1 is back in normal range.
08-May-20 10:56:02 AM CST	Normal	Unacked	CV_Temp1	HighPriorityAlarms	127	CV_Temp1 is back in normal range.
08-May-20 10:57:10 AM CST	Offnormal	Unacked	热继电器	HighPriorityAlarms	1	热继电器 故障
08-May-20 10:36:01 AM CST	Normal	Unacked	热继电器	HighPriorityAlarms	127	热继电器 正常
08-May-20 10:43:30 AM CST	Normal	Unacked	热继电器	HighPriorityAlarms	127	热继电器 正常
08-May-20 10:43:00 AM CST	Normal	Unacked	热继电器	HighPriorityAlarms	127	热继电器 正常

图 7-31　Alarm Db View 视图

本章习题

1. 数据模型的三要素是什么？

2. 典型的数据结构包括哪四种类型？当今最流行的是哪种？

3. 历史记录的基本流程包括哪三个环节？

4. Niagara 提供了哪两种类型的历史扩展？

5. 在 History Config 中，Full Policy 有"Roll"和"Stop"两个选项，请解释其含义。

6. 什么是 ΔHistory Table 视图？请举例说明其应用。

7. 在 History Editor 视图中，若要判断历史数据中是否有异常值，可如何实现？

8. 报警产生的原因主要包括哪三个方面？

9. 报警流程包括哪三个环节？

10. 在智能家居中，布防和撤防可通过报警扩展组件的哪个属性设置来实现？

11. 在 AlarmService Wire Sheet 视图中，用于实现报警路由的是什么组件？用于管理报警的是什么组件？

12. 创建一个工作站，工作站名称为：HistoryAlarmxx，其中"xx"为你学号的后两位。根据第 6.7.3.2 节换热站供水温度变设定值控制编程，编写其相应程序。

（1）历史数据编程

1）收集供水温度和调节阀数据点的历史数据，根据时间间隔记录历史数据。

2）在同一个视图上对不同数据点的历史进行比较，然后通过不同视图查看收集的历史数据。

3）导出供水温度历史记录 Table 表，文件格式为 PDF 文件。

（2）报警编程

1）在供水温度数据点上添加报警扩展，定义供水温度上限为 60℃，下限为 50℃。当超出上下限范围时产生报警。

2）添加一个布尔写点，用于模拟换热站内循环泵供电回路热继电器状态，正常情况下输出"OFF"，当热继电器过热引起热继电器动作时，输出"ON"。

3）在上述热继电器布尔写点上添加报警扩展，当输出"ON"时产生报警。

4）建立一个 HighPriorityAlarms 分类器路由报警，用一个报警控制台接收报警，并通过 Alarm Service 对报警进行管理。

5）导出报警记录 Table 表，文件格式为 PDF 文件。

第8章 图形用户界面编程

8.1 图形用户界面概述

为了让用户更好地和建筑能源物联网平台交互，直观地掌握系统运行信息，物联网平台图形用户界面编程是必不可少的。所谓图形用户界面（Graphical User Interface，GUI）是指采用图形方式，借助菜单、按钮等标准界面元素，用户通过鼠标或键盘等外部设备向计算机系统发出指令、启动操作，并将系统运行结果同样以图形方式显示给用户的技术。其中图形用户界面独立于后台应用程序，同时又和后台应用程度功能间接连接。

在进行建筑能源物联网图形用户界面设计时一般遵循以下原则：

1. 一致性原则

界面的结构必须清晰且一致，风格必须要与内容相一致。一致性可以帮助用户更好地理解和使用图形用户界面，并实现其目标。一致性原则可以体现在以下几个方面：

（1）图形界面显示风格要一致。例如，图形界面的标题栏、菜单栏、背景色、布局、术语、字体、大小写等尽量保持一致。

（2）数据显示要一致。在显示设计过程中，数据单位、符号、名称等要一致。例如，设备用电量的单位在不同界面要统一，不要有的界面是 kWh，有的界面是 kJ，容易混淆。

（3）任务序列标准化，相似的任务以相同的顺序和方法执行。例如，若一个能源系统有多个子系统，则针对每一个子系统任务可以设计相同的顺序和方法。

2. 普适性原则

应考虑到大多数用户的使用水平，界面设计直观、对用户透明，使用户看到设计的图形界面后可对其功能一目了然、不需太多培训即可快速使用该系统。具体可体现在：

（1）能源系统流程图尽量与实际系统一致，直观、易理解，主要信息在上面显示。

（2）图表展示采用大家熟悉的图表方式，例如趋势图、饼图、棒条图等。

（3）导航菜单或按钮上使用简明、有意义的名称，根据名称用户大体可知道其功能。

（4）在使用嵌入式链接时，链接文字要准确描述链接目的地。

3. 容错性原则

当用户执行错误性操作时，界面应检测到错误并提供简单、建设性和特定的恢复说明。在界面设计时，要有返回功能。

4. 用户记忆负担最小化原则

在短期记忆中，人类信息处理的能力有限，在进行界面设计时，尽量减少用户的信息记忆，不应要求用户在查看一个界面信息时还需要记住另一个界面的信息。

5. 保留手动原则

在能源物联网系统中，通常采取自动化，对常规任务来说，自动化提高了系统的可控性，降低了用户的工作量。但是由于现实世界有很多不可预测事件，在图形用户界面需要保留手动控制功能。例如，可通过界面手动启停设备、修改设定值等。

在 Niagara 物联网平台，图形用户界面编程是通过 Px 视图编程实现的。

在进行图形用户界面编程前，需要针对物联网平台项目特点和用户需求做一些准备工作。能源物联网平台会产生大量数据，不可能不管数据的重要性，将大量甚至所有数据都堆叠在一起呈现，而是需要确定哪些数据需要呈现给用户，如何呈现。此外，在进行图形用户界面编程之前，需要对图形用户界面展示的数据进行需求分析，哪些数据是实时要看的，哪些数据是每天要看的，哪些数据是每月要看的，哪些数据是正常情况下不需要看，而一旦出现问题需要马上获得大量全面而准确信息的。针对这些不同情况，要选用不同的方式去呈现。最后，页面整体规划时，需要针对用户需求和使用习惯规划页面布局，把重要且常用的内容放到主页面上，把一些次要的功能通过在主页面上建立工具栏或者超链接按钮的方式放到子页面上。

8.2 Px 基础知识

8.2.1 Px 视图

Niagara 作为中间件，提供了一种组态的方式搭建终端客户需要的图形用户界面，这种视图称为 Px 视图。Px 即 Presentation XML，是一种基于 XML（eXtensible Markup Language，可扩展标记语言）的文件格式，用来定义显示图像所需要的信息、控制参数和设计属性等。一个 Px 文件定义了 BajauiWidget 以及这些 Widget 绑定数据的树形结构。在 Px 文件中可以使用任何 BWidget 和 BBinding 类型的组件，包括自定义组件。所有视图（Wire Sheet 视图、Pproperty Sheet 视图、Category Sheet 视图等）都可以在 Px 文件中的组件上使用，这意味着 Px 视图可以提供各种各样选项的用户界面。通常，Px 文件采用 PxEditor 创建，Px 文件的扩展名为 .px，使用的建模类型为 file：PxFile。

1. Px 编辑器（Px Editor）

Px Editor 视图如图 8-1 所示，主要包括 3 个部分，画布（Canvas）、侧栏（Side Bar

Px编辑工具栏　　　画布

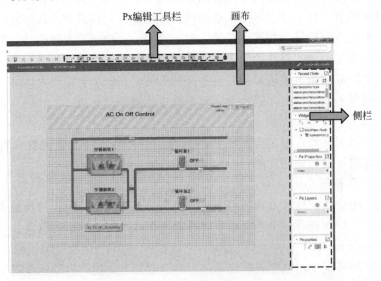

侧栏

图 8-1　Px Editor 视图

Pane）和 Px 编辑工具栏（Px Editor Toolbar）。Px 编辑器的最大区域（默认情况下）为画布（Canvas），是 Px 视图的编程场所。侧栏（Side Bar Pane）包括 Bound Ords 侧栏、Widget Tree 侧栏、Px Properties 侧栏、Px Layers 侧栏和 Properties 侧栏等。Px 编辑器工具栏显示在视图上方，包括 Alignment（对齐）、Zoom In（放大）、Zoom Out（缩小）等。只有当 Px 视图处于编辑状态时，Px 编辑器侧栏和工具栏才会出现。

（1）Px Editor 菜单

当 Px Editor 激活时（打开一个 Px 编辑视图），在 Workbench 菜单栏将显示 Px Editor 菜单，Px 编辑器菜单说明如表 8-1 所示。

Px 编辑器菜单说明　　　　　　　　　　　　　　　　　表 8-1

菜单项	功能
Toggle View/Edit Mode	切换 Px Editor(用于编辑)和 Px Viewer(仅用于查看)模式
View Source Xml	选择该命令,会弹出一个显示 Px 源文件(Xml)的只读窗口
Go to Source Xml	选择该命令,会直接在文本文件编辑器(Text File Editor)中打开 Px 源文件(Xml)该文件可以使用编辑器进行编辑和保存
Grid	该命令打开/关闭网格显示
Snap	该命令用于切换 snap-to-grid 功能的打开/关闭
Show Hatch	该命令用于切换打开/关闭阴影模式。当阴影打开时,对象上会显示灰色的斜线(阴影模式),从而使这些对象看上去更加清晰
Zoom In	Px Editor 在画布窗口进行放大显示
Zoom Out	Px Editor 在画布窗口进行缩小显示
Reset Zoom	将放大或缩小的窗口重置为 100%,以实际尺寸显示 Px 页面
Validate Media	当选定本命令后,会打开右侧所示对话框

（2）Px Editor 工具栏

Px Editor 工具栏图标说明如表 8-2 所示，一些工具栏图标功能和 Px Editor 菜单功能完全一致。

Px Editor 工具栏图标说明　　　　　　　　　　　　　　表 8-2

图标	项目	描述
	Toggle View/Edit Mode	切换 Px Editor / Px Viewer 模式
	Show Side Bar Bound Ords Widget Tree Px Properties Px Layers Properties	显示侧栏菜单;通过点击显示或隐藏相应菜单

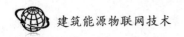
图标	项目	描述
	Left，Center Hrizontally，Right，Top，Center Vertically，Bottom	用于画布中相关 Widget 对齐，包括左对齐、水平居中对齐、右对齐、顶对齐、垂直居中对齐、下对齐等
	Top，Bottom	用于 Widget 树侧栏 Canvas Pane Tree 快速到达顶部或底部
	Zoom In，Zoom Out，Reset Zoom	在画布窗口进行放大、缩小、重置(实际尺寸)显示
	Select	激活使用鼠标选择对象的指针工具
	Add Polygon	激活用来绘制多边形的工具
	Add Path	激活路径工具，可以在 Px Editor 视图中绘制贝塞尔(Bezier)曲线
	Add Point，Delete Point	激活 Add Point 工具，在 Px Editor 视图中添加点到路径或多边形上；激活 Delete Point 工具，在 Px Editor 视图中从路径或多边形上删除 Point

（3）侧栏（Side Bar Pane）

SideBar Pane 包括 Bound Ords 侧栏、Widget Tree 侧栏、Px Properties 侧栏、Px Layers 侧栏和 Properties 侧栏。

1）Bound Ords 侧栏　以列表的形式显示了当前 Px 视图中所有绑定的 ords。双击列表中的任何 ord，可以在 Ord Editor 窗口中显示相应的 ord。

2）Widget Tree 侧栏　以树形层次结构显示了当前 Px 视图中的 Widgets（包括窗口（Panes）、标签（Label）、图形（Picture）等）。当在一个视图中有许多对象时，特别是有多层对象时，使用 Widget Tree 选择对象会更加方便。当在树形视图中选择某个对象时，Px 视图中的该对象同样被选中，会出现边框和句柄。

3）Px Properties 侧栏　以列表的形式显示当前活跃的 Px 文件中定义的所有 Px 属性。使用菜单栏图标可以添加、定义、分配和删除 Px 属性。

4）Px Layers 侧栏　显示当前活跃的 Px 文件中定义的所有 Px Layers。

5）Properties 侧栏　以列表的形式显示 Px 视图中当前选定对象的所有属性。在 Widget Tree 或 Px Editor 中，双击任何对象，都可以打开其 Properties 窗口（与 Properties 侧栏的信息相同）。

2. Px Viewer

在编辑模式下，点击工具栏 Toggle View/Edit Mode 模式切换图标，将切换到 Px Viewer 模式下，用于查看 Px 视图效果。在应用中展示给用户的为 Px Viewer 视图，允许用户（具有所需的权限）查看信息并调用显示中控件的操作。

8.2.2　Widget 可视化组件

Widget 是提供可视化的组件。在 Px 编辑器中，采用 Widget 属性可用来确定控制和信息显示的用户界面功能。调色板中的 bajaui 组件库、kitPx 组件库、kitPxHvac 组件库、kitPxGraphics 组件库和 kitPxN4svg 组件库都包含了用于构建 Widget 的丰富用户界面的常规组件。其中，bajaui 组件库、kitPx 组件库、kitPxHvac 组件库菜单如图 8-2 所示，kitPxGraphics 组件库和 kitPxN4svg 组件库菜单如图 8-3 所示。kitPxGraphics 为 Niagara AX-3.7 以上版本新增加的组件库，包含了新的图像以及 kitPxHvac 组件库中 HVAC 图像的许多更新版本。kitPxGraphics 的图像是通过专业设计的，比 kitPxHvac 中的图像质量更高，因此文件占据的存储空间较大（例如，动画风扇图像的文件大小增加了 40%）。kitPxN4svg 是 N4 版本新增加的矢量图组件库，开发者可根据需要选用。

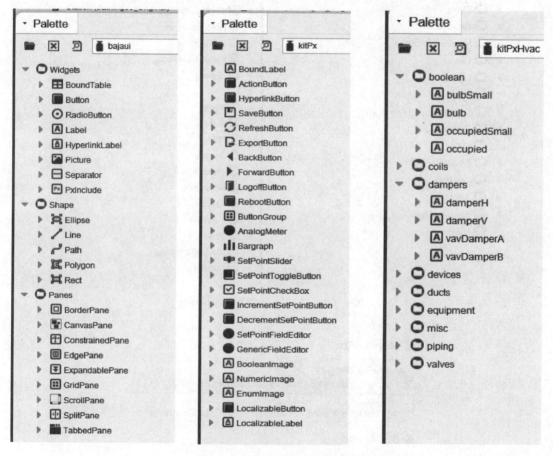

图 8-2　构建 Widget 常规组件库

8.2.3　添加 Widget

使用 Make Widget 向导可以方便地将 Widget 添加到 Px 视图中。当 Px 视图处于编辑模式，从导航栏将 Config 文件夹里的组件拖放到 Px 视图时就会打开 Make Widget 向导。Widget List 选项包括 Bound Label、Include Px File、From Palette、Workbench View、Properties 和 Actions，如图 8-4 所示。

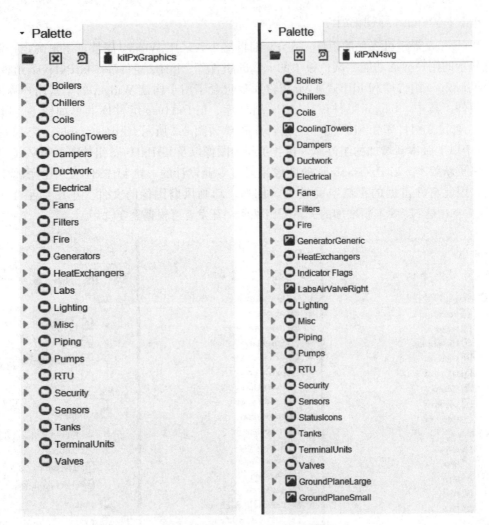

图 8-3　构建 Widget 新增加组件库

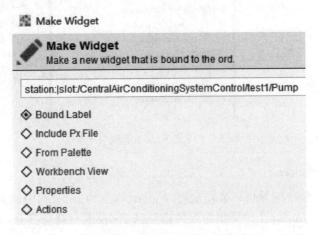

图 8-4　Make Widget Wizard 窗口

在 Px 视图编程中，Bound Label 和 From Palette 选项用得最多，下面主要结合后面的应用阐述 Bound Label、From Palette 和 Actions 选项的具体编程。

下面以一个 BooleanWritable 组件水泵 Pump 为例阐述 Make Widget Wizard 编程过程。

1. 添加 Bound Label Widget

Bound Label 模式用于以标签的形式绑定 Station 中的组件，主要用于显示工作站运行过程中该组件的信息。

（1）在 Config 文件夹内展开相应文件夹，找到 Pump 组件，将其拖放到画布上。

（2）弹出 Make Widget 向导视图，在源 List 选项区选择 Bound Label 选项，如图 8-5 所示。

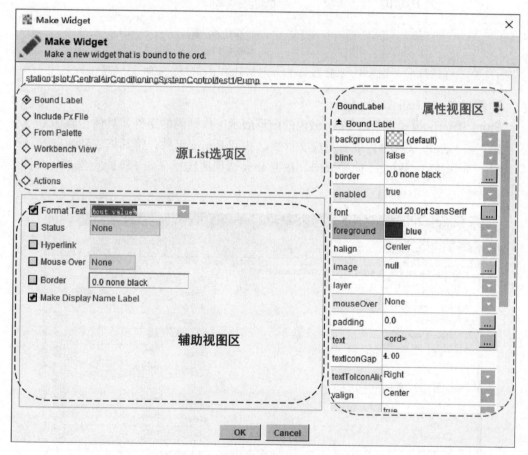

图 8-5 Bound Label Widget 向导窗口

（3）在辅助视图区选择所需的选项并设置其属性。Format Text 区域用于输入在 Px 视图该组件显示的信息，若要显示该组件的输出值，在 Format Text 区域内输入％out. value％，其他选项可根据需要设置。若勾选"Make Display Name Label"选项，在 Px 视图中将显示该组件名称。

（4）在右侧属性视图区，根据需要设置相应属性参数，主要用于设置显示输出值的字体、字号、background、foreground 颜色等。

（5）点击 OK 按钮，Px Editor 视图及 Widget Tree 如图 8-6 所示，当前水泵 Pump 的运行状态为 On。注意 Widget Tree 中 BoundLabel 和 Label 标签。单击工具栏的 Toggle View/Edit Mode 图标，可在 View 模式下显示该组件视图，同时可保存在 Edit 模式下对视图的修改。

注意：在编辑 Px 视图时，经常单击工具栏的 Toggle View/Edit Mode 图标，可以将 Px 视图在编辑模式和浏览模式下来回切换，同时实现对 Px 视图的保存。

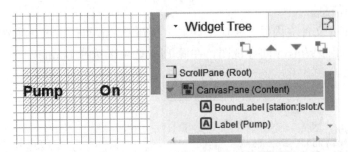

图 8-6　水泵 Bound Label Widget Px Editor 视图

2. 添加 From Palette Widget

From Palette 模式用于以 Palette 内的图形展示工作站内的组件，具体步骤如下：

（1）在 Config 文件夹内展开相应文件夹，找到 Pump 组件，将其拖放到画布上。

（2）弹出 Make Widget 向导视图，在源 List 选项区选择 From Palette 选项，如图 8-7 所示。

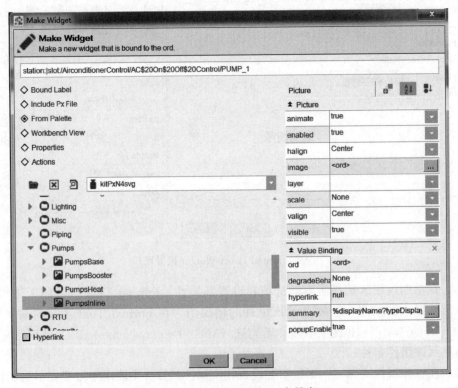

图 8-7　From Palette Widget 向导窗口

（3）在辅助视图区显示调色板视图，单击向导里面的 Open Paletle 按钮，从 kit-PxN4svg＞Pumps 组件库内，选择 PumpslnLine 组件，点击 OK 按钮。Px Editor 视图如图 8-8 所示。

（4）切换 View/Edit 模式，保存修改，查看 View 模式下组件视图。

3. 添加 Actions Widget

Actions Widget 模式主要用于在 Px 视图手动输入参数信息，或手动启停设备等。Actions 动作如图 8-9 所示，包括以下动作：

1）Emergency Active 手动启动设备，优先级 1。

2）Emergency Inactive 手动停止设备，优先级 1。

3）Emergency Auto 取消手动控制，切换到自动控制，优先级 1。

4）Active 手动启动设备，优先级 8。

5）Inactive 手动停止设备，优先级 8。

6）Auto 取消手动控制，切换到自动控制，优先级 8。

7）Set 手动修改设置值，Fallback。

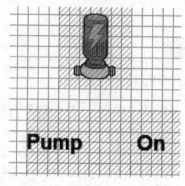

图 8-8 水泵 Px Editor 视图

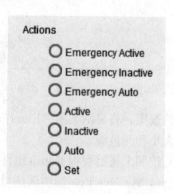

图 8-9 Actions 动作

若要手动启停设备，开发人员更喜欢采用 Emergency Active 和 Emergency Inactive，因为其优先级最高。若采用 Active 和 Inactive，若组件有高于优先级 8 的输入，Active 和 Inactive 手动控制将不起作用。Set 用于手动修改组件的 Fallback 值，开发人员常用其修改控制器的设定值。

下面以在 Px 视图中手动启动、手动停止、自动控制水泵 Pump 为例，阐述其 Make Actions Widget 过程。

（1）在 Config 文件夹内展开相应文件夹，找到 Pump 组件，将其拖放到画布上。

（2）弹出 Make Widget 向导视图，在源 List 选项区选择 Actions 选项，如图 8-10 所示。

（3）在右侧 Actions List 选项区选择 Emergency Active，点击 OK 按钮，Emergency Active 按钮将出现在 Px 视图，双击 Emergency Active 按钮，打开其属性视图，将显示文本"Emergency Active"修改为"启动"，再根据个人偏好修改字体、大小和颜色等。

（4）按照上述过程将 Pump 组件拖放到画布上，在弹出的向导视图中，在源 List 选项区选择 Actions，Actions List 选项区选择 Emergency Inactive。打开 Emergency Inactive

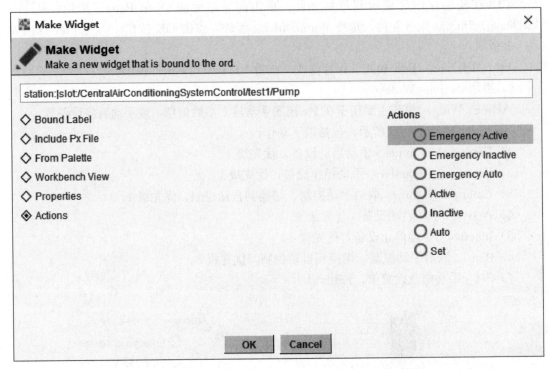

图 8-10　Actions Widget 向导窗口

按钮属性视图，将显示文本"Emergency Inactive"修改为"停止"，再根据个人偏好修改字体、大小和颜色等。

（5）按照上述过程将 Pump 组件拖放到画布，在弹出的向导视图中，源 List 选项区选择 Actions，Actions List 选项区选择 Emergency Auto。打开 Emergency Auto 按钮属性视图，将显示文本"Emergency Auto"修改为"自动"，再根据个人偏好修改字体、大小和颜色等。

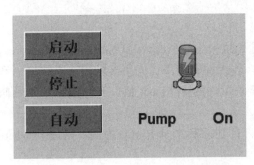

图 8-11　水泵手动启停、自动切换视图

（6）切换 View/Edit 模式，保存修改，查看 View 模式下组件视图，如图 8-11 所示。点击"停止"按钮，可看到 Pump 运行状态变为"Off"；点击"启动"按钮，可看到 Pump 运行状态变为"On"；点击"自动"按钮，Pump 将进入自动控制状态。

8.3　Px 特色编程

8.3.1　Px 视图嵌套

在界面设计中，为了统一风格，通常需要在界面上有统一的标题格式，可通过 Px 视图嵌套实现，相应用到 PxInclude Widget。

8.3.1.1　PxInclude Widget

PxInclude Widget 位于 bajaui＞Widgets 组件库，为用户提供将一个 Px 文件嵌入到另一个 Px 文件的方法。其优点是创建可重复使用的 Px 视图并将其嵌入到一个或多个其他 Px 视图中。PxInclude Widget 与一个 Px 文件关联，关联的 Px 文件将被嵌入到当前 Px 文件中。通过使用多个 Px Include Widget，在一个 Px 文件中可以嵌入多个 PxInclude 文件，即一个父 Px 文件中可能含有多个子 Px 文件。

PxInclude 的属性窗口如图 8-12 所示。其中，ord 为 PxInclude 文件的路径及文件名。

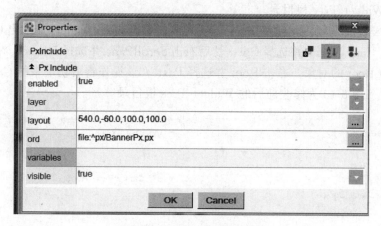

图 8-12　PxInclude 属性视图

可以通过以下几种方式向 Px 编辑器画布添加 PxInclude Widget。

（1）从组件库拖动 PxInclude Widget　从 bajaui＞Widgets 组件库拖动 PxInclude Widget 到 Px 编辑器画布上，将自动打开属性对话框。编辑 ord 属性以添加所需的 Px 文件。

（2）从 Nav 导航栏拖动需要嵌套的 Px 文件　此方法将 PxInclude Widget 添加到当前 Px 文件，拖过来的嵌套 Px 文件已连接到 PxInclude ord 属性。这种方式最简单，也是最常用的方式。

（3）从 Nav 导航栏拖动组件　将启动 Make Widget 向导，在源 List 选项区中选择 Include Px File 选项，在辅助视图区选择需要添加的 PxInclude 文件，完成添加。

缺省 Px 文件的 Widget Tree 根目录通常为 scroll pane，当一个 Px 文件设置为 Include 文件时，通常需要将 ScrollPane 根目录删除，用 CanvasPane 取而代之成为根目录。否则当在其父 Px 文件 View 视窗中，PxInclude Px Widget 可能会出现 scroll 滚动条。

8.3.1.2　Station 绝对路径与相对路径

绝对路径是从 Station 根目录为起点到目标所在目录；相对路径是从一个目录为起点到目标所在目录。例如，在 Station＞Config 文件夹下建立了一个 HomePage 文件夹，在 HomePage 文件夹下又建立了一个 Banner 文件夹，则 Banner 文件夹在 Station 中的绝对路径为 Station：| slot：/HomePage/Banner。Banner 文件夹相对于其自身的相对路径为 slot：。

使用相对路径更为便利，在下文的嵌套视图创建中将用到相对路径。

8.3.1.3　创建一个嵌套 Px 视图

下面创建一个嵌套 Px 视图，将用到 kitPx＞LogoffButton 组件和 Make Bound Label

Widget 向导功能。

1. 新建嵌套 Px 文件夹

在 Nav 导航栏内，右击 Config 文件夹，选择 New，然后选择 Folder，创建一个新的文件夹，命名为 HomePage。在 HomePage 文件夹下再创建一个新的文件夹，命名为 Banner。

2. 创建 Px 视图

右击 Banner 文件夹，选择 Views，然后选择 New View，命名为 BannerPx，点击 OK 按钮创建 Px 视图。

3. 修改 Widget Tree 根目录

（1）在 Px 视图右侧，找到 Widget Tree 侧栏，展开 ScrollPane，显示出 CanvasPane。

（2）右击 CanvasPane 并选择 Cut，然后右击 ScrollPane 并选择 Delete，在侧栏里面会看到一个名为 Root 的对象。右击 Root 并选择 Paste，该操作将剪切下来的 CanvasPane 粘贴到根目录上。图 8-13 为修改前后的 Widget Tree 根目录。

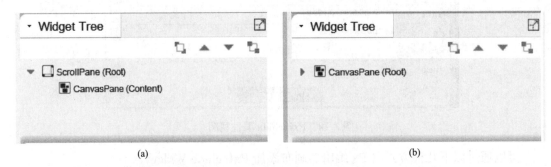

图 8-13　修改 Widget Tree 根目录
(a) 修改前；(b) 修改后

4. 修改画布尺寸和颜色

双击画布中间的网格部分，打开 Properties 对话框，将视图尺寸 viewSize 设置成 900×100，点击 OK 按钮。单击 background 区段并选择一种背景颜色。

5. 添加 LogOffButton 按钮组件

打开 kitPx 调色板，找到 LogOffButton 按钮组件，将其拖放到视图上，放在合适位置，建议放在右上角。

6. 添加当前用户显示

（1）从 Nav 导航栏将 Banner 文件夹拖放到视图上，打开 Widget Wizard 窗口，然后选择 Bound Label。在 Format Text 里输入 Current User:\n％user()％，点击 OK 按钮，创建一个当前用户名显示标签，将当前用户名显示标签放在视图上合适的位置。

（2）双击当前用户名显示标签，打开其 Properties 对话框。在 font 区段，将字体格式修改为 Bold，字号修改为 14pt。在 foreground 区段，将字体颜色修改为喜欢的颜色。

7. 添加当前文件夹名称显示

（1）从 Nav 导航栏将 Banner 文件夹拖放到视图上，打开 Widget Wizard 窗口，然后选择 Bound Label。在 Format Text 里输入％displayName％，点击 OK 按钮，创建一个当前文件夹名称显示标签，当前文件夹名称将在视图中显示。

（2）双击当前文件夹名称显示标签，打开其 Properties 对话框。在 font 区段，将字体格式修改为 Bold，字号修改为 28pt。在 foreground 区段，将字体颜色修改为喜欢的颜色。

（3）将文件夹名称显示标签绝对路径修改为相对路径。在属性对话框 Bound Label Binding 找到 ord 区段，单击该区段打开 ord 编辑器，在编辑器里将 ord 修改为 slot：，点击 OK 按钮，将绝对路径修改为相对路径，使得在父 Px 视图中嵌入该嵌套 Px 文件时，该绑定标签将显示当前父文件夹名称。

（4）重新调整标签尺寸，让其足够大，以便可以容纳常见文件夹或者对象的名称。

8. 查看 BannerPx 视图

单击 View/Edit 模式图标，保存修改，并查看 BannerPx 视图，如图 8-14（a）所示。该 BannerPx 视图将会作为一个标准图形标题嵌入到其他 Px 视图。

9. 在 OnOffControl Px 视图中添加 BannerPx 视图

打开 OnOffControl Px 视图，将 Px 文件夹下的 BannerPx 文件拖放到 OnOffControl Px 视图中，并放置到合适位置，将看到当前文件夹显示名称为 "OnOffControl"，即显示的是当前 OnOffControl Px 视图文件夹名称。如图 8-14（b）所示。如果没有将显示标签绝对路径修改为相对路径，嵌套 BannerPx 视图的显示名称仍为其绝对路径名称："Banner"。

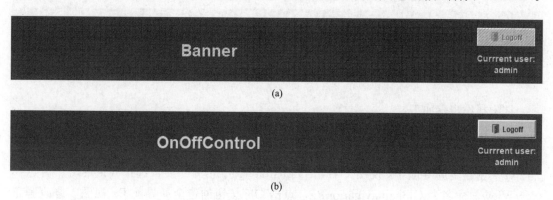

图 8-14　Banner 视图嵌套
（a）Banner 视图；（b）Banner 视图嵌套到 OnOffControl Px 视图

8.3.2　全局导航菜单

在图形用户界面编程中，通常需要制作一个全局导航菜单，用于不同图形界面的切换，在制作全局导航菜单过程中，用到的主要组件为 HyperlinkButton 超级链接按钮。

8.3.2.1　HyperlinkButton 组件

HyperlinkButton 超级链接按钮组件位于 kitPx 组件库，用于实现 Px 视图的超级链接。

将 HyperlinkButton 组件添加到 Px 视图，双击打开其属性视图。hyperlink 属性位于 Value Binding 下，如图 8-15 所示，点击 hyperlink 属性右侧按钮，打开超级链接，在 Px 文件中找到需要链接的 Px 文件。则当在 View 模式下，点击该按钮，将切换到链接的 Px 视图。

8.3.2.2　制作一个全局导航菜单

制作一个全局导航菜单，在所有的 Px 视图中有相同的导航菜单格式，通过点击导航菜单上超级链接按钮实现不同 Px 视图的切换。以太阳能空气源热泵空调系统图形界面切

197

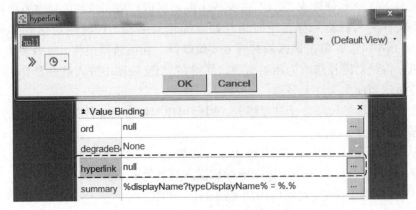

图 8-15　HyperlinkButton 组件的 hyperlink 属性

换为例，如图 8-16 所示。假设在制作全局导航菜单之前已经完成了主页 Px 视图、新风系统 Px 视图、太阳能空气源热泵系统 Px 视图和空调末端系统 Px 视图的编程。

图 8-16　全局导航菜单

具体制作步骤如下：

（1）新建嵌套 Px 文件夹　右击 HomePage 文件夹，选择 New，然后选择 Folder，创建一个新的文件夹，命名为 Globalnavigation。

（2）创建全局导航 Px 视图　右击 Globalnavigation 文件夹，选择 Views，然后选择 New View，命名为 GlobalnavigationPx，点击 OK 按钮创建全局导航 Px 视图。修改画布尺寸为 900×100。

（3）修改 Widget Tree 根目录　移除 Widget Tree 侧栏的 ScrollPane，将 CanvasPane 设置为 Root 目录。

（4）添加当前用户名显示。

（5）添加 HyperlinkButton 按钮　打开 kitPx 组件库，找到 HyperlinkButton 组件，将其拖放到 Px 视图上，放在合适位置。双击打开其属性对话框，输入按钮显示文本，并设置字体、颜色、字号等。按照需要放置多个按钮并进行相应设置，如图 8-16 所示。

（6）添加按钮超级链接　在 GlobalnavigationPx 视图中，依次打开每个超级链接按钮的属性对话框，绑定其超级链接的 Px 视图。在图 8-17 中，将主页按钮与 file:^px/主页 Px.px 绑定，实现超级链接。当点击主页按钮时将切换到主页 Px 视图。

（7）在主页、新风系统、太阳能空气源热泵系统、空调末端系统 Px 视图中通过 Px-Include Widget 将 GlobalnavigationPx 文件嵌入到相应视图，调整到合适位置。

（8）切换到 View 模式，点击按钮实现不同页面切换。

8.3.3　第三方图片收集

若调色板中的可视化组件不能满足 Px 视图需求，可采取第三方图片收集方式，建立

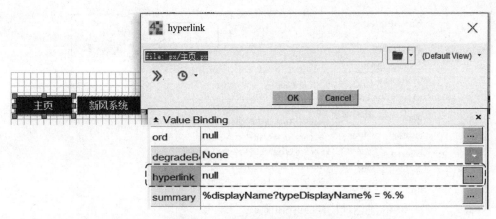

图 8-17　主页按钮超级链接对话框

自己的图片库。手动将所需的图片复制到 Station/Files/Picture 文件夹下，然后将绑定图片添加到 Px 页面并创建图片绑定。具体步骤如下：

（1）将创建的图片库放在 C 盘目录（也可以是其他目录）。

（2）在 Nav 导航栏的 Files 下创建一个 Picture 文件夹，在 Workbench 打开 C 盘目录，把 C 盘里需要的图片复制到这个文件夹。

（3）在 Px 界面的空白处右击，选择 New＞Picture（或从 bajaui＞Widgets 组件库中选择 Picture 组件），然后双击 Picture，从 Picture 文件夹里选择需要的图片。

8.3.4　Px 视图弹窗

在 Px 视图编程过程中，为了使视图清晰明了，在主 Px 视图中，通常仅显示基本信息，若要显示某一功能或设备的详细信息，通常通过弹窗实现，该功能增强了视图的层次结构和信息分类。Px 弹窗编程是通过 ActionButton 组件的 popupBingding 属性实现的。

1. ActionButton 组件

ActionButton 动作按钮组件位于 kitPx 组件库，将 ActionButton 组件添加到主 Px 视图，双击打开其属性视图。ActionButton 组件的 popupBingding 属性需要手动添加。

（1）如图 8-18 所示，点击 ImageButton 属性视图右上角的"＋"，弹出"Add Binding"窗口，找到 kitPx：Popup Bingding，点击 OK 按钮，Popup Binding 的属性将添加到 ImageButton 属性最下端。

（2）在 Popup Binding 属性下，配置 Popup 的 ord 路径。点击 ord 右侧省略号按钮，打开 ord 窗口，点击右侧文件夹，找到 Px 文件夹下需要绑定的弹窗视图，点击 OK 按钮，完成弹窗视图绑定。如图 8-19 所示。

（3）可根据需要修改弹窗 title、positon 和 size。

2. 制作一个弹窗

下面以制作一个风机变频控制参数弹窗为例讲述如何建立一个弹窗。

（1）在 Nav 导航栏 Files 文件夹下找到 px 文件夹，右击 px 文件夹，选择 New，然后选择 PxFile．px，建立一个弹窗 px 文件，命名为 FanFrenCon．px。

（2）修改弹窗尺寸为 600×450，也可根据需要修改为其他尺寸。

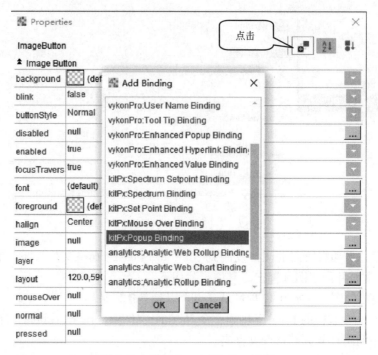

图 8-18　添加 Popup Binding 属性

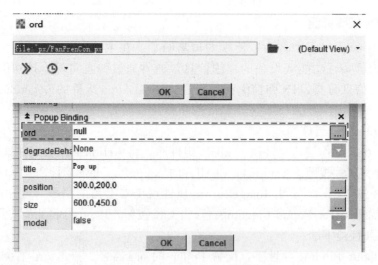

图 8-19　Popup Binding 属性配置

（3）根据弹窗视图需要添加视图组件，图 8-20 为完成的弹窗视图，具体实现步骤在此不展开。

（4）按照步骤（1）建立一个主 Px 视图，命名为 Main.px。在此只是为了讲解弹窗，在实际应用过程中可以是系统流程图或其他主视图。

（5）在 Main.Px 视图中添加 ActionButton 按钮。打开 kitPx 组件库，找到 Action-Button 组件，将其拖放到 Main.Px 视图上。双击打开其属性对话框，输入按钮显示文本：风机变频控制参数，并设置字体、颜色、字号等。

（6）在 ActionButton 属性中绑定弹窗视图。按照前述方法在 ActionButton 属性视图中添加 Popup Binding 属性，在 Popup Binding 属性 ord 路径绑定 FanFrenCon.px 弹窗视图，将弹窗位置修改为（300，200），弹窗尺寸修改为 600×450，和弹窗视图尺寸一致，如图 8-19 所示。

（7）切换到 View 模式下，点击风机变频控制参数按钮，将弹出 Pop up 视窗，如图 8-21 所示，可查看风机变频控制参数信息，查看完毕可点击关闭，恢复主视窗。

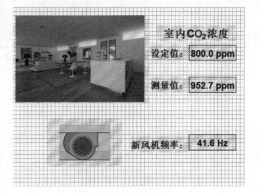

图 8-20　弹窗视图

图 8-21　主视图弹窗

8.4　Px 视图典型编程案例

8.4.1　空调双位控制 Px 视图编程

1. 编程要求

在第 6.2 节空调双位控制 Wire Sheet 编程的基础上进行 Px 视图编程。编程要求：

（1）添加嵌套视图 BannerPx；

（2）采用第三方图片方式添加空调器图片；

（3）显示空调器运行状态；

（4）显示当前室内温度和室内温度设定值；

（5）采用模拟仪表盘形式显示当前室内温度。

2. 主要 Widget 组件

空调双位控制 Px 视图用到的主要 Widget 组件如表 8-3 所示。

空调双位控制 Px 视图主要 Widget 组件

表 8-3

序号	组件名	调色板位置
1	视图嵌套	Bajaui/Widgets/PxInclude
2	第三方图片	Bajaui/Widgets/Picture
3	模拟仪表盘	WebChart/CircularGuage

3. 编程步骤

(1) 创建 OnOffControlPx 视图

1) 在 Nav 导航栏内，右击 OnOffControl 文件夹，选择 Views，然后选择 NewView，在打开的 NewPxView 向导中，将新视图命名为 OnOffControlPx，点击 OK 按钮。

2) 双击画布，打开画布的 Properties 对话框，将 viewSize 设置为 900×600。

(2) 添加 BannerPx 嵌套视图

在导航栏里，展开工作站的 Files>px 文件夹，从 Px 文件夹将 BannerPx 文件拖放到 OnOffControlPx 的顶部，调整好位置。

(3) 采用第三方图片方式添加空调器图片

前提条件：已经将第三方图片拷贝到 Nav 导航栏 Files 下的 Picture 文件夹。

在 Px 视图的空白处右击选择 New>Picture（或从 bajaui>Widgets 组件库中选择 Picture 组件），然后双击 Picture 组件，从 Files>Picture 里面选择需要的图片，添加到 Px 视图，完成一台空调器图片添加。采用 Duplicate 复制功能，完成第二台空调器图片添加。

(4) 为空调器添加 Label

1) 在 Px 视图中的空白位置，右击并选择 New，然后选择 Label。

2) 双击新建的 Label，打开 Properties 对话框。

3) 在 text 区段输入"空调器 1"，按照自己的喜好设置字体、字号和颜色。

4) 重复上述步骤为 2 号空调添加标签"空调器 2"。

(5) 添加空调器 Bound Label

将导航栏内的 AC_1 组件拖放到 Px 视图上，在向导里面选择 Bound Label，在 Format Text 区段输入%out.value%。重复上述步骤，为 AC_2 添加绑定标签。

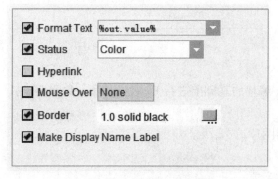

图 8-22　辅助视图区域选项设置

(6) 添加室内温度和室内温度设定值 Bound Label

选择导航侧栏内的 CV_Temp 和 SP_Temp 点（提示：在键盘上按下并保持 Ctrl 按钮），同时拖放到 Px 视图上，在向导里面选择 Bound Label，在 Format Text 区段输入%out.value%。辅助视图区各选项如图 8-22 所示，从图中可看出，在显示值外面加宽度 1.0 的实线黑色边框，并且显示组件名称。

(7) 添加室内温度 WebChart Widget

将导航侧栏中的 CV_Temp 点拖放到 Px 视图上，在向导里面选择 From Palette，在辅助视图区选择 webChart＞CircularGuage，点击 OK 按钮。在 WebChart 视图上面添加 "室内温度" 标签。

（8）保存查看

空调双位控制 Px Editor 视图如图 8-23 所示。切换到 View 模式，保存并查看。

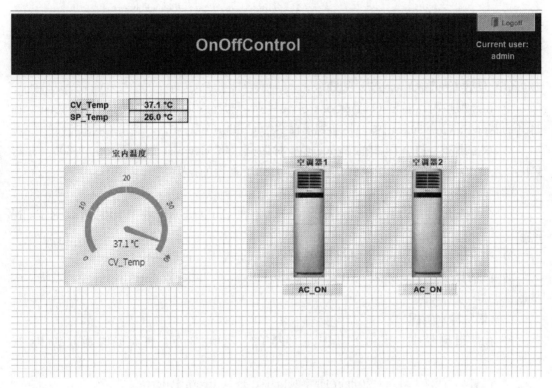

图 8-23 空调双位控制 Px Editor 视图

8.4.2 冷水机组水系统控制 Px 视图编程

1. 编程要求

在第 6.4.5 节冷水机组水系统控制 Wire Sheet 编程的基础上进行 Px 编程。编程要求：

（1）添加嵌套视图 BannerPx；

（2）绘制冷水机组水系统流程图；

（3）显示冷水机组和冷水泵的运行状态；

（4）显示当前供水温度及其设定值；

（5）采用超级链接按钮，链接到时间表。

2. 主要 Widget 组件

在冷水机组水系统控制 Px 编程中用到的主要 Widget 组件如表 8-4 所示。

冷水机组水系统控制 Px 视图主要 Widget 组件　　　　　　　　　　　表 8-4

序号	组件名	组件位置
1	视图嵌套	bajaui＞Widgets＞PxInclude
2	冷水机组	kitPxN4svg＞Chillers＞ChillerRoundAirCooled

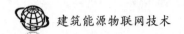

续表

序号	组件名	组件位置
3	水泵	kitPxN4svg＞Pumps＞PumpslnLine
4	管道	kitPxN4svg＞Piping＞LargePiping＞CHwr
5	水流方向	kitPxN4svg＞Piping＞PipingFolwArrow
6	超级链接按钮	kitPx＞HyperlinkButton

3. 编程步骤

（1）创建 ChillerControlPx 视图

1）在导航栏内，右击 ChillerControl 文件夹，选择 Views，然后选择 NewView，在打开的 NewPxView 向导当中，将新视图命名为 ChillerControlPx，点击 OK 按钮。

2）双击画布，打开画布的 Properties 对话框，将 viewSize 设置为 900×600。并将 Files＞px＞BannerPx 文件拖放到 ChillerControlPx 视图的顶部。

（2）添加冷水机组图

1）在导航侧栏中，找到 Chiller1、Chiller2 和 Chiller3 点，将其同时拖放到 Px 视图上。

2）在自动打开的 Make Widget 向导窗口中，选择 From Palette。

3）在辅助视图区，选择 kitPxN4svg＞Chillers＞ChillerRoundAirCooled，点击 OK 按钮。

（3）添加冷水泵图

1）在导航侧栏中，找到 PUMP1、PUMP2、PUMP3 点，将其同时拖放到 Px 视图上。

2）在自动打开的 Make Widget 向导窗口中，选择 From Palette。

3）在辅助视图区，选择 kitPxN4svg＞Pumps＞PumpslnLine，点击 OK 按钮。

（4）添加管道

在调色板 kitPxN4svg 内依次展开 Piping 文件夹、LargePiping 文件夹和 CHwr 文件夹，在视图上添加和布置管道。

（5）添加水流箭头

在调色板 kitPxN4svg 内依次展开 Piping 文件夹、PipingFolwArrow 文件夹，在视图上添加和布置水流方向箭头。

（6）添加冷水机组和冷水泵文本名

1）在 Px 视图中的空白位置，右击并选择 New，然后选择 Label。

2）双击新建的 Label，打开 Properties 对话框；在 text 区段输入"冷水机组 1"，按照自己的喜好设置字体、字号和颜色，给 Chiller1 添加文本名。

3）重复上述步骤，给 Chiller2 和 Chiller3 添加文本名"冷水机组 2"和"冷水机组 3"。

4）重复上述步骤，为 3 台冷水泵添加文本名"冷水泵 1""冷水泵 2""冷水泵 3"（也可复制后修改）。

（7）添加 Bound Label

1）添加冷水机组 Bound Label。将 Chiller1、Chiller2 和 Chiller3 点同时拖放到 Px 视

图上，自动打开 Make Widget 向导窗口，在源 List 选项区选择 Bound Label，在 Format Text 区段输入％out. value％。勾选边框并设置字体、颜色等。

2）添加冷水泵 Bound Label。将 Pump1、Pump2 和 Pump3 点同时拖放到 Px 视图上，按照上述方法添加 Bound Label。

3）添加供水温度 Bound Label。将 SupplyTemp 点拖放到 Px 视图上，按照上述方法添加 Bound Label。

（8）添加时间表超链接

1）从导航栏将 BooleanSchedule 拖放到 Px 视图上，在 Make Widget 窗口里，选择 FromPalette。

2）在辅助视图区，选择 kitPx/HyperlinkButton，勾选位于向导左下角的 Hyperlink 方框。

3）在向导右上角 Properties 窗口 text 区段添加文本"Go to Schedule"，用以表示该按钮的用途。

4）点击 OK 按钮，创建时间表超级链接按钮。

（9）双击画布打开其 Properties 窗口，按照自己的喜好设置 background，画布应当与 Banner 背景相匹配。

（10）冷水机组控制 Px Editor 视图如图 8-24 所示。切换到 View 模式，保存并查看。

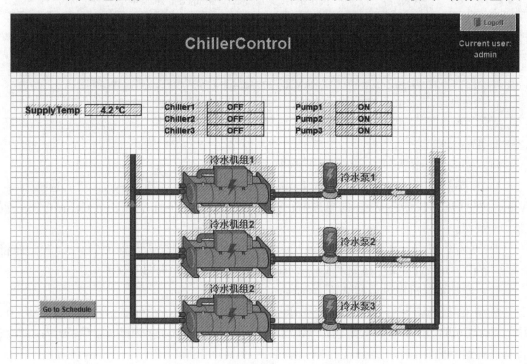

图 8-24 冷水机组控制 Px Editor 视图

8.4.3 新风机组控制系统 Px 视图编程

1. 编程要求

在第 6.8 节新风机组控制系统 Wire Sheet 编程的基础上进行 Px 编程。编程要求：

（1）添加嵌套视图 BannerPx；

（2）绘制新风机组工艺流程图；

（3）在工艺流程图适当位置添加传感器图，包括新风温湿度传感器、送风温湿度传感器、CO_2 浓度传感器；

（4）添加送风温度控制和 CO_2 浓度控制被控变量和调节量 webChart 图；

（5）添加传感器测量值显示，包括新风温湿度传感器、送风温湿度传感器、CO_2 浓度传感器、压差开关、防冻开关；

（6）添加新风机手动/自动控制。

2. 主要 Widget 组件

新风机组控制系统 Px 编程用到的主要 Widget 编程组件如表 8-5 所示。

新风机组控制系统 Px 视图主要 Widget 组件　　　　表 8-5

序号	组件名	调色板位置
1	视图嵌套	Bajaui＞Widgets＞PxInclude
2	风道	kitPxN4svg＞Ductwork
3	风机	kitPxN4svg＞fans＞fansHarz＞fansHarzRight
4	管道	kitPxN4svg＞Piping＞LargePiping＞Chwr
5	风阀	kitPxN4svg＞Dampers＞DamperHorzParallel
6	过滤器	kitPxN4svg＞Filters＞FilterSingle
7	表冷器	kitPxN4svg＞Coils＞CoilCooling2WayBottom
8	电动调节阀	kitPxN4svg＞Vavles＞Vavle2wayElecRight
9	传感器	kitPxN4svg＞Sensors
10	模拟仪表盘	webChart＞CircularGuage

3. 编程步骤

（1）创建 Fresh Air Unit Control Px 视图

1）在导航栏里，右击 Fresh Air Unit Control 文件夹，选择 Views，然后选择 New-View，在打开的 NewPxView 向导当中，将新视图命名为 Fresh Air Unit Control Px，点击 OK 按钮。

2）双击画布，打开画布的 Properties 对话框，将 viewSize 设置为 900×600。并将 Files＞px＞BannerPx 文件拖放到 Fresh Air Unit Control Px 视图的顶部。

（2）添加新风机组风道和管道

从调色板 kitPxN4svg＞Ductwork 内，添加 DuctHorzLong、DuctHorzEndLeft、DuctHorzEndRight 组件。从调色板 kitPxN4svg＞Piping＞LargePiping＞Chwr 内，添加合适的管道组件。

（3）添加新风机组设备

1）从导航栏 Fresh Air Unit Control 文件夹，选择 Fan，拖拉到 Px 编辑器，在打开的 Make Widget 当中，选择 From Palette。打开 kitPxN4svg 组件库，选择 fans＞fansHarz＞fansHarzRight。

2）按照上述方式添加新风阀 Damper（kitPxN4svg＞Dampers＞DamperHorzParallel）、

过滤器 Filter（kitPxN4svg＞Filters＞FilterSingle）、盘管 Coil（kitPxN4svg＞Coils＞CoilCooling2WayBottom）、电动调节阀门 Vavle（kitPxN4svg＞Vavles＞Vavle2wayElecRight）等，完成新风机组主要设备添加。

注意：由于在 kitPxN4svg 组件库中，新风阀 Damper 组件、过滤器 Filter 组件和盘管 Coil 组件均为 Numeric 数据类型，为了添加它们的视图，可在 Wire Sheet 中临时添加一个 Numeric 点，用于添加新风阀、过滤器和盘管等图组件。

（4）添加传感器

从调色板 kitPxN4svg＞Sensors 内选择合适的温度传感器、湿度传感器、CO_2 传感器等图标添加到 Px 视图。新风机组视图如图 8-25 所示。

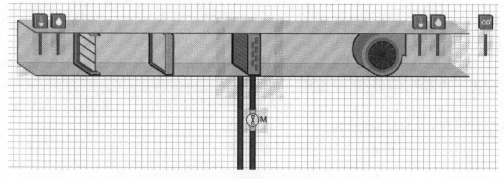

图 8-25　新风机组视图

（5）添加送风温度控制和 CO_2 浓度控制被控变量和调节量 webChart 视图

1）从导航栏 Fresh Air Unit Control 文件夹，选择 Temp2 点，添加到 Px 视图上。选择 From Palette，选择 webChart 组件库，然后选择 CircularGauge 组件，点击 OK 按钮。在 Px 视图上根据需要调整仪表盘的大小。

2）按照以上方式再添加 Vavle、CO_2、FanFreq 3 个点，调整相同尺寸。

3）右击画布，选择 New＞Label，分别添加送风温度、CO_2 浓度、调节阀开度和新风机频率等文本名称，调整位置，让其对齐，如图 8-26 所示。

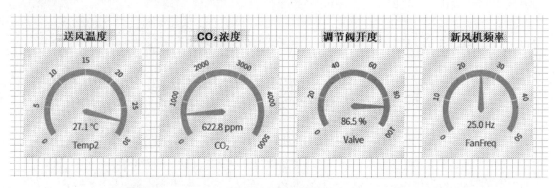

图 8-26　仪表盘视图

（6）添加传感器测量值 Bound Label

1）从导航栏 Fresh Air Unit Control 文件夹内，选择 Temp1、RH1 点同时拖拉到 Px

编辑器，在打开的 Make Widget Wizard 中，选择 Bound Label。勾选 Format Text，并输入％out. value％，勾选 Make Display Name Label、Status（选择 Color）和 Border 等选项。点击 OK 按钮，将同时创建新风温度和新风湿度绑定标签。将标签点名 Temp1、RH1 修改为新风温度和新风湿度，按照喜好设置字体颜色和大小。

2）按照上述方法创建送风温度和送风湿度绑定标签，再建立过滤器压差开关、防冻开关等绑定标签，并修改相应标签名称。按照自己喜好移动这些对象。

（7）建立新风机手动/自动控制

1）右击画布，选择 New＞Label，添加"新风机控制"文本名。

2）在导航栏选择 Fan 点，拖放到 Px 视图上，在弹出的向导视图中，在源 List 选项区选择 Actions，Actions List 选项区选择 Emergency Active，点击 OK 按钮。双击 Emergency Active 按钮，打开其属性视图，将显示文本"Emergency Active"修改为"启动"，再根据个人喜好修改字体、大小、颜色等，完成手动启动按钮添加。

3）将 Fan 点添加到 Px 视图上，在向导视图中，选择 Actions 和 Emergency Inactive，按照上述过程完成手动停止按钮添加。

4）将 Fan 点添加到 Px 视图上，在向导视图中，选择 Actions 和 Emergency Auto，按照上述过程完成自动按钮添加。

5）切换到 View 模式，保存并查看，最终的 Px 视图如图 8-27 所示。

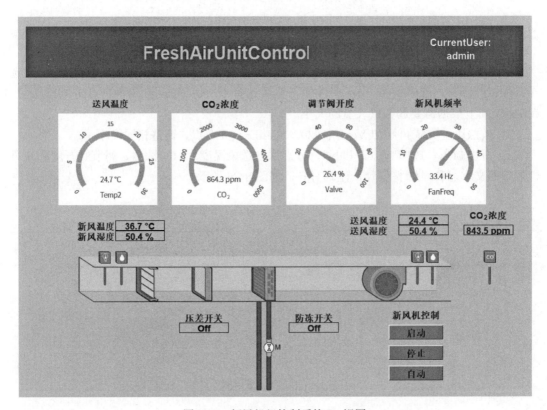

图 8-27　新风机组控制系统 Px 视图

本章习题

1. 在进行建筑能源物联网图形用户界面设计时一般需要遵循哪些原则？

2. Px Editor 视图和 Px Viewer 视图分别具有什么功能？

3. Widget 是提供可视化的组件，调色板中的哪些组件库用于构建 Widget 丰富的图形用户界面？哪个组件库为 Niagara AX-3.7 以上版本新增加的？哪个组件库是 N4 版本新增加的？

4. 什么是 Px 视图嵌套？其优点是什么？

5. 向 Px 编辑器画布添加 PxInclude Widget 有哪三种方法？最常用的是哪种？

6. 嵌套视图创建中，添加文件夹名称显示时采用绝对路径还是相对路径？为什么？

7. 制作全局导航菜单，用到的主要 Widget 是什么？如何进行属性设置？

8. 制作 Px 视图弹窗，用到的主要 Widget 是什么？如何进行属性设置？

9. 创建一个工作站，工作站名称为：PXxxx，其中"xx"为你学号的后两位。在 Station 内，Config 文件夹下新建 Banner 文件夹，创建一个嵌套的 Px，命名为 Banner。

（1）将 CanvasPane 放到根目录上；

（2）添加 LogOffButton 组件；

（3）添加当前用户显示；

（4）添加当前 Px 视图显示名称，将显示标签绝对路径修改为相对路径。

10. 在 Station 内 Config 文件夹下新建 ChillerWaterSystemControl 文件夹，实现冷水机房水系统 WireSheet 编程。

机房内有 2 台冷水机组和 2 台冷水循环泵，冷水机组和循环泵串联后再并联，给空调末端供水。供水温度 7℃，回水温度 12℃。要求如下：

（1）系统开机关机由时间表控制，每天上午 8：00 开机，下午 6：00 关机；

（2）热泵机组供水温度采取双位控制，设定值为 7℃，回差为 2℃；

（3）循环泵由时间表控制，在开机时间段内，循环泵一直运行；

（4）供水温度仿真模块模拟水温从 3℃到 11℃变化。

11. 冷水机房水系统 Px 视图编程，要求如下：

（1）添加嵌套视图 Banner；

（2）添加 2 台冷水机组和 2 台循环泵；

（3）添加管道；

（4）给冷水机组、循环泵、供水温度添加绑定标签；

（5）添加供水温度测量值和供水温度设定值仪表盘图；

（6）设置时间表超级链接按钮，点击时间表按钮，转到时间表；

（7）调整视图，令自己满意。

第9章　物联网网络集成

9.1　概述

物联网技术发展迅速，其软硬件产品日趋成熟。建筑能源物联网系统得益于物联网网络控制器及其内置软件平台的开放性及可扩展性。建筑能源物联网可兼容多种通信协议，允许不同协议的设备接入，可构建不同协议类型的网络通信系统并实现在能源物联网控制器中的集成。网络通信系统的多样性和高灵活性使建筑能源物联网系统的规模和功能更加强大。

本章主要讲述 JACE 网络控制器与采用不同通信协议硬件设备的网络集成。主要包括 JACE 8000 与采用 BACnet MSTP 协议的 VT961 温控器的网络集成、与采用 BACnet IP 协议的 IOS30P 控制器的网络集成、与采用 Modbus RTU 协议的 IO-22U 智能 I/O 模块的网络集成、与采用 Modbus TCP 协议的 IOS30P 控制器的网络集成，以及采用 OPC UA 协议、MQTT 协议等其他通信协议设备的网络集成。在这些网络集成示例中，详细介绍了 JACE 8000 与相关设备的通信及硬件连接、在 Niagara 中的通信端口设置及通信协议参数配置；详细叙述了在 Niagara 中如何进行数据输入输出通道的软、硬件设置，如何添加网络、设备及数据代理点等内容。此外，在本章最后讲述了基于 Niagara 的建筑能源物联网系统网络集成，主要包括在 PC 机上创建 Supervisor 站点，实现 Supervisor 站点和 JACE 站点之间的通信连接和数据共享，进一步实现能源系统的远程检测与控制、设备及数据报警、数据存储、网页显示和浏览等功能。

9.2　Niagara BACnet 网络集成

在 Niagara 中，BACnet 驱动既提供了客户端功能又提供了服务器功能。作为服务器，Niagara 站点代表网络上的 BACnet 服务器设备，Niagara 中的某些对象可以作为 BACnet 对象公开。根据 BACnet 规范，Niagara 将响应 BACnet 客户端对这些对象的服务请求。作为客户端，Niagara 站点可以代表 Niagara 中的 BACnet 客户端设备，BACnet 服务器对象的属性可以作为 BACnet 代理点（Proxy Point）引入 Niagara。Niagara BACnet 驱动还提供了对客户端时间表（Schedule）和趋势日志（Trend log）的访问。使用 Config 视图，BACnet 对象可以被视为一个整体，使用内在的报警机制、支持客户端和服务器端报警。BACnet 驱动中的基本组件包括 BBACnetNetwork、BLocalBACnetDevice 和 BBACnetDevice。BACnet 端口类型有以下几种：

- IP Ports（链路层支持 IP 地址和 Ethernet 适配器）；
- Ethernet Ports（链路层支持 MAC 地址和 Ethernet 适配器）；
- MS/TP Ports（链路层支持 RS 485）。

9.2.1　Niagara BACnet 网络

在 Niagara 中，BacnetNetwork 是站点中所有 BACnet 设备和 BACnet 代理点的容器（Folder）。配置站点的 BACnet 通信栈 Bacnet Comm 和 Local Device 是建立设备连接的前提条件，配置过程将在后面网络集成示例中详细介绍。下面介绍 Niagara BACnet 网络的主要视图及代理点。

（1）Device Manager 视图

Device Manager 视图是 BacnetNetwork 的默认视图，它是一种表格样式视图，表格中的每一行表示网络中的一个设备。该视图可以创建、编辑和删除设备组件。

注意：如果 Bacnet Comm 配置成功了，那么 BacnetNetwork 的 Bacnet Device Manager 视图中 Discover 按钮将变为可用。

（2）Point Manager 视图

Point Manager 视图是所有对象设备点（Points）组件的默认视图。与其他 Manager 视图一样，也是一种表格样式视图，表格中的每一行表示一个代理点（Proxy Point）。可以用该视图创建、编辑、删除站点数据库中的代理点。与其他驱动中的对象设备一样，每个 BACnet Device 都有一个 Points 文件夹，用作代理点的容器。所有 Points 文件夹的默认视图都是 Point Manager 视图（本示例中为 Bacnet Point Manager），该视图支持在线查找代理点。

（3）代理点（Proxy Points）

通过网络驱动添加的设备点属于代理点，代理点是设备点在 Niagara 软件中的映射，与简单点的区别是在点的属性视图中有 Proxy Ext（代理扩展）属性，而简单点的 Proxy Ext 为 Null，其他功能与简单点一致。Niagara 代理点可以表示设备点的实时数据，可以从设备中读取数据，也可以向设备中写入数据。

这里介绍的几种 Niagara BACnet 网络视图同样适用于 Modbus RTU 网络、Modbus TCP 网络、OPC-UA 网络、MQTT 网络，后面将不再赘述。

9.2.2　BACnet MSTP 网络集成示例

VT961 是一种联网型风机盘管温控器，支持 BACnet MSTP 通信协议，可实现两管制冷热模式室内温度控制，可控三速风机，其外观如图 9-1 所示。本小节以温控器 VT961 为例，讲述采用 BACnet MSTP 通信协议的设备在 Niagara 中的集成。

1.硬件连接

图 9-2 为 JACE 网络控制器与 VT961 温控器的通信口硬件连接图。这里 JACE 的

图 9-1　温控器 VT961

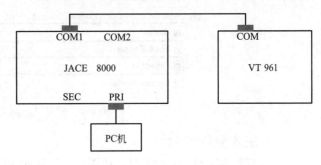

图 9-2　JACE 网络控制器与 VT961 温控器通信口硬件连接

COM1 口与 VT961 温控器的串口相连；JACE 的 PRI 口与 PC 机的网口相连，通过 PC 机上的 Niagara 软件平台与 JACE 进行通信。本章后面示例中都是 JACE 的 PRI 口与 PC 机的网口相连，不再赘述。JACE 其他端口与设备的连接将在后面具体示例中介绍。

2. Bacnet 网络创建及配置步骤

（1）创建 Bacnet 网络

1）展开导航栏里 JACE 上 Station 的 Config＞Drivers 文件夹。

2）若 Drivers 里没有 BacnetNetwork 驱动，将 Palette＞bacnet＞BacnetNetwork 拖入到 Drivers，保持 BacnetNetwork 名称不变（也可以重新命名，一般不修改），如图 9-3（a）所示。如果 Drivers 里已经有 BacnetNetwork 驱动，则不用再拖。

3）将 Palette＞bacnet＞NetworkPorts＞MstpPort 拖入到 BacnetNetwork＞Bacnet Comm＞Network 文件夹，并将其命名为 MstpPort_COM1，如图 9-3（b）所示。

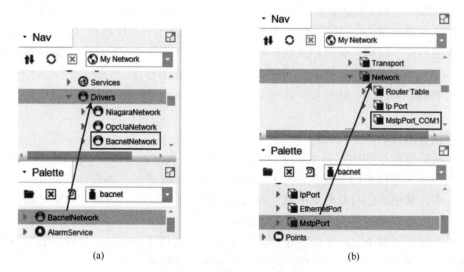

(a)   (b)

图 9-3　创建 Bacnet 网络

（a）添加 BacnetNetwork；（b）添加 MstpPort_COM1

（2）配置 Bacnet 网络

双击 BacnetNetwork＞Local Device，打开 Property Sheet 视图，配置 Bacnet 网络。设置 Object Id 为一个非负整数，然后点击 Save 按钮保存，Status 显示 {ok}，如图 9-4 所示。

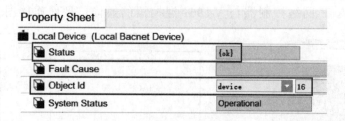

图 9-4　配置 Bacnet 网络

（3）配置 MSTP 端口

双击打开 MstpPort_COM1，按图 9-5 配置 MSTP 端口，并注意 Status 栏的变化，直

到显示 {ok}。

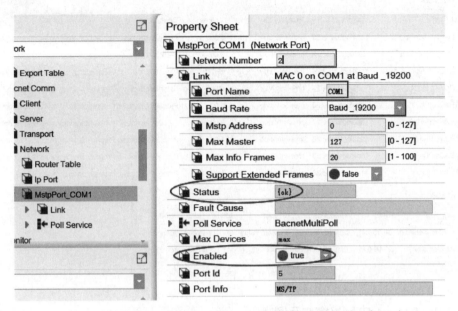

图 9-5　配置 MSTP 端口

（4）添加 Bacnet 设备

双击打开 BacnetNetwork，在右侧 Database 窗口内，点击下部的 Discover 按钮，采用默认设置，搜索 Bacnet 设备。在 Discovered 窗口内将显示搜索到的 Bacnet 设备：T961_温控器，如图 9-6 所示。

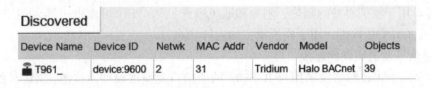

图 9-6　搜索 Bacnet 设备

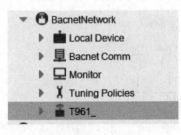

图 9-7　添加 T961 温控器

选中 T961_，将其拖到下方的 Database 窗口，弹出 Add 对话框，采用默认设置，点击 OK 按钮。这样，在左侧导航栏内 BacnetNetwork 下将出现 T961_，如图 9-7 所示。

（5）添加代理点

打开 T961_＞Points 文件夹，点击右侧的 Discover 按钮，搜索 T961_设备上的 IO 点。搜索到的 IO 点将在 Discovered 窗口内显示。找到 RoomTemperature 和 RoomSetpoint 两个点，将其拖到下方的 Database 窗口内，弹出的 Add 对话框采用默认设置。确定后将在 Database 里出现这两个点，如图 9-8 所示。

至此，Bacnet 设备 VT961 温控器就连接完毕，上述两个代理点可以像前面介绍的 Numeric 变量一样使用了。

Discovered					
Object Name	Object ID	Property ID	Index	Value	Description
⊞ Ⓝ ISU_21_MinStop	analogValue:22	presentValue		5.00	Property:Unknown Property:analogValue:22 [description]
⊞ Ⓝ ISU_22_Lockout	analogValue:23	presentValue		0.00	Property:Unknown Property:analogValue:23 [description]
⊞ Ⓝ RoomTemperature	analogValue:24	presentValue		30.00	Property:Unknown Property:analogValue:24 [description]
⊞ Ⓝ RoomSetpoint	analogValue:25	presentValue		20.00	Property:Unknown Property:analogValue:25 [description]
⊞ Ⓝ FanSwitch	analogValue:26	presentValue		0.00	Property:Unknown Property:analogValue:26 [description]
⊞ Ⓝ SystemSwitch	analogValue:27	presentValue		3.00	Property:Unknown Property:analogValue:27 [description]
⊞ Ⓝ PowerSwitch	analogValue:28	presentValue		1.00	Property:Unknown Property:analogValue:28 [description]
⊞ Ⓝ BACnetComm	analogValue:29	presentValue		1.00	Property:Unknown Property:analogValue:29 [description]
⊞ Ⓝ ErrorCode	analogValue:30	presentValue		0.00	Property:Unknown Property:analogValue:30 [description]

Database					
Name	Out	Object ID	Property ID	Index	Read	Write
Ⓝ RoomTemperature	30.00 {ok}	analogValue:24	Present Value	-1	Polled	readonly
Ⓝ RoomSetpoint	20.00 {ok}	analogValue:25	Present Value	-1	Polled	readonly

图 9-8　添加代理点

9.2.3　BACnet IP 网络集成示例

本小节以 IOS30P 为例，讲述采用 BACnet IP 通信协议的设备在 Niagara 中的集成。IOS30P 是一台功能强大的、30 点 IO 的 DDC，具有 8 路 DI、8 路 UI、8 路 DO、4 路 AO 和 2 路晶体管输出。IOS30P 有 5 种连接方式：Modbus RTU/TCP、BACnet IP/MSTP、SOX。IOS30P 的其他内容可参考本书前面章节的详细介绍，这里主要介绍 IOS30P 采用 BACnet IP 通信协议如何在 Niagara 中集成。本示例为一个简单的空调通风设备，包括：3 个指示灯，用于模拟设备的制热、制冷和通风模式控制；1 个可调电位器，用于模拟室内温度；1 个 On/Off 按键，用于模拟设备的启停状态。

1. 通信口及通道硬件连接

图 9-9 为 JACE 网络控制器与 IOS30P 的通信口及通道硬件连接图。JACE 的 SEC 网口与 IOS30P 的 NET 网口相连。IOS30P 的 DO1 连接了制热（Heat）指示灯，DO2 连接了制冷（Cool）指示灯，DO3 连接了通风（Fan）指示灯，UI3 连接了室内温度（Spc Temp）可调电位器，DI1 连接了 On/Off 按键。

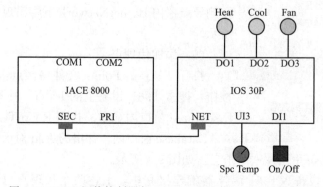

图 9-9　JACE 网络控制器与 IOS30P 的通信口及通道硬件连接

2. 设置 IOS30P 通信协议和 JACE SEC 网口

（1）设置 IOS30P 通信协议

包括软件设置和硬件设置。

1）软件设置　软件设置前需要确保电脑的网口与 IOS30P 的网口正确连接，且将电脑的 IP 地址修改为 10 网段，以使电脑的 IP 地址与 IOS30P 的 IP 地址在同一网段。打开浏览器输入登录 IP 地址。网页登录后，从菜单栏进入 Setting＞general 里的 Serial Port Selection 项，将其设置为 Bacnet，如图 9-10 所示。从菜单栏进入 Setting＞Bacnet 项可以查看和设置 Bacnet 协议的参数，如图 9-11 所示。

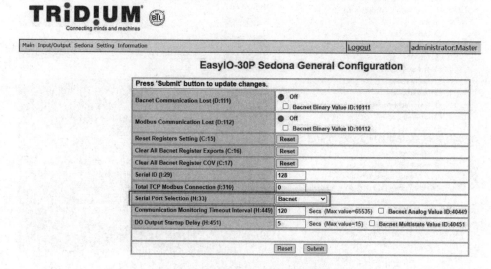

图 9-10　IOS30P 协议基本设置页面

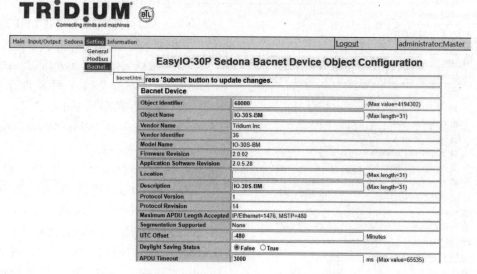

图 9-11　IOS30P 协议 Bacnet 设置页面

2）硬件设置　设置内部 DIP 开关。DIP1 用于协议切换，OFF 为 Modbus 协议，ON 为 BACnet 协议（上面为 ON）。

（2）设置 JACE SEC 网口

进入 JACE 的 Platform，找到 TCP/IP Configuration。然后双击进入到配置界面，可以看到 JACE 的网关信息和两个网络接口，interface2 就是 SEC 网口，展开进入配置界面。勾选 Enabled，再配置 IP 地址。因为 IOS30P 为 10 网段，所以必须给 JACE SEC 网口配置一个 10 网段的地址才可以访问 IOS30P，如图 9-12 所示。

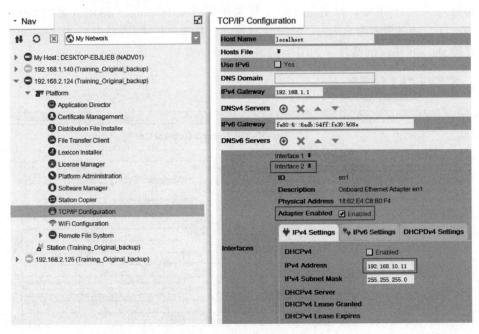

图 9-12　JACE TCP/IP 设置

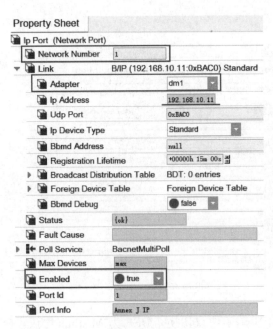

图 9-13　配置 Ip Port

3. 创建 Bacnet 网络

（1）～（2）可按照第 9.2.2 节第 2 条第（1）款创建 BacnetNetwork 的 1）和 2）。

（3）检查 BacnetNetwork＞Bacnet Comm＞Network 文件夹里是否存在 Ip Port 项，若不存在则从 Palette＞bacnet＞NetworkPorts 拖动 IpPort 到 Network 文件夹，保持命名不变。

4. 配置 Ip Port

双击 Ip Port 进入到 AX Property Sheet 视图，其中 Network Number 一定要为非负整数。Link＞Adapter 选择 JACE 的 SEC 网口，即 dm1，此时 Ip Address 将显示 SEC 网口设置的地址。Enabled 项设为 true，其他保持默认。当 Status 显示 {ok}，说明连接正常了，如图 9-13 所示。

5. 添加 Bacnet 设备和代理点

按照第 9.2.2 节第 2 条第（4）款添加 Bacnet 设备，添加后如图 9-14 所示。

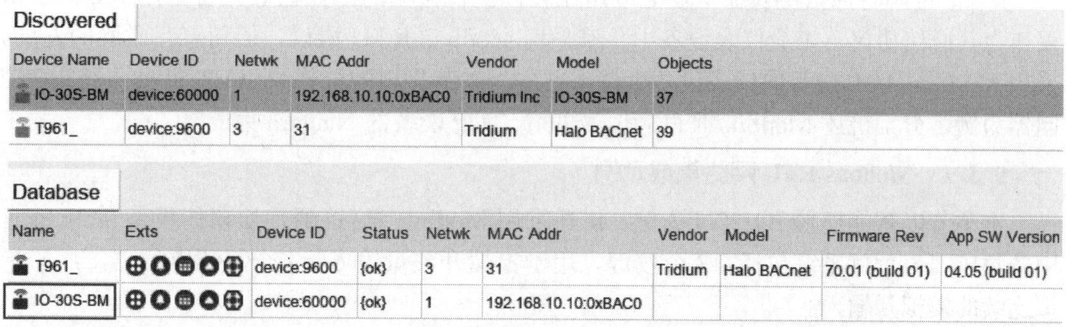

Discovered

Device Name	Device ID	Netwk	MAC Addr	Vendor	Model	Objects
IO-30S-BM	device:60000	1	192.168.10.10.0xBAC0	Tridium Inc	IO-30S-BM	37
T961_	device:9600	3	31	Tridium	Halo BACnet	39

Database

Name	Exts	Device ID	Status	Netwk	MAC Addr	Vendor	Model	Firmware Rev	App SW Version
T961_	⊕ ⊙ ⊙ ⊙ ⊕	device:9600	{ok}	3	31	Tridium	Halo BACnet	70.01 (build 01)	04.05 (build 01)
IO-30S-BM	⊕ ⊙ ⊙ ⊙ ⊕	device:60000	{ok}	1	192.168.10.10:0xBAC0				

图 9-14　添加 IOS30P 设备

按照第 9.2.2 节第 2 条第（5）款添加代理点。这里添加的代理点有：DO1—Heat、DO2—Cool、DO3—Fan、AI3—Spc Temp、DI1—On/Off。以添加代理点 DO1 为例，从上面搜索到的设备点中找到 DO1，将其拖入到下面的 Database 中，拖动时会自动弹出 Add 对话框，如图 9-15 所示。在 Add 对话框中可以修改 Name、Conversion 等选项，同时将 Enable 选项设为 true。按照同样的方法依次添加其他代理点，添加完成后在下面的 Database 中会显示所有代理点。

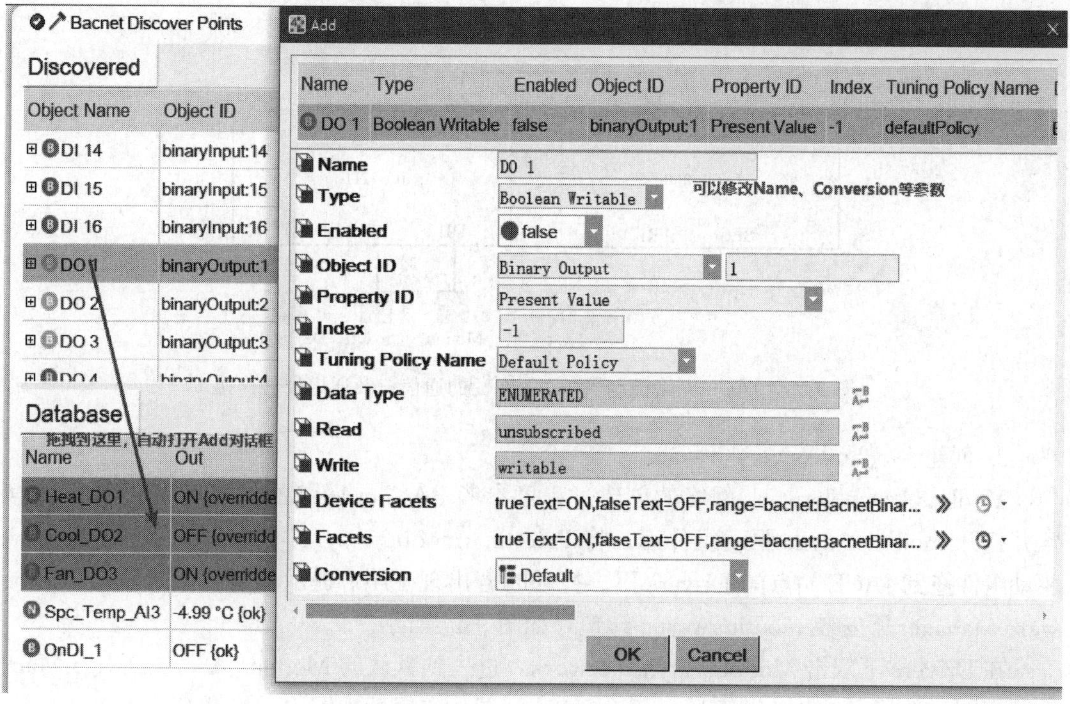

图 9-15　添加代理点

217

9.3 Niagara Modbus 网络集成

Modbus 串行通信协议在工业上应用比较广泛，大量的工业仪表设备采用 Modbus 协议作为其通信协议。工业仪表设备中普遍采用 Modbus RTU 协议，但随着互联网的发展，采用 Modbus TCP 协议的仪表设备也越来越多。本节将以智能模块 IO-22U 和 IOS30P 控制器为例，分别讲述 Modbus RTU 和 Modbus TCP 设备的 Niagara 集成。

9.3.1 Modbus RTU 网络集成示例

本小节以智能模块 IO-22U 为例，讲述采用 Modbus RTU 通信协议的设备在 Niagara 中的集成。该示例系统包括：2 个按键，用于模拟开关量输入；1 个可调电位器，用于模拟连续的模拟量输入。

IO-22U 模块支持 BACnet MSTP 和 Modbus RTU 两种通信协议。出厂默认是 Modbus RTU 模式，实际应用时需要打开 IO-22U 的外壳，通过 DIP 开关进行设置。DIP1 设为 OFF 时是 Modbus RTU 模式，设为 ON 时是 BACnet MSTP 模式。拨码开关的 DIP2 到 DIP8 用作设定 BACnet 或者 Modbus 协议的地址。注意：DIP2 到 DIP8 都设为 OFF 时，地址会默认为 1，地址 0 是不存在的。设置完成后重启设备以使设置生效。

1. 通信口及通道硬件连接

图 9-16 为 JACE 网络控制器与 IO-22U 的通信口及通道硬件连接图。JACE 的 COM2 口与 IO-22U 的 RS 485 串口相连（也可以与 JACE 的 COM1 口相连）。IO-22U 的 DI1 连接了 Motion 按键，DI4 连接了 On/Off 按键，AI1 连接了 Daylight 可调电位器，可用来模拟光照强度。

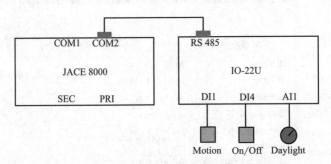

图 9-16　JACE 网络控制器与 IO-22U 的通信口及通道硬件连接

2. 创建 ModbusAsyncNetwork

ModbusAsyncNetwork 网络的创建过程可参考 BACnet 网络的创建。在 Palette 内搜索并打开 modbusAsync 驱动组件库，将 Palette＞modbusAsync＞ModbusAsyncNetwork 驱动组件拖到 JACE 站点的 Drivers 下。拖动时若出现 Error 提示，请到 Platform＞Software Manager 下安装 modbusAsync-rt 包，如图 9-17 所示。

在 Drivers 下双击 ModbusAsyncNetwork，进入到默认的 Modbus Async Device Manager 视图，选择右上角的 AX Property Sheet 视图。在属性视图内，展开 Serial Port Config，设置串口参数：

Port Name：COM2；

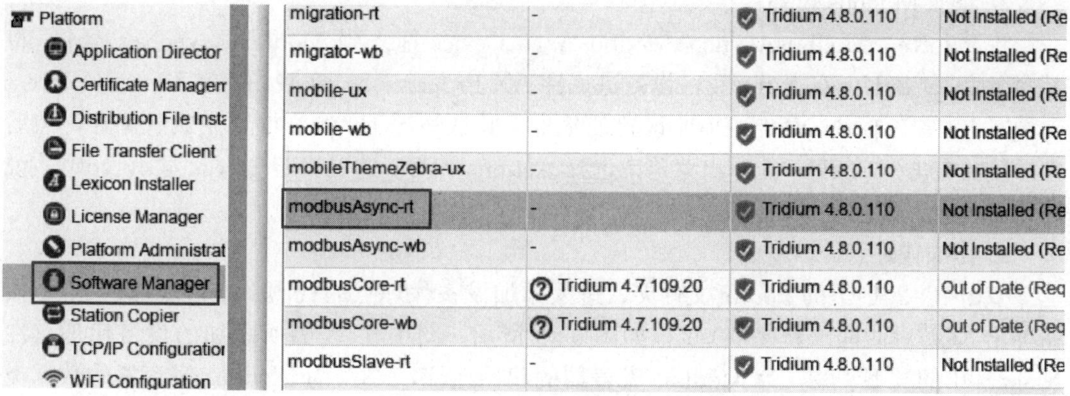

图 9-17　安装 Modbus 驱动

Baud Rate：19200；

Data Bits：8；

Stop Bits：1；

Parity：Even；

Modbus Data Mode：Rtu。

设置完成后保存。然后，在导航栏右击 ModbusAsyncNetwork，在弹出菜单中选择 Actions＞Ping 选项，若参数正确，则 Status 会显示 {ok}，如图 9-18 所示。

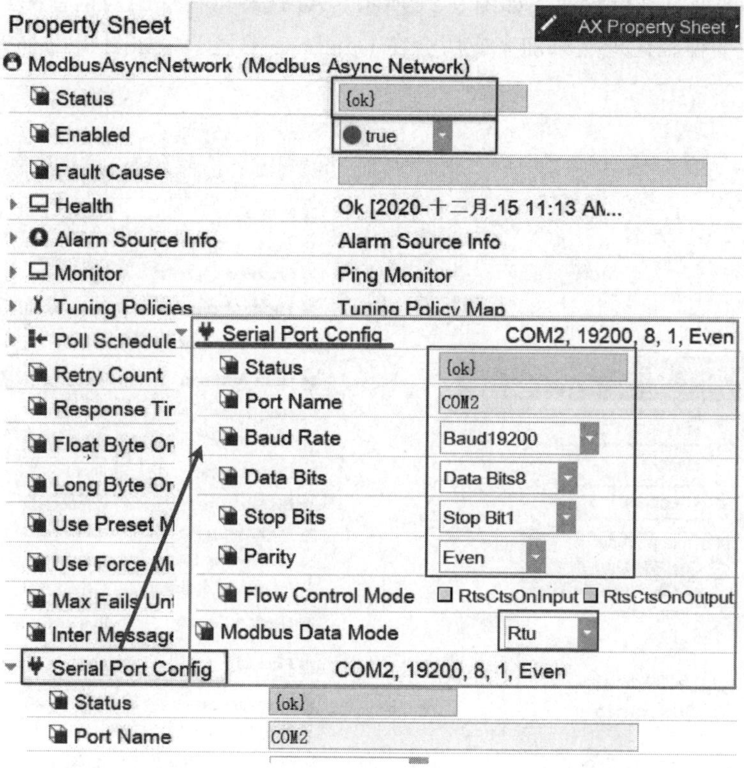

图 9-18　设置 ModbusAsyncNetwork 参数

3. 添加 Modbus 设备

将 Palette＞ModbusAsync＞ModbusAsyncDevice 拖入到 ModbusAsyncNetwork，将其命名为 IO-22U。双击 IO-22U 设备进入到 AX Property Sheet 视图，在 Device Address 项填写 IO-22U 模块 DIP2～DIP8 设置的地址，默认情况下为 1。设置完成后保存，然后在导航栏右击 IO-22U，在弹出菜单中选择 Actions＞Ping 选项。若 Status 显示｛ok｝，说明设备已经正常连接。

4. 添加代理点

双击 IO-22U 下的 Points 文件夹，进入添加设备代理点的视图。点击底部的 New 按钮弹出 New 对话框以新建 IO 点，如图 9-19 所示。图中"1"为所添加的设备代理点在 Niagara 中的类型，"2"为 Modbus 寄存器的起始地址，"3"为 Modbus 寄存器的数据类型。设置完成后点击确定按钮。然后在 Edit 对话框内，对 Data Address、Status Type（对应 Coils 或 Inputs 状态寄存器）或 Reg Type（对应 Input registers 或 Holding registers 寄存器）进行设置。

在本示例中，Motion 按键连接 DI1 通道，添加代理点时，在图 9-19 中"1"的位置应选择 Boolean Point 类型，在 Edit 对话框内，Data Address 设置为 Decimal（十进制）0、Status Type 设置为 Input，即输入状态寄存器；On/Off 按键连接 DI4 通道，代理点的添加及编辑与 Motion 按键一样，只是 Data Address 应设置为十进制 3，如图 9-20 所示。Daylight 电位器连接 AI1 通道，添加代理点时在图 9-19 中"1"的位置应选择 Numeric Point 类型，在 Edit 对话框内，Data Address 设置为十进制 0、Reg Type 设置为 Input，Data Type 根据需要进行设置，如图 9-21 所示。AI 代理点在编辑对话框内可通过 Conversion 进行标度变换。代理点添加完成后会在 Database 中显示，如图 9-22 所示。

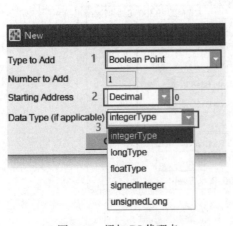

图 9-19　添加 DI 代理点

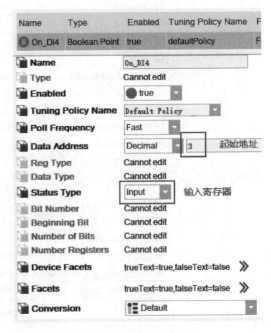

图 9-20　编辑 DI 代理点

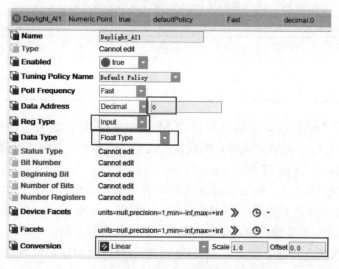

图 9-21 编辑 AI 代理点

在上述添加 Modbus 代理点时，Stating Address 和 Data Address 都选择的是 Decimal，即十进制形式。这里需要对 Modbus 寄存器的地址形式和数据类型进一步讲述。

Modbus 寄存器地址有三种形式：Modbus 地址 （Modbus address）、十进制地址（Decimal address）和十六进制地址（Hex address），其中 Modbus 地址从 1 开始，十进制地址和十六进制地址则从 0 开始。Modb-

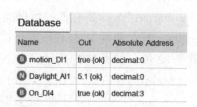

图 9-22 Database 中的代理点

us 地址采用 5 位码格式，第 1 位决定寄存器类型，其余 4 位代表地址。如表 9-1 所示，线圈状态（Coils）第 1 位是 0，输入状态（Inputs）第 1 位是 1，输入寄存器（Input registers）第 1 位是 3，保持寄存器（Holding registers）第 1 位是 4。由于 Modbus 地址和十进制地址、十六进制地址的起始地址不同，因此第 1 个 Coils 的 Modbus 地址是 00001，对应的十进制地址和十六进制地址则是 0。同理，若第 108 个 Holding register 的 Modbus 地址是 40108，则其对应的十进制地址是 107，十六进制地址则是 6B。通常，设备手册都会以 5 位 Modbus 地址的形式给出各个寄存器的功能说明，如表 9-2 所示。其中，Modbus 地址为 "40011" 的 Holding register，其十进制地址是 "10"，十六进制地址是 "A"。

Modbus 寄存器地址　　　　　　　　　　　　　　　　　　表 9-1

Modbus 寄存器		Coils	Inputs	Input registers	Holding registers
I/O 类型		DO	DI	AI	AO
地址	Modbus 形式	0 0001～0 9999	1 0001～1 9999	3 0001～3 9999	4 0001～4 9999
	十进制形式	0000～9998	0000～9998	0000～9998	0000～9998
	十六进制形式	0000～270E	0000～270E	0000～270E	0000～270E

某设备部分 Modbus 寄存器地址及功能　　　　　　　　　　表 9-2

Modbus 地址	单位	功能说明
40001	kWh	耗电量
40007	V	线电压
40011	kW	B 相功率

Niagara 中，当选择设备点地址形式为 Modbus 时，需要输入 5 位的 Modbus 地址；当选择 Decimal 或 Hex 地址形式时，则仅需输入 4 位的地址。具体寄存器的类型需在 Edit 对话框内通过 Status Type 或 Reg Type 选择。

Modbus 协议规定 Coils 和 Inputs 表示的是开关量。因此，Niagara 中代理点数据类型 Boolean Point 表示只读开关量，可对应 Modbus 的 Coils 和 Inputs 状态寄存器；Boolean Writable 表示可读写开关量，对应 Modbus 的 Coils 状态寄存器。

Niagara 中代理点数据类型 Numeric Point 表示只读模拟量，可对应 Modbus 的 Input registers 和 Holding registers 寄存器；Numeric Writable 表示可读写模拟量，可对应 Modbus 的 Holding registers 寄存器。但 Modbus 协议没有具体规定 Input registers 和 Holding registers 寄存器的数据类型，可由厂商自行定义。一个 Input register 或 Holding register 寄存器是 16 位，厂商可以用一个或多个寄存器表示数据，2 个寄存器表示的数据就是 32 位。如图 9-23 所示，在 Niagara 中 Modbus 代理点的具体数据类型如下：

- integerType—无符号 16 位整型；
- longType—符号 32 位整型；
- floatType—32 位实数；
- signedInteger—有符号 16 位整型；
- unsignedLong—无符号 32 位整型。

对于 32 位双字节的数据，其高低字节的位置，可以通过 Modbus Config 内的 Float Byte Order 和 Long Byte Order 选项进行配置，如图 9-24 所示。

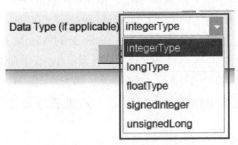

图 9-23　Niagara 中 Modbus 代理点的数据类型

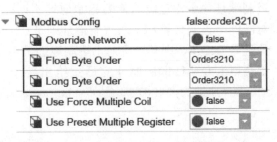

图 9-24　高低字节位置设置

5. AI 通道设置

为了使测量数据能够正确显示，在添加 AI 类型代理点时，需要对 IO-22U 模块的 AI 通道进行跳针设定，以便与传感器（或变送器）输入信号类型相匹配，同时还需要在软件中进行设置。IO-22U 模块的跳针设定与 IO-28U 模块一样，具体可参考本书第 3 章的相关内容，这里主要介绍 AI 通道在 Niagara 中的软件设置。设置步骤如下：

（1）打开 ModbusAsyncDevice（本小节示例已改名为 IO-22U）内的 Points 文件夹，新建一个 Numeric Writable 点。根据表 9-1 和表 9-3，设置该点的寄存器地址。示例中 Daylight 电位器连接了 AI1 通道，因此 AI 通道设置时新建 Numeric Writable 点的 Modbus 地址设为 40041（对应十进制地址 40），如图 9-25 所示。如果连接的是 AI2 通道，则应设为 Modbus 地址 40042，依此类推。

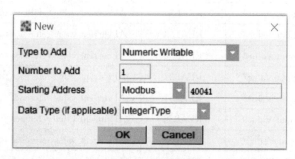

图 9-25　新建 Numeric Writable 点

（2）设置（1）中新建的 Numeric Writable 点的值。右击该点，在弹出菜单中选择 Actions＞Set 选项，在 Set 对话框内，根据现场变送器的输出信号类型设置该点的值，设置值及对应信号类型见表 9-3。设置值"0"对应 0～10V 电压信号、"1"对应 0～5V 电压信号、"2"对应 0～20mA 电流信号、"3"对应 4～20mA 电流信号、"4"对应电阻信号、"5"对应温度信号。

AI 通道信号类型由软件设置完成后，就可以添加 AI 代理点了。此时可根据表 9-4 设置代理点的地址，例如，AI1 通道代理点 Modbus 地址为 30001（对应十进制地址 0），AI2 通道代理点 Modbus 地址为 30003（对应十进制地址 2），依此类推。

IO-22U 的 Holding Registers 数据模拟量输入寄存器设定地址　　　　表 9-3

地址	寄存器类型	数据类型	备注
40041	AnalogueInputType1	INTEGER16	0＝0～10V,1＝0～5V,2＝0～20mA,3＝4～20mA,4＝Res,5＝Temp
40042	AnalogueInputType2	INTEGER16	0＝0～10V,1＝0～5V,2＝0～20mA,3＝4～20mA,4＝Res,5＝Temp
40043	AnalogueInputType3	INTEGER16	0＝0～10V,1＝0～5V,2＝0～20mA,3＝4～20mA,4＝Res,5＝Temp
40044	AnalogueInputType4	INTEGER16	0＝0～10V,1＝0～5V,2＝0～20mA,3＝4～20mA,4＝Res,5＝Temp
40045	AnalogueInputType5	INTEGER16	0＝0～10V,1＝0～5V,2＝0～20mA,3＝4～20mA,4＝Res,5＝Temp
40046	AnalogueInputType6	INTEGER16	0＝0～10V,1＝0～5V,2＝0～20mA,3＝4～20mA,4＝Res,5＝Temp
40047	AnalogueInputType7	INTEGER16	0＝0～10V,1＝0～5V,2＝0～20mA,3＝4～20mA,4＝Res,5＝Temp
40048	AnalogueInputType8	INTEGER16	0＝0～10V,1＝0～5V,2＝0～20mA,3＝4～20mA,4＝Res,5＝Temp
40049	AnalogueInputType9	INTEGER16	0＝0～10V,1＝0～5V,2＝0～20mA,3＝4～20mA,4＝Res,5＝Temp
40050	AnalogueInputType10	INTEGER16	0＝0～10V,1＝0～5V,2＝0～20mA,3＝4～20mA,4＝Res,5＝Temp
40051	AnalogueInputType11	INTEGER16	0＝0～10V,1＝0～5V,2＝0～20mA,3＝4～20mA,4＝Res,5＝Temp
40052	AnalogueInputType12	INTEGER16	0＝0～10V,1＝0～5V,2＝0～20mA,3＝4～20mA,4＝Res,5＝Temp

IO-22U 的 Input Registers 数据模拟量输入值采集地址 表 9-4

地址	寄存器类型	数据类型	备注
30001	Analogue Input Value1	REAL32	AI current value reference tosclae value and AI type
30003	Analogue Input Value2	REAL32	AI current value reference tosclae value and AI type
30005	Analogue Input Value3	REAL32	AI current value reference tosclae value and AI type
30007	Analogue Input Value4	REAL32	AI current value reference tosclae value and AI type
30009	Analogue Input Value5	REAL32	AI current value reference tosclae value and AI type
30011	Analogue Input Value6	REAL32	AI current value reference tosclae value and AI type
30013	Analogue Input Value7	REAL32	AI current value reference tosclae value and AI type
30015	Analogue Input Value8	REAL32	AI current value reference tosclae value and AI type
30017	Analogue Input Value9	REAL32	AI current value reference tosclae value and AI type
30019	Analogue Input Value10	REAL32	AI current value reference tosclae value and AI type
30021	Analogue Input Value11	REAL32	AI current value reference tosclae value and AI type
30023	Analogue Input Value12	REAL32	AI current value reference tosclae value and AI type

注：表 9-3 中的 40049～40052 地址和表 9-4 中的 30017～30023 地址对应 IO22U 模块的 DI1～DI4 通道，这 4 个通道可以接热敏电阻类型。

9.3.2 Modbus TCP 网络集成示例

本小节以 IOS30P 为例，讲述采用 Modbus TCP 通信协议的设备如何在 Niagara 中集成。示例系统仍然采用之前介绍的空调通风设备。Heat、Cool、Fan 三个指示灯分别模拟设备的制热、制冷和通风模式控制，Spc Temp 可调电位器模拟室内温度，On/Off 按键模拟设备的启停状态。系统通信口及通道硬件连接不变，如图 9-9 所示。

1. 设置 IOS30P 和 JACE SEC 网口

该部分设置可参照第 9.2.3 节，JACE 的 SEC 网口设置和第 9.2.3 节相同。IOS30P 的通信设置如下：

（1）软件设置：通过网页登录 IOS30P 后，将 Setting＞general 里的 Serial Port Selection 设置为 Modbus Master。从菜单栏进入 Setting＞Modbus Master 项可以查看和设置 Modbus 协议的参数。

（2）硬件设置：IOS30P 内部 DIP 开关的 DIP1 设为 OFF（Modbus 协议），DIP2～DIP8 设置一个地址。

2. 创建 Modbus TCP 网络

在 Palette 内搜索并打开 modbusTcp 驱动组件库，将 Palette＞modbusTcp＞ModbusTcpNetwork 拖入到 JACE 站点的 Drivers 文件夹。若出现 Error 提示，请到 Platform＞Software Manager 下安装 modbusTcp-rt 包。

双击 ModbusTcpNetwork，进入到默认的 Modbus Tcp Device Manager 视图。选择右上角的 AX Property Sheet 视图，如图 9-26 所示。检查网络状态。

3. 添加 Modbus 设备

将 Palette＞modbusTcp＞ModbusTcpDevice 拖入到 ModbusTcpNetwork，添加一个 ModbusTcpDevice 设备。双击添加的 ModbusTcpDevice，进入到 AX Property Sheet 视

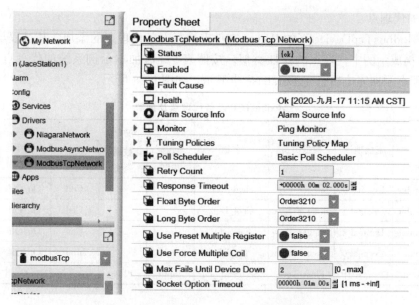

图 9-26 ModbusTcpNetwork 参数界面

图，找到 IP Address 项，填入 IOS30P 的 IP 地址，端口默认为 502，如图 9-27 所示。保存后在导航栏右击 ModbusTcpDevice，在弹出菜单中选择 Actions＞Ping 选项，若 Status 显示｛ok｝，说明设备已经正常连接。

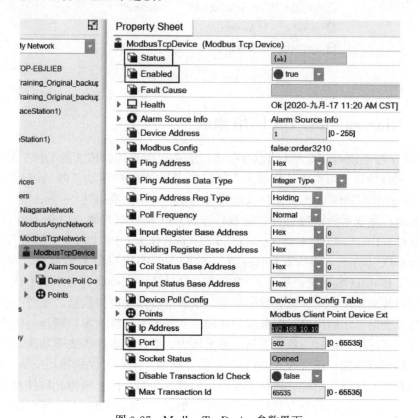

图 9-27 ModbusTcpDevice 参数界面

4. 添加代理点

双击 ModbusTcpDevice 下的 Points 文件夹进行设备代理点的添加，其过程与 Modbus RTU 网络集成示例中代理点的添加类似。按照表 9-5 添加本示例系统的代理点并设置其参数。代理点添加完成后会在 Database 中显示，如图 9-28 所示。

ModbusTCP 设备代理点及参数   表 9-5

添加类型	起始地址	数据类型	名称	Modbus			属性	标度变换
				寄存器类型	数据类型	状态类型		
Boolean Writable	Decimal 0	Integer Type	Heat_DO1	—	—	Coil	On/Off	Default
Boolean Writable	Decimal 1	Integer Type	Cool_DO2	—	—	Coil	On/Off	Default
Boolean Writable	Decimal 2	Integer Type	Fan_DO3	—	—	Coil	On/Off	Default
Boolean Point	Decimal 0	Integer Type	On_DI1	—	—	Input	On/Off	Default
Numeric Point	Decimal 185	Float Type	Spc_Temp_UI3	Input	Float		℃	Linear

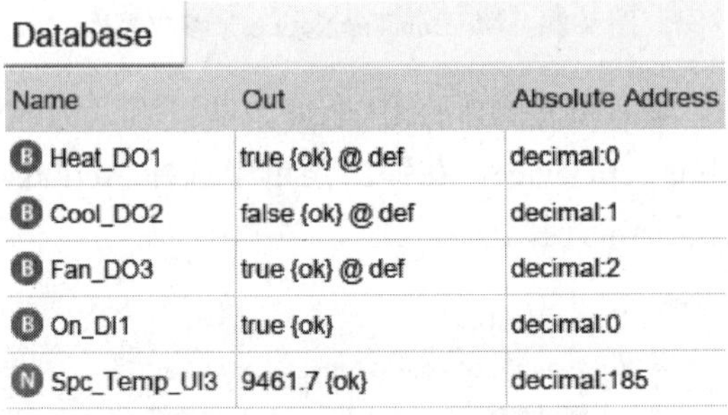

图 9-28　Database 中的代理点

9.4　Niagara OPC UA 网络集成

Niagara 中很早就有配套的标准 OPC 接口驱动，主要针对传统的 OPC DA 协议。在 Niagara N4 软件的较新版本中，增加了 OPC UA 客户端接口驱动，即 opcUaClient 驱动，可以实现 Niagara 与采用 OPC UA 协议的设备通信。本节主要讲述 Niagara 中 OPC UA 协议的网络集成。集成示例以 Niagara N4 软件作为 OPC UA 客户端，以 Prosys OPC UA 模拟服务器软件（Prosys OPC UA Simulation Server）作为 OPC UA 服务器进行通信测试。

Prosys OPC UA Simulation Server 是一款跨平台的模拟服务器软件，可用于 Windows、Linux 和 macOS 系统，通过了 OPC 基金会认证，支持所有基本的 OPC UA 功能。该软件的用户界面简单，易于配置数据模型、设置链接以及模拟数据。免费版软件具有配置端点、监视会话、定制用户对服务器的访问、管理证书、显示客户端连接历史、验证地址空间、可配置的模拟信号、数据更新、数据历史、事件及事件历史等功能，专业版软件支持免费版的所有功能，还可导入 OPC UA 信息模型。用户可以运用相应的 OPC UA 信息模型模拟系统和设备的结构，该功能帮助用户开发和测试信息模型、软件和完整的工业系统。本书中示例采用的是免费版软件，只用于测试 Niagara OPC UA 客户端从 OPC UA 服务器获取数据的过程。

9.4.1 OPC UA 服务器配置

运行 OPC UA Simulation Server 软件。注意观察菜单栏 Status 项中服务器状态和链接地址，如图 9-29 所示。点击菜单栏 Endpoints 项，进入设置界面，对端口、安全模式、安全策略等进行设置，如图 9-30 所示。然后单击菜单栏 Users 项添加用户，设置用户名和密码，如图 9-31 所示。这里用户名和密码可以任意设置，用于 OPC UA 客户端通过用户名和密码访问该服务器时的设置，也可以选择匿名访问。

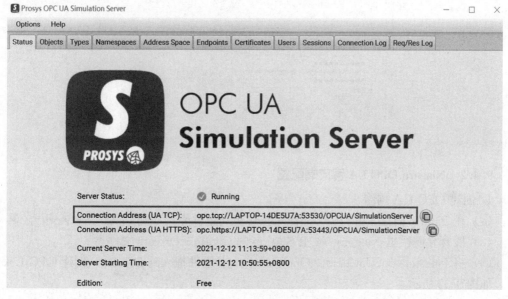

图 9-29　OPC UA 模拟服务器软件主界面

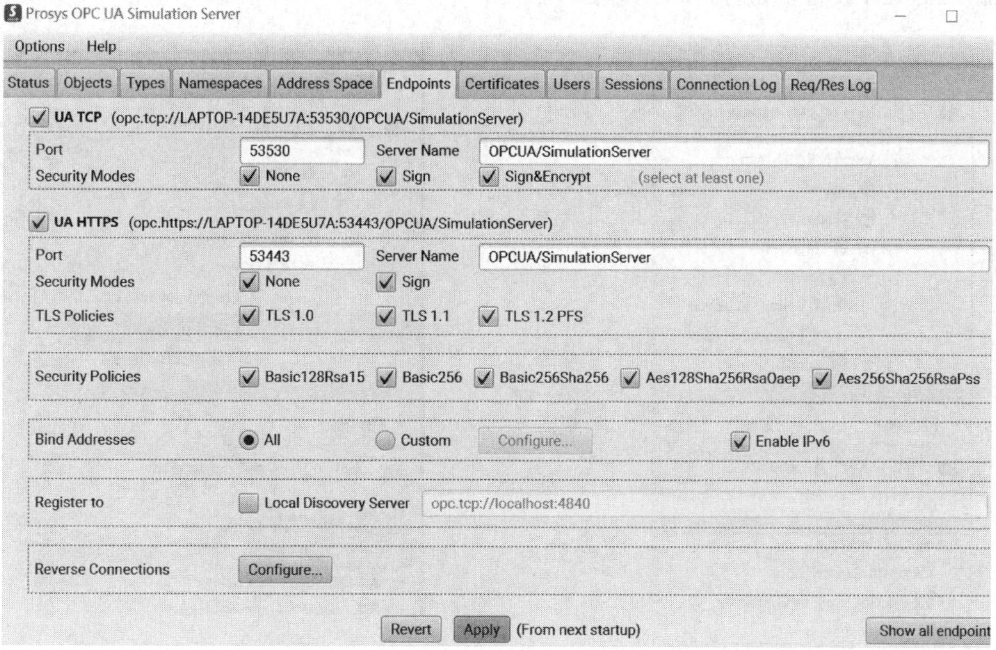

图 9-30　OPC UA 模拟服务器软件设置界面

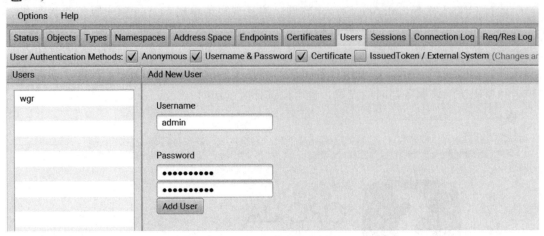

图 9-31　添加用户界面

9.4.2　Niagara OPC UA 客户端配置

1. 创建 OPC UA 网络

（1）在 Palette 内搜索并打开 opcUaClient 驱动组件库，找到 OpcUaNetwork 组件。

（2）展开导航栏里 Niagara N4 上 Station 的 Config＞Drivers 文件夹。

（3）将 Palette＞opcUaClient＞OpcUaNetwork 组件拖入到 Drivers，创建 OPC UA 网络，如图 9-32 所示。

（4）将 Palette＞opcUaClient＞OpcUaDevice 组件拖入到 Drivers＞OpcUaNetwork，添加 OPC UA 设备，如图 9-33 所示。

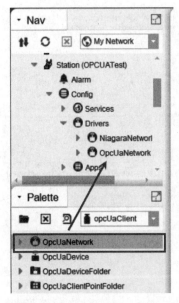

图 9-32　创建 OPC UA 网络

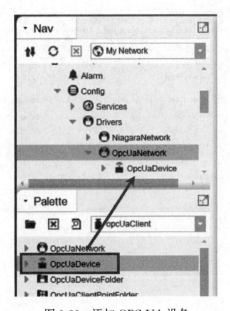

图 9-33　添加 OPC UA 设备

2. 配置 OPC UA 网络

配置 OPC UA 网络主要指配置目标服务器的 Opc Tcp 链接地址，以及服务器允许的安全模式、安全策略和用户身份验证方法。因此，Niagara N4 软件作为客户端，应在 Niagara 中双击 OpcUaDevice，进入 OpcUaDevice 的 Property Sheet 视图，设置相应参数，如图 9-34 所示。

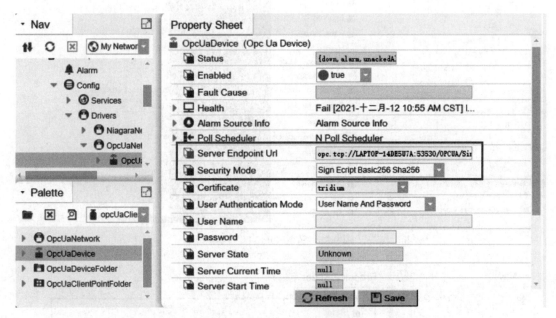

图 9-34　OPC UA 网络参数设置

（1）Server Endpoint Url 项用于设置目标服务器的 Opc Tcp 连接地址，注意要与服务器的 Url 保持一致。

（2）Securtiy Mode 的设置要在 OPC UA 服务器端有相应选择或设置。

如果使用模拟软件 OPC Ua Simulation Server 做服务器，则应在 Server Endpoint Url 项输入 Opc Ua Simulation Server 的"Connetion Address（UA TCP）"，Securtiy Mode 设置的选项 在 Opc Ua Simulation Server 端的配置中要有勾选，可参考图 9-30 和图 9-31。

（3）User Authentication Mode 项用于设置服务器的访问方式。可以选择用户名和密码访问（User Name And Password）也可以选择匿名访问（Anonymous）。如果是用户名和密码访问则应在下方 User Name 和 Password 两项输入 Opc Ua Simulation Server 模拟服务器中添加用户时设置的用户名和密码。

配置完成后，点击 Save 保存设置。

3. 连接 OPC UA 网络

在 OPC UA 网络配置完成后，右击 OpcUaDevice，在弹出菜单中点击 Actions＞Ping 选项对 OPC UA 服务器进行连接，如图 9-35 所示。这里连接模拟服务器 Opc Ua Simulation Server 时，Security Mode 选择 None 选项。如果连接成功，则 OpcUaDevice 的 Property Sheet 视图中的 Health 栏中将会显示 Ok，并且 Status 显示｛ok｝，如图 9-36 所示。

4. Niagara OPC UA 客户端与 OPC UA 服务器通信

Niagara OPC UA 客户端与服务器通信时需要添加代理点。双击 OpcUaDevice 下面的

建筑能源物联网技术

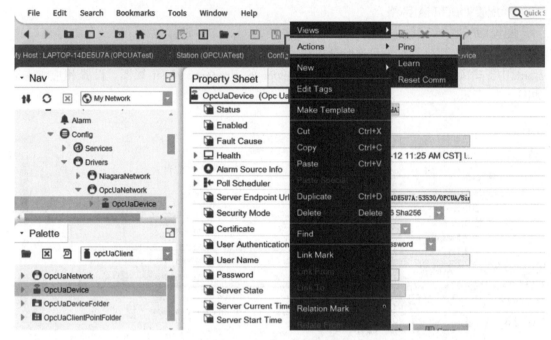

图 9-35　连接 OPC UA 网络

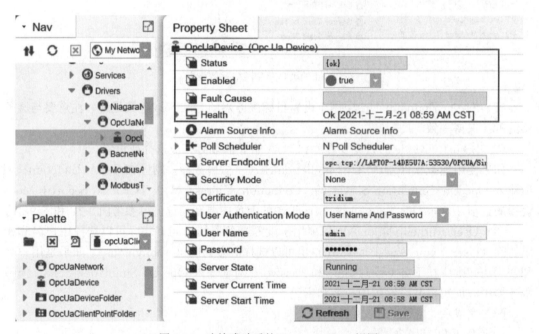

图 9-36　连接成功后的 Property Sheet 视图

Points 进入数据点搜索界面，然后点击底部的 Discover 按钮搜索 OPC 的数据点。

　　搜索完成后将需要的数据点拖入到下面的 Database 中即可同步数据到 Niagara 中，如图 9-37 所示。图中 OPCUATest 点是连接 Opc Ua Simulation Server 模拟服务器时搜索并添加的代理点，该点需要在服务器软件中提前创建，也可以添加服务器软件中已有的数据点。

　　注意，拖放时如果是可写点，需要从 type 中选择 Writeable 类型。

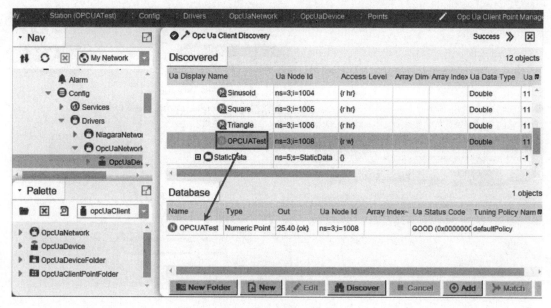

图 9-37 添加代理点

9.5 Niagara MQTT 网络集成

本节主要讲述 Niagara 中 MQTT 协议的网络集成。集成示例以 MQTT.fx 和 Niagara N4 软件作为 MQTT 客户端接入服务端进行数据通信。

MQTT.fx 软件是一款基于 Eclipse Paho 的主流 MQTT 桌面客户端,使用 JAVA 语言编写,适用于 Windows、Linux、Mac 等操作系统,可以用来测试与 MQTT 服务器的通信连接、向服务器发布及订阅消息等功能。

服务端可以使用 EMQ、Apache 等平台搭建本地服务器,也可以使用阿里云、腾讯云、百度云等平台提供的云服务器,对于学习、测试而言还可以选择 Eclipse、Mosquitto 等公共服务器。不同的服务器有不同的配置方法,但最终都需要给客户端提供地址、端口、用户名密码、加密方式等通用参数。本节示例中采用的是阿里云服务器。

9.5.1 MQTT.fx 客户端配置

1. 参数配置

如图 9-38 所示,在 MQTT.fx 软件主界面上点击齿轮按钮进入 MQTT.fx 客户端软件的连接参数配置页面,根据 MQTT 服务器配置修改参数。

主要需要修改以下参数:

(1) MQTT 服务器地址、端口号及 ID

服务器地址可以用 IP 或者域名表示,MQTT 标准协议默认的端口一般为 1883。客户端 ID 是客户端的"身份码",在同一个 MQTT 服务器中,客户端 ID 必须是唯一的。对于一些平台而言,客户端 ID 还必须根据平台规范填写。

(2) MQTT 协议通用设置

通用设置里包括连接超时时间、心跳间隔、断线重连、MQTT 协议版本等。

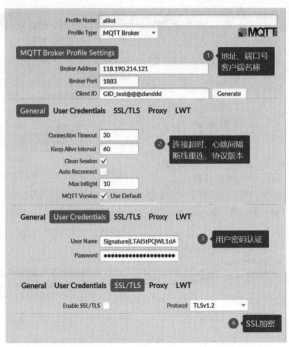

图 9-38　MQTT.fx 客户端连接参数配置界面

（3）用户密码认证

该项为非必须项，该项为空时，代表客户端使用匿名登录。主要在某些对于安全认证较低的场景下使用，例如连接 MQTT 测试服务器时。

（4）SSL 协议加密

该项为非必须项，勾选 Enable SSL/TLS 时，代表客户端使用 SSL 安全传输协议连接服务器。SSL 协议在 TCP 层和应用层之间对于网络连接进行加密。

2. 连接服务器

在参数配置界面修改完服务器参数后，单击界面上方 Connect 按钮即可尝试连接服务器。当软件右上方状态指示灯由灰色变成绿色时，表示成功连接服务器。如果变为红色，则表示连接服务器失败，需要检查服务器配置参数并进行修正。

3. MQTT.fx 客户端操作

MQTT.fx 客户端与服务器连接成功后，可在 MQTT.fx 软件主界面上进行如下操作：

（1）单击 Publish 按钮时进入发布消息界面，通过在文本框中输入主题（Topic）和有效负载向服务器发布消息。

（2）单击 Subscribe 按钮时进入订阅消息界面，通过在文本框中输入主题（Topic）订阅消息。

（3）单击 Log 按钮时进入日志界面，查看 MQTT.fx 客户端的操作日志及错误日志。

9.5.2　Niagara N4 客户端配置

在 Niagara N4 软件的较新版本中都带有标准 MQTT 网络驱动，可实现与 MQTT 服务器的通信。下面主要介绍 Niagara 中 MQTT 网络的创建、配置、网络连接及通信等。

1. 创建 MQTT 网络

如图 9-39 所示，MQTT 网络的创建步骤如下：

（1）在 Palette 内搜索并打开 abstractMqttDriver 驱动组件库，找到 AbstractMqttDriverNetwork 组件。

（2）展开导航栏里 Niagara N4 上 Station 的 Config＞Drivers 文件夹。

（3）将 Palette＞abstractMqttDriver＞AbstractMqttDriverNetwork 组件拖入到 Drivers，新建 MQTT 网络。

（4）将 Palette＞abstractMqttDriver＞Devices＞DefaultMqttDevice 组件拖入到 abstractMqttDriverNetwork，新建默认 MQTT 设备。

（5）展开 DefaultMqttDevice，如果下面没有 authenticator 用户认证，需要将 Palette＞abstractMqttDriver＞Authenticators＞DefaultAuthenticator 组件拖入到 DefaultMqttDevice，添加默认用户认证。

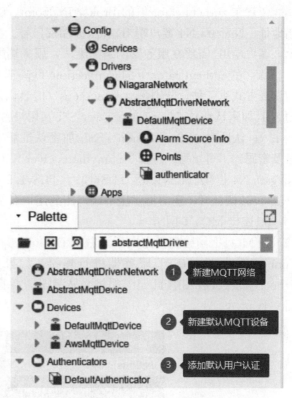

图 9-39　创建 MQTT 网络

2. 配置 MQTT 网络

双击 DefaultMqttDevice，打开 Property Sheet 视图，配置 MQTT 网络，如图 9-40 所示。

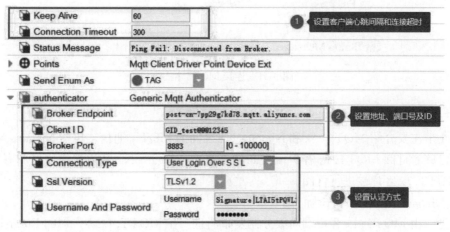

图 9-40　配置 MQTT 网络

（1）在 Keep Alive 和 Connection Timeout 项设置客户端心跳间隔和连接超时时间，如果没有特殊要求，保持默认值 60 和 300。

（2）在 authenticator 下的 Broker Endpoint、Client ID、Broker Port 项分别设置服务端地址、Niagara N4 客户端 ID 和服务端端口号。注意：服务端地址可以用 IP 或者域名表示，客户端 ID 需要在服务器网络上唯一，服务端端口号需要和认证方式匹配。

（3）在 authenticator 下的 Connection Type 选择框中选择认证方式，Niagara N4 默认的认证方式有三种，分别是 Anomymous（匿名认证）、Anomymous Over SSL（匿名并使用 SSL 加密认证）、User Login Over SSL（用户密码和使用 SSL 加密认证）。当选择 Anomymous 认证时，SSL Version（SSL 加密认证版本）和 Username And Password（用户名及密码）不可填写；选择 Anomymous Over SSL 认证时，需要选择 SSL 加密认证版本，Niagara N4 提供 TLSv1.0、TLSv1.1、TLSv1.2 三个版本进行选择；选择 User Login Over SSL 认证时，还需提供服务端可用的用户名及密码。

3. 连接 MQTT 网络

在 MQTT 网络配置完成后，右击 DefaultMqttDevice，在弹出菜单中点击 Actions＞Connect 选项对 MQTT 服务器进行连接。如果连接成功，则在 DefaultMqttDevice 的 Property Sheet 视图中 Health 栏将会显示 ok，并且 Status Message 栏显示 Connected，如图 9-41 所示。

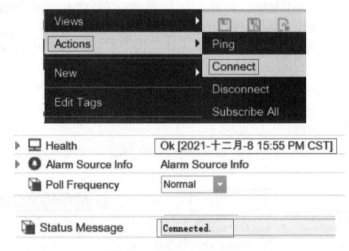

图 9-41　连接 MQTT 网络

9.5.3　MQTT.fx 和 Niagara N4 间 MQTT 通信

本小节主要介绍 MQTT.fx 和 Niagara N4 之间的 MQTT 通信。包括 Niagara N4 客户端作为订阅者订阅 MQTT.fx 客户端发布的消息及 Niagara N4 客户端作为发布者发布消息后 MQTT.fx 客户端进行订阅。

1. Niagara N4 客户端作为订阅者

首先，由 MQTT.fx 客户端向服务器发布消息。在 MQTT.fx 客户端的 Publish 界面，输入发布主题、消息主体后，按 Publish 按钮发布一条到"test/fxn4"主题下的消息，如图 9-42 所示。

然后，由 Niagara N4 客户端向服务器订阅该消息。消息订阅时需拖动代理点到 DefaultMqttDevice 下的 Points 容器，如图 9-43（a）所示。在 MQTT 网络中共有 8 种类型

图 9-42　MQTT.fx 客户端向服务器发布消息

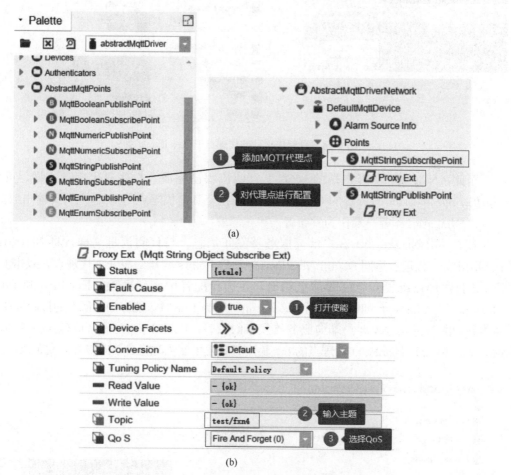

(a)

(b)

图 9-43　Niagara N4 客户端向服务器订阅消息

(a) 添加代理点；(b) 配置代理点

的代理点，对应 Niagara N4 软件中 4 种数据类型（布尔、数值、字符串及枚举）的订阅点及发布点。在本例中选择 MqttStringSubscribePoint 代理点（字符串型订阅点）。代理点添加后，需要对代理点进行配置，展开 MqttStringSubscribePoint 代理点，双击 Proxy Ext 进入代理点扩展页面。在 Proxy Ext 页面中主要对 Enabled（使能）、Topic（主题）及 QoS（服务质量）进行设置，如图 9-43（b）所示，Enabled 默认为 true，Topic 设置为与 MQTT.fx 客户端发布消息相同的主题，QoS 根据订阅消息的重要程度进行选择，默认为 0 即至多一次。

配置完成之后，右击 MqttStringSubscribePoint 代理点，在弹出菜单中点击 Actions>
Subscribe 选项即可对代理点进行订阅。如果订阅成功，在代理点 Proxy Ext 页面中的 Status
项应该由 {stale} 转变为 {ok}，同时 Read Value 项显示订阅的消息主体"this is a test"，
如图 9-44 所示。

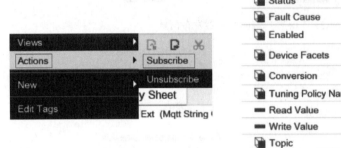
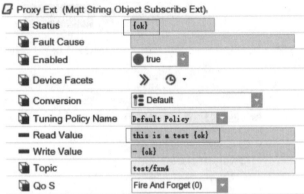

图 9-44　订阅成功后的代理点 Proxy Ext 页面

至此，Niagara N4 客户端的 MQTT 订阅流程已完成。与普通代理点一样，可以将
MqttStringSubscribe 订阅点的 Out 输出管脚连接至其他代理点的 In 输入管脚输出数据。

2. Niagara N4 客户端作为发布者

首先，由 Niagara N4 客户端向服务器发布消息。与订阅消息一样，将 MqttString-
PublishPoint 代理点拖到 DefaultMqttDevice 下的 Points 容器。展开该代理点，双击 Proxy
Ext 进行代理点配置。与订阅消息相比，在选择配置中多了两项，Retained 和 Publish
Message On Change，如图 9-45 所示。Retained 项为 true 时，能够确保所有的订阅者获得一
条最新的由 Niagara N4 客户端向服务器发布的消息；Publish Message On Change 项为 true
时，MqttStringPublishPoint 代理点的 out 输出管脚发生变化时将自动向服务器发布消息。

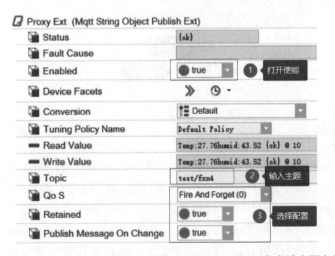

图 9-45　Niagara N4 客户端向服务器发布消息

配置完成之后，右击 MqttStringPublishPoint 代理点，在弹出菜单中点击 Actions＞Publish 选项即可对代理点进行发布。

然后，由 MQTT. fx 客户端向服务器订阅消息。在 MQTT. fx 客户端的 Subscribe 界面，输入订阅主题后，按 Subscribe 按钮即可订阅来自 Niagara N4 客户端发布的消息，如图 9-46（a）所示。如果订阅成功，在 MQTT. fx 客户端显示 Niagara N4 客户端向服务端发布的消息（这里是代理点的值），如图 9-46（b）所示。

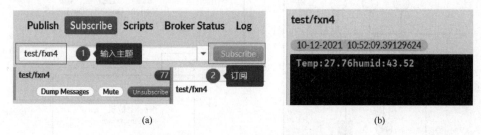

(a)   (b)

图 9-46　MQTT. fx 客户端向服务器订阅消息
(a) 订阅消息；(b) 显示订阅的消息

9.6　Niagara Network 网络集成

Niagara Network 网络用于 Niagara 站点之间通信，主要用于 PC 机 Supervisor 站点和 JACE 站点之间的通信连接。Niagara Network 使用 Tridium 自主开发的私有协议：Fox 协议，协议的相关设置在 Station＞Config＞Services＞FoxService 下进行，Fox 协议连接需要身份认证才能完成。默认情况下，Niagara 站点的 Drivers 文件夹下都会有一个 NiagaraNetwork 驱动。NiagaraNetwork 可以实现以下功能和任务：

- 站点之间数据共享；
- 路由 JACE 站点生成的报警，将 JACE 站点历史数据归档到远程站点；
- 远程共享时间表，实现时间表的集中管理。

本节主要讲述如何在 PC 机上的 Supervisor 站点与 JACE 站点之间建立 Niagara Network 连接，并实现报警路由和历史记录归档。

9.6.1　Niagara Network 集成示例

本小节示例讲述 PC 机上 Supervisor 站点的创建，以及 Supervisor 站点与 JACE 站点间建立 Niagara Network 连接的过程。在硬件上需要将 JACE 的 PRI 网口与 PC 机的网口连接在一起，同时为了使用之前示例系统中添加的代理点，需要保持 JACE 与 IOS30P、IO-22U 模块以及 VT961 温控器的硬件连接，如图 9-47 所示。

1. 关闭 Windows 防火墙或打开 4911 端口

这里采用关闭防火墙的方式。

2. 在 PC 上新建 Supervisor 站点

创建 Supervisor 站点时，要使用 NewSupervisorStationWindows. ntpl 模板。设置 admin 账号的密码为 Admin12345，选中 copy it to secure platform for "local host" with Station Copier，如图 9-48 所示。去掉 "AUTO-START" 选项，将 Supervisor 站点拷贝到 PC 机的 Platform，然后会自动打开 Application Director 启动站点。

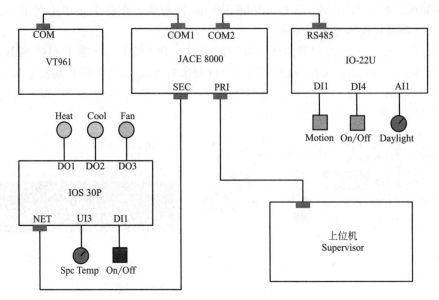

图 9-47　Niagara Network 集成系统硬件连接

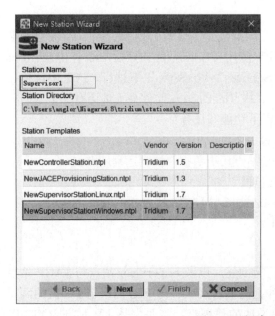

图 9-48　新建 Supervisor 站点

3. 为 JACE 站点的 NiagaraNetwork 添加 Supervisor 站点

（1）添加 Supervisor 站点　双击 JACE 站点的 Config＞Drivers＞NiagaraNetwork，打开 Station Manager 视图，点击下方的 Discover 按钮搜索站点，搜索到的站点会在 Discovered 窗口内显示，如图 9-49 所示。将搜索到的 Supervisor 站点拖动到下方的 Database 里，核对相关设置，在 Username 和 Password 处输入 Supervisor 站点的用户名和密码，如图 9-50 所示。

（2）证书认证　右击 Database 里刚添加的 Supervisor 站点，在弹出菜单中选择＞Ac-

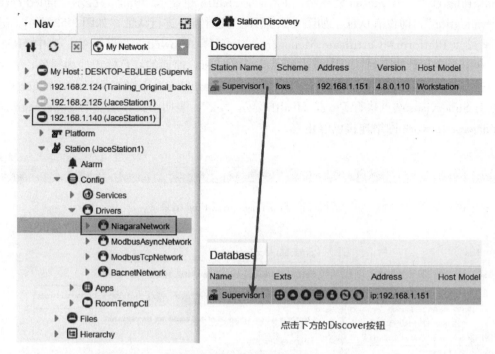

图 9-49　为 JACE 上的 NiagaraNetwork 添加 Supervisor 站点

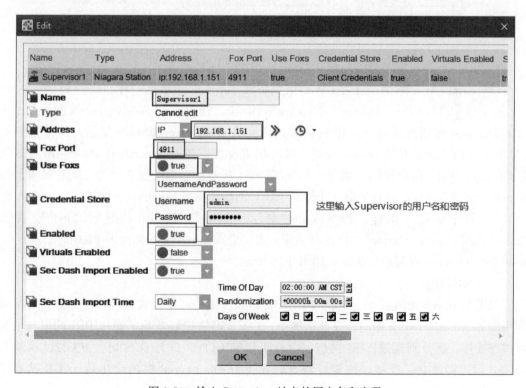

图 9-50　输入 Supervisor 站点的用户名和密码

tions＞Ping 选项。若 Status 栏显示"down"，Health 栏显示"Fail"，提示"failed certificate validation"，即没有认证，如图 9-51 所示。此时需要进行认证。如图 9-52 所示，进入 JACE 站点 Platform＞Certificate Management，选择 Allowed Hosts 标签，选中 Host 为 Supervisor IP 地址的条目，点击下方的 Approve 按钮，前面的红色标识变为绿色，表示认证通过。再回到 JACE 站点 Config＞Drivers＞NiagaraNetwork 的 Station Manager 视图，重新对 Supervisor 站点执行 Ping，Health 显示"ok"，表明 JACE 站点与 Supervisor 站点的 NiagaraNetwork 网络连接已经正常。

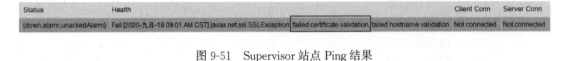

Status	Health		Client Conn	Server Conn
{down,alarm,unackedAlarm}	Fail [2020-九月-19 09:01 AM CST] javax.net.ssl.SSLException	failed certificate validation, failed hostname validation	Not connected	Not connected

图 9-51　Supervisor 站点 Ping 结果

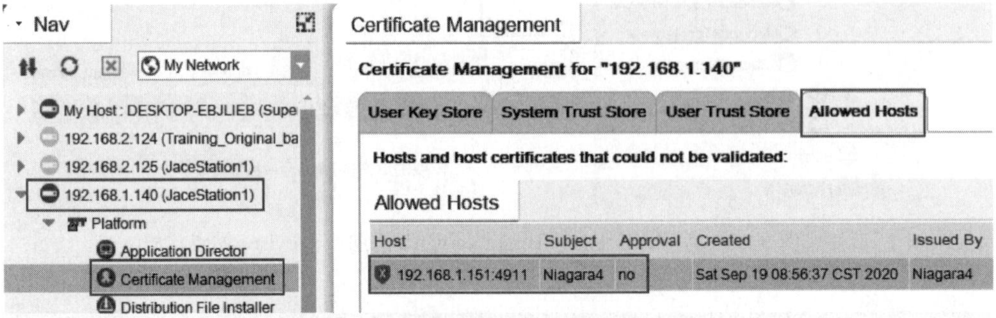

图 9-52　认证 Supervisor 站点

4. 为 Supervisor 站点的 NiagaraNetwork 添加 JACE 站点

（1）添加 JACE 站点　与为 JACE 站点添加 Supervisor 站点一样，双击 PC 机上 Supervisor 站点的 Config＞Drivers＞NiagaraNetwork，打开 Station Manager 视图，点击下方的 Discover 按钮搜索站点，搜索到的站点会在 Discovered 窗口内显示。将搜索到的 JACE 站点拖入到下方的 Database 里，核对相关设置，在 Username 和 Password 处输入 JACE 站点的用户名和密码，如图 9-53 和图 9-54 所示。后面的操作与为 JACE 站点添加 Supervisor 站点一样，只是把第 3 步针对 JACE 的操作换成 Supervisor 即可。

（2）证书认证　同样，若 Status 栏显示"down"，Health 栏显示"Fail"，提示"failed certificate validation"，即没有认证，需要进入 Supervisor 站点的 Platform＞Certificate Management 对其进行认证，如图 9-55 所示。

5. 添加代理点

双击 Supervisor 站点 NiagaraNetwork 的 Points 文件夹添加代理点，添加过程与前面介绍的 BACnetNetwork 相同。在该示例中，JACE 网络控制器除了通过 PRI 网口与电脑网口连接外，还分别通过 SEC 网口、COM1 口和 COM2 口与 IOS30P、IO-22U 模块和 VT961 温控器建立了连接，搜索设备点时在上方 Discovered 栏内会出现 JACE 站点里 IOS30P、IO-22U 和 VT961 上的 IO 点。找到这些点并添加到下方 Database，如图 9-56 所示。

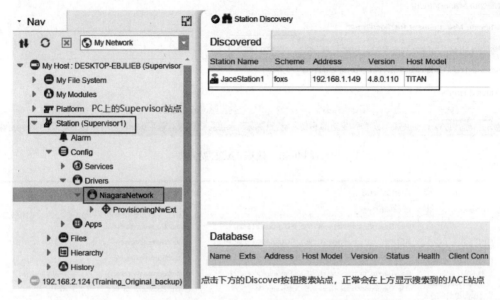

图 9-53 为 Supervisor 上的 NiagaraNetwork 添加 JACE 站点

Name	Type	Address	Fox Port	Use Foxs	Credential Store	Enabled	Virtuals Enabled	
JaceStation1	Niagara Station	ip:192.168.1.149	4911	true	Client Credentials	true	false	t

🖼 **Name**	JaceStation1	
🖼 **Type**	Niagara Station	
🖼 **Address**	IP 192.168.1.149 ≫ 🕐 ▾	
🖼 **Fox Port**	4911	
🖼 **Use Foxs**	● true	
	UsernameAndPassword	
🖼 **Credential Store**	Username admin Password ●●●●●●●●●●	这里填写JACE账号密码
🖼 **Enabled**	● true	
🖼 **Virtuals Enabled**	● false	
🖼 **Sec Dash Import Enabled**	● true	
🖼 **Sec Dash Import Time**	Daily	Time Of Day 02:00:00 AM CST Randomization +00000h 00m 00s Days Of Week ☑日 ☑一 ☑二 ☑三 ☑四 ☑五 ☑六
🖼 **Platform User**		
🖼 **Platform Password**		
🖼 **Secure Platform**	● true	
🖼 **Platform Port**	5011	

OK Cancel

图 9-54 输入 JACE 站点的用户名和密码

图 9-55　认证 JACE 站点

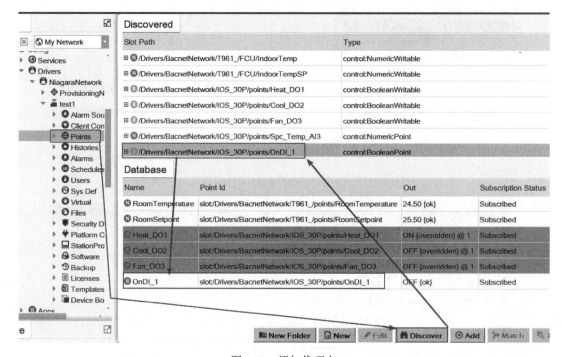

图 9-56　添加代理点

9.6.2　报警路由

通过 Niagara Network，可以将 JACE 站点的报警路由到 Supervisor 站点上，便于集中管理。下面以 JACE 站点的 Dayligt_AI1 代理点为例讲述如何进行报警路由。

1. 添加报警扩展

进入 JACE 站点的 Drivers＞ModbusAsyncNetwork＞IO-22U＞Points 文件夹，为 Dayligt_AI1 代理点添加报警扩展 OutOfRangeAlarmExt，具体方法可参照本书第 7 章内容。在 OutOfRangeAlarmExt 属性中做以下设置：

High Limit：800；

Low Limit：60；

DeadBand：5；

High Limit Text：％alarmData. sourceName％上限报警；

Low Limit：％alarmData. sourceName％下限报警；

AlarmClass：HighPriorityAlarms；

勾选 Low Limit Enable 和 High Limit Enable。

2. 为 JACE 站点添加 StationRecipient

打开 JACE 站点 Alarm Service 的 Wire Sheet 视图，添加 StationRecipient，并与 DefaultAlarmClass 和 HighPriorityAlarms 连接起来，如图 9-57 所示。双击打开 StationRecipient 的 Property Sheet 视图，将其 Remote Station 项设置为 PC 机上的 Supervisor 站点名，以便将报警信息发送到该 Supervisor 站点上，如图 9-58 所示。

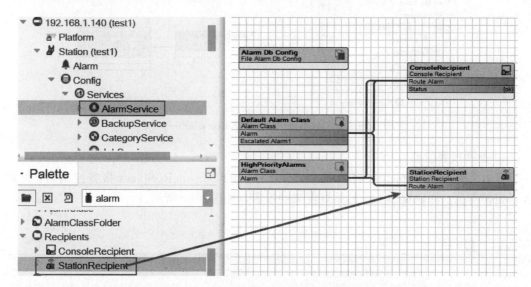

图 9-57　为 JACE 站点添加 StationRecipient

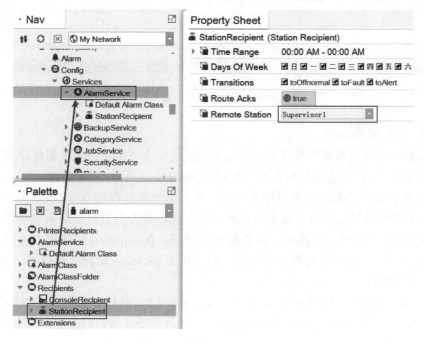

图 9-58　设置 StationRecipient

3. 为 Supervisor 站点添加 ConsoleRecipient

打开 Supervisor 站点 AlarmService 的 Wire Sheet 视图，添加一个 ConsoleRecipient，将 Default Alarm Class 连接到该 ConsoleRecipient 上，如图 9-59 所示。

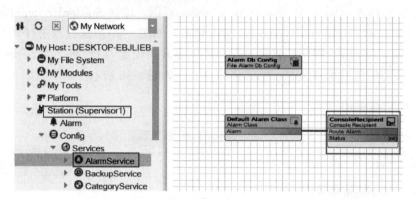

图 9-59　为 Supervisor 站点添加 ConsoleRecipient

4. 查看报警信息

双击 ConsoleRecipient，打开 Supervisor 站点的 ConsoleRecipient 报警控制台，可以查看报警信息。注意观察 JACE 站点发来的报警，如图 9-60 所示。

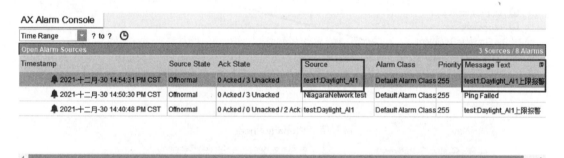

图 9-60　从 Supervisor 站点上查看报警信息

9.6.3　历史记录归档

在 Niagara 中历史数据归档（Archiving）是指将一个或多个历史数据保存到不同位置（站点）的过程。本小节讲述如何在 PC 机上的 Supervisor 站点上归档历史记录。

归档有两种方法：导出历史和导入历史。导出历史指远程站点（JACE 站点）向 Supervisor 站点导出（发送）历史数据的过程，在 JACE 站点上进行。导入历史指 Supervisor 站点从 JACE 站点导入（抓取）历史数据的过程，在 Supervisor 站点上进行。归档时可以选择导入历史，也可以选择导出历史，但是从 Supervisor 站点上进行导入更加灵活，可以决定何时进行导入。

准备工作：为 IO-22U 设备的 Motion_DI1、On_DI4 和 Daylight_AI1 点添加历史扩展，其中 Motion_DI1 和 On_DI4 添加 Booleaninterval 历史扩展，Daylight_AI1 添加 Numericinterval 历史扩展。

1. 导出历史

JACE 站点向 Supervisor 站点导出历史记录的主要过程如下：

（1）展开 JACE 站点 Config＞Drivers＞NiagaraNetwork 里的 Supervisor 站点，找到并双击 Histories 节点，打开导入（Import）/导出（Export）历史视图，如图 9-61 所示。注意当前视图。

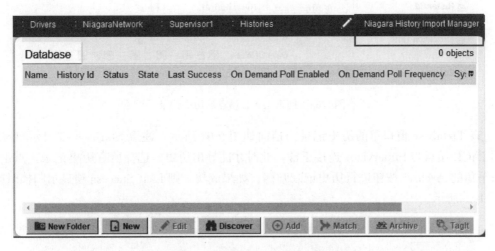

图 9-61　打开导入/导出历史视图

（2）将视图切换到 Niagara History Export Manager 视图，如图 9-62 所示。点击下方的 Discover 按钮，上方 Discovered 窗口内 History ID 窗口将显示 JACE 站点。

图 9-62　搜索 JACE 站点的历史记录

（3）在 History ID 窗口展开 JACE 站点，选择要导出的历史并拖入到 Database 窗口。

（4）在弹出的 Add 窗口选择显示的历史记录，通过下面的 Execution Time 项设置导出时间。Execution Time 可选择 Manual、Daily 或 Interval 方式，当选择 Daily 和 Interval 时，需要继续设置右侧的具体时间或间隔，如图 9-63 所示。设置完成后点击 OK 将历史记录添加到 Database 窗口。

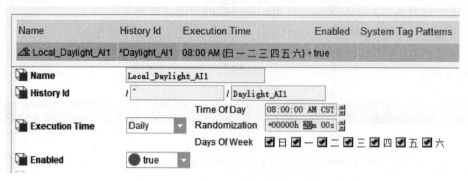

图 9-63　搜索 JACE 站点的历史记录

（5）Database 窗口里的历史记录归档前如图 9-64 所示。注意 Status 项要显示｛ok｝，说明 JACE 站点与 Supervisor 连接正常，此时才能导出历史。选择所有历史记录，点击窗口右下角的 Archive 按钮进行历史记录归档。如果成功，则 Last Success 项显示归档时间，如图 9-65 所示。

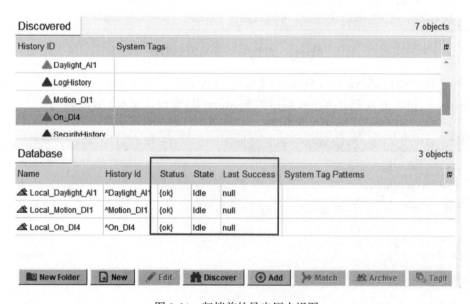

图 9-64　归档前的导出历史视图

（6）展开 PC 机上 Supervisor 站点内的 History 容器。展开里面的 JACE 站点名文件夹，注意文件夹中的历史记录。双击某个历史可查看其数据。

2. 导入历史

Supervisor 站点从 JACE 站点导入历史记录的主要过程如下：

（1）展开 Supervisor 站点 Config＞Drivers＞NiagaraNetwork 里的 JACE 站点，找到并双击 Histories 项，打开导入/导出历史视图。

（2）在当前 Niagara History Import Manager 视图中，点击下方的 Discover 按钮，上方 Discovered 窗口内 History ID 窗口将显示 JACE 站点。

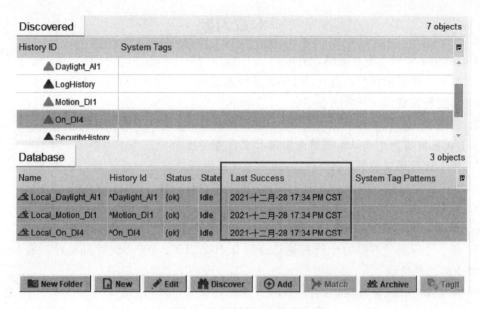

图 9-65 归档后的导出历史视图

（3）在 History ID 窗口展开 JACE 站点，选择要导入的历史记录并拖入到 Database 窗口。

（4）在弹出的 Add 窗口选择显示的历史记录，与导出历史时一样，通过下面的 Execution Time 项设置导入时间。此外，Capacity 项用于设置历史记录存储容量，如图 9-66 所示。设置完成后点击 OK 将历史记录添加到 Database 窗口。

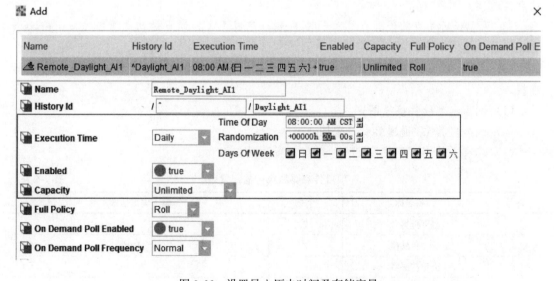

图 9-66 设置导入历史时间及存储容量

（5）在 Database 窗口选择所有历史记录，点击窗口右下角的 Archive 按钮进行归档。注意历史记录归档前后的状态。归档成功后在 PC 机上 Supervisor 站点内可以查看某个历史记录的数据。

本章习题

1. BACnet 端口类型包括哪几种？

2. 画出 JACE 网络控制器与 VT961 温控器的通信硬件连接图，JACE 网络控制器与 VT961 温控器的通信采用什么协议？

3. 叙述 JACE 网络控制器与 VT961 温控器 BACnet MSTP 网络创建步骤。

4. JACE 有哪两个网口？通常分别与什么设备连接？

5. 若 JACE 网络控制器的 SEC 口与 IOS30P 的网口连接，应该如何配置 SEC 口网址才能保证通信正常？

6. 将 Palette＞modbusAsync＞ModbusAsyncNetwork 驱动组件拖到 JACE 站点的 Drivers 下时，若出现 Error 提示，通常是什么原因造成的？应该如何处理？

7. 若 3 个保持寄存器的十进制地址分别为 100、150、200，试写出其对应的 Modbus 地址和十六进制地址。

8. 某一 IO-22U 智能模块，其 AI1～3 通道连接 4～20mA 电流信号，AI4～6 通道连接 0～10V 电压信号，AI7～8 通道连接 0～5V 电压信号，试写出其 AI 通道类型软件设置过程。

9. 以阿里云作为服务器，MQTT.fx 和 Niagara N4 作为客户端，通过 MQTT 协议，完成任意一条信息 MQTT.fx 发布和 Niagara N4 订阅。

10. 在 Supervisor 站点和 JACE 站点 Niagara Network 集成时，如何进行证书认证使 Niagara Network 连接正常？

11. 为 JACE 站点的代理点添加报警扩展，完成 JACE 站点的报警信息向 Supervisor 站点推送。

12. 为 JACE 站点的代理点添加历史扩展，完成 JACE 站点的历史数据向 Supervisor 站点定时归档。

13. 若某一项目的传感器配置如表 9-6 所示，选择 1 块 IO-22U 智能模块与传感器连接。

(1) 试画出其硬件接线图；

(2) 试画出其 UI 通道跳针设置图；

(3) 若有条件，实现硬件接线、跳针设置和通信编程。

项目传感器和执行器配置表　　　　　　　　　　　　　　　　　　表 9-6

序号	设备名称	个数	输入输出信号
1	温度传感器	2	4～20mA
2	压力传感器	2	0～10V
3	流量传感器	2	4～20mA
4	流量开关	2	开关量

第 10 章 数据标签

10.1 数据标签基础知识

建筑能源物联网系统可以轻松收集大量的数据，包括建筑环境参数、设备运行状态、能源用量和系统能效等。通常，这些数据没有统一的标准，需要投入大量人力，才能对其进行趋势判断、性能分析或生成有用的数据报告。只有对数据命名规则和分类方法标准化和实用化，才能进行大规模的数据挖掘，让数据发挥更大价值。数据标签就是为了解决这一问题产生的，为数据标注属性，解释数据含义。

数据标签是数据的"可标记语言"，用于描述数据的信息含义。它将信息（一个或多个标记）分配给数据对象。在搜索对象、设计系统结构或导航层级时，标签信息可以明显为用户带来方便。

1. 标签结构（Tag Structure）

标签结构如图 10-1 所示。

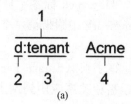

图 10-1　标签结构

（a）标签结构；（b）典型标签结构图例

1—标签 ID；2—标签字典名称空间；3—标签名称；4—标签值

（1）标签 ID　标签 ID 由标签字典名称空间和标签名称两部分组成，中间用冒号隔开。

（2）标签字典名称空间（Tag Dictionary Namespace）　标签字典名称空间通常是一个非常短的字符串。例如：Haystack 字典的名称空间用"hs"表示，Niagara 字典的名称空间用"n"表示。

（3）标签名称　标签名称提供标签的语义信息，通常与标签值成对出现。

（4）标签值　分配给标签的值，以获取更多信息，例如：设备名称、位置、当前状态等。

2. 标签分类

（1）直接标签（Direct Tag） 直接标签来自已安装的标签字典中的标签或者 Ad Hoc Tag 标签。组件上的直接标签是组件的一个属性，可在组件的属性视图看到，属性名是标签 ID 字符串形式。在 Edit Tags 对话框中，直接标签列在直接标签选项卡下。

（2）隐含标签（Implied Tag） 隐含标签不直接存储在组件中（在组件属性视图中看不到），是由已安装的智能标签字典中的标签规则定义的。在 Edit Tags 对话框中，隐含标签列在隐含标签选项卡下。

（3）Ad Hoc 标签（Ad Hoc Tag） Ad Hoc 标签也是一个直接标签，是把它添加到组件之前在 Add Tag 对话框中创建的，Ad Hoc 标签不存在于任何标签字典中。

隐藏标签不会以动态 Slot 的形式存在于组件中，但是，当向站点中的实体提交一个 NEQL 查询时，它们会被解析。直接标签以 Slot 的形式存在于组件中，这意味着它们会不断消耗内存，而隐藏标签只有被解析时才会消耗内存。由于隐藏标签每次都需要重新加载，所以会消耗更多的 CPU 资源。

10.2 Niagara 软件中的标签字典

10.2.1 标签字典分类

在 Niagara 软件中自带的标签字典包括 Niagara 标签字典和 Haystack 标签字典。Niagara 标签字典的名称空间为"n"，Haystack 标签字典的名称空间为"hs"。此外，在数据分析套件 Niagara Analytics Framework 中附带第三个标签字典——Analytics 标签字典，其名称空间为"a"。

这三个标签字典均属于智能标签字典（Smart Tag Dictionary），它是一种含有规则（Rule）的标签字典，可以自动将标签和关系应用到站点中的实体对象。标签字典在站点中的位置为：Config＞Services＞TagDictionaryService。

1. Niagara 标签字典

站点中的 Niagara 标签字典是在使用 NewStation 工具创建站点时自动创建的，当双击 Config＞Services 下的 TagDictionaryService 时，将在打开的 Tag Dictionary Manager 视图中看到 Niagara 标签字典。里面有一系列为 Niagara 系统开发的标签，用于特定建筑物控制实体的语义建模，如网络、设备、地点、建筑物、地理位置、历史等。由于这是一个智能标签字典，它将隐含标签和隐含关系应用于整个站点的对象和链接中，可以根据类型、链接、层级（Hierarchy）等的结合来查找前面提到的对象。

2. Haystack 标签字典

由于先前针对建筑系统和设施运维相关的数据点命名没有统一的标准，所以行业面临的一个关键挑战是建立一套常用的词汇集，用于描述不同建筑系统收集的信息含义。例如，描述某空气处理机组（AHU）里的回风温度传感器的数据，至少需要以下标签：return、air、temp、sensor，这里定义了测量对象（temp）、数据来源（sensor）、位置（return）、测量对象属性（air）。建立一个完整的变风量送风系统模型时，需要确定每台空气处理机组（AHU）对应了哪些变风量系统（VAV）末端；或者在配电系统中需要了解支路电表和设备负载之间的具体关系。建立了这样的模型，可以从系统层面、建筑层面、甚至从整个建筑投资组合的层面进行数据分析。这些信息如果都通过点的名称来描述，将使点的名称长得无法接受，因此需要对数据点打标签。

实际上，国际 Project Haystack 组织已经建立了针对物联网数据的开源数据标签规范 Haystack。这个数据标签规范 Haystack 是一个智能标签字典，提供了一套描述数据的标准化方法，使得分析、可视化以及获取运行数据的价值更容易且更具备成本效益。Project Haystack 的使命是定义一种方法和常用词汇表，使建筑系统和智能设备的模型可以在各种不同软件和基于 Web 的应用程序中实现自动解释，目的是为了更容易地从智能建筑、智能设备等产生的大量数据中获取价值。Haystack 标签字典的应用包括自动化、控制、能源、暖通空调、照明和其他环境系统。目前，Haystack 已经成为在建筑系统和设备方面广泛采用的规范，并且正在向其他领域扩展。在 Haystack 开源项目网站可以查询到更多信息。

3. Analytics 标签字典

Analytics 标签字典属于数据分析套件内字典，主要用于给需要数据分析的组件打标签。Analytics 标签字典位于分析库（analytics-lib）调色板，其名称空间为"a"。与 Niagara 字典和 Haystack 字典类似，Analytics 字典包括标签定义（tag definitions）和标签组定义（tag group definitions）。Analytics 字典对 Haystack 字典作了很好的补充，其主要标签和标签组适用于建筑环境和冷热源系统领域，例如：chilledWaterReturnTemp（冷水回水温度）、chilledWaterSupplyTemp（冷水供水温度）、chilledWaterSupplyTempSp（冷水供水温度设定值）等。

由于 Analytics 标签字典包含在数据分析套件内，属于下一章内容，因此本章主要以 Niagara 标签字典和 Haystack 标签字典为例讲述。

10.2.2 标签字典内容

在导航栏里展开 Niagara 标签字典和 Haystack 标签字典，将看到 Tag Definitions、Tag Group Definitions、Relation Definitions 和 Tag Rules 4 项。

1. Tag Definitions

Tag Definitions 文件夹包含标签字典中的所有标准化标签。Tag Definitions 中的每个标签都可用于向站点中的对象添加标签，为搜索提供基础。

Niagara 标签包括两种基本类别：Marker 标签和值标签（Value Tag）。Marker 标签虽然没有值，但是有实际意义。例如，可以创建一个名为 AHU 的 Marker 标签，并将其应用到站点中所有空气处理机组设备上。当搜索 AHU 标签时，则可判定搜索到的设备均为空气处理机组上的设备。值标签会包含一些额外的信息，如 String 值、Numeric 值或 Ord 值。值标签包含 String、Integer、Long、Float、Double 和 Ord 等多种类型。

2. Tag Group Definitions

通常，一个组件被分配多个标签是很常见的，可以把这多个标签定义为一个标签组。Tag Group Definitions 文件夹包含字典中的所有标准化标签组。例如，在 Haystack 标签字典 Tag Group Definitions 中的"dischargeAirTempSensor"标签组，内部包含"discharge""air""temp""sensor"四个标签，当向某一组件添加该标签组时，这四个标签将一起加入该组件。

3. Relation Definitions

Relation Definitions 是对该标签字典标准化关系的定义。这些关系定义在关系添加到组件时起作用，在 "Relation" 对话框中，选择仅限于在系统上安装的标签词典定义的关系。

4. Tag Rules（针对 SmartTagDictionary）

只有 SmartTagDictionary 标签字典才具有 Tag Rules。智能标签字典包含一个 Tag Rules 列表，用于确定每个对象的隐含标签和隐含关系，并自动将标签和关系应用于对象。从技术上讲，这些 Rules 列表（隐含标签和隐含关系）从未添加到站点，因此站点容量不会增加。

10.2.3　标签字典应用

Niagara 中常用的标签字典是 Niagara 标签字典和 Haystack 标签字典，标签字典应用以这两个标签字典为例，Analytics 标签字典将在下一章涉及。

Niagara 标签字典在使用 NewStation 工具创建站点时已经自动创建，但如果要应用 Haystack 标签字典，需要手动将 Haystack 标签字典添加到站点。

1. 案例描述

以新风机组控制为例（相关信息可查看第 6.8.2 节内容）。

（1）给 FreshAirUnitControl 文件中的对象打标签，具体标签如表 10-1 所示；

（2）采用 NEQL 查询搜索 Niagara 对象。

FreshAirUnitControl 标签列表　　　　　　　　　　表 10-1

对象名称	含义	添加标签
FreshAirUnitControl	文件夹名称	hs:ahu
Temp1	新风温度	hs:outsideAirTempSensor(标签组)
Temp2	送风温度	hs:air,hs:temp,hs:sensor
RH1	新风湿度	hs:outsideAirHumiditySensor(标签组)
RH2	送风湿度	hs:air,hs:humidity,hs:sensor
CO_2	室内 CO_2 浓度	hs:zoneAirCO$_2$Sensor(标签组)
Damper	风阀	hs:air,hs:damper,hs:equip
Fan	风机	hs:air,hs:fan,hs:equip
Valve	电动调节阀	hs:water,hs:valve,hs:equip
FanFreq	风机变频器	hs:freq,hs:fan,hs:equip

2. 编程步骤

（1）打开 Tag Dictionary Manager 视图

在导航栏 Config＞Services 文件夹内找到 TagDictionaryService，双击打开 Tag Dictionary Manager 视图，Niagara 标签字典已经存在于 Tag Dictionary Manager 视图中。

（2）将 Haystack 标签字典添加到 Tag Dictionary Manager 视图

打开 haystack 调色板，将 Includes smart relations（recommended）＞Haystack 标签字典拖放到 Tag Dictionary Manager 视图的空白区域，将其添加进去。Tag Dictionary

Manager 视图如图 10-2 所示，从图中可看出，Niagara 标签字典的 Namespace 为"n"，
Haystack 标签字典的 Namespace 为"hs"。

图 10-2　Tag Dictionary Manager 视图

（3）给新风温度 Temp1、新风湿度 RH1 和室内二氧化碳浓度 CO_2 点添加标签组

在导航栏展开 FreshAirUnitControl 文件夹，找到 Temp1 点。右击 Temp1 点，在下
拉菜单中选择 Edit Tags 选项，打开 Edit Tags 视图。选择 Haystack 标签字典，然后展开
Tag Groups 文件夹，在 Tag Groups 文件夹中，找到名为 outsideAirTempSensor 的标签
组，选择该标签组，如图 10-3 所示，然后单击 Add Tag 按钮（或者双击 outsideAir-
TempSensor 标签组），将标签组添加到 Temp1 点。

在图 10-4 所示的 Implied Tags 选项卡中，可以看到通过添加本标签组所增加的标签。
搜索这些标签中的任何一个，将搜索到包含这些标签的点。

图 10-3　选择 outsideAirTempSensor 标签组　　图 10-4　outsideAirTempSensor 标签组的隐含标签

单击 Save 按钮，保存修改，并关闭标签窗口。

按照上述方式为 RH1 分配 outsideAirHumiditySensor 标签组，为 CO_2 分配 zoneAir-
Co2Sensor 标签组。

（4）给送风温度 Temp2、送风湿度 RH2
添加标签

在导航栏内，找到 Temp2 点，右击该点
并选择 Edit Tags。在 Haystack 标签字典的
Tags 文件夹中为该点依次添加 air、sensor、
temp 标签，如图 10-5 所示。按照上述方法为
RH2 点依次添加 air、sensor、humidity 标签。

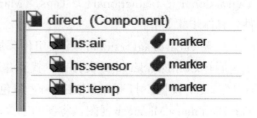

图 10-5　为 Temp2 点添加的标签

（5）给风机 Fan 和风阀 Damp 添加标签

按照上述方法，在 Haystack 标签字典的 Tags 文件夹中为 Fan 点依次添加 fan、air、equip 标签，为 Damp 点依次添加 damper、air、equip 标签。

（6）给电动调节阀 Valve 和风机变频器 FanFreq 添加标签

按照上述方法，在 Haystack 标签字典的 Tags 文件夹中为 Valve 点依次添加 water、valve、equip 标签，为 FanFreq 点依次添加 freq、fan、equip 标签。

（7）给 FreshAirUnitControl 文件夹添加标签

在导航栏内，找到 FreshAirUnitControl 文件夹，右击该文件夹并选择 Edit Tags。在 Haystack 标签字典的 Tags 文件夹中找到 ahu 标签，双击添加。

（8）Quick Search 搜索

在工作台的右上角，找到 Quick Search 文本域，在该文本域中，

1）输入 hs：temp 并按 Enter 键。注意生成的搜索结果。

2）输入 hs：air 并按 Enter 键。注意生成的搜索结果。

3）输入 hs：air or hs：equip 并按 Enter 键。注意生成的搜索结果。

4）输入 hs：air and hs：equip 并按 Enter 键。注意生成的搜索结果。

（9）SearchService 搜索

在导航栏内展开 Services 文件夹，找到 SearchService 并双击，打开 Search 视图。在搜索文本域中，输入 hs：temp，单击 Search 按钮。按照（8）中内容依次搜索，比较搜索结果。

10.3 创建自定义标签字典

工程实践中，Niagara 和 Haystack 标签字典很难包含所需要的所有标签，在此情况下，可以创建一个自定义标签字典，并根据需要向自定义标签字典中添加标签和标签组。

调色板 tagdictionary 提供了两个标签字典组件，TagDictionary 字典组件和 SmartTagDictionary 字典组件，可用于创建自定义标签字典。TagDictionary 字典组件用以创建简单标签字典，它包含标签定义、关系定义和标签组定义。简单标签字典不包含隐含标签或隐含关系。SmartTagDictionary 字典组件用以创建智能标签字典，除了包含简单标签字典具有的标签定义、标签组定义和关系定义外，智能标签字典还包含一个 Tag Rules 列表。将 TagDictionary 字典组件或 SmartTagDictionary 字典组件拖放到 Tag Dictionary Service，可以创建新的自定义标签字典。

下面创建一个自定义智能标签字典 MyDictionary，需要用到 tagdictionary＞SmartTagDictionary、tagdictionary＞Tags＞Marker ＆String、tagdictionary＞TagGroup 等组件。具体步骤如下：

1. 将 SmartTagDictionary 字典组件添加到 Tag Dictionary Manager 视图

展开 Config＞Services 文件夹，找到并双击 TagDictionaryService，打开 Tag Dictionary Manager 视图。打开 tagdictionary 调色板，将 SmartTagDictionary 字典组件拖放到 Tag Dictionary Manager 视图，将新的字典命名为：MyDictionary，将 Namespace 设置为：my。

2. Tag Definitions

在导航栏内找到新建的标签字典 MyDictionary，展开文件夹，找到并双击 Tag Definitions，打开其 AX Property Sheet 视图。展开调色板 tagDictionary 内的 Tags 组件库，选择 Marker 标签，并将其拖放到 AX Property Sheet 视图内，将标签名修改为 hvac。依次添加多个自定义 Marker 标签，从 tagDictionary＞Tags 组件库选择 String 标签，将其拖放到 AX Property Sheet 视图内，将标签名修改为 note，Default Value 为 fresh air system。完成后的 Tag Definitions 如图 10-6 所示。

3. Tag Group Definitions

展开 MyDictionary 文件夹，双击 Tag Group Definitions，打开其 AX Property Sheet 视图。在调色板侧栏内，找到并选择 TagGroup 标签组，将其拖放到 AX Property Sheet 视图内，将新的标签组命名为 SupplyAirTempSensor。从 Tag Definitinos 项目中拖拉以下标签：supply、temp、sensor、air、none，放到 SupplyAirTempSensor 标签组下的 Tag List 文件夹中，如图 10-7 所示。

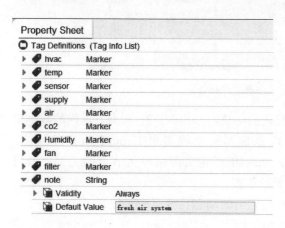

图 10-6　自定义 Tag 标签

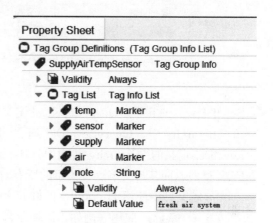

图 10-7　自定义 TagGroup 标签组

4. 给 Temp2 点添加 SupplyAirTempSensor 标签组

在导航栏内展开 FreshAirUnitControl 文件夹，找到 Temp2 点。右击 Temp2 点，选择 Edit Tags 选项。在 Edit Tags 对话框内，选择 MyDictionary 标签字典，然后展开 Tag Groups 文件夹，选择 SupplyAirTempSensor 标签组，点击 AddTag 按钮。注意 Implied tags 选项卡中已包含该标签组以及该标签组下的 5 个标签，如图 10-8 所示。

10.4　层级（Hierarchy）

层级（Hierarchy）为 Niagara Framework 提供了动态导航，Hierarchy 结合标签和关系的 NEQL 查询定义了逻辑导航树结构。

Hierarchy 在 Service＞HierarchyService 中定义，产生的 Hierarchy 将在站点的 Hierarchy 文件夹中显示。在 Hierarchy Service 中采用 LevelDefs 定义导航 Hierarchy，每个 LevelDefs 定义一层 Hierarchy，每层节点都使用相同的规则创建和决定其子对象。Hierarchy 组件库提供了 4 种 LevelDef，分别是 QueryLevelDef、RelationLevelDef、GroupLev-

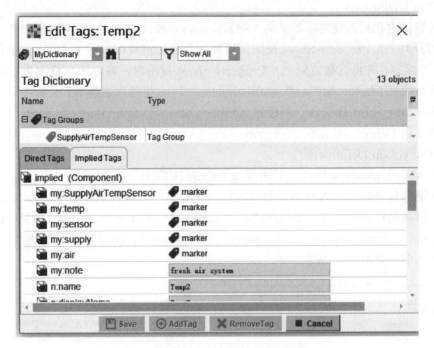

图 10-8　选择自定义标签字典标签组

elDef 和 ListLevelDef。QueryLevelDef 定义搜索的标签，采用 NEQL 查询，返回的数据显示在 Hierarchy 中。QueryLevelDef 通常可以添加到一个或多个 GroupLevelDef 或 ListLevelDef 定义的 Hierarchy 结构中。RelationLevelDef 定义搜索与父节点的关系，通过 NEQL 查询返回其与父节点有关系的所有对象的数据。

　　在导航文件中使用 Hierarchy 的好处之一是它们的动态特性。一旦定义了 Hierarchy，如果改变了 Niagara 应用（例如，添加设备、编辑标签、编辑设备），其 Hierarchy 导航将自动更新。

　　下面以前述 FreshAirUnitControl 文件编程为例，通过 Hierarchy Service，利用 QueryLevelDef 和 RelationLevelDef 创建简单的 Hierarchy 树。

　　在定义 Hierarchy 之前，对 FreshAirUnitControl 文件夹以及该文件夹下的点打标签，如表 10-1 所示。

　　1. QueryLevelDef 编程

　　（1）展开工作站 Services 文件夹，双击 Hierarchy Service，打开其属性列表。

　　（2）打开 hierarchy 调色板，将 Hierarchy 组件拖入 Hierarchy Service 属性表，命名为：Sensor。

　　（3）从 hierarchy 调色板，将 QueryLevelDef 组件拖到 Sensor 层级，将 Query 设置为 hs：sensor。

　　（4）按照上述步骤添加一个新的 Hierarchy 组件，命名为 Equipment。将 QueryLevelDef 组件拖到 Equipment 层级，Query 设置为 hs：equip。

　　（5）右击工作站里的 Hierarchy 文件夹，选择 RefreshTreeNode，刷新后的 Hierarchy 文件夹如图 10-9 所示，从图中可看出，建立了 Sensor 和 Equipment 两个层级。其中，

图 10-9　QueryLevelDef
编程 Hierarchy 图

Sensor 层级包含 Temp1、Temp2、RH1、RH2、CO2 五个测量点，Equipment 层级包含 Damper、Fan、Valve、FanFreq 四个设备。

2. RelationLevelDef 编程

从表 10-1 可看出，FreshAirUnitControl 文件夹打了 hs：ahu 标签，该文件夹下的所有点均没有打 hs：ahu 标签，下面看 RelationLevelDef 如何应用。

（1）按照上述步骤添加一个新的 Hierarchy 组件，命名为 FreshAirUnit。将 QueryLevelDef 组件拖到 FreshAirUnit 层级，Query 设置为 hs：ahu。刷新 Hierarchy 文件夹，展开 FreshAirUnitControl 文件夹，里面没有任何点，如图 10-10（a）所示。

（2）将 RelationLevelDef 组件拖到 FreshAirUnit 层级，Outbound Relation Ids 设置为 n：child，RelationLevelDef 将搜索所有与父节点的关系。刷新 Hierarchy 文件夹，FreshAirUnitControl 文件夹将包含该文件夹下的所有点，如图 10-10（b）所示。

（3）显然，通常不需要显示该文件夹下所有点的数据，如果只想显示该文件夹下的传感器数据，将 RelationLevelDef 下的 Filter Expression 属性设置为：hs：sensor。图 10-10（c）为过滤后的 Hierarchy，在 FreshAirUnitControl 文件夹下只显示打了 hs：sensor 标签的传感器点。

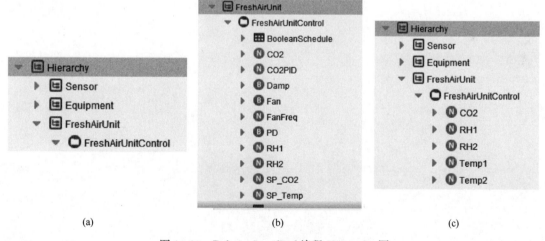

(a)　　　　　　　　　　　(b)　　　　　　　　　　　(c)

图 10-10　RelationLevelDef 编程 Hierarchy 图

本章习题

1. 什么是数据标签？其作用是什么？

2. Haystack 字典和 Niagara 字典的 Namespace 是什么？

3. 直接标签和隐含标签的区别有哪些？

4. 谈谈你对 Project Haystack 组织和 Haystack 字典的认识。

5. Niagara 标签包括哪两种基本类别？

6. 给图 6-27 Wire Sheet 视图中的对象打标签，要求如表 10-2 所示。打完标签后采用 Quick Search 查看搜索结果。

标签列表

表 10-2

对象名称	含义	添加标签
Schedule_FCU	时间表	n：schedule，hs：fcu
CV_Temp	室内温度	hs：zoneAirTempSensor（标签组）
SP_Temp	室内温度设定值	hs：air，hs：temp，hs：sp
AC_1	风机盘管空调器 1	hs：fcu，hs：cmd
AC_2	风机盘管空调器 2	hs：fcu，hs：cmd

7. 智能标签字典和简单标签字典有什么区别？

8. 自己尝试建立一个自定义标签字典，字典内至少定义 10 个标签和 2 个标签组。

9. 在导航文件中使用 Hierarchies 的好处是什么？

10. Hierarchy 组件库提供了 4 种 LevelDef，最常用的是哪一种？功能是什么？

11. 在第 6 题基础上，通过 Hierarchy Service，利用 QueryLevelDef 建立 fcu 层级，Query 设置为 hs：fcu。建立后，刷新工作站里的 Hierarchy 文件夹，并查看创建的 fcu 层级是否正确。

第11章 数据分析

11.1 数据分析概述

随着信息采集、存储、分析技术的日益成熟，大数据已逐渐成为推动行业进步与社会发展的源动力。建筑能源物联网技术实现了建筑能源底层设备数据的全面感知、网络的泛在连接和数据的存储共享。在建筑能源物联网中，感知层的数据通过有线或无线网络不断地发送到数据中心，随着感知技术和网络技术的快速发展，数据呈现出海量特性，形成了建筑能源物联网大数据。建筑能源物联网大数据具有多源异构特性，数据源包括室内环境数据、气象数据、能耗数据、设备运行数据、图像数据等；数据结构既包括结构化数据，又包括非结构化数据和半结构化数据。此外，建筑能源物联网大数据具有时效性，感知层源源不断地发送数据，这些数据会以流数据的形式流通，通过对大数据的迅速存储、分析，提高了人们对数据的感知能力。

大数据处理过程主要包括数据采集、数据存储和数据分析三个环节。物联网是大数据的重要来源，数据采集环节可由物联网平台完成。数据存储是指用存储器以数据库的形式存储采集到的数据，针对不同的数据结构，可采用不同的数据存储技术。数据分析是指从海量数据中提取出隐含其中的、具有潜在价值的信息。在数据分析中，数据预处理非常重要，是影响大数据质量的关键因素。数据预处理主要包括数据清洗、数据融合与数据转换等内容，数据预处理有利于提高大数据的一致性、准确性和完整性。数据分析技术主要包括数据建模、可视化分析、数据挖掘算法、预测分析等。大数据的分析结果，是大数据应用的最终目标。

下面给出几种常用的建筑能源大数据处理方法。

（1）数据清洗　数据清洗是对数据进行重新审查和校验的过程，目的在于填补缺失数据、纠正异常数据，并提供数据的一致性。在进行数据清洗时，可首先判断异常数据，将异常数据删除，成为缺失数据，然后针对缺失数据的特点采用有效的数据填补算法实现缺失数据填补。填补算法通常有神经网络算法、KNN算法和线性插补算法等。

（2）多源数据聚合（Aggregation）　多源数据聚合是将物联网多传感器信息源的数据加以联合、相关及组合，以获取更大价值。例如，若室内布置4支温度传感器，可将4支温度传感器的数据取平均值作为室内温度；若某一大楼安装10台电能表，可将这10台电能表的数据求和作为大楼的能耗数据。

（3）历史数据聚合（Rollup）　历史数据聚合是指将指定时间段的历史数据聚合成一个值，即沿时间维度对数据聚合。物联网平台产生的大数据都是具有时间标签的，可以对产生的数据进行时聚合、天聚合、周聚合、月聚合、年聚合等。

（4）节能分析　针对某一具体应用，通过适合的数据分析算法得到数据分析结果，据此指导建筑能源系统的节能控制。例如，若制冷机组运行正常，如果冷水温度持续45min

比冷水温度设定值低1℃，则判定冷水温度偏低，据此可对制冷机组节能控制。

（5）数据建模　数据建模是根据物联网平台生成的大数据建立对象的数学模型，属于基于数据的建模。例如，能耗模型、负荷模型、制冷机组模型、热泵模型等。建模方法包括神经网络、决策树、支持向量机、时间序列等。

（6）预测分析　预测分析是根据已有数据，通过统计分析或数据挖掘等方法确定未来结果的算法和技术。例如，负荷预测、能耗预测、气象预测等，根据预测结果可实现系统的优化调度。

11.2　数据分析套件

Niagara Analytic Framework（NAF）是 Niagara 数据分析套件，该套件的核心是一个先进的高性能计算引擎。使用此引擎，基于 Niagara Tag（标签）和 Hierarchy（层级），可以对底层设备获取的实时数据和历史数据快速利用各组件进行算法分析，分析结果可以以 HT-ML5 图表形式展示在前端，也可以作为 Niagara 逻辑的输入。NAF 的主要功能包括：

（1）一个开放的可扩展的数据分析环境，可以自定义该环境以满足不同的需要；

（2）适用于任何行业的数据分析工具，包括建筑运行管理和制造业等；

（3）无需自定义编程的情况下可实现复杂数据分析计算；

（4）支持第三方 API 可视化和其他应用程序。

11.2.1　数据分析组件库

数据分析组件库包括 analytics 组件库和 analytics-lib 组件库。analytics 组件库包括数据分析服务、逻辑块、图表组件以及数据分析 Web 第三方接口等。analytics-lib 组件库包括算法库、数据分析标签字典以及标签定义库等。表 11-1 为 analytics 组件库各功能块功能，表 11-2 为 analytics-lib 组件库各功能块功能。

analytics 组件库各功能块功能　　　　　　　　　　　　　　　　表 11-1

功能块名称	功能
AnalyticService（分析服务）	给数据分析提供各种服务，包括数据分析算法、报警服务、数据标签定义等
DataSourceBlock（数据源块）	利用 tag 和 Hierarchy 选取数据源，以获取实体数据源数据
Constant Blocks（常量块）	包括布尔、枚举、数值、字符串四种数据类型的常量
Filter Blocks（过滤块）	对无效数据、简单逻辑、时间选择等进行逻辑筛选
General Blocks（通用块）	具有很多常用功能，例如，调试、取非、计数、时间设定等
Math Blocks（数学块）	对数据进行数学运算，包括加、减、乘、除、取最大（最小）值、取绝对值等
Switch Blocks（选择块）	根据等于、大于、小于、和、非等布尔运算选择输出数据
Points（数据点块）	包括布尔、枚举、数值、字符串四种数据点，每种数据点又分为只读和读写两种
Charts（图分析块）	提供前端各种图展示，包括聚合图、平均值轮廓图、设备运行启停图、负荷持续时间图、排行图等
Tables（表格分析块）	提供前端表格展示
Web API（第三方数据接口块）	通过 Web API 可以将任何 Niagara 获取的数据以接口的形式提供给第三方平台进行数据对接，也可以将第三方数据通过 Web API 与 Niagara 对接
Reports（报表分析块）	数据报表分析

analytics-lib 组件库功能　　　　　　　　　　　　　　　　表 11-2

功能块名称	功能
Algorithm（分析算法库）	包含很多应用在不同场合的分析算法，有制冷机组分析算法，冷水、冷却水分析算法，高温蒸汽分析算法，电负荷分析算法等
TagDictionary（标签字典库）	数据分析标签字典，nameSpace 为"a"
Definition（定义库）	包括 Haystack 和 Analytics 两个定义库

11.2.2　分析服务 AnalyticService

在应用 NAF 之前，需要从 analytics 调色板将 AnalyticService 服务添加到 Config＞Service 中。添加后，展开 AnalyticService NAV 树，如图 11-1 所示，会看到 AnalyticService 包括 Alerts、Algorithms、Definitions、Pollers、Analytics Subscription、Reports 和 Missing Data Strategy 等功能块，下面给出常用的前三项功能块说明。

图 11-1　AnalyticService NAV 树

（1）Alerts　利用 Alerts 创建报警服务，实现数据分析结果报警。此组件在后台工作，根据布尔值确定节点是否处于报警状态，以生成报警。注意：要使用该功能，需要提前在 Pollers 创建报警触发器。

（2）Algorithms　是 AnalyticService 最常用的功能块，用于建立数据分析算法，采用接线图编程，逻辑块包括数据源块、中间块和结果块三类。其数据分析结果可在图表上查看，也可用作其他逻辑模块的输入。

（3）Definitions　标签定义，主要针对标签 Facts、Aggregation 和 Rollup 等属性的定义。标签定义可以自己新建，也可以从 analytics-lib 调色板 Definition 定义库中直接添加。Definition 定义库包括 Haystack 和 Analytics 两个标签字典定义库，可根据数据分析需要添加这两个库中的标签，添加后也可再做适当修改。

注意：将 AnalyticService 服务添加到 Config＞Service 后，需要打开 AnalyticService 属性视图，将 Auto tag Analytic Point 属性修改为"true"；若为"false"，将无法运行。

11.3　数据聚合 Aggregation 和 Rollup

11.3.1　基本概念

在数据分析中，Aggregation 和 Rollup 用于对数据进行聚合分析。其中，Aggregation 将来自同一时间多个不同数据源的数据聚合成一个值，即沿着空间维度数据聚合；Rollup 将指定时间段的历史数据聚合成一个值，即沿着时间维度对数据聚合。

Aggregation 和 Rollup 对数据的处理函数包括 Avg、Max、Min、Sum 等，具体函数清单如表 11-3 所示。缺省函数为 First，即输出处理数据的第一个值。

Aggregation 和 Rollup 函数清单　　　　　　　　　　　　　　　　　表 11-3

算法	描述
And	返回数据源中布尔值的逻辑"与"
Avg	返回数据源中所有值的平均值
Count	返回数据源中提供数据的数量
First	返回数据源中第一个值
Last	返回数据源中最后一个值
Max	返回数据源中最大值
Median	返回数据源中数据按增加顺序排列的中间值
Min	返回数据源中最小值
Mode	返回数据源中最常出现的值
Or	返回数据源中布尔值的逻辑"或"
Range	返回数据源中最大值和最小值的统计差值
Sum	返回数据源中所有数据的和
Load Factor	返回数据源中平均值与峰值（最大值）的比值
Std Dev	返回数据源中数据的标准偏差

通常，数据分析套件的数据来自代理点，代理点位于 Drivers 驱动相应网络设备的 Points 文件夹中，Niagara 网络通信部分可参考第 9 章相关内容。为了便于学习，下面针对 Aggregation 和 Rollup 的举例均采用虚拟设备，即在 Niagara 中建立虚拟设备的点，在实际应用中将虚拟点用实际代理点替代即可。

11.3.2　Aggregation 举例

Aggregation 用于对同一时间多个数据源聚合运算。

1. 问题描述

某一系统有 4 台电能表，通过 Aggregation 运算，在 Px 视图显示 4 台电能表功率的平均值、最大值、最小值及总和。

2. 准备工作

（1）在 Config＞Drivers 某一设备的 Points 文件夹下新建 ElecPower 文件夹，在该文件夹添加 4 台虚拟电能表，分别为 Meter1、Meter2、Meter3 和 Meter4，如图 11-2 所示。4 台电能表的数据采用 Sine Wave 和 Ramp 组件仿真。

（2）将这 4 台电能表打上 hs：power 标签。

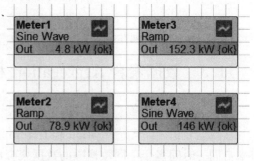

图 11-2　4 台虚拟电能表

（3）在 Hierarchy Service 中添加一个新的 Hierarchy，命名为 ElecPower，在 ElecPower 中添加 QueryLevelDef，其 Query 设置为：hs：power。

3. Aggregation 步骤

(1) 在 Files＞px 文件夹下新建 ElecAggrePx. px 文件，利用 bajaui 和 kitPx 绘图组件库，绘制如图 11-3 所示表格，表格中文本采用 Label 组件实现。

4台电表功率值Aggregation算法表		
节点	算法	值
ElecMeter	均值	
ElecMeter	最大值	
ElecMeter	最小值	
ElecMeter	和值	

图 11-3　表格静态信息

(2) 将 kitPx 组件库中的 BoundLabel 组件拖入表格"值"列第一行位置，双击打开其属性窗口，删除 BoundLabel 组件自带的"Bound Label Binding"属性，点击窗口右上侧"＋"按钮，弹出添加绑定，选择"Analytic Value Binding"，点击 OK 按钮，将 Bound Label Binding 属性更换为 Analytic Value Binding 属性。

(3) 在 Analytic Value Bingding 属性中作如下设置，如图 11-4 所示。

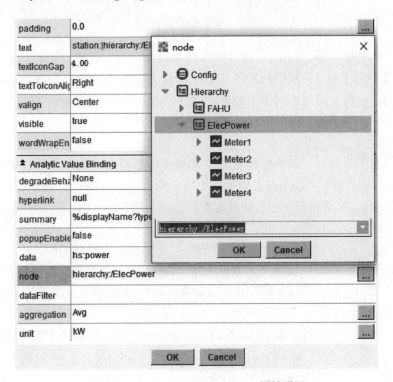

图 11-4　Analytic Value Bingding 属性设置

1）data：hs:power。选择打有 hs:power 标签的数据。

2) node：Hierarchy：/ElecPower。选择 ElecPower 层级，该选择通过 Hierarchy 实现，数据分析只选择 ElecPower 层级带有 hs：power 标签的数据。

3) aggregation：Avg。选择平均值计算，通过该选择将计算 4 只电能表当前采样值的平均值。

4) unit：kW。选择功率数据单位。

（4）在 text 属性区域右击，在弹出的下拉菜单中选择 Animate，在 Text 窗口 Format 下输入：%value%，将实现文本区域数据绑定，显示当前 4 台电能表数据的平均值。

（5）通过 Duplicate 复制上述 BoundLabel 到"值"列其他行，分别将 aggregation 修改为 Max、Min 和 Sum，实现最大值、最小值及和值的计算。

（6）切换到 View 视图，最终效果如图 11-5 所示。

4台电表功率值Aggregation算法表		
节点	算法	值
ElecMeter	均值	44.76 kW
ElecMeter	最大值	57.38 kW
ElecMeter	最小值	34.76 kW
ElecMeter	和值	179.03 kW

图 11-5　电功率 Aggregation 算法表 View 视图

11.3.3　Rollup 举例

Rollup 主要用于对某一段时间的历史数据分析。若对多个数据源进行 Rollup 数据分析，先针对每一个历史时间点对多个数据源进行 Aggregation 运算，使得每一个历史时间点只有一个数据，然后再根据时间范围进行 Rollup 运算。

1. 案例描述

某一建筑有 4 个房间，每个房间安装 1 支温度传感器和 1 台电能表。通过 Rollup 运算，在 Px 视图显示当天 4 台电能表测量功率的平均值（同一历史时刻分别取 4 台电能表最大值和平均值），显示当天 1 号房间温度传感器的均值和最大值。

2. 准备工作

除了在 Aggregation 聚合运算的准备工作外，还需要以下准备工作：

（1）在同一设备 Points 文件夹下新建一个 TempRoom 文件夹，在该文件夹添加 4 支房间温度传感器，分别为 TempRoom1、TempRoom2、TempRoom3 和 TempRoom4，用以模拟 4 个房间的温度。

（2）给 TempRoom1 打上 hs：zoneAirTempSensor 标签，用于一个温度数据源的 Rollup 运算举例。

（3）在 Hierarchy Service 中添加一个新的 Hierarchy，命名为 TempRoom，在 TempRoom 中添加 QueryLevelDef，Query 设置为：hs：zoneAirTempSensor。

（4）将 4 支温度传感器数据点和 4 台电能表数据点添加 NumericInterval 历史扩展。

3. Rollup 步骤

（1）在 Files＞px 文件夹下新建 TempElecRollPx. px 文件，按照上述方法利用 bajaui 和 kitPx 绘图组件库，绘制 Rollup 算法表格静态信息。

（2）将 kitPx 调色板的 BoundLabel 组件拖入表格"值"列第一行位置，双击打开其属性窗口，删除其自带的 Bound Label Binding 属性，添加 Analytic Rollup Binding 属性。

（3）在 Analytic Rollup Binding 属性中作如下设置，如图 11-6（a）所示。

1）data：hs:zoneAirTempSensor。选择带有 hs:zoneAirTempSensor 标签的数据。

2）node：Hierarchy:/TempRoom。选择 TempRoom 层级。该选择通过 Hierarchy 实现，数据分析只选择 TempRoom 层级带有 zoneAirTempSensor 标签的数据。

3）timeRange：today。选择历史数据的时间范围。选择 today，主要为了实现方便，实际应用中可根据需要选择 This Week、Last Week、This Month、Last Month 等其他时间范围。

4）Rollup：Avg。选择平均值计算，计算选择时间范围内历史数据的平均值。

5）unit：℃。选择温度数据单位。

（4）在 text 属性区域右击，在弹出的下拉菜单中选择 Animate，将实现文本区域数据绑定，在"值"列第一行将显示 Room1 房间今天温度的平均值。

（5）复制上述 BoundLabel 组件，拖放到"值"列第二行，只需要将 Rollup 选择修改为：Max，其他保持不变，在"值"列第二行将显示 Room1 房间今天温度的最大值。

（6）复制上述 BoundLabel 组件，拖放到"值"列第三行，在 Analytic Rollup Bingding 属性中作如下属性设置，如图 11-6（b）所示。

1）data：hs:power。选择带有 hs:power 标签的数据。

2）node：Hierarchy:/ElecPower。选择 ElecPower 层级。

3）timeRange：today。也可根据需要选择 This Week、Last Week、This Month、Last Month 等其他时间范围。

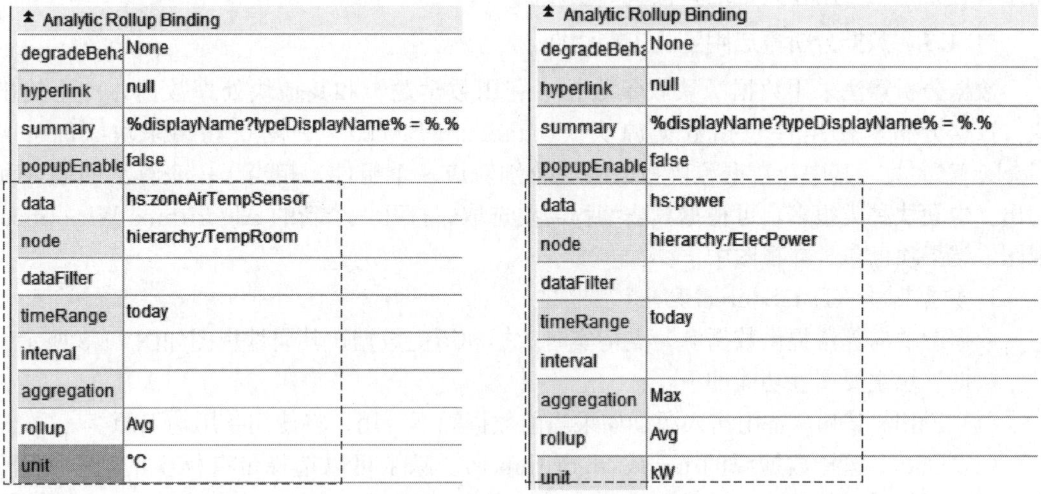

♚ Analytic Rollup Binding	
degradeBeha	None
hyperlink	null
summary	%displayName?typeDisplayName% = %.%
popupEnable	false
data	hs:zoneAirTempSensor
node	hierarchy:/TempRoom
dataFilter	
timeRange	today
interval	
aggregation	
rollup	Avg
unit	℃

（a）

♚ Analytic Rollup Binding	
degradeBeha	None
hyperlink	null
summary	%displayName?typeDisplayName% = %.%
popupEnable	false
data	hs:power
node	hierarchy:/ElecPower
dataFilter	
timeRange	today
interval	
aggregation	Max
rollup	Avg
unit	kW

（b）

图 11-6　Analytic Rollup Binding 属性设置

（a）Room1 温度 Rollup 属性设置；（b）4 台电能表 Rollup 属性设置

4）aggregation：Max。选择某一历史时刻 4 台电能表数据的最大值。

5）Rollup：Avg。选择平均值计算，计算选择时间范围内历史数据的平均值。

6）unit：kW。选择功率数据单位。

（7）复制第三行 BoundLabel 组件，拖放到"值"列第四行，只将 Analytic Rollup Binding 属性中的 aggregation 修改为：Avg，即每一历史时刻计算 4 台电能表数据的平均值，其他保持不变。

（8）切换到 View 视图，最终效果如图 11-7 所示。

Rollup 算法表		
节点	算法	值
Room	均值	23.2 ℃
Room	最大值	30.0 ℃
ElecPower	均值（Aggre：最大值）	150.62 kW
ElecPower	均值（Aggre：均值）	84.29 kW

图 11-7　Rollup 算法表 View 视图

11.4　数据分析算法

物联网平台上传的数据通常需要进行数据分析处理，才能让数据发挥更大价值。数据分析算法编程在 AnalyticService＞Algorithms 功能块的 Wire Sheet 视图中进行。此外，在调色板 analytics-lib 中含有 Algorithms 数据分析算法库，内部包含大量现成的数据分析算法，例如，冷水机组分析算法、冷水分析算法、冷却水分析算法、高温蒸汽分析算法和电负荷分析算法等，可根据需要直接选用，或选用后做适当修改。数据分析计算的结果可通过图表查看，也可用作其他逻辑模块的输入。

11.4.1　数据分析算法用到的主要组件

数据分析算法采用数据源块收集数据，利用数学逻辑和其他块处理数据并产生输出值。数据分析算法组件包括数据源块（DataSourceBlock）、中间块和结果块（Result-Block）三大类。其中，数据源块和结果块分别对应一个组件，相当于一个算法的输入和输出。中间块种类很多，可根据算法编程需要选取。打开一个新的 Algorithms Wire Sheet 视图，结果块已包含在视图中。

1. 数据源块（DataSourceBlock）

数据源块向算法提供数据源，支持实时数据和历史数据，其属性视图如图 11-8 所示。数据源块主要属性功能如下：

（1）Fallback In　备用输入源。如果当前数据源不可用，将使用备用输入源。

（2）Data　选择数据源的 tag 或 algorithm 名。除了可以选择带有标签的数据源外，也可以选择数据分析算法产生的数据。若选用数据分析算法产生的数据，algorithm 名的前缀为 alg：。

（3）Use Request Aggregation　缺省值为：false。

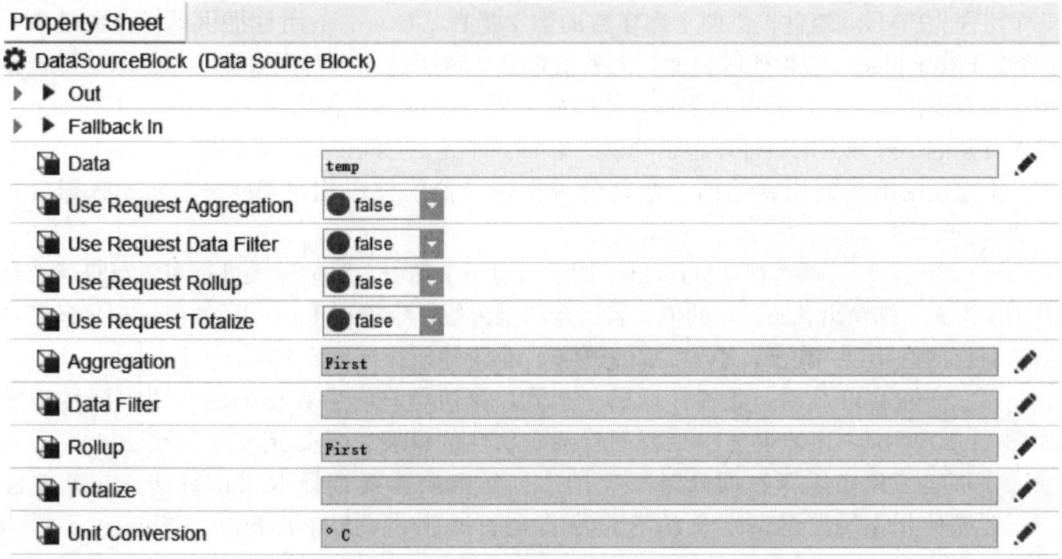

图 11-8　数据源块属性视图

false：使用由 data definition 定义的 Aggregation 算法或该属性窗口定义的 Aggregation 算法；

true：使用数据源块请求的 Aggregation 算法。即当选择"true"时，数据源块的请求将覆盖由 data definition 定义或该属性窗口定义的 Aggregation 算法。

（4）Use Request Data Filter　缺省值为：false。

false：使用由该属性窗口定义的 Data Filter 算法；

true：使用数据源块请求的 Data Filter 算法。

（5）Use Request Rollup　缺省值为：false。

false：使用由 data definition 定义的 Rollup 算法或该属性窗口定义的 Rollup 算法；

true：使用数据源块请求的 Rollup 算法。即当选择"true"时，数据源块的请求将覆盖由 data definition 定义或该属性窗口定义的 Aggregation 算法。

（6）Aggregation　从下拉菜单选择 Aggregation 算法，若要使用此属性，必须将"Use Request Aggregation"设置为"false"。

（7）Data Filter　采用 NEQL 查询或 ORD 参数，标识请求节点子树中的数据源。

（8）Rollup　从下拉菜单选择 Rollup 算法，若要使用此属性，必须将"Use Request Rollup"设置为"false"。

（9）Unit Conversion　单位换算。如果设置，系统会将数据源数据单位对应的值转换为此属性定义的数据单位对应的值。例如，若数据源为 0℃，Unit Conversion 选择"℉"，则数据源的输出自动转化为 32℉。

2. 中间块

中间块包括 Constant blocks（常量块）、Filter blocks（过滤块）、General blocks（基本块）、Math blocks（数学块）和 Switch blocks（选择块），每个块又含有多个组件。Constant blocks 为算法提供常量，该常量可以是历史数据，也可以是实时数据。常量类型包括布尔常量、枚举常量、数值常量和字符串常量。Math blocks 包括 BiMath 和 Unimath 两个组件。BiMath 组件提供两个操作数的数学运算，Unimath 组件提供单操作数的数学运算。Filter blocks 包括死区过滤、无效值过滤、范围过滤、时间过滤等。Switch blocks 用于实现输出选择，计算布尔条件，选择两个输入中的一个作为输出。General blocks 包含所有其他不好分类的组件，包括调试、取非、计数、时间设定、滑窗等。

下面仅给出后面用到的两个组件的说明，其他组件应用可参考 Niagara 数据分析手册。

（1）BiSwitch　属性视图如图 11-9 所示，对 In1 和 In2 两个输入进行布尔运算，若运算结果为真，则输出 True In 的值；若运算结果为假，则输出 False In 的值。布尔运算包括"等于、不等于、大于、小于、大于等于、小于等于、与、或"共计 8 种。

（2）SlidingWindow　此组件返回一个值，该值是时间窗数据的聚合值。属性视图如图 11-10 所示，在该视图中主要进行两个属性的设置：一是定义时间窗大小，时间窗大小决定了聚合运算数据的时间范围；二是根据需要选择 Rollup 算法。在此要注意，若要使用该属性窗口定义的 Rollup 算法，必须将"Use Request Rollup"设置为"false"。

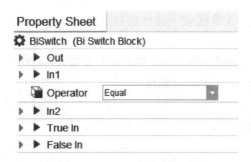

图 11-9　BiSwitch 属性视图

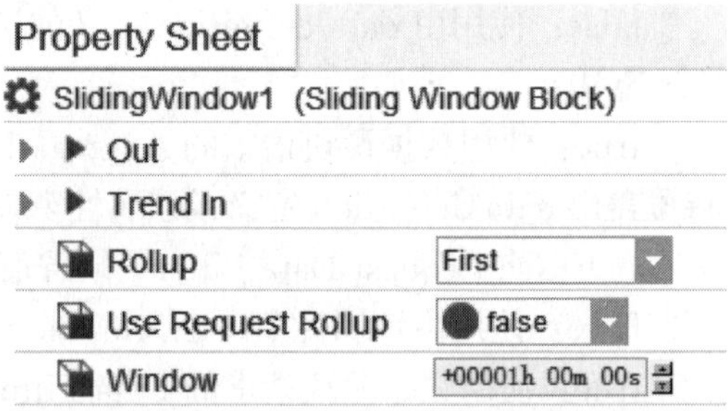

图 11-10　SlidingWindow 属性视图

11.4.2　数据分析算法案例

11.4.2.1　冷水温度偏低分析算法

1. 冷水温度偏低分析原理

若冷水机组运行正常，如果冷水温度连续 45min 比冷水温度设定值低 1℃，则判定冷水温度偏低。其逻辑判断流程图如图 11-11 所示，首先判断冷水机组命令是否为 On，再判断冷水机组运行状态是否为 On，若两者均为 On，则认为冷水机组运行正常，否则输出"False"。若冷水机组运行正常，再判断在 45min 内冷水温度是否一直比设定值低 1℃，若满足条件，则输出"True"，否则输出"False"。

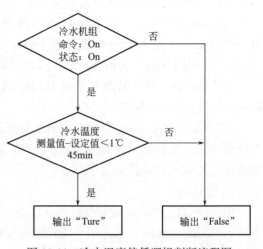

图 11-11　冷水温度偏低逻辑判断流程图

2. 准备工作

（1）添加 Analytics 标签字典　将调色板 analytics-lib 组件库里的 Analytics 标签字典添加到 Services＞TagDictionaryService。

（2）建立冷水机组虚拟点　在 Config 文件夹下新建 Chillers 文件夹（也可在 Drivers 文件夹某一设备的 Points 文件夹下新建），在该文件夹添加 CWTemp（冷水温度）、CW-TempSp（冷水温度设定值）、ChillerCmd（冷水机组命令）、ChillerStatus（冷水机组状态）4 个虚拟点。其中，CWTemp 和 CWTempSp 为数值写点，ChillerCmd 和 ChillerStatus 为布尔写点。冷水温度设定值 CWTempSp 为 7℃（注：在实际工程中，CWTemp、CWTempSp 和 ChillerStatus 为现场输入数据，CWTemp 和 CWTempSp 为数值点，ChillerStatus 为布尔点，ChillerCmd 为输出命令，布尔写点）。

（3）打标签　给 Chillers 文件夹打 hs:chiller 标签，给 CWTemp 点打 a:ChilledWaterSupplyTemp 标签，给 CWTempSp 点打 a:ChilledWaterSupplyTempSp 标签，给 ChillerCmd 点打 a:ChillerCmd 标签，给 ChillerStatus 点打 a:ChillerStatus 标签。

（4）添加历史扩展　给 CWTemp、CWTempSp、ChillerCmd 和 ChillerStatus 4 个虚拟点添加历史扩展。

（5）添加 Hierarchy　在 Hierarchy Service 中添加一个新的 Hierarchy，命名为 Chiller。在 Chiller 中添加 QueryLevelDef 组件，其 Query 设置为：hs:chiller。在 Chiller 中添加 RelationLevelDef 组件，Outbound Relation Ids 设置为：n:child，将搜索所有与父节点的关系。完成后刷新 Hierarchy 文件夹。

3. 数据分析步骤

（1）新建 LowCWTemp 算法文件

1）展开 AnalyticService，找到 Algorithms，双击 Algorithms 进入 Algorithms Manager 管理界面，点击 New Foldler，新建一个文件夹并命名为 myAlg。双击 myAlg 进入 Algorithms Manager 管理界面，点击 New，新建一个 Algorithms 文件，并命名为 LowCWTemp。

2）双击 LowCWTemp 算法，进入其 Wire Sheet 视图界面，可看到 Result Block 已包含在视图中。

（2）添加数据源

1）添加冷水机组命令数据源　打开 analytics 调色板，将 DataSourceBlock 数据源块拖入 Wire Sheet 视图，命名为：冷水机组命令数据源。双击该数据源，打开其属性视图，在 Data 属性框，点击右边的铅笔，选择 a:ChillerCmd 数据分析标签，该数据源将选择带有 a:ChillerCmd 标签的代理点。右击该数据源，选择 PinSlot，只保留 Out、Fallback 和 Data 三个 Slots 显示，其他隐藏。

2）添加冷水机组状态数据源　复制冷水机组命令数据源，将名称修改为：冷水机组状态数据源。双击冷水机组状态数据源，打开其属性视图，在 Data 属性框，点击右边的铅笔，选择 a:ChillerStatus 数据分析标签，该数据源将选择带有 a:ChillerStatus 标签的代理点。

3）添加冷水供水温度数据源　复制冷水机组命令数据源，将名称修改为：冷水供水温度数据源。双击该数据源，打开其属性视图，在 Data 属性框，点击右边的铅笔，选择 a:ChilledWaterSupplyTemp 数据分析标签，该数据源将选择带有 a:ChilledWaterSupplyTemp 标签的代理点。

4）添加冷水供水温度设定值数据源 复制冷水机组命令数据源，将名称修改为：冷水供水温度设定值数据源。双击该数据源，打开其属性视图，在 Data 属性框，点击右边的铅笔，选择 a：ChilledWaterSupplyTempSp 数据分析标签，该数据源将选择带有 a：ChilledWaterSupplyTempSp 标签的代理点。

图 11-12 为添加的 4 个数据源，在视图中可看到数据源的 Data 标签。

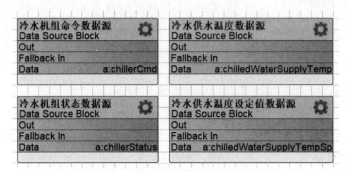

图 11-12　LowCWTemp 算法数据源

（3）添加逻辑算法

1）添加 BiSwitch 选择块，其属性 Operator 设置为：And（与），其输入 In1 与冷水机组命令数据源的 Out 连接，In2 与冷水机组状态数据源的 Out 连接。In1 与 In2 进行"与"运算，即只有 In1 与 In2 都为"True"时，该模块的输出才为"True"，否则为"False"。当该模块输出"True"，说明冷水机组运行正常。

2）添加 BiMath 数学块，其属性 Operator 设置为：Subtract（减法），其输入 In1 与冷水供水温度数据源的 Out 连接，In2 与冷水供水温度设定值数据源的 Out 连接，在 BiMath 块中进行偏差 e 运算：

$$e＝CWTemp-CWTempSp$$

3）添加 NumericConstant 数值常量块，将常量设置为：-1℃。

4）添加 BiSwitch 选择块，名称修改为 BiSwitch1，其属性 Operator 设置为：Less Than（小于），其输入 In1 与 BiMath 模块的 Out 连接，即输入为冷水供水温度与冷水供水温度设定值的偏差 e，其 In2 与 NumericConstant 模块的 Out 连接。如果 In1＜In2 为真（偏差 e 小于-1℃），输出"True"；如果 In1＜In2 为假（偏差 e 不小于-1℃），输出"False"。

5）添加 BiSwitch 选择块，名称修改为 BiSwitch2，其属性 Operator 设置为：And（与），其输入 In1 与 BiSwitch 模块的 Out 连接，In2 与 BiSwitch1 模块的 Out 连接。In1 与 In2 进行"与"运算，只有 In1 与 In2 都为"True"时，即满足冷水机组运行正常，且偏差 e 小于-1℃，该模块的输出才为"True"，否则为"False"。

6）添加 SlidingWindow 滑窗块，其属性 Rollup 设置为：And，Window 设置为：45min。该模块的 Trend in 与 BiSwitch2 的输出 Out 连接，该模块的输出 Out 与 Result 模块的输入 In 连接。滑窗块对 45min 时间段内的数据进行"与"运算，即若连续 45min 窗口内的数据均为"True"，该模块的输出才为"True"，否则为"False"。

（4）数据分析结果

Result 块内为 LowCWTemp 算法的运算结果。

LowCWTemp 数据分析算法逻辑编程的最终视图如图 11-13 所示。

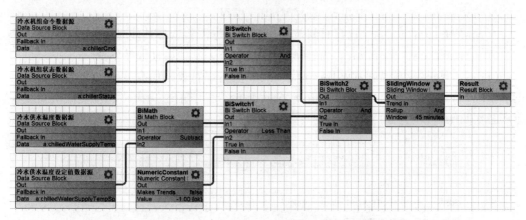

图 11-13 LowCWTemp 算法 Wire Sheet 视图

（5）LowCWTemp 算法属性设置

在 myAlg 文件夹 Algorithms Manager 管理界面，右击 LowCWTemp，选择 View＞Ax Property Sheet，打开其属性视图，将 Facets 修改为：True Text＝低温警告；False Text＝温度正常，其他保持不变。

11.4.3 数据分析算法输出案例

数据分析算法的输出值可以通过图表展示，也可用作其他逻辑模块的输入。

1. 图表展示

（1）在 Files＞px 文件夹下新建一个 AlgCheck Px 文件，用于展示算法的输出结果。

（2）打开 AlgCheck Px 文件编辑视图，从调色板 bajaui ＞Widgets 内将 Boundtable 组件拖放到 Px 视图。双击 Boundtable 组件，打开其属性视图，点击窗口右上侧"＋"按钮，弹出添加绑定，选择"Analytic Table Binding"，点击 OK 按钮。

（3）在 Analytic Table Binding 属性中作如下设置，如图 11-14 所示。

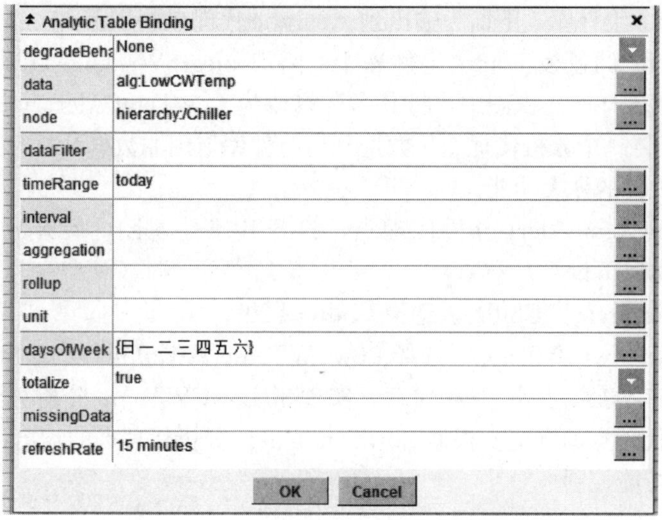

Analytic Table Binding	
degradeBeha	None
data	alg:LowCWTemp
node	hierarchy:/Chiller
dataFilter	
timeRange	today
interval	
aggregation	
rollup	
unit	
daysOfWeek	{日 一 二 三 四 五 六}
totalize	true
missingData	
refreshRate	15 minutes

OK Cancel

图 11-14 Analytic Table Bingding 属性

1) data：alg:LowCWTemp。选择 LowCWTemp 数据分析算法输出的数据。

2) node：hierarchy:/Chiller。选择 Chiller 层级。

3) timeRange：today。选择时间范围，也可根据需要选择其他时间范围。

4) refreshRate：15minutes。刷新频率取缺省值，其他属性保持不变。

（4）手动修改冷水温度 CWTemp 代理点的值，查看表格信息变化，当冷水机组运行正常，CWTemp 代理点的值连续 45min 均低于 6℃时，输出"true"，否则输出"false"。冷水温度偏低表如图 11-15 所示。

Timestamp	Value	Status	Trend Flags	
2021-十二月-15 12:00 PM CST	false	{ok}	{}	
2021-十二月-15 14:15 PM CST	false	{ok}	{}	
2021-十二月-15 14:30 PM CST	false	{ok}	{}	
2021-十二月-15 14:45 PM CST	false	{ok}	{}	
2021-十二月-15 15:00 PM CST	false	{ok}	{}	
2021-十二月-15 15:15 PM CST	false	{ok}	{}	
2021-十二月-15 15:30 PM CST	true	{ok}	{}	
2021-十二月-15 15:45 PM CST	true	{ok}	{}	
2021-十二月-15 16:00 PM CST	true	{ok}	{}	
2021-十二月-15 16:15 PM CST	true	{ok}	{}	
2021-十二月-15 16:30 PM CST	true	{ok}	{}	

图 11-15　冷水温度偏低表

2. 输出到 Analytic（分析）代理点

分析算法的输出可以反馈到站点，以优化能源系统运行或减少故障发生。上面案例中，若冷水温度连续 45min 比设定温度低 1℃，则可以通过站点逻辑编程，将冷水机组停机。

要实现基于数据分析结果的优化和控制，需要用到分析代理点。分析代理点位于调色板 analytic＞Points 组件库，下面为输出到 Analytic 代理点的步骤。

（1）从 analytic 调色板 Points 组件库中，将 BoolearnWritable 点添加到先前建立的 Chillers 文件夹 Wire Sheet 视图中，将其名称修改为 LowTempAlert（也可以添加到其他文件夹）。该动作将一个分析代理点从数据分析组件库拖到非数据分析 Wire Sheet 视图中，体现了 Niagara 软件的强大功能。

（2）双击 LowTempAlert 分析代理点，打开其属性视图，展开分析代理扩展，如图 11-16 所示，做以下设置：

1) Node：hierarchy:/Chiller。选择 Chiller 层级。

2) Data：alg:LowCWTemp。选择 LowCWTemp 数据分析算法输出的数据。

其他属性保持不变，点击 Save 保存，实现了 LowCWTemp 分析算法的输出与 LowTempAlert 分析代理点的绑定。根据 LowTempAlert 分析代理点的输出，结合逻辑编程可实现冷水机组的节能控制。

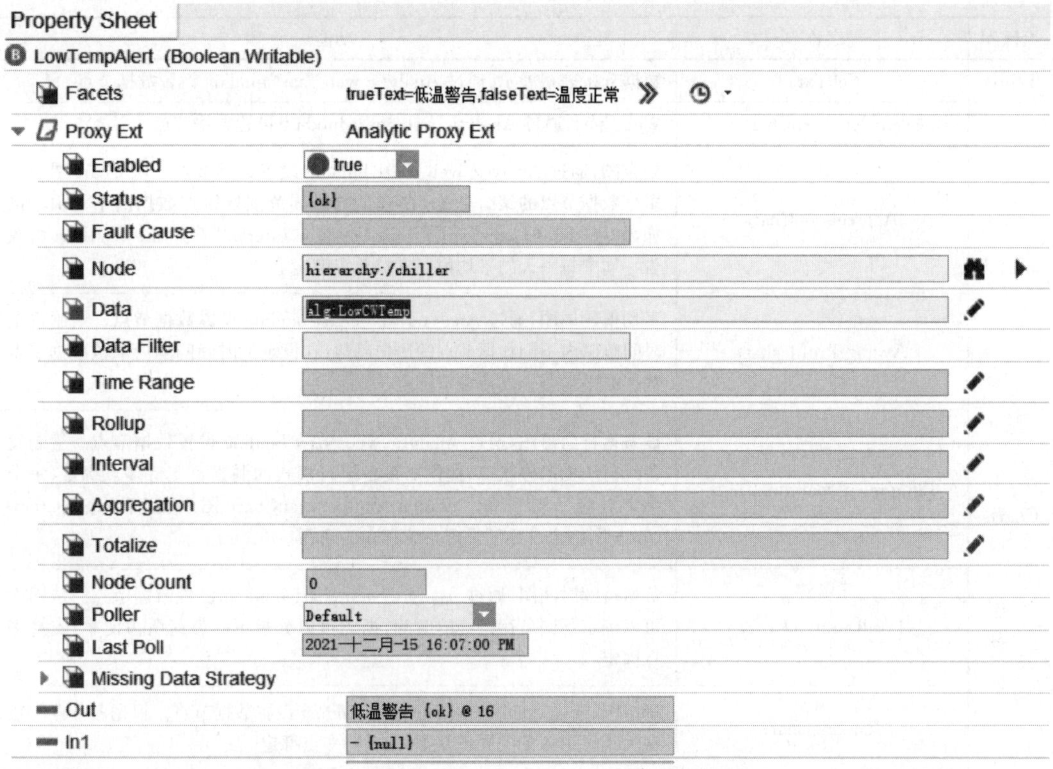

Property Sheet

ⓑ LowTempAlert (Boolean Writable)		
🔧 Facets	trueText=低温警告,falseText=温度正常 ≫　🕐 ▾	
▼ 🗂 Proxy Ext	Analytic Proxy Ext	
🔧 Enabled	⬤ true ▾	
🔧 Status	{ok}	
🔧 Fault Cause		
🔧 Node	hierarchy:/chiller	🔍 ▶
🔧 Data	alg:LowCWTemp	✏
🔧 Data Filter		
🔧 Time Range		✏
🔧 Rollup		✏
🔧 Interval		✏
🔧 Aggregation		✏
🔧 Totalize		✏
🔧 Node Count	0	
🔧 Poller	Default ▾	
🔧 Last Poll	2021-十二月-15 16:07:00 PM	
▶ 🔧 Missing Data Strategy		
━ Out	低温警告 {ok} @ 16	
━ In1	- {null}	

图 11-16　LowTempAlert 分析代理点属性视图

11.5　数据可视化

数据可视化在数据分析中发挥着重要的作用。一般来说，数据可视化是以趋势图、饼状图、排行图等图形方式或表格方式展示数据，以帮助用户更直观地了解数据分析结果。

在数据分析中用到的数据绑定包括 Analytic web chart binding、Analytic web rollup binding、Analytic table binding、Analytic rollup binding 和 Analytic value binding。其中，Analytic value binding 在前面 Aggregation 聚合分析中用到过，Analytic rollup binding 在前面 Rollup 聚合分析中用到过，Analytic table binding 在前面数据分析结果表格形式输出用到过。不论哪种数据绑定，其参数设置基本一致。在调色板数据分析可视化组件中用到的数据绑定包括 Analytic web chart binding 和 Analytic web rollup binding。

11.5.1　数据分析可视化组件

调色板 analytics 中的 Charts 组件库、Tables 组件库用以实现数据分析可视化。其中，Tables 组件库仅包含 WebTable 一个组件，将数据分析结果以表格方式展示。Charts 组件库包括 AnalyticWebChart、AggregationChart、AverageProfileChart、EquipmentOperationChart、LoadDurationChart、RankingChart、RelativeContributionChart 和 SpectrumChart 组件，将数据分析结果根据不同需要以不同的图形方式展示。在此要注意，在采用上述组件时，需要将组件属性视图中的 Vb View binding 属性删除，否则将影响视图显示。上述可视化组件具体功能如表 11-4 所示。

数据分析可视化组件　　　　　　　　　　　　　　　　表 11-4

组件库	名称	功能
Tables	WebTable	数据分析表格展示,通过 Analytic web chart binding 设置数据节点
Charts	AnalyticWebChart	WebChart,通过 Analytic web chart binding 设置数据节点
	AggregationChart	聚合图,通过 Analytic web chart binding 设置数据节点。该 Chart 图显示多个数据节点的聚合数据,在选定的时间范围内取该点数据的平均值。例如,如果"TimeTange"选择"This Week","Interval"选择"Day",Chart 将报告一周中每一天的平均值。支持单点绑定
	AverageProfilechart	平均值轮廓图,通过 Analytic web chart binding 设置数据节点。绘制选定时间范围内不同数据节点的历史趋势,在设定的时间间隔内取该数据节点数据的平均值。支持多点绑定
	EquipmentOperationChart	设备运行启停图,通过 Analytic web chart binding 设置数据节点。绘制设备运行历史启停状态,提供对设备运行模式的洞察。支持多点绑定,每个绑定对应一台设备。EquipmentOperationChart 图和温度 AggregationChart 图结合可用于发现系统存在的问题
	LoadDurationChart	负荷持续时间图,通过 Analytic web chart binding 设置数据节点。从图中可以确定不同负荷持续的时间,据此可以分析不同负荷所占比率,支持多点绑定
	RankingChart	排行图,通过 Analytic web rollup binding 设置数据节点。根据各节点的数据大小采用棒条图展示其排行,支持多点绑定
	RelativeContributionChart	相对贡献图,通过 Analytic web rollup binding 设置数据节点。采用饼图绘制单个设备贡献与总设备贡献的比值,支持多点绑定
	SpectrumChart	谱图,通过 Analytic web chart binding 设置数据节点。通过颜色编码,深入了解从数据或聚合点获得值的合理性,支持单点绑定

11.5.2 数据分析可视化应用案例

11.5.2.1 案例描述

某一建筑共有 4 层,每层安装 1 台电能表。

(1) 通过 AverageProfilechart 视图编程,显示当天 4 台电能表测量功率历史趋势图;

(2) 通过 RankingChart 视图编程,显示当天 4 台电能表测量功率平均值排行图;

(3) 通过 RelativeContributionChart 视图编程,显示当天 4 台电能表测量功率平均值百分比饼图;

(4) 通过 WebTable 视图编程,统计当天 4 台电能表总功率每半小时的平均值(提示,Aggregation:Sum;Rollup:Avg,时间间隔:30min)。

11.5.2.2 准备工作

若没有实际电能表硬件连接,可采用以下仿真编程:

(1) 建立 4 台电能表虚拟点。在 Config 文件夹下新建 Power 文件夹,在 Power 文件夹的 Wire Sheet 视图中添加 ElecMeter1、ElecMeter2、ElecMeter3 和 ElecMeter4 4 台电能表,采用 Ramp、SineWave 等组件生成 4 台电能表的仿真数据。

(2) 给 4 台电能表添加 a:elecMeter 标签。

（3）给 4 台电能表添加 NumericInterval 历史扩展，Interval 设置为 5min。

（4）在 Hierarchy Service 中添加一个新的 Hierarchy，命名为 elecMeter。在 elecMeter 层级中添加 QueryLevelDef，Query 设置为：a：elecMeter，完成后刷新 Hierarchy 文件夹。

11.5.2.3 可视化编程

1. AverageProfilechart 视图编程

（1）在 Files>px 文件夹下新建一个 AverageProfilechart 文件，双击打开其 Px 视图，切换到编辑模式。

（2）从 analytics 调色板 Charts 组件库内，将 AverageProfilechart 组件拖到 Px 视图。双击 AverageProfilechart 组件，打开其属性视图，将属性视图中的 Vb View binding 删除。

（3）在 Analytic Web chart Binding 属性中作如下设置，其他保持不变。

1）data：a：elecMeter。选择带有 a：elecMeter 标签的数据。

2）node：Hierarchy：/elecMeter/elecMeter1。通过 Hierarchy，选择 ElecMeter1 电能表。

3）timeRange：today。选择时间范围，也可根据需要选择其他时间范围。

4）Interval：Thirty Minites。计算 30min 时间范围节点数据的平均值作为该时间范围的值。

（4）点击窗口右上侧"＋"按钮，再添加 3 个"Analytic Web chart Binding"绑定，按照上述方法设置 Analytic Web chart Binding 属性，node 节点分别设置为 Hierarchy：/elecMeter/elecMeter2，Hierarchy：/elecMeter/ elecMeter3 和 Hierarchy：/elecMeter/elecMeter4，其他设置均和上面相同。

（5）设置完成后点击"ok"，AverageProfilechart 视图将在 Px 视图上显示。

（6）切换到"View"视图，点击齿轮设置按钮，弹出设置窗口，点击 Configaration，将字号修改为 18，其他保持不变，图 11-17 为生成的 4 台电能表当天功率平均值轮廓图。

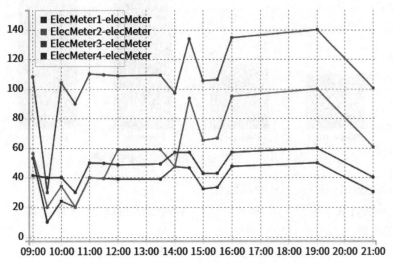

图 11-17　4 台电能表当天功率平均值轮廓图

2. RankingChart 视图编程

（1）在 px 文件夹下新建一个 RankingChartPx 文件，双击打开其 Px 视图，切换到编辑模式。

（2）从 analytics 调色板 Charts 组件库内，将 RankingChart 组件拖到 Px 视图。双击 RankingChart 组件，打开其属性视图，将属性视图中的 Vb View binding 删除。

（3）在 Analytic Web Rollup Binding 属性中作如下设置，其他保持不变。

1）data：a:elecMeter。选择带有 a:elecMeter 标签的数据。

2）node：Hierarchy:/elecMeter/elecMeter1。通过 Hierarchy 层级，选择 elecMeter1 电能表。

3）timeRange：today。选择时间范围，也可根据需要选择其他时间范围。

4）rollup：avg。求当天数据的平均值。

（4）点击窗口右上侧"＋"按钮，再添加 3 个"Analytic Web Rollup Binding"绑定，按照上述方法设置 Analytic Web Rollup Binding 属性，node 节点分别设置为 Hierarchy:/elecMeter/elecMeter2，Hierarchy:/elecMeter /elecMeter3 和 Hierarchy:/elecMeter/elec-Meter4 外。其他设置均和上面相同。

（5）设置完成后点击"ok"，RankingChart 视图将在 Px 视图上显示。

（6）切换到"View"视图，点击齿轮设置按钮，弹出设置窗口。依次选择 4 台电能表，将其 Series Name 由％node. navDisplayName%-％data. name% 修改为％node. navDisplayName%，以缩短显示名称长度（也可以在 Analytic Web Rollup Binding 属性视图中修改）。点击 Configaration，将字号修改为 18，其他保持不变。图 11-18 为生成的 4 台电能表当天平均功率排行图。

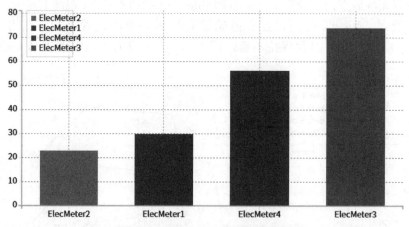

图 11-18　4 台电能表当天平均功率排行图

3. RelativeContributionChart 视图编程

（1）在 px 文件夹下新建一个 RelativeContributionChart Px 文件，双击打开其 Px 视图，切换到编辑模式。

（2）从 analytics 调色板 Charts 组件库内，将 RelativeContributionChart 组件拖到 Px 视图。双击 RelativeConbtributionChart 组件，打开其属性视图，将属性视图中的 Vb

View binding 删除。

（3）设置 Analytic Web Rollup Binding 属性。Analytic Web Rollup Binding 属性的设置和 RankingChart 视图中 Analytic Web Rollup Binding 属性的设置完全相同，在此不再赘述。

（4）切换到"View"视图，点击齿轮设置按钮，弹出设置窗口，根据喜好修改设置，使可视化效果满意。

生成的 4 台电能表当天功率平均值百分比饼图如图 11-19 所示。

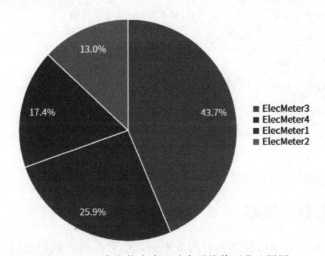

图 11-19　4 台电能表当天功率平均值百分比饼图

通过 Chart 视图编程，除了可以进行天数据分析可视化展示外，也可以进行周数据、月数据、年数据等可视化展示。可视化编程中可以进行的运算囊括了 Aggregation 和 Rollup 聚合运算的所有运算，例如 Avg、Max、Min、Sum 等。

4. WebTable 视图编程

（1）在 px 文件夹下新建一个 WebTablePx 文件，双击打开其 Px 视图，切换到编辑模式。

（2）从 analytics 调色板 Tables 组件库内，将 WebTable 组件拖到 Px 视图，双击 WebTable 组件，打开其属性视图，将属性视图中的 Vb View binding 删除。

（3）在 Analytic Web Chart Binding 属性中作如下设置，其他保持不变。

1）data：a：elecMeter。选择带有 a：elecMeter 标签的数据。

2）node：Hierarchy：/elecMeter。选择 elecMeter 层级下的节点。

3）timeRange：today。也可根据需要选择其他时间范围。

4）interval：Thirty Minites。时间间隔为 30min。

5）aggregation：Sum。4 台电能表数据求和。

6）rollup：Avg。以 30min 间隔，求数据平均值。

（4）设置完成后点击"ok"，WebTable 视图将在 Px 视图上显示。

（5）切换到"View"视图，点击齿轮设置按钮，弹出设置窗口，将 Series Name 由 %node. navDisplayName%-%data. name% 修改为 %node. navDisplayName%，以缩短显

示名称长度。点击 Configaration，将字号修改为 18，其他保持不变。

生成的 WebTable 视图如图 11-20 所示。

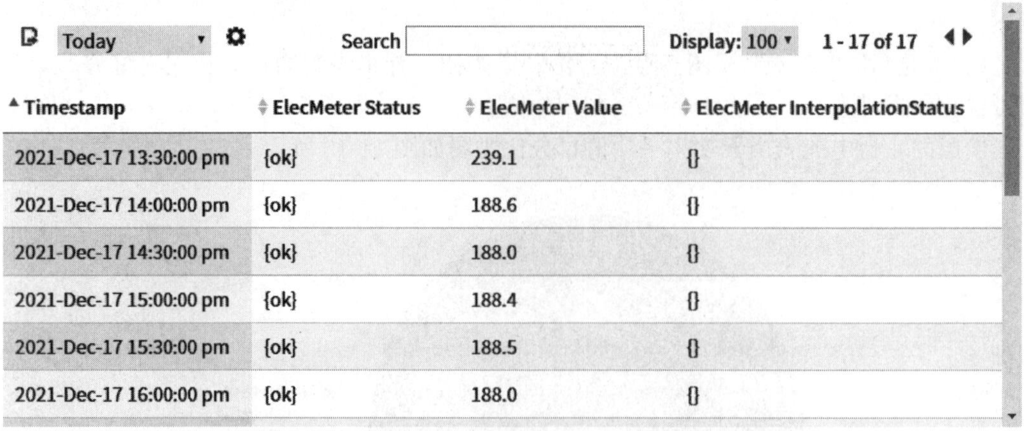

▲ Timestamp	⇕ ElecMeter Status	⇕ ElecMeter Value	⇕ ElecMeter InterpolationStatus
2021-Dec-17 13:30:00 pm	{ok}	239.1	{}
2021-Dec-17 14:00:00 pm	{ok}	188.6	{}
2021-Dec-17 14:30:00 pm	{ok}	188.0	{}
2021-Dec-17 15:00:00 pm	{ok}	188.4	{}
2021-Dec-17 15:30:00 pm	{ok}	188.5	{}
2021-Dec-17 16:00:00 pm	{ok}	188.0	{}

图 11-20　WebTable 视图

（6）点击左上侧导出向导按钮，可将该表格视图导出为表格文件，存档。

11.6　缺失数据策略

物联网平台采集的数据因受到各种因素影响，会存在缺失数据或错误数据，为了保证数据分析的准确性，对缺失数据和错误数据进行处理是非常必要的。通常识别出错误数据，将其删除，然后统一对缺失数据采取数据插补方法。在统计学中，插补是用替代值替换缺失数据的过程。

11.6.1　NAF 缺失数据策略

NAF 数据分析套件提供了多种管理缺失数据的策略，包括：

（1）线性插补（Linear interpolation）　通过线性插补计算序列中缺失数据的估计值，用估计值填补缺失数据。

（2）K-邻域（K-nearest neighbor，KNN）　查找缺失数据的最近邻，根据最近邻的数据填补缺失数据。

（3）聚合策略（Aggregation strategies）　包括忽略序列和忽略点。

1. 线性插补

线性插补算法是基于序列中缺失数据的前后临近两个有效数据来进行数值估计，仅适用于数值型数据。

缺失数据在序列中的位置包括序列始、序列中和序列末，针对缺失数据在序列中的不同位置采取不同的插补方法。

（1）序列始　采用序列中第一个有效值替代缺失数据。例如，一台电能表，前三天的数据缺失，第四天的数据为 100，则将前三天的数据均插补为 100。

（2）序列中　线性插值方程为：

$$V_{\mathrm{LI}} = V_{\mathrm{P}} + (V_{\mathrm{N}} - V_{\mathrm{P}}) \frac{T_{\mathrm{VLI}} - T_{\mathrm{VP}}}{T_{\mathrm{VN}} - T_{\mathrm{VP}}}$$

其中，V_P 为缺失数据前面有效值，V_N 为缺失数据后面有效值，V_{LI} 为缺失数据插补值；T_{VP} 为缺失数据前面有效值时间标签，T_{VN} 为缺失数据后面有效值时间标签，T_{VLI} 为缺失数据时间标签。

例如，表 11-5 为某一电能表序列中的一段，时间标签 11 的缺失数据计算公式：

$$V_{LI11} = V_{10} + (V_{13} - V_{10}) \frac{11-10}{13-10} = 100 + (200-100) \frac{11-10}{13-10} = 133 \ (\text{kWh})$$

时间标签 12 的缺失数据计算公式：

$$V_{LI12} = V_{10} + (V_{13} - V_{10}) \frac{12-10}{13-10} = 100 + (200-100) \frac{12-10}{13-10} = 167 \ (\text{kWh})$$

某一电能表一段序列

表 11-5

时间标签	值(kWh)
10	100
11	缺失
12	缺失
13	200

（3）序列末　系统将用序列中最后记录的有效值替换缺失数据。例如，一台电能表，10 天数据为一个序列，若前 9 天的数据正常，第 10 天的数据缺失，则将第 9 天的数据填补为第 10 天的数据。

2. K-邻域

K-邻域插补可用于数值、枚举和布尔类型的数据，系统选择 k 个前面和后面最近邻数据计算缺失值，替换缺失数据。对于布尔型或枚举型数据，如果 k 个邻域值出现平局（例如布尔型数据，On 数量和 Off 数量相等），算法将选择最低时间戳的值作为填补数据。例如，某一循环泵运行状态记录，$k=4$，缺失数据前面两个数据均为 Off，后面两个数据均为 On，显然，On 和 Off 的数量均为 2，则按照平局下最低时间戳原则，填补数据为 Off。

3. 聚合策略

缺失数据聚合策略是指多源缺失数据聚合策略，包括忽略序列（Ignore Series）和忽略点（Ignore Point）。

忽略序列是指当某一序列数据中有一个或多个点缺失时，则将该序列数据整体忽略。忽略点是指当某一序列数据中有一个或多个点缺失时，只将缺失点数据忽略，计算剩余数据。

11.6.2　缺失数据策略设置

缺失数据策略可以在 AnalyticsService 和 AnalyticsService＞Definitions 属性视图中设置，也可以在 Charts、Reports、Bound tables、Web tables、Proxy extensions 和 Alerts 等属性视图中设置。如果在 Charts、Reports、Bound tables、Web tables、Proxy extensions 和 Alerts 等属性视图中未设置缺失数据策略，系统默认 AnalyticsService＞Definitions 属性视图设置的缺失数据策略。如果在 AnalyticsService＞Definitions 属性视图中未设置缺失数据策略，系统默认 AnalyticsService 属性视图设置的缺失数据策略。

下面以 Charts 视图中的 Analytic Web Chart Binding 属性设置为例，如图 11-21 所示，点击 MissingDataStrategy 右侧"…"按钮，弹出 MissingDataStrategy 窗口，进行以下设置：

（1）Use This Value：true，使用 MissingDataStrategy 策略。

（2）Aggregation Strategy：Ignore Series，即当某一序列数据中有一个或多个点缺失时，将该序列整体忽略不计。

（3）Interpolation Algorithm：K Nearest Neighbour，选择 KNN 算法。

（4）K Value：5，选择 KNN 算法 K 值。

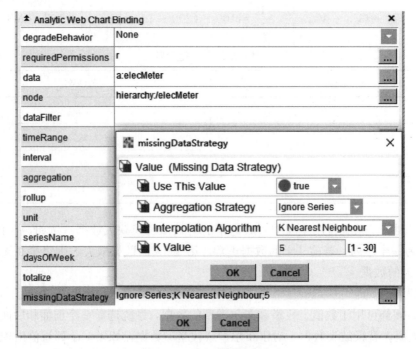

图 11-21 缺失数据策略设置

设置完成后，在 Analytic Web Chart Binding 数据处理中将按照上述缺失数据策略处理缺失数据。图 11-22 为设置完成对应的 WebTable 表，可以看到，在最后一列插补状态显示为 Knn，说明表中时间段数据缺失，缺失数据采用 Knn 插补方法。

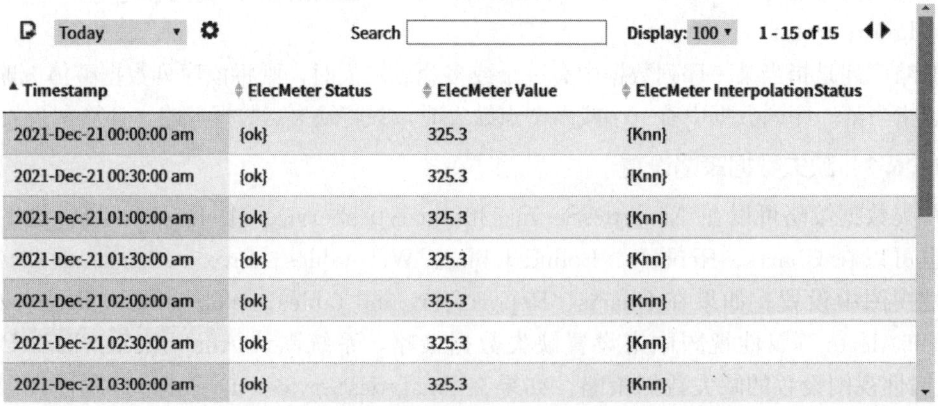

▲ Timestamp	⇕ ElecMeter Status	⇕ ElecMeter Value	⇕ ElecMeter InterpolationStatus
2021-Dec-21 00:00:00 am	{ok}	325.3	{Knn}
2021-Dec-21 00:30:00 am	{ok}	325.3	{Knn}
2021-Dec-21 01:00:00 am	{ok}	325.3	{Knn}
2021-Dec-21 01:30:00 am	{ok}	325.3	{Knn}
2021-Dec-21 02:00:00 am	{ok}	325.3	{Knn}
2021-Dec-21 02:30:00 am	{ok}	325.3	{Knn}
2021-Dec-21 03:00:00 am	{ok}	325.3	{Knn}

图 11-22 缺失数据 Knn 插补表

本章习题

1. 大数据处理过程通常包括哪三个环节？分别具有什么功能？

2. Aggregation 和 Rollup 聚合的区别是什么？

3. Aggregation 和 Rollup 对数据的处理函数有哪些？缺省函数是什么？

4. 某一建筑有 5 台电能表，在你的 Station 中建立这 5 台电能表虚拟点，并打上合适的标签，添加历史扩展。

(1) 通过 Aggregation 运算，在 Px 视图中显示 5 台电能表功率的和、平均值、最大值和最小值。

(2) 通过 Rollup 运算（Aggregation：avg），在 Px 视图中显示当天 5 台电能表功率的和、平均值、最大值和最小值。

5. 数据分析算法组件包括哪三类功能块？当打开一个新的 Algorithms Wire Sheet 视图时，哪个功能块已经包含在视图中？

6. 在数据源块中，当使用数据源块属性窗口定义的 Aggregation 算法时，Use Request Aggregation 属性应该设置为"true"还是"false"？为什么？

7. Math blocks 包括 BiMath 和 Unimath 两个组件。这两个组件分别用于几个操作数的运算？

8. 有 A、B 两个数，若要实现：如果"$A = B$"，输出"true"；如果"$A \neq B$"，输出"false"。应该采用哪个功能模块？如何实现？

9. 图 11-23 为送风温度偏高逻辑判断流程图。

(1) 按照流程图要求编写 AHU 送风温度偏高数据分析算法。若 AHU 送风机运行状态和命令均为 On，且送风温度测量值连续 30min 均高于送风温度设定值 2℃，输出"True"，表示送风温度偏高，否则输出"False"。

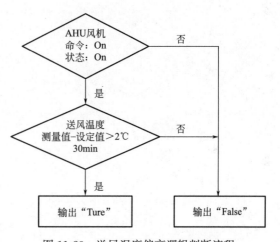

图 11-23　送风温度偏高逻辑判断流程

(2) 将输出结果用图表展示。

(3) 手动修改送风温度值，查看图表变化。

(4) 若要根据这个信息控制 AHU 的运行，可如何实现？

10. 在数据分析中用到的数据绑定包括 Analytic web chart binding、Analytic web rollup binding、Analytic table binding、Analytic rollup binding 和 Analytic value binding，这些绑定分别适用于什么场合？

11. 根据本章习题 4，进行以下编程：

(1) 通过 AverageProfilechart 视图编程，显示当天 5 台电能表测量功率历史趋势图；

(2) 通过 RankingChart 视图编程，显示当天 5 台电能表测量功率平均值排行图；

(3) 通过 RelativeContributionChart 视图编程，显示当天 5 台电能表测量功率平均值百分比饼图；

（4）通过 WebTable 视图编程，统计当天 5 台电能表总功率每小时的平均值（提示，Aggregation：Sum；Rollup：Avg）。

12. NAF 数据分析套件提供了哪些管理缺失数据的策略？

13. 对某一布尔型数据采用 K-邻域插补算法，如果缺失数据的 k 个邻域值出现平局，该如何插补缺失数据？

14. 在 NAF 数据分析套件中，缺失数据策略都可以在哪些地方设置？并给出其优先级排序。

第12章 建筑能源物联网典型应用案例

12.1 太阳能-空气源热泵空调系统物联网

12.1.1 项目简介

项目位于山东建筑大学科技楼六层,以太阳能-空气源热泵空调系统为对象,以 Niagara 物联网技术为手段,搭建其物联网监控管理平台。该空调系统分为太阳能-空气源热泵系统、新风系统和空调末端房间系统三个子系统,系统原理如图 12-1 所示。

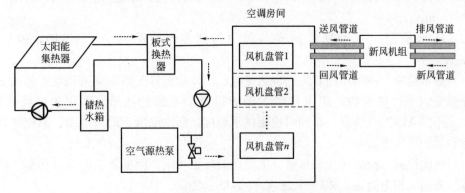

图 12-1 太阳能-空气源热泵空调系统原理图

太阳能-空气源热泵系统为末端空调房间提供冷热能。该系统包括太阳能热水循环系统和空气源热泵用户侧水循环系统,这两个系统通过板式换热器耦合。夏季,空气源热泵为空调房间供冷;冬季,太阳能集热器作为辅助供热设备,与空气源热泵一同为空调房间供热。新风系统为末端空调房间提供室外新风,以满足室内的空气品质需求。新风机组内安装了热回收装置,用于实现回风和新风的热交换,以降低新风负荷。空调末端房间系统,为科技楼六层的 9 间办公室供冷供热,空调末端为风机盘管。物联网监控系统通过安装在现场的各类传感器,对该系统的各种参数(例如温度、压力、流量、功率等)、系统设备的运行状态(包括热泵机组运行状态、新风机组运行状态、水泵运行状态等)进行监测,并根据系统的运行要求控制相应的设备。

12.1.2 监控方案设计

12.1.2.1 参数检测

1. 太阳能-空气源热泵检测系统

太阳能-空气源热泵系统的测点布置如图 12-2 所示。

(1)温度检测 检测储热水箱水温、空气源热泵供回水温度。选用 Pt100 铂电阻温度传感器,量程为 $-50\sim150$℃,输出信号 $4\sim20$mA。

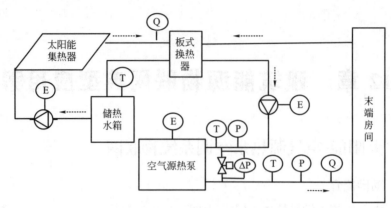

图 12-2　太阳能-空气源热泵系统测点布置

T——温度传感器；P——压力传感器；Q——热量表；E——电能表

（2）压力检测　检测空气源热泵供回水压力。压力传感器的量程为 0～1.6MPa，输出信号 4～20mA。

（3）压差检测　在旁通管路安装压差传感器，量程为 0～100kPa，输出信号 4～20mA。

（4）热量检测　在用户侧安装一台热量表，用以检测输配给末端风机盘管的热量。在太阳能侧安装一台热量表，用以检测太阳能提供给系统的热量。采用超声波热量表，RS 485 通信，Modbus 协议，可同时检测供水温度、回水温度、瞬时流量、累积流量、瞬时热量和累积热量等。

（5）电能检测　检测空气源热泵、太阳能循环泵和用户侧循环泵的运行功率、运行总电量等。采用三相电能表，RS 485 通信，Modbus 协议。

（6）空气源热泵通信　空气源热泵带有 RS 485 通信接口，通过该接口将空气源热泵内的寄存器数据传输到物联网平台。

2. 新风检测系统

新风系统包括新风管道、送风管道、回风管道、排风管道以及热回收装置等。新风系统测点布置如图 12-3 所示。

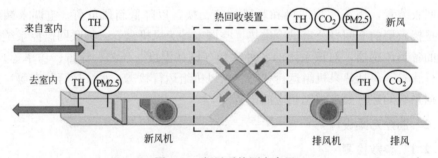

图 12-3　新风系统测点布置

（1）温湿度检测　检测新风管道温湿度、送风管道温湿度、回风管道温湿度、排风管道温湿度以及室外温湿度。风管温湿度传感器（TH）的温度量程为 −10～40℃，湿度量程为 0～100%RH，输出信号 0～10V。通过热回收装置进出口温度检测可计算热回收装置的热回收效率。室外温湿度传感器的温度量程为$-30\sim50℃$，湿度量程为$5\%\sim95\%$RH，输出信号$0\sim10V$。

(2) CO_2浓度检测　检测新风管道CO_2浓度和排风管道CO_2浓度。CO_2浓度传感器的量程为$0\sim2000ppm$，输出信号$0\sim10V$。

(3) PM2.5浓度检测　检测新风管道PM2.5浓度和送风管道PM2.5浓度。PM2.5浓度传感器的量程为$0\sim1000ug/m^3$，输出信号$0\sim10V$。根据新风管道和送风管道PM2.5浓度检测可检验过滤器品质。

3. 末端空调房间监控系统

采用风机盘管温控器控制空调系统末端房间的风机盘管。温控器选用ZigBee无线空调温控器，其可根据用户需求控制空调房间的温度，同时可监测风机盘管的开启状态、风速挡位和室内温度等，通过ZigBee无线传感器网络进行网络通信。

12.1.2.2　参数控制

在保证室内舒适性的前提下，为使系统节能降耗，在太阳能-空气源热泵系统中采取用户侧循环水泵变频控制，在新风系统中采取新风机组CO_2浓度与时间表联合控制，在末端房间系统中采取风机盘管与空气源热泵一体化控制等节能措施。

1. 循环水泵压差变频控制

在舒适性空调系统中，室内负荷主要随室外气象参数、室内人员数量等变化。对整个系统来说，机组满负荷运行的时间很少，绝大部分时间处于部分负荷运行。若水泵定流量运行，不随用户负荷变化，水泵的能耗基本不变，电能则会浪费严重。若房间内风机盘管关闭，则风机盘管相应的电动两通阀也关闭，从而引起供回水管压差的变化，压差传感器将这一信号传送给JACE网络控制器，与压差设定值比较，通过变频器控制水泵的转速。

室内负荷减小，风机盘管开启数量减少，供回水压差检测值将增高，当其高于设定值时，控制器将通过变频器降低循环水泵的运行频率，在满足末端房间负荷要求的基础上，减小冷热水循环流量，进而降低电能消耗；反之，室内负荷增大，末端风机盘管开启数量增多，供回水压差检测值将降低，当其低于设定值时，控制器将通过变频器提高循环水泵的运行频率，进而增大冷热水循环流量。循环水泵压差变频控制系统框图如图12-4所示。

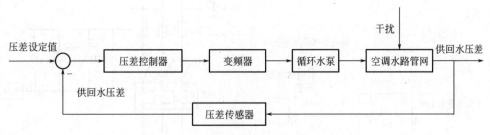

图12-4　循环水泵压差变频控制系统框图

2. 新风机组CO_2浓度与时间表联合控制

根据国内现有的CO_2室内空气标准，办公房间室内CO_2浓度标准应低于800ppm。若在办公时间表设定的时间内，CO_2浓度检测值大于800ppm，则新风机组开启，引入室外新风，降低室内CO_2浓度；反之，表示室内空气质量良好，关闭新风机组，节约能耗。

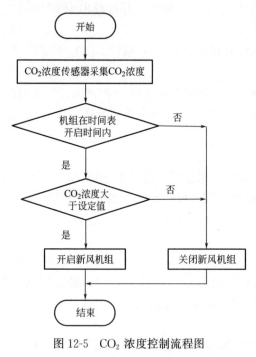

图 12-5　CO_2 浓度控制流程图

若在办公时间表设定的时间之外，关闭新风机组。CO_2 浓度控制流程如图 12-5 所示。

3. 风机盘管与空气源热泵一体化控制

目前大多数空气源热泵机组采用时间表控制，可以根据人员上下班时间控制机组启停。由于学校办公房间内人员流动性较大，科研时间不统一，导致按照时间表控制存在一定的局限性。如果各末端房间内无办公人员，按照时间表启动了空气源热泵，将造成电能严重浪费。若晚上办公人员加班，按照时间表关闭了空气源热泵，将不能满足办公人员的个性化需求。为了提高应用的灵活性，采取风机盘管与空气源热泵一体化控制策略，系统通过风机盘管的电动阀状态来控制空气源热泵的启停，具体方法为：

（1）若检测到有风机盘管的电动阀状态为开，则启动空气源热泵；

（2）若检测到所有风机盘管的电动阀状态为关，则停止空气源热泵。

该方法提高了系统控制的灵活性，克服了机组时间表控制造成的电能浪费情况。电动阀控制接线如图 12-6 所示，当风机盘管打开，则电动阀打开，电动阀供电回路继电器常开触点闭合。将所有风机盘管继电器触点信号并联，即可实现只要有一台风机盘管运行，空气源热泵就启动；必须所有风机盘管关闭，空气源热泵才停机。风机盘管与空气源热泵一体化电气控制如图 12-7 所示。

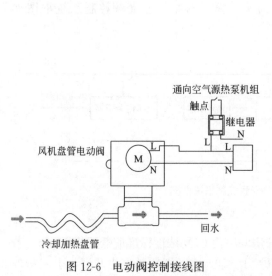

图 12-6　电动阀控制接线图

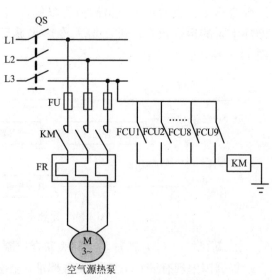

图 12-7　电气控制图

4. 末端房间风机盘管控制

每个末端办公房间设有一个或多个风机盘管，风机盘管温控器通过控制电动阀控制风机盘管内的水流通断（制冷时为冷水，制热时为热水）。通常，当按下风机盘管温控器上的启动按钮，则电动阀开，当按下风机盘管温控器上的停止按钮，则电动阀关。风机盘管温控器根据室内温度设定值控制风机启停，风机具有三速开关，可根据用户需要控制。风机盘管温控器内集成有 ZigBee 无线模块，风机盘管温控器内信息以 ZigBee 协议逐步传入 ZigBee 无线网关，通过 ZigBee 无线网关将 ZigBee 协议转换为 Modbus 协议，最终传入 JACE 网络控制器。

12.1.3　系统硬件平台

系统硬件架构如图 12-8 所示，共分为感知层、网络层与控制层。硬件设备主要包括 1 台 JACE 8000 网络控制器，3 块 IO-28U 模块，1 台 ZigBee 无线网关，以及各类传感器与现场设备等。

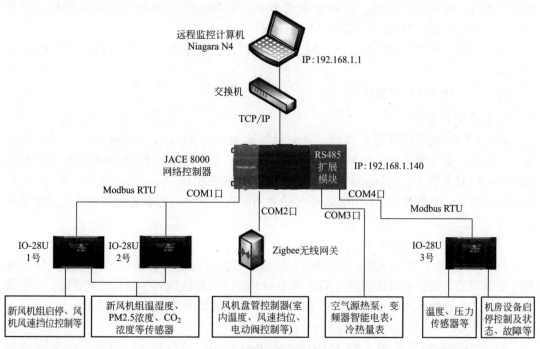

图 12-8　系统硬件架构图

1. 感知层技术

感知层是信息采集的关键部分，通过传感网络获取系统信息，并对相应的设备进行控制。系统中感知层技术主要由传感器和执行器技术构成，利用传感器把被测量转换为电信号，传输到网络控制器进行处理，并产生相应的动作，驱动现场执行器。在本系统中传感器包括温湿度传感器、CO_2 浓度传感器、PM2.5 浓度传感器、压力和压差传感器、冷热量表和智能电表等。执行器包括电动阀、变频器、交流接触器等。

2. 网络层技术

网络层承担数据可靠传递的功能，是物联网的神经中枢。通过网络将感知的各种信息实时可靠传送，实现数据的传输和计算。系统中使用的网络层协议有 Modbus 协议（JACE 8000 网络控制器与智能仪表、I/O 模块等通信）、TCP/IP 协议（JACE 8000 网络控制器与远程计算机通信）、ZigBee 协议（ZigBee 无线网关与风机盘管控制器通信）。网络层设备主要包括 IO-28U 模块和 ZigBee 无线网关等。

3. 控制层技术

控制层的设备为 JACE 8000 网络控制器，其具有设备集成、系统控制、数据分析、报警监控、历史数据收集、监控界面设计、网页发布等功能。

JACE 8000 网络控制器经过扩展后共有 4 个 COM 口。COM1 口与 1 号 IO-28U 模块和 2 号 IO-28U 模块连接，采集室外温湿度、风管温湿度、二氧化碳浓度、PM2.5 浓度，控制新风机组启停、高低风速等。COM2 口与 ZigBee 无线网关连接，读取各办公室内温度以及风机盘管风速等，并可远程控制风机盘管启停，修改室内温度设定值。COM3 口与热量表、电能表、空气源热泵、变频器等连接，读取现场智能仪表及设备的数据，通过变频器控制用户侧循环泵的供电频率。COM4 口与 3 号 IO-28U 模块连接，采集机房内水系统温度、压力，设备运行状态、故障报警等数据，控制热泵、循环泵等设备启停。所有 COM 口与设备之间的通信协议均为 Modbus RTU 协议。

JACE 8000 网络控制器通过以太网主口与远程计算机连接，它们之间通过 TCP/IP 协议传输。

12.1.4 软件开发与设计

1. 设备通信编程

JACE 8000 网络控制器连接的设备包括智能 IO-28U 模块、ZigBee 无线网关、电能表、热量表、空气源热泵、变频器等。JACE 8000 网络控制器与这些设备的通信协议均为 Modbus RTU 协议，在 Niagara 软件中相应的驱动组件为 ModbusAsyncNetwork。下面以常用的智能 I/O 模块 IO-28U 和能源系统中常用的热量表、电能表为例阐述其通信编程开发过程。

（1）IO-28U 通信编程

以 1 号 IO-28U 模块为例。1 号 IO-28U 模块与 JACE 8000 网络控制器的 COM1 口连接，在编程之前需要通过拨码开关 DIP 设置 IO-28U 的通信模式和地址。将 DIP1 拨码开关拨到下方，选择 Modbus 协议。将 DIP8 拨码开关拨到上方，其他为下方，令 1 号 IO-28U 地址为 1。

1）创建 Modbus 网络 将 Palette＞modbusAsync＞ModbusAsyncNetwork 驱动组件添加到 JACE 站点的 Drivers 文件夹，命名为 COM1。右击 COM1，选择 Views＞AX Property Sheet，进入其属性界面。属性配置如下，串口：COM1，波特率：19200bps，数据位：8bits，停止位：1bit，校验位：Even（偶检验），ModBus Data Mode：Rtu。

2）添加 Modbus 设备 将 Palette＞ModbusAsync＞ModbusAsyncDevice 组件添加到 COM1 网络，命名为 1♯28U。双击 1♯28U 进入其属性窗口，设置 1♯28U 的地址为 1，和硬件拨码开关一致。

3）添加代理点 要添加代理点，需要了解 IO-28U 模块寄存器的数据类型及地址。表 12-1 给出了 IO-28U 模块主要模拟量寄存器的 Modbus 地址和数据类型，包括模拟量输入寄存器、模拟量输入信号类型设置寄存器、模拟量输入信号最小值和最大值设置寄存器、模拟量输出寄存器、模拟量输出信号类型设置寄存器、模拟量输出信号最小值和最大值设置寄存器。

IO-28U 主要模拟量寄存器说明　　　　　　　　　　　　　　表 12-1

模块点位	Modbus 地址	数据类型	描述
AI1	30001	Float Type	模拟量输入寄存器
AI2	30003	Float Type	
AI3	30005	Float Type	
AI4	30007	Float Type	
AI5	30009	Float Type	
AI6	30011	Float Type	
AI7	30013	Float Type	
AI8	30015	Float Type	
AI1	40049	Integer Type	模拟量输入信号类型设置寄存器 0＝0～10V,1＝0～5V,2＝0～20mA,3＝4～20mA,4＝电阻,5＝热电阻
AI2	40050	Integer Type	
AI3	40051	Integer Type	
AI4	40052	Integer Type	
AI5	40053	Integer Type	
AI6	40054	Integer Type	
AI7	40055	Integer Type	
AI8	40056	Integer Type	
AI1	40057	Float Type	模拟量输入信号最小值设置寄存器
AI2	40059	Float Type	
AI3	40061	Float Type	
AI4	40063	Float Type	
AI5	40065	Float Type	
AI6	40067	Float Type	
AI7	40069	Float Type	
AI8	40071	Float Type	
AI1	40073	Float Type	模拟量输入信号最大值设置寄存器
AI2	40075	Float Type	
AI3	40077	Float Type	
AI4	40079	Float Type	
AI5	40081	Float Type	
AI6	40083	Float Type	
AI7	40085	Float Type	
AI8	40087	Float Type	

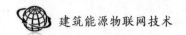

模块点位	Modbus 地址	数据类型	描述
AO1	40001	Float Type	模拟量输出值寄存器
AO2	40003	Float Type	
AO3	40005	Float Type	
AO4	40007	Float Type	
AO1	40241	Integer Type	模拟量输出信号类型设置寄存器 0=0～10V;1=0～20mA ;2=4～20mA
AO2	40242	Integer Type	
AO3	40243	Integer Type	
AO4	40244	Integer Type	
AO1	40245	Float Type	模拟量输出信号最小值设置寄存器
AO2	40247	Float Type	
AO3	40249	Float Type	
AO4	40251	Float Type	
AO1	40253	Float Type	模拟量输出信号最大值设置寄存器
AO2	40255	Float Type	
AO3	40257	Float Type	
AO4	40259	Float Type	

下面以 AI1 为例，AI1 与室外温度传感器连接。室外温度传感器的输出信号为 0～10V，量程为-30～50℃。在添加 AI1 代理点之前，需要进行 AI1 通道输入信号类型硬件设置和软件设置，硬件跳针设置可参考第 3.3.2 节相关内容，将 AI1 通道跳针设置在中间第 2 行，使 AI1 通道设置为电压输入。

从表 12-1 可知，模拟量输入信号类型设置寄存器的地址为 40049～40056，数据类型为整型，每个通道占用一个寄存器地址。AI1 通道输入信号类型设置寄存器的地址为 40049。AI1 通道的输入信号为 0～10V，其对应的设置值为 0。AI1 通道输入信号类型软件设置方法如下：

双击 1♯28U＞Points 文件夹，新建一个 Numeric Writable 点，将该点地址设置为 40049。添加点后，右击该点，选择 Action＞Set 将值设置为 0，完成 AI1 通道 0～10V 电压信号的设置。

从表 12-1 可知，模拟量输入寄存器的地址为 30001～30015，数据类型为 32 位浮点数类型，每个模拟量输入通道占用两个地址。AI1 点的软件设置如下：

双击 1♯28U＞Points 文件夹，新建一个 Numeric Point 点，将该点地址设置为 30001，进入其属性界面，如图 12-9 所示。在该视图中重点需要进行标度变换设置。室外温度传感器的量为-30～50℃，输出信号为 0～10V，则-30℃对应 0V，50℃对应 10V。假设传感器的输出电压信号为 x，经标度变换后的温度信号为 y，可得其标度变换公式：

$$y = 8x - 30$$

式中，Scale 为 8，Offset 为-30。

但是，在图 12-9 中，Scale 设置为 0.8，原因是什么呢？原来 30001 寄存器内的数据并不是 0~10V 电压信号，从图 12-10 可知，标度变换前室外温度的值为 47.5，为传感器实际输出电压信号的 10 倍，即实际传感器输出电压为 4.75V，因此 Scale 应该设置为 0.8。

图 12-11 为标度变换后的视图，此时输出值为标度变换后的室外温度 13.8℃，与实际相符。

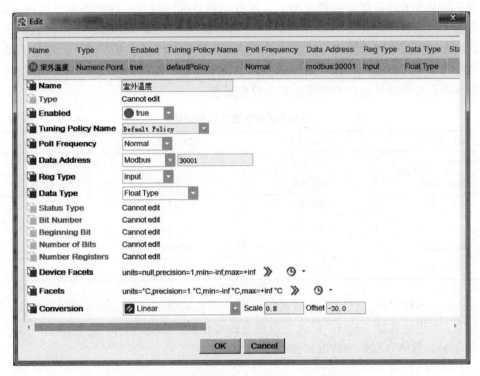

图 12-9　室外温度 Numeric Point 点属性设置

Name	Out	Absolute Address
Ⓝ 室外温度	47.5 {ok}	modbus:30001
Ⓝ 室外温度	58.3 {ok}	modbus:30003

Name	Out	Absolute Address
Ⓝ 室外温度	13.8 ℃ {ok}	modbus:30001
Ⓝ 室外温度	58.4 %RH {ok}	modbus:30003

图 12-10　标度变换前温湿度值　　　　图 12-11　标度变换后温湿度值

（2）热量表通信编程

平台选用 TDS-100Y 型一体式超声波热量表，该款产品避免了外敷式和插入式传感器在安装过程中由于人为和管道因素产生的误差，具有精度高、量程比宽、无压力损失、安装简单等优点。

热量表与 JACE 8000 网络控制器的 COM3 口连接，通信协议采用 Modbus RTU 协议。COM3 口共挂接 2 台热量表，分别是用户侧热量表和太阳能热量表，地址分别设置为 1 和 2。将 ModbusAsyncNetwork 组件添加到 JACE 站点的 Drivers 文件夹，命名为 COM3。右击 COM3，选择 Views＞AX Property Sheet，进入其属性界面。属性配置为，串口：COM3，波特率：9600bps，数据位：8bits，停止位：1bit，校验位：None。

将 ModbusAsyncDevice 组件添加到 COM3 网络，命名为 1♯热量表。双击 1♯热量表进入其属性窗口，设置 1♯热量表的地址为 1。双击 1♯热量表＞Points 文件夹，可根据热量表通信协议将热量表寄存器内的数据点添加到 JACE 站点。

热量表通信协议给出的寄存器数量很多，通常选取所需的寄存器数据上传。表 12-2 为热量表的某些关键数据寄存器说明。关键数据包括瞬时流量、瞬时热量、供回水温度、累积热量等。从表中可看出，累积热量包括正累积热量和负累积热量。冬季供热，热量表采集的供水温度大于回水温度，计算的累积热量为正累积热量；夏季供冷，热量表采集的供水温度低于回水温度，计算的累积热量为负累积热量。这种热量表可以实现夏季供冷、冬季供热两个参数的计量，有时候也称为冷热量表。

热量表关键数据寄存器说明　　　　　　　　表 12-2

寄存器地址	寄存器名称	数据类型	单位
0001-0002	瞬时流量	REAL4	m^3/h
0003-0004	瞬时热量	REAL4	GJ/h
0033-0034	供水温度 T1	REAL4	℃
0035-0036	回水温度 T2	REAL4	℃
0121-0122	正累积热量	REAL4	GJ
0123-0124	负累积热量	REAL4	GJ

在 Niagara 软件中，根据热量表通信说明，瞬时流量对应 Modbus 地址 40002，瞬时热量对应 Modbus 地址 40004，以此为例建立各寄存器相应的 Numeric Writable 点，数据类型为 float。具体数据采集情况如图 12-12 所示。

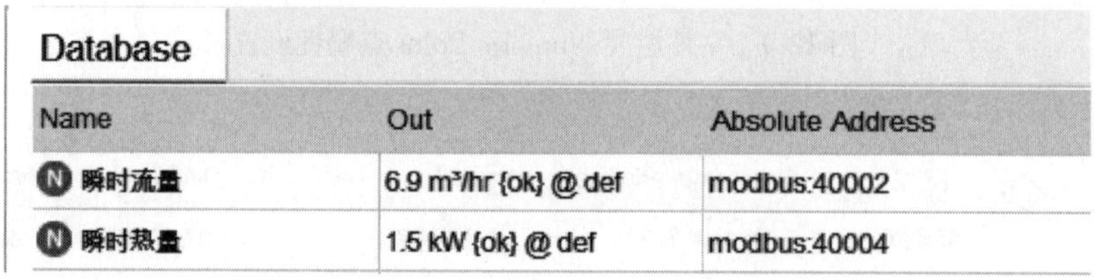

图 12-12　热量表与 JACE 通信情况

（3）电能表通信编程

平台选用的 LCDG-DTSD106 三相电能表是新一代导轨式安装的微型电能表。该电能表采用 LCD 显示，可显示三相电压、三相电流、有功功率、总有功功率、无功功率、总无功功率、总功率因数、频率及正向有功电能等。该电能表具有电能脉冲输出功能，可用 RS 485 通信接口与上位机实现数据交换，极大地方便用电自动化管理。

电能表与 JACE 8000 网络控制器的 COM3 口连接，通信协议采用 Modbus RTU 协议，电能表和热量表共用一个 COM 口。COM3 口共挂接 3 台电能表，分别检测热水循环泵、用户侧循环泵和空气源热泵能耗，电能表地址分别设置为 3、4、5。平台根据需求采集电能表部分数据，如频率、功率和电量等。在此要注意，由于电能表和热量表共用一个 COM 口，因此，电能表的串口参数设置需要与热量表一致。表 12-3 为 LCDG-DTSD106 型智能电表部分协议说明。

电能表部分通信协议说明　　　　　　　　　　表 12-3

参数符号	寄存器地址	单位	参数名称	说明
U0	0001H	V	电压量程	1~1000V 对应数值 1~1000　默认值 250V
I0	0002H	A	电流量程	0.1~1000A 对应数值 1~10000　默认 5A 值为 50
Ubb	0004H		电压变比	1~1000　默认值 1
Ibb	0005H		电流变比	1~2000　默认值 1,根据量程确定值的范围
W	0014H	kWh	有功总电能(高位)	值＝DATA·U0·I0/18000000
	0015H		有功总电能(低位)	
P	0046H	W	有功功率	值＝DATA·U0·Ubb·I0·Ibb·3/10000
F	004AH	Hz	频率	无符号数,值＝DATA/100

电压量程 U0 默认值为 250V，电流量程 I0 默认值为 5A，如果电能表安装过程中没有安装电压互感器和电流互感器，电压变比 Ubb 和电流变比 Ibb 取默认值 1。

以采集 1 号电能表总电量为例，总电量寄存器地址为 0014H，转换为十进制为 0020，因此对应的 Modbus 地址为 40021；电能表寄存器的数据类型都为整型数据，由于有功总电能占用两个寄存器地址，因此数据类型选择长整型。总电能的标度变换公式为：

$$W＝DATA·U0·I0/18000000$$

U0 取默认值 250V，I0 取默认值 5A，可得标度变换斜率 Scale 为 6.944444E-5。DATA 为总电能寄存器 0014H 和 0015H 内数据。

如图 12-13 所示，在 Niagara 软件中建立地址为 40021 的 Numeric Writable 点，设定数据类型为 Long Type；在 Conversion 属性行，Scale 输入框内输入 6.944444E-5，完成该点属性设置。最终得出总电能，如图 12-14 所示（因 Scale 输入框长度固定，导致图中信息显示不全）。

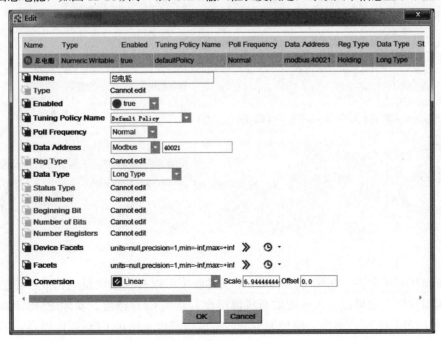

图 12-13　电能表总电量 Numeric Writable 点属性设置

Database

Name	Out	Absolute Address
Ⓝ Numeric Writable40001	56067.0 {ok} @ def	modbus:40001
Ⓝ Numeric Writable40002	250.0 {ok} @ def	modbus:40002
Ⓝ Numeric Writable40003	50.0 {ok} @ def	modbus:40003
Ⓝ 频率（循环水泵）	50.0 Hz {ok} @ def	modbus:40075
Ⓝ 总电能	1225.5 {ok} @ def	modbus:40021

图 12-14　电能表通信情况

2. 平台界面设计

运用 Niagara 软件内丰富的图形对象来表达各子系统的设备及其监控信息，嵌入基于 Internet 的 Web 技术，将各个子系统的监控页面以 HTML 页面的形式统一组织起来，方便用户直观操作及远程访问。本平台中软件界面包括首页、新风系统界面、太阳能-空气源热泵系统界面、末端房间系统界面、历史数据界面、报警系统界面、用户管理界面等。

（1）首页　平台首页显示系统内所有传感器以及设备的实时状态信息，如图 12-15 所示，这些信息也是能耗分析的基础。可通过首页点击导航菜单进入各子系统。

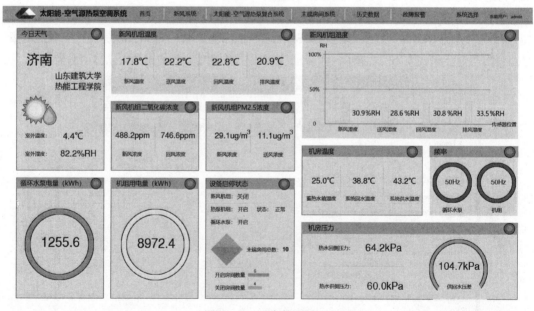

图 12-15　平台首页界面

（2）新风系统界面　如图 12-16 所示，从界面中可以看到新风机组构成、传感器布置和新风机组控制，也可以直观地读取新风温湿度、新风 CO_2 浓度、新风 PM2.5 浓度、送风温湿度、送风 PM2.5 浓度、回风温湿度、排风温湿度、排风 CO_2 浓度以及新风机组启停状态等信息。通过该界面可以选择手动启停新风机组或自动启停新风机组。

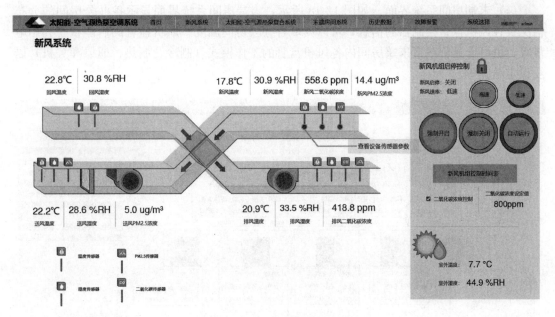

图 12-16　平台新风系统界面

（3）太阳能-空气源热泵系统界面　太阳能-空气源热泵系统包括太阳能集热器、空气源热泵、板式换热器、循环水泵、补水泵、定压补水水箱、储热水箱等，监控界面如图 12-17 所示。从该界面中，可以看到太阳能-空气源热泵系统的工艺流程，从中可以读取空气源热泵的运行状态，循环水泵的运行状态与频率，空气源热泵的供回水温度、压力，储热水箱的温度，差压旁通管路的供回水压差，太阳能集热器和空气源热泵的供热量，空气源热泵和循环水泵的耗电量等。

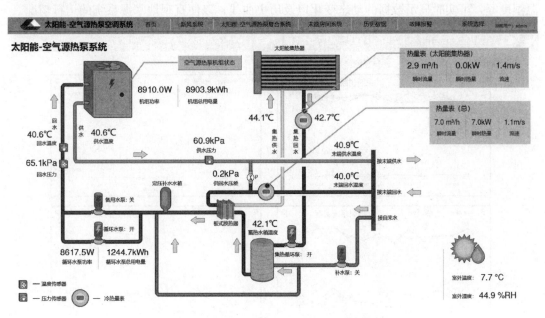

图 12-17　平台太阳能-空气源热泵系统界面

（4）末端房间系统界面　如图 12-18 所示，末端房间系统界面显示各办公房间的分布情况及各风机盘管控制器的信息，可以读取各办公房间温度、风机盘管的启停状态和用电量等，也可以远程改变末端房间内各风机盘管的工作模式（制冷、制热、通风和关机）以及设定温度等。

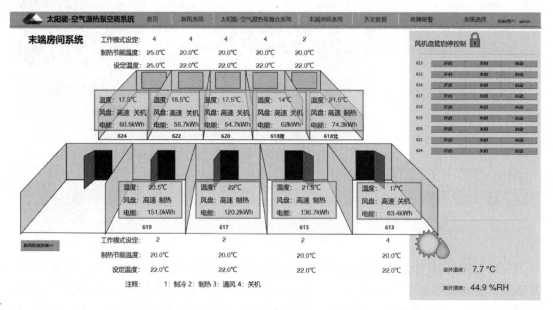

图 12-18　末端房间系统界面

（5）历史数据系统界面　如图 12-19 所示，历史数据系统界面显示平台中所需的关键数据记录情况，如太阳能-空气源热泵系统供回水温度和压力、系统用电量以及新风系统温湿度等，可实时显示数据的动态变化以及历史曲线，以便直观地掌握系统的运行情况。

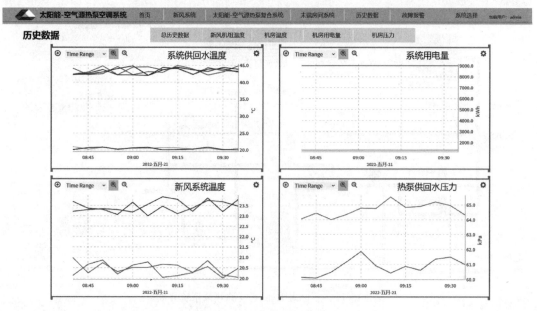

图 12-19　历史数据系统界面

3. 平台控制设计

平台中的控制设计包括风机盘管时间表控制、新风机组 CO_2 浓度与时间表联合控制以及循环水泵压差变频控制。以风机盘管时间表控制以及新风机组 CO_2 浓度与时间表联合控制为例，介绍在 Niagara 中如何实现具体的控制编程。

（1）风机盘管时间表控制

有些办公人员下班时会忘记关闭风机盘管，将导致空气源热泵一直处于运行状态，造成能源浪费。为了节约能源，使用 Niagara 平台中的 BooleanSchedule 时间表模块，可在中午下班时间、下午下班时间和晚上 3 个时间段设定关闭风机盘管，如图 12-20 所示。若有人加班，手动启动风机盘管即可。

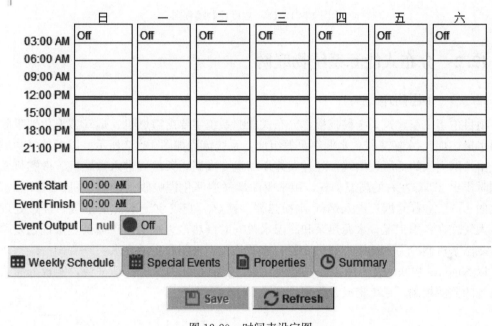

图 12-20　时间表设定图

（2）新风机组 CO_2 浓度与时间表联合控制

将 CO_2 浓度控制与时间表控制有机地结合在一起控制新风机组启停。根据上下班时间，通过时间表设定新风机组启停时间，在设定运行时间内，根据 CO_2 浓度控制新风机组的启停；在设定运行时间外，新风机组会自动关闭。

如图 12-21 所示，下班时间，新风机组时间表输出 Off，新风机组停止运行；上班时间，新风机组时间表输出 On，由双位控制器控制新风机组启停。双位控制器的设定值为 800ppm，回差设置为 200ppm。在上班时间内，当室内 CO_2 浓度大于 900ppm，新风机组启动；当室内 CO_2 浓度低于 700ppm 时，新风机组停运。回差的设置避免了新风机组的频繁启停。将新风机组布尔点与相应的 IO-28U 模块代理点绑定，可将控制信息传输给 IO-28U，进而控制新风机组启停。

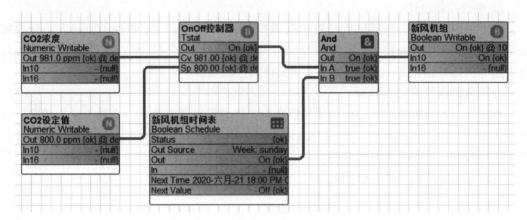

图 12-21 CO_2 浓度控制编程图

12.2 分布式能源系统物联网

12.2.1 项目简介

项目位于山东建筑大学科技楼，分布式能源系统主要由微燃机、烟气型溴化锂吸收式冷温水机、烟气-水换热器、水源热泵等组成，系统流程如图 12-22 所示。以天然气为燃料源，由外网引入的低压天然气，经过气体压缩机变成高压天然气进入微燃机。微燃机发电的同时排出 275℃ 左右的高温烟气，用来驱动烟气型溴化锂吸收式冷温水机。从冷温水机排出的 150℃ 左右的烟气进入烟气-水换热器，换热后变成 30～40℃ 的烟气，经过处理后排入大气。在冬季工况，水源热泵和冷温水机同时制热，为末端用户提供热量；在夏季工况，冷温水机制冷为末端用户提供冷量，水源热泵用来制取生活热水。

以 Niagara 物联网技术为手段，搭建分布式能源物联网监控管理平台，实现分布式能源系统的监测控制、系统集成及远程管理。

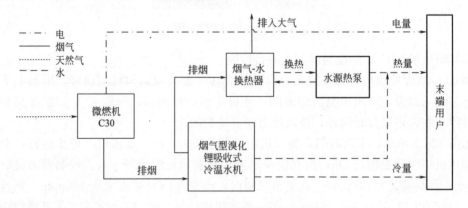

图 12-22 分布式能源系统流程图

12.2.2 监控方案设计

由于分布式能源系统涉及烟气与水两种不同的介质，为了更好地阐述整个系统的监控原理，本小节对烟气系统和水系统的监控设计分开阐述。

1. 烟气系统监控方案

如图 12-23 所示，烟气系统包括微燃机、蓄电装置、烟气型溴化锂吸收式冷温水机、烟气-水直接换热器、烟气-水间接换热器等设备，系统配有温度传感器、压力传感器、流量传感器、三相电能表、电动蝶阀、电动调节阀等传感器和执行器。该系统的具体监测内容包括微燃机的入口燃气压力与流量、微燃机的排烟温度与压力、冷温水机的出口烟气温度与压力、烟气直接和间接换热器的出口烟气温度与压力、微燃机的发电量与功率等。为了控制系统的负荷，在燃气管道上安装电动调节阀用于调节燃气流量。为了控制烟气换热器的出口水温，在进入烟气换热器的烟气管道和烟气旁通管道上分别安装电动蝶阀，用于调节进入烟气换热器的烟气流量，这两个电动蝶阀的作用方向相反，即开大一个电动蝶阀的同时，另一个电动蝶阀关小，从而使总烟气流量不变。

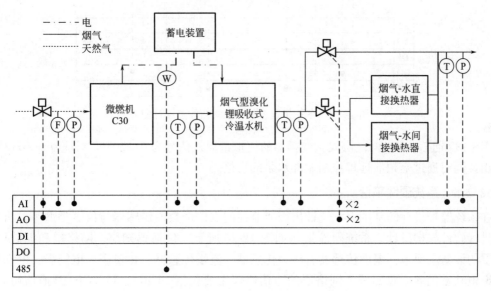

图 12-23　烟气系统监控点设计图

温度传感器、压力传感器和流量传感器输出 4～20mA 电流信号。三相电能表输出 RS 485 数字量信号，通信协议为 Modbus 协议，主要用于监测微燃机的发电量。执行器包括电动调节阀和电动蝶阀，输入输出均为 4～20mA 电流信号。执行器的输入信号来自网络控制器的输出，用于调节阀门开度；执行器的输出信号为阀位反馈信号。

2. 水系统监控方案

如图 12-24 所示，水系统主要包括烟气型溴化锂吸收式冷温水机、烟气-水直接换热器、烟气-水间接换热器、水源热泵和循环泵等设备，系统配有三相电能表、热量表和变频器等。该系统的具体监测内容包括冷温水机、水源热泵和循环泵等设备的用电量，水源热泵水源侧的供回水温度、热量和流量，水源热泵用户侧的供回水温度、热量和流量，冷温水机用户侧的供回水温度、热量和流量。水系统的控制内容主要包括机组设备的启停控制和循环泵的变频控制等。

5 台电能表分别用来计量冷温水机、水源热泵、用户侧循环、水源侧循环泵和冷却水循环泵的耗电量和功率等信息。3 台热量表不仅仅可实现热量计量，还可以检测供回水温度、流量等信息，为此不再单独布置温度传感器和流量传感器。三相电能表和热量表均

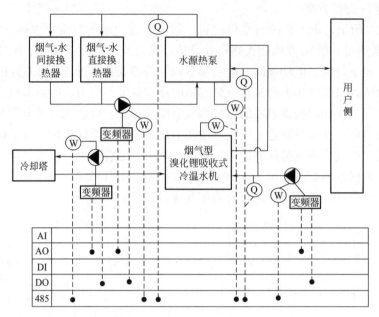

图 12-24　冬季工况下的水系统监控点设计图

采用 RS 485 通信，Modbus 协议。变频器的模拟量输入信号为 $0\sim10\text{V}$，对应 $0\sim50\text{Hz}$ 频率输出，同时通过变频器远程控制循环水泵的启停。

12.2.3　系统硬件平台

在系统监控设计的基础上，统计出需要监控的点位个数、传感器与仪表类型等，再对系统进行硬件架构设计。系统硬件架构如图 12-25 所示，包括感知层、网络层和控制层。感知层的设备主要包括温度传感器、压力传感器、流量传感器、热量表、电能表、电动调节阀、电动蝶阀和变频器等；网络层的通信协议主要包括 Modbus 和 TCP/IP 通信协议，网络层的设备主要包括 IO-28U 模块和集线器；控制层主要包括一台 JACE 8000 网络控制器，其具有设备集成、系统控制、数据分析、报警监控、历史数据收集、监控界面设计、网页发布等功能。

12.2.3.1　感知层

1. 温度传感器

系统需要检测微燃机的排烟温度、冷温水机的排烟温度、烟气换热器的排烟温度和排入大气的烟气温度等。温度传感器选用 Pt100，输出 $4\sim20\text{mA}$ 电流信号。测点位置不同，温度不同，具体量程可根据测点温度选用。

2. 压力传感器

系统需要检测微燃机的进气压力、微燃机的排烟压力、冷温水机的排烟压力、烟气换热器的排烟压力等。压力传感器输出 $4\sim20\text{mA}$ 电流信号。微燃机进气压力传感器的量程为 $0\sim600\text{kPa}$，其他压力传感器的量程为 $0\sim5\text{kPa}$。

3. 流量传感器

流量传感器用以检测燃气流量，流量传感器选用容积式流量计，输出 $4\sim20\text{mA}$ 电流信号，量程为 $0\sim20\text{m}^3/\text{h}$。

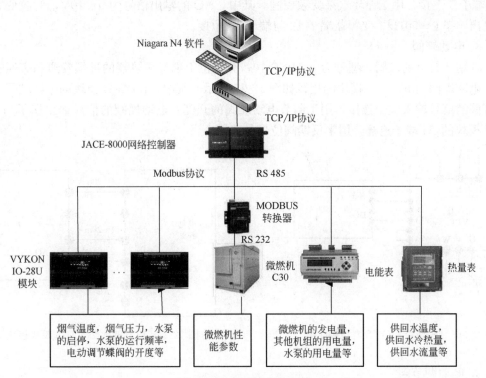

图 12-25　系统硬件架构图

4. 电能表

电能表选用 6 台 LCDG-DTSD206 三相电子式电能表，分别监测微燃机、冷温水机、水源热泵以及 3 台循环水泵的相电压、相电流、有功功率、频率及正向有功电能等参数，电能表配有 RS 485 通信接口，可与 JACE 8000 网络控制器实现数据通信。

5. 热量表

热量表选用 TDS-100 系列超声波热量表（可测冷量），系统中共包括 3 台分体式热量表和 1 台一体式热量表。热量表可测量供回水温度、瞬时流量、累积流量、瞬时热量和累积热量等。热量表配有 RS 485 通信接口，可与 JACE 8000 网络控制器实现数据通信，实时传输供回水温度、流量、热量等数据。

6. 微燃机通信转换模块

微燃机 C30 是美国 Capstone 公司的产品，额定功率为 30kVA，其输出通信端口为 RS 232。为了实现微燃机与 JACE 8000 网络控制器的通信，需要增加一块 MODBUS 转换模块，型号为 UC-7112Plus。MODBUS 转换模块是一个由标准 12VDC 供电的电气设备，提供从 Capstone 微燃机的 RS 232 到 RS 485 的数据交换，通过 Modbus 协议与 JACE 8000 网络控制器通信。

7. 变频器

本系统共有 3 台变频器，每台变频器对应 1 台循环水泵，变频器选用西门子 V20 型号变频器。变频器与 IO-28U 模块接线如图 12-26 所示，IO-28U 模块的 DO 端子与变频器的端子 8 和端子 13 连接，用于循环水泵启停控制。IO-28U 模块的 AO 端子与变频器的端子

2 和端子 5 连接，用于循环水泵变频控制。其中，AO 的输出信号为 0～10V，对应变频器的输出频率 0～50Hz。变频器端子 12 与端子 14 短接。

8. 电动蝶阀

选用 2 台电动蝶阀，型号为 381RSB-10，分别位于烟气换热器的进烟管道和旁通管道上。电动蝶阀与 IO-28U 模块的接线如图 12-27 所示。其中，IO-28U 模块的 AO 端子与电动蝶阀的信号输入端子连接，用于调节电动蝶阀的开度，电动蝶阀的信号输出端子与 IO-28U 模块的 AI 端子连接，用来反馈阀位信号。

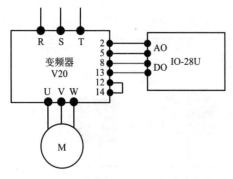

图 12-26　变频器与 IO-28 模块接线图

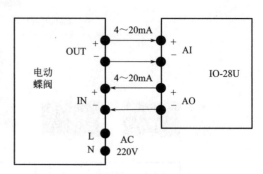

图 12-27　电动蝶阀与 IO-28 模块接线图

9. 电动调节阀

电动调节阀位于天然气管道上，用于根据负荷需求调节燃气流量，其接线与电动蝶阀一致。

12.2.3.2　网络层

本系统使用的通信协议包括 TCP/IP 协议（JACE 8000 网络控制器与 PC 服务器通信）和 Modbus 协议（JACE 8000 网络控制器与三相电能表、IO-28U 模块、微燃机以及热量表等通信），通过网络层实现了信息的可靠传输。

网络层共使用了 2 块 IO-28U 模块，每块 IO-28U 模块对应的输入输出信号如表 12-4 所示。

IO-28U 模块点位表

表 12-4

模块编号	描述	信号类型	接点位置
1#IO-28U	微燃机排烟压力	AI：4～20mA	AI1 点
1#IO-28U	烟气换热器烟气出口压力	AI：4～20mA	AI2 点
1#IO-28U	冷温水机烟气出口压力	AI：4～20mA	AI3 点
1#IO-28U	微燃机燃气压力	AI：4～20mA	AI4 点
1#IO-28U	微燃机燃气流量	AI：4～20mA	AI5 点
1#IO-28U	变频器 1 频率控制	AO：0～10V	AO1 点
1#IO-28U	变频器 2 频率控制	AO：0～10V	AO2 点
1#IO-28U	变频器 3 频率控制	AO：0～10V	AO3 点
1#IO-28U	冷却水循环泵运行状态	DI	DI1 点
1#IO-28U	烟气-水换热器循环泵运行状态	DI	DI2 点
1#IO-28U	用户侧循环泵运行状态	DI	DI3 点

模块编号	描述	信号类型	接点位置
1♯IO-28U	冷却水循环泵故障报警	DI	DI4 点
1♯IO-28U	烟气-水换热器循环泵故障报警	DI	DI5 点
1♯IO-28U	用户侧循环泵故障报警	DI	DI6 点
1♯IO-28U	冷却水循环泵启停控制	DO	DO1 点
1♯IO-28U	烟气-水换热器循环泵启停控制	DO	DO2 点
1♯IO-28U	用户侧循环泵远程启停	DO	DO3 点
2♯IO-28U	微燃机排烟温度	AI；4~20mA	AI1 点
2♯IO-28U	冷温水机烟气出口温度	AI；4~20mA	AI2 点
2♯IO-28U	烟气换热器烟气出口温度	AI；4~20mA	AI3 点
2♯IO-28U	排入大气的烟气温度	AI；4~20mA	AI4 点
2♯IO-28U	电动蝶阀 1 阀位反馈	AI；4~20mA	AI5 点
2♯IO-28U	电动蝶阀 2 阀位反馈	AI；4~20mA	AI6 点
2♯IO-28U	电动调节阀阀位反馈	AI；4~20mA	AI7 点
2♯IO-28U	电动蝶阀 1 阀位控制	AO；4~20mA	AO1 点
2♯IO-28U	电动蝶阀 2 阀位控制	AO；4~20mA	AO2 点
2♯IO-28U	电动调节阀阀位控制	AO；4~20mA	AO3 点
2♯IO-28U	冷温水机运行状态	DI	DI1 点
2♯IO-28U	水源热泵运行状态	DI	DI2 点
2♯IO-28U	冷温水机故障报警	DI	DI3 点
2♯IO-28U	水源热泵故障报警	DI	DI4 点
2♯IO-28U	冷温水机启停控制	DO	DO1 点
2♯IO-28U	水源热泵启停控制	DO	DO2 点

注：变频器 1 控制冷却水循环泵，变频器 2 控制烟气-水换热器循环泵，变频器 3 控制用户侧循环泵；0~10V 的电压信号对应 0~50Hz 的运行频率。

12.2.3.3　控制层

控制层的设备为 JACE 8000 网络控制器，其具有设备集成、系统控制、数据分析、报警监控、历史数据收集、监控界面设计、网页发布等功能。

JACE 8000 网络控制器通过以太网 PRI 主口与 PC 机通信。JACE 8000 网络控制器经过扩展后共有 4 个 COM 口，分别为 COM1、COM2、COM3、COM4。COM1 口，连接三相电能表，获取微燃机发电量、机组及循环水泵的耗电量、功率等数据；COM2 口，连接 IO-28U 模块，可用来控制设备的启停，采集各种传感器的数据等；COM3 口，连接微燃机通信转换模块，实时获取机组内部数据；COM4 口，连接热量表，采集热量、流量、供回水温度等数据。

12.2.4　软件开发与设计

12.2.4.1　设备通信编程

JACE 8000 网络控制器共有 4 个 COM 口，分别为 COM1、COM2、COM3 和

COM4。首先添加 4 个 ModbusAsyncNetwork 串口网络，方法如下：

打开 JACE 站点后，从调色板 ModbusAsync 将 ModbusAsyncNetwork 驱动组件添加到 Drivers 文件夹，依次添加 4 个相同的驱动组件，分别命名为 COM1、COM2、COM3 和 COM4，COM 口的状态（Status）显示 {ok}，说明设置正常，如图 12-28 所示。

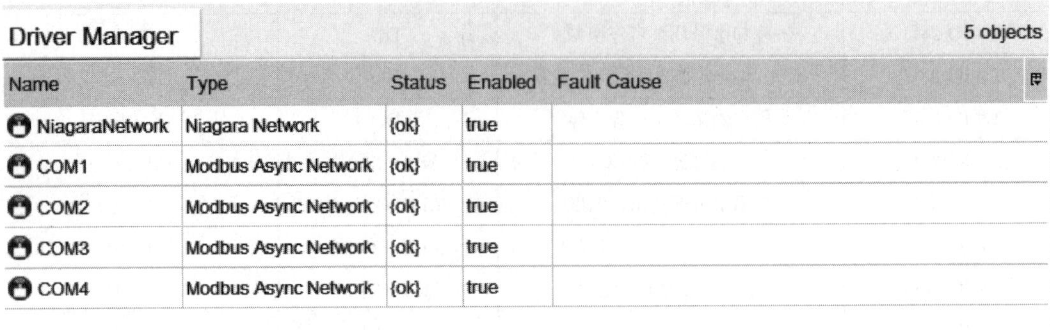

Driver Manager					5 objects
Name	Type	Status	Enabled	Fault Cause	
NiagaraNetwork	Niagara Network	{ok}	true		
COM1	Modbus Async Network	{ok}	true		
COM2	Modbus Async Network	{ok}	true		
COM3	Modbus Async Network	{ok}	true		
COM4	Modbus Async Network	{ok}	true		

图 12-28　添加 4 个 ModbusAsyncNetwork 串口网络驱动

设备通信编程主要包括电能表通信编程、IO-28U 模块通信编程、微燃机通信编程和热量表通信编程。

1. 电能表通信编程

COM1 口与三相电能表连接，共选用 6 台 LCDG-DTSD206 三相电能表。三相电能表在应用之前，利用电测软件将其串口参数设置为，波特率：2400，数据位：8，停止位：1，奇偶校验：Even（偶校验）。6 台电能表的地址分别设置为 1~6。电能表的参数设置完成之后，打开 JACE 站点，在 Drivers 文件夹下右击 COM1 网络，选择 Views>AX Property Sheet，进入其属性界面，在 Serial Port Config 属性配置中将 COM1 口属性参数配置为与电能表相同的属性参数，如图 12-29 所示，Modbus Data Mode 选择 Rtu。接下来在 COM1 网络中添加 6 台电能表设备，地址分别设置为 1~6。每台设备具体点的添加可参照上一节相关内容。

2. IO-28U 模块通信编程

COM2 口与 IO-28U 模块连接。IO-28U 模块共 2 块，地址分别设置为 1 和 2。

硬件接线完成后，打开 JACE 站点，首先对 COM2 口进行串口参数设置。在 Drivers 文件夹下右击 COM2 网络，选择 View>AX Property Sheet，进入其属性界面，在 Serial Port Config 属性设置中将串口参数设置为，Port Name：COM2，Baud Rate：19200，Data Bits：8，Stop Bits：1，Parity：Even，Modbus Data Mode：Rtu。

COM2 口属性设置完成后，从调色板将 2 个 Modbus Async Device 组件添加到 COM2 网络，分别命名为 1#IO-28U 和 2#IO-28U。打开其属性视图，将地址分别设置为 1 和 2。

代理点的添加需要根据表 12-1 和表 12-4 进行。由于 DI 点和 DO 点的添加较简单，在此不再赘述，下面以一个 AI 点和一个 AO 点为例说明代理点的添加过程。

（1）添加 AI 代理点　以微燃机燃气压力为例。由表 12-4 可知，微燃机进气压力点位于 1#IO-28U 模块 AI4 通道。双击 COM2>1#IO-28U>Points 文件夹，进入添加设备代理点的视图，点击 New 按钮，添加 Numeric Point 点，根据表 12-1 可知，AI4 点的

Property Sheet

COM1 (Modbus Async Network)

Status	{ok}
Enabled	● true
Fault Cause	
▶ Health	Fail [null]
▶ Alarm Source Info	Alarm Source Info
▶ Monitor	Ping Monitor
▶ Tuning Policies	Tuning Policy Map
▶ Poll Scheduler	Basic Poll Scheduler
Retry Count	1
Response Timeout	+00000h 00m 01.000s
Float Byte Order	Order3210
Long Byte Order	Order3210
Use Preset Multiple Register	● false
Use Force Multiple Coil	● false
Max Fails Until Device Down	2 [0 - max]
Inter Message Delay	00000h 00m 00.000s [0ms - 1sec]
▶ Serial Port Config	COM1, 2400, 8, 1, Even
Modbus Data Mode	Rtu

图 12-29 COM1 口属性参数设置

Modbus 地址为 30007，数据类型（Data Type）为浮点型（Float Type），寄存器类型（Reg Type）为输入（Input），并设置 facets 单位为 kPa。由于该点的信号类型为 4～20mA 电流信号，传感器的量程为 0～600kPa，根据标度变换公式：

$$\frac{P - P_{\min}}{P_{\max} - P_{\min}} = \frac{I - I_{\min}}{I_{\max} - I_{\min}}$$

代入相关参数数据得：$\frac{P}{600 - 0} = \frac{I - 4}{20 - 4} \Rightarrow p = 37.5I - 150$

在 Conversion 中进行标度变换相关参数的设置，Scale 为 37.5，Offset 为 -150，如图 12-30 所示。

此外，还需要进行 AI4 点信号量程、信号类型的设置。

信号量程设置：AI4 点的信号量程为 4～20mA。添加两个 Numeric Writable 点，根据表 12-1 可知，AI4 点的信号量程最小值设置 Modbus 地址为 40063，最大值设置 Modbus 地址为 40079，数据类型（Data Type）为浮点型（Float Type）。设置完成后，右击 Numeric Writable 点，选择 Actions＞Set 命令，分别设置寄存器地址 40063 的值为 4，40079 的值为 20。

信号类型设置：添加一个 Numeric Writable 点，根据表 12-1 可知，AI4 点的信号类型 Modbus 地址为 40052。数据类型（Data Type）为整型（Integer Type）。设置完成后，右击 Numeric Writable 点，选择 Actions＞Set 命令，设置寄存器地址 40052 的值为 3，对应 4～20mA 信号。

（2）添加 AO 代理点 以冷却水循环泵变频控制输出为例。由表 12-4 可知，冷却水循环泵变频控制 AO 点位于 1♯IO-28U 模块 AO1 通道。双击 COM2＞1♯IO-28U＞

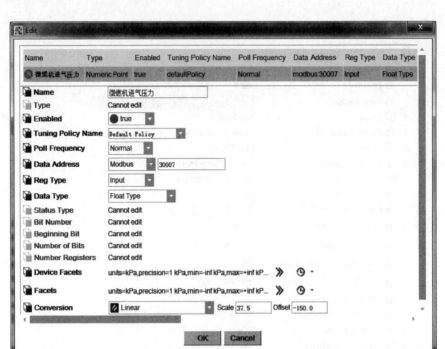

图 12-30　AI1 点的设置

Points 文件夹，进入添加设备代理点的视图，点击 New 按钮，添加 Numeric Writable 点，由表 12-1 可知，AO1 点的 Modbus 地址为 40001，数据类型（Data Type）为浮点型（Float Type），并设置 facets 单位为 V，如图 12-31 所示。

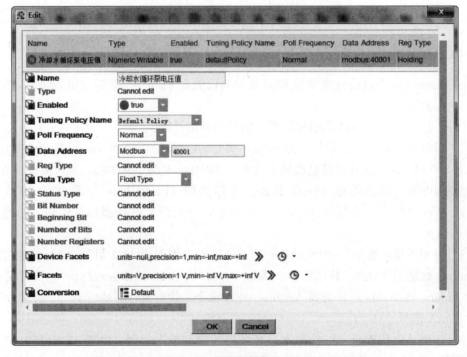

图 12-31　模拟量输出点设置

同样，还需要进行 AO1 点信号量程、信号类型的设置。

信号量程设置：AO1 的信号量程为 0～10V。添加两个 Numeric Writable 点，由表 12-1 可知，AO1 点的信号量程最小值设置 Modbus 地址为 40245，最大值设置 Modbus 地址为 40253，数据类型（Data Type）为浮点型（Float Type）。设置完成后，分别右击这两个 Numeric Writable 点，选择 Actions＞Set 命令，设置 Modbus 地址 40245 的值为 0，40253 的值为 10。

信号类型设置：添加一个 Numeric Writable 点，由表 12-1 可知，AO1 点的信号类型 Modbus 地址为 40241，数据类型（Data Type）为整型（Integer Type）。设置完成后，右击该 Numeric Writable 点，选择 Actions＞Set 命令，设置 Modbus 地址 40241 的值为 0，对应 0～10V 信号。

按照表 12-1 和表 12-4 对所有的 IO 点进行添加。

3. 微燃机通信编程

微燃机的通信接口与 MODBUS 转换器的 RS 232 接口连接，MODBUS 转换器的 RS 485 接口与 JACE 8000 网络控制器的 COM3 口连接。

在 Drivers 文件夹下右击 COM3 网络，选择 View＞AX Property Sheet，进入其属性界面，在 Serial Port Config 属性设置中将串口参数设置为，Port Name：COM3，Baud Rate：19200，Data Bits：8，Stop Bits：1，Parity：None，Modbus Data Mode：Rtu。

从调色板将 Modbus Async Device 组件添加到 COM3 网络，命名为"微燃机"，并设置微燃机的地址为 1。

双击 COM3＞微燃机＞Points 文件夹，进入添加设备代理点的视图，添加的数据点类型均为 Numeric Writable，根据表 12-5 微燃机寄存器 Modbus 地址表，实现代理点的添加。

微燃机寄存器 Modbus 地址表　　　　　　　　　　　　　表 12-5

描述	Modbus 地址
选择涡轮机 (0-此涡轮机/整个系统(默认)；1-主涡轮机)	40001
通信状态 (位 0-无法与微型涡轮系统建立通信(错误＝1))	40002
输出电压	40401
输出频率	40408
A 相平均功率	42101-42102
B 相平均功率	42103-42104
C 相平均功率	42105-42106
功率输出	42107-42108
发电机散热器温度	42159
发电机转速	42163-42164
环境压力	42201
压缩机进口温度	42202
涡轮排气温度	42206

4. 热量表通信编程

热量表选用 1 台一体式热量表和 3 台分体式热量表，这 4 台热量表与 JACE 8000 网络控制器的 COM4 口连接。

热量表通过显示屏面板进行参数设置。M46 菜单用于设置热量表的通信地址，4 台热量表的地址分别设置为 1～4。M62 菜单用于设置串口参数，将串口参数设置为，波特率：9600，数据位：8，停止位：1，奇偶校验位：偶检验。M63 菜单用于通信协议选择，选择 Modbus RTU 协议。最后打开 M26 菜单，对参数进行固化。

热量表设置完成后，在 Niagara 软件对 COM4 口进行设置。在 Drivers 文件夹下右击 COM4 网络，选择 View＞AX Property Sheet，进入其属性界面，Serial Port Config 的属性设置要和热量表的设置完全一致。

从调色板将 4 个 Modbus Async Device 组件添加到 COM4 网络，分别命名为热量表 1、热量表 2、热量表 3 和热量表 4，相应地址分别设置为 1～4。

双击 COM4＞热量表 1（分别选择 1、2、3、4）＞Points 文件夹，进入添加设备代理点的视图，添加的数据点类型均为 Numeric Writable，根据表 12-3 热量表寄存器地址表，实现代理点的添加。

12.2.4.2 Niagara Network 集成

Niagara Network 集成，简单说就是将多个 JACE 网络控制器工作站和一个本地 Supervisor 工作站进行通信的过程，通过本地 Supervisor 工作站来控制和管理多台 JACE 网络控制器，以便对不同工作区域的 JACE 网络控制器所采集的数据进行统一监控管理。

1. 为 JACE 站点的 NiagaraNetwork 添加 Supervisor 站点

双击 JACE 站点的 Config＞Drivers＞NiagaraNetwork，打开 Station Manager 视图，点击下方的 Discover 按钮搜索站点，将搜索到的 Supervisor 站点拖动到下方的 Database 里，核对相关设置，在 Username 和 Password 处输入 Supervisor 站点的用户名和密码。

右击 Database 里刚添加的 Supervisor 站点，在弹出菜单中选择＞Actions＞Ping 选项。若 Status 栏显示 "down"，Health 栏显示 "Fail"，提示 "failed certificate validation"，即没有认证。进入 JACE 站点 Platform＞ Certificate Management，选择 Allowed Hosts 标签，选中 Host 为 Supervisor IP 地址的条目，点击下方的 Approve 按钮，前面的红色标识变为绿色，表示认证通过。再回到 JACE 站点 Config＞Drivers＞NiagaraNetwork 的 Station Manager 视图，重新对 Supervisor 站点执行 Ping，Health 显示 "ok"，表明 JACE 站点与 Supervisor 站点的 NiagaraNetwork 网络连接已经正常。

2. 为 Supervisor 站点的 NiagaraNetwork 添加 JACE 站点

与为 JACE 站点添加 Supervisor 站点一样，双击 PC 机上 Supervisor 站点的 Config＞Drivers＞ NiagaraNetwork，打开 Station Manager 视图，点击下方的 Discover 按钮搜索站点，将搜索到的 JACE 站点拖入到下方的 Database 里，核对相关设置，在 Username 和 Password 处输入 JACE 站点的用户名和密码。后面的操作与为 JACE 站点添加 Supervisor 站点一样。同样，若 Status 栏显示 "down"，Health 栏显示 "Fail"，提示 "failed certificate validation"，即没有认证，需要进入 Supervisor 站点的 Platform＞ Certificate Management 对其进行认证。认证后重新对 JACE 站点执行 Ping，Health 显示 "ok"，表明 Supervisor 站点与 JACE 站点网络通信正常。

双击 Supervisor 站点 NiagaraNetwork 的 Points 文件夹添加代理点，添加过程与第 9 章的 BACnetNetwork 相同，此处不再赘述。

12.2.4.3 平台的远程访问

对用户来说，微燃机分布式能源监控管理平台的远程访问功能具有快捷、便利的优点。

打开本地服务器下的站点 Supervisor，找到 Config＞Services 文件夹，打开 WebSer-vice 服务。如图 12-32 所示，将 Enabled 设为 true，Http Enabled 和 Https Enabled 也设为 true，Https Only 设为 false。保存操作后，WebService 状态（Status）显示｛ok｝。

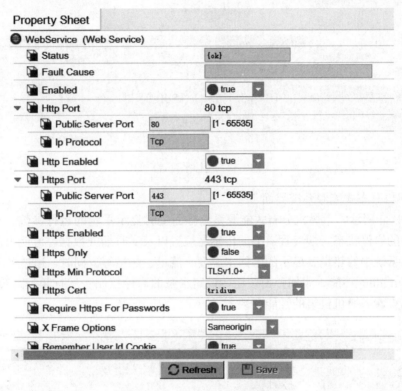

图 12-32　WebService 设置图

关闭防火墙，打开 Platform 下的 TCP/IP Configuration 目录，查看 Supervisor 工作站下的 IP 地址（IPv4 Address）。在同一局域网段下，用另一台手机或者电脑设备输入 IP，便可以实现平台的远程访问。

12.2.4.4 平台界面设计

平台界面的设计是在本地工作站 Supervisor 上运用软件框架中的图形组件将系统的设备与运行情况直观地显示出来，嵌入基于 Internet 的 Web 技术，将各个子系统的监控页面以 HTML 页面的形式统一组织起来，方便用户直观操作及远程访问。平台界面设计主要包括首页、微燃机分布式能源系统界面、历史数据界面、故障报警界面等。

1. 首页

通过 Web 浏览器可进入监控管理平台，在图 12-33 所示的首页中，直观地显示当前室内外的温湿度，分布式能源系统中循环水泵的启停状态，微燃机的发电量，循环水泵的用电量，系统的供冷（热）量、年平均能源综合利用率，阀门开度等参数。

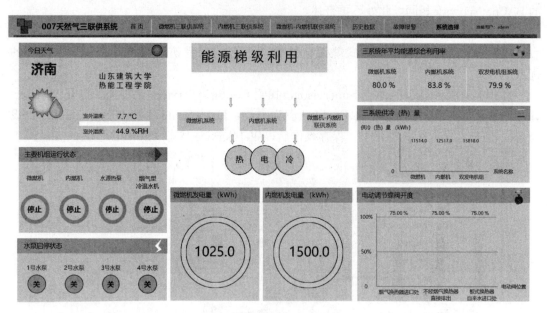

图 12-33　监控平台首页图

2. 微燃机分布式能源系统界面

如图 12-34 所示，微燃机分布式能源系统界面实时显示系统的运行参数。从界面中可以看到机组的启停状态，烟气管道上的传感器位置以及实时烟气数据，电能表测得的电量和功率，水系统中的热量表显示的供回水温度、流量、热量等。同时，通过 KitPX 组件中的 Popup Bingding 功能，添加弹窗按钮，设定水泵的启停控制、运行频率、转速等参数，以及调取和查看微燃机机组的性能参数。

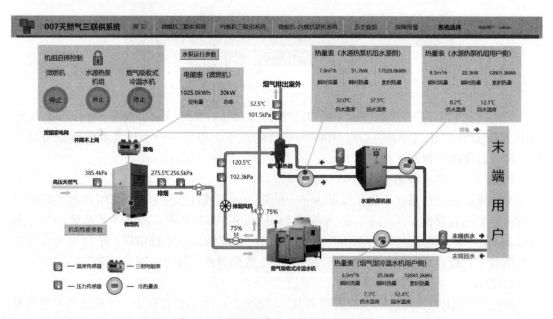

图 12-34　微燃机分布式能源系统界面图

3. 历史数据界面

如图 12-35 所示，界面中实时记录微燃机的发电量、水泵的耗电量、微燃机的排烟温度、冷温水机的供回水温度和热量等关键性能参数。同时，这些数据也可以以 PDF 或 CSV 等文件格式导出，为其他科研工作的开展提供了便利条件。

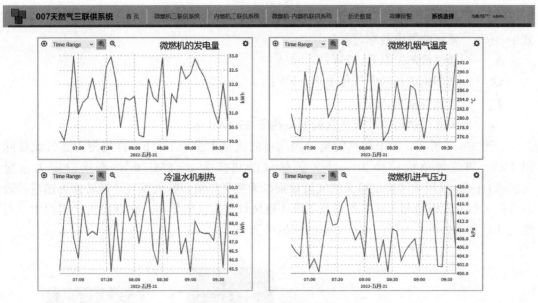

图 12-35　历史数据界面图

4. 故障报警界面

故障报警界面用于显示系统的故障报警信息。通过 Niagara Network，可以将 JACE 站点的报警路由到 Supervisor 上，便于集中管理。打开 Supervisor 站点的 ConsoleRecipient 报警控制台，可以查看报警信息，如图 12-36 所示。

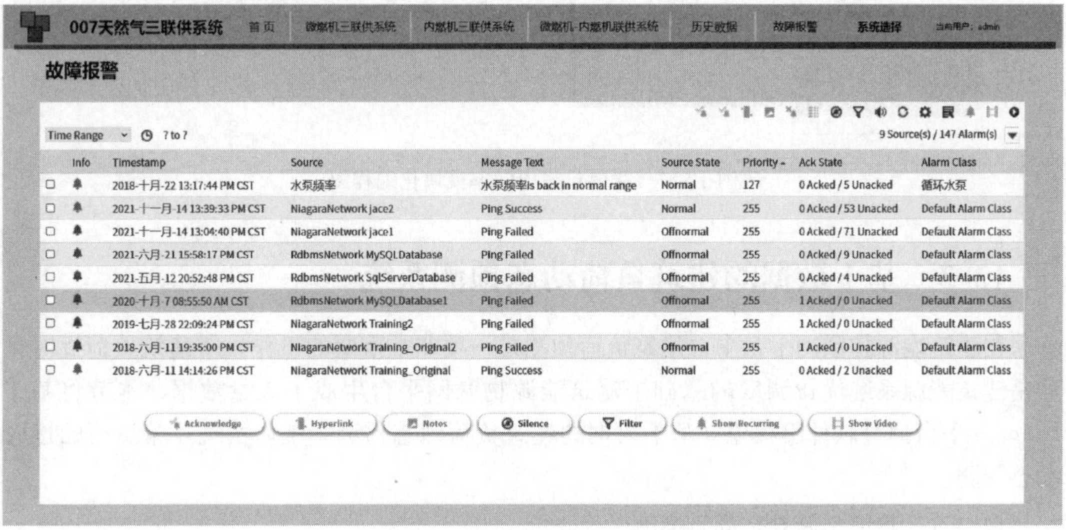

图 12-36　故障报警界面图

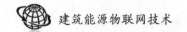

12.2.4.5 模块化编程数据处理

从微燃机分布式能源系统获取的实时数据，一些可以在界面上进行直观地展示，还有一些需要进行数据处理，处理的过程采用模块化编程。以微燃机发电效率为例：

$$\eta = \frac{N_e}{Q_g} \times 100\%$$

$$Q_g = F_g \times q$$

式中　η——系统的发电效率，%；

N_e——微燃机的发电量，kW；

Q_g——微燃机消耗的燃气化学热，kW；

F_g——天然气流量，m^3/s；

q——天然气热值，取天然气的低位热值 35.2MJ/m^3。

如图 12-37 所示，由于天然气流量表测量的流量单位为 m^3/h，首先将天然气流量除以 3600，将流量单位转换为 m^3/s。天然气的热值为 35.2MJ/m^3，直接设定为常量 35200kJ/m^3。采用乘法模块将天然气流量乘以天然气热值，将天然气流量转换为热量；最后根据天然气发电量和天然气热量利用除法模块计算出发电效率。在该模块化编程中，天然气流量和微燃机发电量为现场采集的模拟量信号。

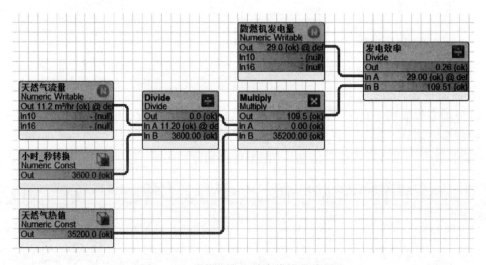

图 12-37　微燃机发电效率模块化编程图

12.3　基于数据的建筑负荷动态预测系统

在建筑能源物联网平台中，建筑负荷预测是一项非常重要的工作，对建筑负荷逐时预测是建筑能源系统优化调度的基础。建筑能源物联网平台生成了大量数据，本节将基于 Niagara 平台通过软件编程建立基于数据的建筑负荷动态预测系统，实现建筑负荷的逐时动态预测。

12.3.1　建筑负荷动态预测模型

影响办公建筑负荷的因素包括外扰因素和内扰因素，外扰因素主要包括室外温度、室外湿度、室外风速、太阳辐射等气象因素；内扰因素主要包括室内人员的散热量和散湿量、照明和电气设备的散热量以及围护结构的热物性参数等。作为预测模型，不可能把所有的影响因素都作为输入，选取合适的预测模型输入

图 12-38 建筑负荷动态预测模型

至关重要。根据相关文献，对于办公建筑，最终选取室外温度 T_w、太阳辐射 R 和人员在室率 P 作为建筑负荷动态预测模型的输入参数，预测模型如图 12-38 所示。

1. HCMAC 神经网络预测算法

超闭球小脑神经网络（Hyper Cerebellar Model Articulation Controller，HCMAC）是一种局部逼近的神经网络，具有学习速度快、适合在线学习的特点。在本例中选取 HC-MAC 神经网络作为建筑负荷动态预测模型的预测算法。

（1）输入归一化处理

设 $\overline{U}$ 是有界输入空间，对任意可能的输入 $\overline{x}$，$\overline{x} \in \overline{U} = \overline{A_1} \times \overline{A_2} \times \cdots \times \overline{A_n}$，其中 $\overline{A_i} = [\overline{x}_{\text{min}i}, \overline{x}_{\text{max}i}]$。为了便于基函数参数的选取及所设计的 HCMAC 不依赖于输入空间 $\overline{U}$，将输入 $\overline{x}$ 进行归一化处理。

$$x_i = \frac{Max - Min}{\overline{x}_{\text{max}i} - \overline{x}_{\text{min}i}} (\overline{x}_i - \overline{x}_{\text{max}i}) + Min$$

其中，$A_i = [Min, Max]$，$x \in A_1 \times A_2 \times \cdots \times A_n$。

（2）神经网络量化网格和超闭球

每一维的量化级数为 QL，间隔为 Δ_i，则有

$$QL = (Max - Min) / \Delta$$

对量化网格的交点进行编号记为 P_j（$j = 1, 2, \cdots, L$），对应的权值为 q_j，以节点 P_j 为中心，定义超闭球：

$$C_j = \{x / \| x - p_j \| \leqslant R_b, x \in U\}$$

在 C_j 上定义基函数 $b_j(\cdot)$：

$$b_j(x_k) = \begin{cases} \exp\left(\dfrac{\| x_k - p_j \|^2}{\sigma^2}\right), & x_k \in C_j \\ 0, & x_k \notin C_j \end{cases}$$

（3）神经网络输出算法

$S_{\text{amp}} = \{(x_k, y_k)\}$（$k = 1, 2, \cdots, N_s$）是学习样本，$\forall x_k \in S_{\text{amp}}$，$U$ 上有 N_L 个超闭球包含 x_k，权系数选择向量记为 S_k，第 j 个元素为 1，说明 C_j 包含 x_k，为零则不包含。HCMAC 的输出为定义在以激活节点为中心的超闭球上基函数的线性组合。

$$\hat{y}_k = S_k^{\text{T}} B(x_k) q$$

其中，$B(x_k) = \text{diag}[b_1(x_k), b_2(x_k) \cdots, b_l(x_k)]$，$q = [q_1, q_2, \cdots, q_L]^{\text{T}}$ 是权系数向量，$S_k = [S_{k,l}]_{L \times 1}$ 为权系数选择向量。

（4）神经网络学习算法

学习算法采用 C-L 算法。

$$\Delta q_{k-1} = \frac{\alpha e_{k-1} B(x_{k-1}) S_{k-1}}{\beta + S_{k-1}^{\text{T}} B(x_{k-1}) B^{\text{T}}(x_{k-1}) S_{k-1}}$$

其中，α、β 是常数，取 $0<\alpha<2$、$\beta>0$。对每一个样本，只需局部调整权系数。

2. 建筑动态负荷预测模型在线自学习流程

在平台存储一定数量的训练样本后，即可对建筑动态负荷预测模型进行初始化训练并投入使用。但是，在使用一段时间后，由于建筑本体特性的变化或空调系统的改变等，会导致建筑动态负荷预测模型的精度降低，不能满足预测要求，这时需要根据新的样本数据重新学习，具体流程如图 12-39 所示。

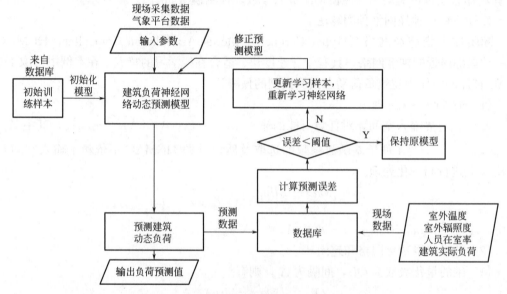

图 12-39　建筑负荷动态预测模型在线自学习流程

12.3.2　基于 Niagara 的建筑负荷动态预测系统

基于 Niagara 物联网平台的建筑负荷动态预测系统所依赖的软件平台、版本及功能如表 12-6 所示，所依赖的硬件名称、安装位置及功能如表 12-7 所示。

建筑负荷动态预测系统所依赖的软件平台　　　　　　　　表 12-6

平台	版本或具体名称	功能
Niagara 物联网平台	Vykon_N4_Supervisor-4.7	实现通信、编程、页面展示等主要功能
Jdk 开发工具	open jdk8	开发 Niagara Module 组件
Python 编程软件	Python3.8	实现神经网络搭建及计算输出
阿里云平台	微消息队列 MQTT 版	远程传输物联网设备消息数据
气象数据平台	和风天气	获取气象预测数据

建筑负荷动态预测系统所依赖的硬件平台　　　　　　　　表 12-7

名称	位置	功能
JACE8000 控制器	控制柜	读取热量数据并上传至物联网平台
超声波热量表	总回水干管	测量实际热负荷
ZLAN8308 模块	小型气象站	读取气象数据并上传至物联网平台

名称	位置	功能
温度传感器	小型气象站	测量实际室外温度
太阳辐射传感器	小型气象站	测量实际太阳辐射

1. 现场采集数据

（1）建筑实时负荷　为获取建筑实时负荷，在空调系统用户侧总供回水干管上安装超声波热量表。热量表通过 RS 485 总线将数据上传至 JACE 8000 网络控制器，控制器通过光纤再将数据上传至 Supervisor 监控主机的 Niagara 平台。

（2）室外温度和太阳辐照度　为获取本体建筑室外温度和太阳辐照度，在建筑顶部的小型气象站安装了太阳辐照度传感器和温度传感器。由于小型气象站远离控制机房，不宜使用有线通信，因此在小型气象站安装了 ZLAN 8308 通信模块，通过 4G 网络将测量数据发布至阿里云平台的微消息队列 MQTT 版的实例中。Supervisor 监控主机的 Niagara 平台再通过 AbstractMqttDriverNetwork 网络驱动订阅测量的太阳辐照度和室外温度数据。

2. 人员在室率估计

为获取办公建筑室内人员的在室率情况，目前由于人数难以统计且具有波动性，暂时根据现行国家标准《公共建筑节能设计标准》GB 50189 估计在室率，对于办公建筑还根据日期码区分工作日和休息日。在室率取值范围 [0，1]。后期若系统集成人员识别系统，可根据实际人数统计数据。

3. 气象预测数据

为获取当地的气象预测数据，以和风天气作为数据源通过 JAVA 语言开发了气象数据模块，和风天气是气象数据供应商，提供全球天气预报、气象可视化、商业化气象服务和天气 API 数据。气象数据模块实现了和风天气 API 接口请求和 JSON 数据解析两个主要功能，可以在 Niagara 软件的 Wire Sheet 编程页面中连接其他模块使用。

4. 神经网络预测

为实现神经网络的搭建及计算，通过 Python 语言编写建筑负荷动态预测算法。负荷预测算法使用 Numpy 数据分析库实现 HCMAC 神经网络的搭建及输出计算，使用 oBIX 库向 Supervisor 监控主机的 Niagara 平台读取和写入数据。

综上所述，建筑负荷动态预测系统的实现流程如图 12-40 所示。物联网平台向上接收来自数据源的数据，向下将数据源的数据输入到神经网络预测模型，神经网络经过输出计算将预测负荷输出到物联网平台。

本书之前的章节已经完整介绍了 Niagara 物联网平台的 Modbus 数据通信、Px 界面设计方法，建筑负荷动态预测系统的相关内容，此处不再赘述。接下来将分 3 个小节分别讲述基于 JAVA 的气象数据模块开发、基于阿里云的小型气象站远程通信及基于 Python 的神经网络算法编程。

12.3.3　基于 JAVA 的气象数据模块开发

气象数据模块以和风天气网站提供的数据作为气象数据来源，采用 Niagara 软件的编程模板，JAVA 语言编程，最终打包成 Niagara 中的 Module（模块）。

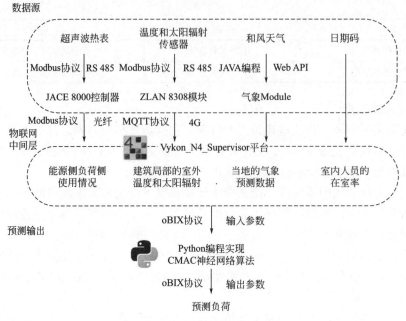

图 12-40　负荷预测系统流程

1. 新建一个 Niagara 气象数据模块

Niagara 软件为开发人员提供了模块编程模板，借助该模板能够方便地完成模块的开发。为新建一个模块，需在 Niagara 软件 Workbench 主窗口中，单击顶部菜单栏下的 Tools＞New Module，在新建模块向导中进行配置。配置共分 3 步，分别如图 12-41～图 12-43 所示。

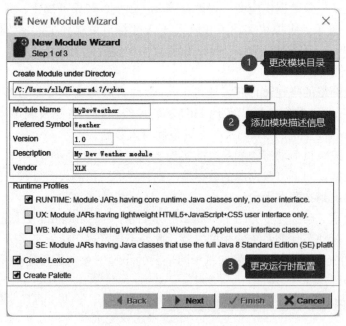

图 12-41　新建 Module 的第一步

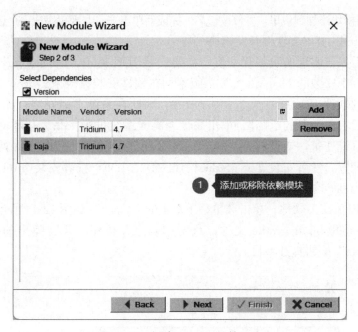

图 12-42　新建 Module 的第二步

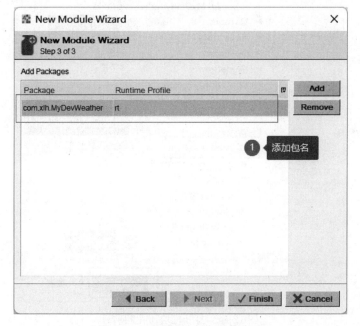

图 12-43　新建 Module 的第三步

　　第一步　选择模块的工程项目路径，对模块名称、简称、版本等描述信息进行填写，并根据需求勾选运行时配置选项。在选项的最下端勾选 Create Palette，将在工程项目文件中生成调色板配置文件。完成后单击 Next 进入下一个向导界面。

　　第二步　根据新建模块所需的功能在界面中点击 Add 或 Remove 添加或移除依赖的模块。比如使用历史服务时，需要添加 history-rt 模块，使用报警服务时，需要添加 alarm-rt 模块。完成后单击 Next 进入下一个向导界面。

第三步　将模块添加到包里，并修改包名。完成后单击 Finish 即可完成一个新模块的创建。

2. 利用 IntelliJ IDEA 软件开发模块

新建模块后，要实现模块编程开发，需要安装 JDK（Java Development Kit）和配置环境变量。本例中安装的 Niagara 为 4.7 版本，在软件安装目录下的 jre＞jreVersion. xml 文件中可以查到软件 JDK 版本为 1.8.0.181.0，因此在系统本地安装 Open JDK8 开发工具。安装完成后右击"我的电脑"，单击属性＞高级系统设置＞高级＞环境变量，在系统变量栏中新建系统变量，变量名为"JAVA_HOME"，变量地址为 JDK8 的安装目录，完成系统变量的配置。然后安装支持 gradle 构建工具的 IDE，推荐安装 IntelliJ IDEA 软件，本例编程以其为例。

打开 IntelliJ IDEA 软件，单击菜单栏下的 File＞Open，如图 12-44 所示，在地址栏中选择模块目录下的 build. gradle 文件，点击"确定"按钮，并在弹出的提示框中单击"Open as Project"按钮打开项目。

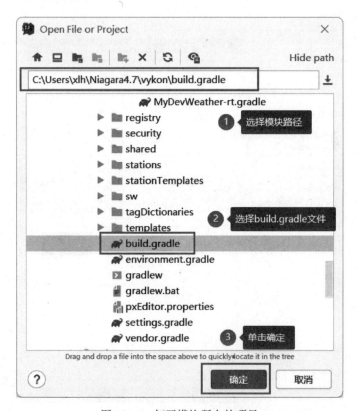

图 12-44　打开模块所在的项目

打开工程项目后，展开其目录下的 MyDevWeather-rt ＞ src 源目录＞com. xlh. MyDevWeather（路径由于在 Niagara 软件新建模块时填写的描述信息不同可能会有差距），如图 12-45 所示。右击，创建 JAVA 类，类名需以大写字母"B"开头，本例中新建类 BHeFengWeather。

双击 BHeFengWeather 类，在 IntelliJ IDEA 软件的主界面中进行编程。在这里，简要介绍编程的代码内容，如图 12-46 所示。

图 12-45　在项目源目录下新建类

```
1    package com.xlh.MyDevWeather;
2    import javax.baja.nre.annotations.*;          ①  创建包及导入依赖包
3    import javax.baja.sys.*;
4    import com.tridium.json.JSONObject;
5    import com.xlh.util.weather;
6
7    @NiagaraProperty(                              ②  编写注解，添加Property属性
8        name = "enabled",
9        type = "boolean",
10       defaultValue = "false"
11   )
               .
               .
               .
95   @NiagaraAction(                                ③  添加Action属性
96       name = "getWeather",
97       flags = Flags.ASYNC
98   )
99
100  public class BHeFengWeather                    ④  定义类并继承至Bcomponent父类
101      extends BComponent {
102  /*+ ------------ BEGIN BAJA AUTO GENERATED CODE ------------ +*/
103  /*@ $com.xlh.MyDevWeather.BHeFengWeather(3902589953)1.0$ @*/
104  /* Generated Thu Dec 30 15:43:52 CST 2021 by Slot-o-Matic (c) Tridium, Inc. 2012 */
105
106  ////////////////////////////////////////////////////////////////
107  // Property "enabled"                          ⑤  使用gradle工具自动生成代码
108  ////////////////////////////////////////////////////////////////
               .
               .
               .
429  /*+ ------------ END BAJA AUTO GENERATED CODE -------------- +*/
430
431                                                 ⑥  定义方法并编写主程序
432      public static BIcon icon = BIcon.make("module://MyDevWeather/rc/weather.png");
433
434      public BIcon getIcon() { return icon; }
```

图 12-46　在类中按照 Niagara 规范编程

第一步　创建包及导入依赖包。

第二步　按照 N4 规范编写注解，添加模块 Property（属性）。

第三步　添加 Action 属性。Action（动作）。

第四步　定义 BHeFengWeather 类并继承至 BComponent 父类。

第五步　展开 gradle 构建工具栏中的 niagara>Tasks>Niagara>slotomatic，双击 slotomatic，根据注解自动生成 JAVA 代码。

第六步　在自动生成代码的末尾定义方法并编写主程序。

为使模块运行正常，还需根据需要对 MyDevWeather-rt 目录下的 Niagara 模块配置文件进行配置。每个文件的简要功能描述如表 12-8 所示。

Niagara 配置文件介绍　表 12-8

名称	功能
module. lexicon	定义通过 lexicon API 访问的名称/值对
module. palette	定义模块在 Niagara 软件调色板中的名称及位置
module-include	声明模块的类、方法、定义
module-permissions	对 JAVA 安全管理中的授权许可进行修改
moduleTest-include	声明测试模块的类、方法、定义
MyDevWeather-re. gradle	定义模块描述，管理依赖包，添加资源文件目录

对 Niagara 配置文件完成配置后，使用 gradle 构建工具中的 build 工具或者在终端中输入命令行 gradle build 即可编译模块。模块编译完成后，重启 Niagara 服务和 Workbench 客户端，在调色板中可以搜索到开发的 MyDevWeather 模块，将其拖到 Wire Sheet 视图中按照编写的代码完成配置可实现功能，也可以连接其他模块扩展功能，如图 12-47 和图 12-48 所示。本例中，在 MyDevWeather 模块中写了两个功能类，HeFengGeo 和 HeFengWeather，前者可以根据 Loc 输入管脚的字符串查询对应城市的 ID 代码，再将 ID 代码输出至 HeFengWeather 的 Loc 输入管脚中输出温度、大气压、云量、雨量等气象数据。在 Px 页面中绑定对应的输出管脚数值实现模块的可视化交互，并具有刷新数据和设置城市两个基本功能。

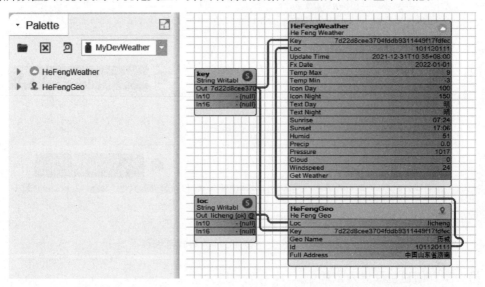

图 12-47　在 Wire Sheet 视图中添加编译的模块进行模块化编程

图 12-48　天气模块的交互界面

12.3.4　基于阿里云的小型气象站远程通信

本小节将介绍基于阿里云平台的小型气象站远程通信方法。阿里云创立于 2009 年，是我国最大的云计算平台，服务范围覆盖全球 200 多个国家和地区。主要产品包括弹性计算、数据库、大数据、域名和网站等，本例中主要使用消息队列 MQ 产品下的微消息队列 MQTT 版。微消息队列 MQTT 版是专为物联网（IoT）、移动物联网领域设计的消息产品，覆盖互动直播、金融支付、智能餐饮、即时聊天、移动 Apps、智能设备、车联网等多种应用场景。

微消息队列 MQTT 版的通信方式如图 12-49 所示。终端设备（例如带通信功能的智能传感器、网关、dtu 串口终端等）向微消息队列 MQTT 版订阅或者发布消息，云端客户端或者云平台向微消息队列采集或者下发消息。终端和终端、云端和云端之间也能借助微消息队列传递消息。

图 12-49　微消息队列 MQTT 版的通信方式

1. 新建及配置微消息队列实例

（1）新建微消息队列实例

进入阿里云官网，在阿里云控制台的产品与服务列表中选择消息队列 MQ 产品下的微消息队列 MQTT 版，进入其工作台界面。单击实例列表＞创建实例，根据网页引导新建一个实例。实例是微消息队列 MQTT 版服务的实体单元，每个微消息队列 MQTT 版实例都对应一个全局唯一的服务接入点 URL。实例将用于使用 MQTT 协议的消息传输、云端服务调用以及消息存储。创建后的实例在对应地区的实例列表中将会显示，如图 12-50 所示。

图 12-50 微消息队列 MQTT 版的实例列表

点击实例进入实例详情页面，在页面左边导航栏中可以切换实例详情、Topic 管理、Group 管理等功能页面。功能页面的介绍如表 12-9 所示。

主要功能页面介绍   表 12-9

名称	页面功能
实例详情	查看概览、基础信息、数据统计及接入点
Topic 管理	创建新的 Topic，查看已创建 Topic 的连接详情、生产消费图表
Group 管理	创建新的 Group，查看已创建 Group 的设备状态、设备轨迹、消息轨迹
规则管理	创建新的规则，从其他阿里云产品中流入（流出）消息数据
签名校验	计算符合规范的连接报文中的 Username 和 Password

（2）配置微消息队列实例

在不同的功能页面中可以对微消息队列实例进行配置。

进入微消息队实例详情页面，可以看到实例的概览、信息及接入点。单击接入点页签获取微消息队列 MQTT 版的接入点（IP 地址）以及端口号。接入点分为公网接入点和 VPC 接入点，通常情况下使用前者即可。端口号根据协议加密情况不同进行选择，在标准情况下使用 1883 端口。

切换到 Topic 管理页面，点击创建 Topic 按钮，输入父级 Topic 的名称及描述新建一个 Topic。Topic 是对消息的一级归类，发布者和订阅者以 Topic 为传输中介进行数据交换。在微消息队列 MQTT 版的工作台中创建的是父级 Topic，也就是是第一级 Topic。而 MQTT 的二级 Topic，甚至三级 Topic 都是父级 Topic 下的子类，使用时无需在工作台创建，在客户端用＜父级名称＞/＜二级子级名称＞/＜三级子级名称＞表示即可。

切换到 Group 管理页面，点击创建 Group 按钮，输入 Group 名称新建一个 Group。Group 是一类消费（Consumer）群体，具有相同的消费关系及逻辑，代表一类相同功能的设备。

切换到签名验证页面，如图 12-51 所示，输入 Client ID、Access Key 和 Secret Key，计算 Username 和 Password，Username 和 Password 将用于 MQTT 客户端的连接。Client ID 是每个客户端的唯一标识，要求全局唯一，Client ID 由两部分组成，组织形式为＜GroupID＞@@@＜DeviceID＞，GroupID 在 Group 管理页面中创建，而 DeviceID 由用户自行指定，无需配置，用以区分不同的终端设备。Access Key 和 Secret Key 是阿里云身份验证，在阿里云 RAM 控制台中创建。

配置完成后打开客户端进行调试，以 MQTT. fx 为例。在编辑连接配置页面中修改 Broker Address 为新建实例的公网接入点，BrokerPort 为 1883，Client ID 根据＜GroupID＞@@@＜DeviceID＞的命名规则，修改为 GID_test@@@mqttfx。单击 User Credential

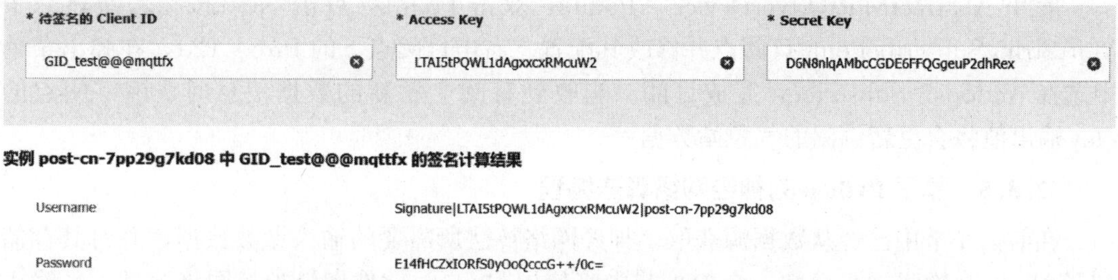

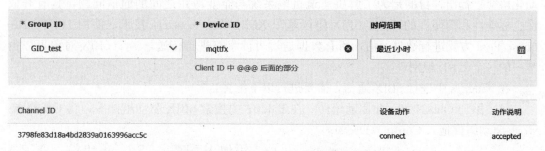

* 待签名的 Client ID	* Access Key	* Secret Key
GID_test@@@mqttfx	LTAI5tPQWL1dAgxxcxRMcuW2	D6N8nlqAMbcCGDE6FFQGgeuP2dhRex

实例 post-cn-7pp29g7kd08 中 GID_test@@@mqttfx 的签名计算结果

Username	Signature|LTAI5tPQWL1dAgxxcxRMcuW2|post-cn-7pp29g7kd08
Password	E14fHCZxIORfS0yOoQcccG++/0c=

图 12-51 在签名验证页面中计算用户名及密码

页签,修改为之前计算出的用户名密码。完成后,点击 ok 保存配置,并单击 Connect 进行连接访问。如果连接成功,将在工作台的设备轨迹查询页面上可以查询到客户端的连接信息,如图 12-52 所示。

* Group ID	* Device ID	时间范围
GID_test	mqttfx	最近1小时
	Client ID 中 @@@ 后面的部分	

Channel ID		设备动作	动作说明
3798fe83d18a4bd2839a0163996acc5c		connect	accepted

图 12-52 MQTT.fx 客户端的轨迹查询

2. 对终端设备和 Niagara 平台进行配置

本例使用的终端设备为上海卓岚的通信模块,型号为 zlan8308,其支持 RS 232/485 转 4G,支持 MQTT 协议和自定义心跳包。

由于不同的终端设备有不同的连接方式。在此仅对 zlan8308 设备连接微消息队列服务器进行简要概述。通过 USB 转 RS 485 转换器连接 PC 机和 zlan8308 通信模块,打开配置工具,选择串口号和波特率搜索模块。搜索到模块之后点击"固件/配置文件模式"进行配置。在 MQTT 配置中修改服务器域名为微消息队列的公网接入点,MQTT 端口为 1883。如前所述,修改客户端 ID 为＜GroupID＞@@@＜DeviceID＞,根据客户端 ID、Access Key 和 Secret Key 在微消息队列的签名验证页面中计算用户名和密码并填入,发布、订阅主题中修改为微消息队列的父级 Topic 并可拓展子级 Topic。在 JSON 配置中,修改上发服务器时间,其决定终端设备多久向服务器上发一次数据。在 JSON 上发中添加 Modbus 寄存器,Modbus 寄存器的地址、数据格式根据 zlan8308 连接的传感器设备如实设定。配置完成后,点击下载,将配置文件写入 zlan8308 终端设备,设备重启后将自动连接微消息队列实例。

本例使用的云端与第 9.5 节相同。双击 PC 机上 Supervisor 站点的 Drivers＞ AbstractMqttDriverNetwork＞AbstractMqttDriverDevice 进入其 AX Property Sheet 界面,如前所述,修改服务器 ID 为微消息队列的公网接入点,服务器端口为 8883,客户端 ID 为＜GroupID＞@@@＜DeviceID＞,SSL 协议版本选择 v1.2,用户名及密码经过签名验证页面计算获得。右击 AbstractMqttDriverDevice,在弹出菜单中选择 Actions＞Connect 连接创建的微消息队列实例。

展开 AbstractMqttDriverDevice＞Points，双击 Points，点击 New 按钮，新建一个 MqttStringSubscribePoint 订阅点并修改其配置。右击订阅点下的 Proxy Ext，在弹出菜单中选择 Actions＞Subscribe，完成订阅。当收到订阅主题新的数据信息时，该订阅点的 Out 输出值将会更新订阅的气象站数据。

12.3.5 基于 Python 的神经网络算法编程

在前面小节中已经从数据源获取了神经网络算法所需要的输入参数数据，并将其存储到了 Niagara 物联网平台中。在本小节中将使用 Python 软件搭建神经网络模型，并输入参数进行网络计算。

1. 使用 oBIX 协议读写 Niagara 中的代理点

本例中使用 oBIX（open Building Information eXchange）开放楼宇信息交换标准协议实现 Niagara 软件与 Python 软件之间的数据交换。oBIX 协议由 CABA（北美大陆楼宇自动化协会）提出，目的是为了解决建筑机电系统与企业应用之间的通信问题，具有开放性、标准性和简便性的特点。oBIX 协议基于 XML/Web Services 技术，使用 HTTP Request/Post 方式进行数据通信，所有数据通过可读字符进行传送，一个 oBIX 对象可以由唯一的一个 URL 识别。

在 Niagara 中进行 oBIX 通信，需要进行以下配置：

（1）添加 ObixNetwork 驱动组件　在 Palette 中搜索 oBIX 驱动组件库，将 ObixNetwork 驱动组件拖入 Config＞Drivers。

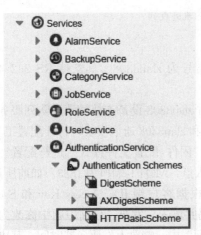

图 12-53　添加 HTTPBasicScheme 认证方式

（2）添加 HTTPBasicScheme 组件　在 Palette 中搜索 baja 组件库，展开 AuthenticationSchemes＞WebServicesSchemes，将 HTTPBasicScheme 组件拖入 Config＞Services＞AuthenticationService＞Authentication Schemes，如图 12-53 所示。

（3）添加 oBIX 用户

双击 Config＞Services＞UserServices，在 User Manager 页面中点击"New"按钮，新建一个 oBIX 用户，并配置 oBIX 用户参数。如图 12-54 所示，在 Name 和 Password 栏中设置用户名称及密码，记住该用户名及密码，接下来将会使用。在 Roles 栏中勾选 admin 管理员权限，并在 Authentication Scheme Name 栏中选择 HTTPBasicScheme 认证。使用 HTTPBasicScheme 认证的账户，可以通过 HTTPClient 的代码访问。

配置完采用 HTTPBasicScheme 认证的 oBIX 用户参数后，就可以使用 HTTP 的客户端请求对 Niagara 中的代理点进行读写。打开 PyCharm 代码编辑器，单击菜单栏的 File＞New Project，新建一个工程项目；单击 File＞New…＞Python File，新建一个 Python 文件。在 File＞Settings＞Project Interpreter 导入或者在终端输入 pip install oBIX 安装 oBIX 依赖包。oBIX 包是一个开源的客户端包，用来使用 oBIX 协议进行通信，可以在 oBIX 包的网站查询到其使用说明。

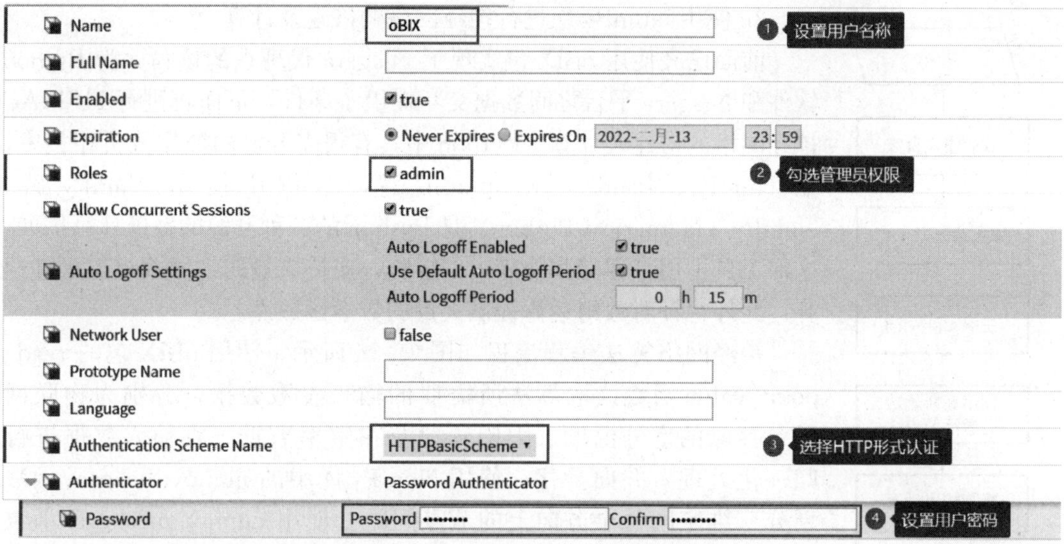

Name	oBIX		① 设置用户名称
Full Name			
Enabled	☑ true		
Expiration	◉ Never Expires ○ Expires On 2022-二月-13	23 : 59	
Roles	☑ admin		② 勾选管理员权限
Allow Concurrent Sessions	☑ true		
Auto Logoff Settings	Auto Logoff Enabled ☑ true Use Default Auto Logoff Period ☑ true Auto Logoff Period 　0　h　15　m		
Network User	☐ false		
Prototype Name			
Language			
Authentication Scheme Name	HTTPBasicScheme ▾		③ 选择HTTP形式认证
Authenticator	Password Authenticator		
Password	Password ••••••••	Confirm ••••••••	④ 设置用户密码

图 12-54　oBIX 用户参数配置

下面以读取代理点输出值为例讲述如何进行 Niagara 代理点的读写操作。如图 12-55 所示，在 Client 函数中填入 Niagara 客户端的 IP、oBIX 账户的用户名及密码，在 point_path 变量中填入读取点的路径，读取点使用 read_point_value 函数，最后将值输出。从图中可以看到，在 Pycharm 的运行结果显示区输出了代理点 test 的值"7"，Niagara 中的对应代理点数值也发生了对应的变化。也可以根据 oBIX 包使用说明写入点或者读取历史数据，这里不再赘述。

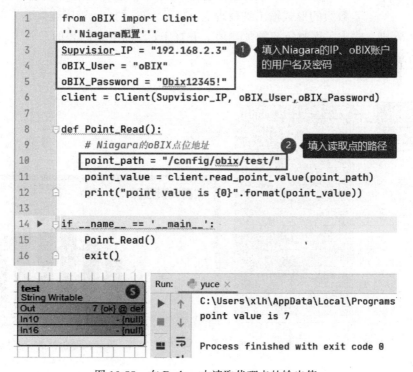

图 12-55　在 Python 中读取代理点的输出值

2. 使用 NumPy 库进行神经网络的搭建及计算

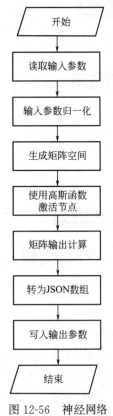

图 12-56 神经网络
算法编程流程

前面已经使用 oBIX 包实现了 Niagara 代理点的读写，为 Python 软件和 Niagara 平台之间数据交互提供了条件，下面将进行 HCMAC 神经网络的搭建及计算。Python 中具有很多开源的数据分析相关库，如 NumPy、Pandas、Matplotlib 等，本例中使用 NumPy 库。NumPy（Numerical Python）是 Python 的一种开源的数值计算扩展，这种工具可用来存储和处理大型矩阵，支持大量的维度数组与矩阵运算，此外也针对数组运算提供大量的数学函数库。

神经网络算法编程流程如图 12-56 所示。使用 oBIX 包的 read_point_value 函数读取算法所需要的输入参数数据，分别为物联网平台存储的室外温度、太阳辐射及在室率数据。将输入数据进行归一化处理，并向量化。使用 NumPy 库中的 numpy. linspace 函数划分三维空间每个方向上的节点间距。使用 numpy. meshgrid 函数生成神经网络矩阵空间。使用 numpy. linalg. norm 函数计算输入节点与空间节点之间的二范数，当范数小于超闭球的半径时，使用 math 函数激活神经网络节点。节点激活后将矩阵变形，并使用 numpy. dot 函数计算矩阵之间的点乘，输出预测数据。将参数数据转化为 JSON 形式的数组，使用 oBIX 包的 write_point 函数将 String 形式的数组输出到物联网平台，解析数组后即可得到预测的负荷结果。

如图 12-57 所示，经过 Python 软件神经网络计算的预测负荷以数组的形式输出到代理点 yuce，yuce 的 out 管脚连接到了 JSON 解析组件的输入管脚，输出了逐时负荷的预测值，并在 Px 界面中以图表的形式进行交互，如图 12-58 所示。

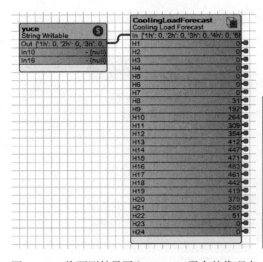

图 12-57　将预测结果写入 Niagara 平台的代理点

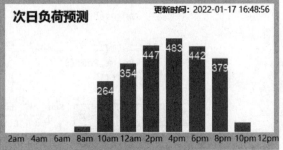

图 12-58　负荷预测组件的交互界面

本章习题

1. 建筑能源系统中常用的传感器有哪些？

2. 建筑能源系统中常用的执行器有哪些？

3. 如何从硬件电路上实现只要有一台风机盘管运行，空气源热泵就启动；必须所有风机盘管关闭，空气源热泵才停机的风机盘管与空气源热泵一体化控制？

4. 风机盘管控制器采用 ZigBee 无线协议的好处是什么？除了采用 ZigBee 无线协议，还可以采用什么无线协议？

5. 若智能电表和智能热表与 JACE 8000 网络控制器的同一个 COM 口连接，在分别对智能电表和智能热表的串口参数进行设置时需要注意什么？

6. 如图 12-3 所示，在新风系统内安装热回收装置。请问，若要实现热回收装置热回收效率的评估，应该如何进行测点布置？并给出热回收效率的计算公式。

7. 某一压力变送器输出信号 4～20mA，量程 0～1.6MPa，与 IO-28U 智能模块的 AI3 通道连接。IO-28U 智能模块与 JACE 8000 网络控制器的通信协议为 Modbus RTU。

（1）AI3 点的模拟量输入寄存器和模拟量输入信号类型设置寄存器的地址分别是多少？分别是什么数据类型？

（2）写出其标度变换公式，在标度变换 Conversion 属性中，Scale 和 Offset 应该如何设置？

（3）若网络和设备已经正确添加，要实现 AI3 点的正确通信，请给出 AI3 点的通信编程过程。

8. 什么是冷热量表？其与普通热量表的主要区别是什么？在热量表通信时，一般上传哪些数据？

9. 若电能表安装了 10：1 的电流互感器，要实现电能的正确测量与通信，应该修改哪个寄存器的值？改为多少？

10. 如何实现 Supervisor 站点平台的远程访问？

11. 基于 Niagara 物联网平台的建筑负荷动态预测系统所依赖的软件平台有哪些？所依赖的硬件平台有哪些？

12. 如何利用 Niagara 软件的模块编程模板，开发一个 Module？试给出其开发流程。

13. 某一换热站热交换系统监控原理如图 12-59 所示，传感器和执行器配置表如表 12-10 所示。完成以下任务：

（1）系统硬件设计

1）根据点数正确选择智能 I/O 模块个数；

2）绘制系统硬件连接网络图；绘制 I/O 模块接线图；

3）绘制每个 I/O 模块模拟量输入输出通道信号选择图。

（2）系统软件设计

1）建立一个新的 Station 站点；

2）设计二次侧供水温度控制策略，并进行 Wiresheet 视图控制编程；

3）根据表 12-10 中提供的故障点，实现报警编程；

4）对图 12-59 中温度、压力、流量测点，循环泵和补水泵运行状态添加历史扩展，进行历史数据编程，至少导出两个模拟量和两个开关量信号的历史记录 Table 表（PDF 文件）；

　　5）PX 视图编程，可自行设计 PX 视图的个数、PX 视图嵌套、超级链接等。

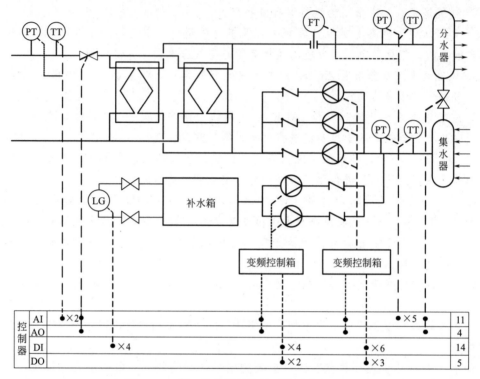

图 12-59　某一换热站热交换系统监控原理图

传感器和执行器配置表　　　　　　　　　　　　　　　　　　表 12-10

序号	设备名称	数量	输入输出信号
1	温度传感器	3	0~5V
2	压力传感器	3	0~10V
3	流量传感器	1	4~20mA
4	液位开关	4	开关量
5	电动调节阀	2	控制输出:4~20mA,阀位反馈:4~20mA
6	热水循环泵	3	DO(启停控制),DI(运行状态),DI(故障报警)
7	补水泵	2	DO(启停控制),DI(运行状态),DI(故障报警)
8	变频器	2	控制输出:4~20mA,频率反馈:4~20mA

参考文献

[1] 中国建筑节能协会. 中国建筑能耗研究报告（2020）[R]. 2020.

[2] 孙秋野，马大中. 能源互联网与能源转换技术 [M]. 北京：机械工业出版社，2017.

[3] Shu Tang, Dennis R. Sheldena, et al. A review of building information modeling (BIM) and the internet of things (IoT) devices integration: Present status and future trends [J]. Automation in Construction, 101 (2019): 127-139.

[4] Abdellah Daissaouia, Azedine Boulmakoulc, et al. IoT and Big Data Analytics for Smart Buildings: A Survey [J]. Procedia Computer Science, 170 (2020): 161-168.

[5] 龙惟定. 人工智能技术在建筑能源管理中的应用场景 [J]. 建筑科学，2021，37 (2)：127-137.

[6] 贾可荣，张彦铎. 人工智能 [M]. 北京：清华大学出版社，2006.

[7] 桂小林，安健等. 物联网技术导论 [M]. 2 版. 北京：清华大学出版社，2018.

[8] 吴功宜，吴英. 物联网技术与应用 [M]. 北京：机械工业出版社，2018.

[9] 邓庆绪，张金. 物联网中间件技术与应用 [M]. 北京：机械工业出版社，2020.

[10] 王佳斌，郑力新. 物联网技术及应用 [M]. 北京：清华大学出版社，2019.

[11] 方修睦. 建筑环境测试技术 [M]. 北京：中国建筑工业出版社，2016.

[12] 李慧，王桂荣，魏建平，段晨旭. 建筑环境与能源系统控制 [M]. 北京：中国建筑工业出版社，2018.

[13] 李玉云. 建筑设备自动化 [M]. 北京：机械工业出版社，2017.

[14] 安大伟. 暖通空调系统自动化 [M]. 北京：中国建筑工业出版社，2009.

[15] 温雯. 建筑电气控制技术与 PLC [M]. 北京：中国建筑工业出版社，2014.

[16] 尚凤军. 无线传感器网络通信协议 [M]. 北京：电子工业出版社，2011.

[17] 朱明. 无线传感器网络技术与应用 [M]. 北京：电子工业出版社，2020.

[18] 3GPP. RevisedWorkItem: NarrowbandIoT (NB-IoT): 3GPPRP-152284 [S]. 3GPP, 2015.

[19] 顾超杰，谭睿. 赋能新一代物联网的 LoRaWAN 技术 [J]. 物联网学报. 2021，5 (02)：18-25.

[20] 吕治安. ZigBee 网络原理与应用开发 [M]. 北京：北京航空航天大学出版社，2008.

[21] 马洪连，丁男 等. 物联网感知、识别与控制技术（第 2 版）[M]. 北京：清华大学出版社，2017.

[22] 刘川来，胡乃平. 计算机控制技术 [M]. 北京：机械工业出版社，2017.

[23] 王万良. 物联网控制技术 [M]. 北京：高等教育出版社，2016.

[24] Tridium 公司. VYKOKN IO-22U 用户使用手册 [Z]，2013.

[25] Tridium 公司. VYKOKN IO-28 用户使用手册 [Z]，2013.

[26] Tridium 公司. IOS30P 用户使用手册 [Z]，2013.

[27] 谢雨飞，田启川. 计算机网络与通信基础 [M]. 北京：清华大学出版社，2019.

[28] 王玉敏. MODBUS 协议簇简介 [J]. 中国仪器仪表，2019 (12)：21-26.

[29] 机械工业仪器仪表综合技术经济研究所 等. 基于 Modbus 协议的工业自动化网络规范 第 1 部分：Modbus 应用协议 [S]. GB/T 19582.1-2008. 北京：中国标准出版社，2011.

[30] [德] 马科等著. OPC 统一架构 [M]. 马国华译. 北京：机械工业出版社，2012.

[31] [德] 米里亚姆·施莱彭著. 工业 4.0 开放平台通信统一架构 OPC UA 实践 [M]. 任向阳译. 北

京：机械工业出版社，2020.

[32] 华镕. OPC 统一架构简史 [J]. 中国仪器仪表，2013（1）：58-61.

[33] OPC 中国官网.［2021.12.20］. https://www.opcfoundation.cn/.

[34] 史桂俊. OPC UA 技术采集数据与模拟测试 [J]. 信息系统工程，2021（3）：83-84.

[35] 前瞻产业研究院. 2019 年物联网行业市场研究报告，2019.

[36] OneNET—中国移动物联网开放平台.［2021.12.20］. https://open.iot.10086.cn/.

[37] 阿里云 IoT.［2021.12.20］. https://iot.aliyun.com/.

[38] 小米 IoT 开发者平台.［2021.12.20］. https://iot.mi.com/.

[39] 蒙祖强，许嘉. 数据库原理与应用 [M]. 北京：清华大学出版社，2021.

[40] 周苏，王文. 人机交互技术 [M]. 北京：清华大学出版社，2016.

[41]［葡］乔·门德斯·莫雷拉，［巴西］安德烈·卡瓦略，［匈］托马斯·霍瓦斯 著. 数据分析——统计、描述、预测与应用 [M]. 吴常玉译. 北京：清华大学出版社，2021.

[42] 余本国. 基于 Python 的大数据分析基础及实战 [M]. 北京：中国水利水电出版社，2018.

[43]［美］Wes Mckinney 著. 利用 Python 进行数据分析 [M]. 徐敬一译. 北京：机械工业出版社，2018.

[44] 贾俊平，何晓群，金勇进. 统计学 [M]. 北京：中国人民大学出版社，2018.

[45] 李慧，段培永，刘凤英. 大型商场建筑夏季冷负荷动态预测模型 [J]. 土木建筑与环境工程，2016，38（2），104-110.

[46] 张小东. 基于 Niagara 的太阳能—空气源热泵空调系统监控管理平台 [D]. 济南：山东建筑大学，2019.

[47] 曹宇. 基于 Niagara 的分布式能源物联网管理平台开发 [D]. 济南：山东建筑大学，2020.